"十四五"职业教育国家规划教材

高等职业教育智能制造专业群
"三新一融"系列教材

U0771984

数控编程与加工

（第3版）

主编

杨静云

副主编

罗　涛　刘文波
张秀娟

中国教育出版传媒集团
高等教育出版社·北京

内容提要

　　本教材是"十四五"职业教育国家规划教材,配套职业教育国家在线精品课程。本教材按照高等职业教育工学结合人才培养模式,实施"岗课赛证"综合育人,与企业的数控加工生产实际紧密联系而编写,涵盖回转体类零件、平面类零件、方程曲面类零件、箱体类零件及车铣复合类零件数控加工编程知识、技能与素养等相关内容。

　　本教材以企业产品工作任务为依据,设计 13 个典型教学项目,按照项目导向、任务驱动组织和编排各项目的教学内容,注重数控编程的理论知识学习及典型零件加工的实践操作。内容精炼,深入浅出,充分体现"知行合一、德技并修"的编写理念。

　　本教材适用于高等职业院校数控技术、机械设计制造及自动化、智能制造装备技术等机械设计制造类及机电设备类相关专业的教学,也可作为应用型本科院校机械设计制造及自动化、机械工程等专业的教学用书,并可供机械加工及自动化行业工程技术人员参考。

　　授课教师如需获取本教材授课用 PPT、习题答案等配套资源,请登录"高等教育出版社产品信息检索系统"(https://xuanshu.hep.com.cn/)免费下载。

图书在版编目（CIP）数据

　　数控编程与加工 / 杨静云主编. -- 3 版. -- 北京：高等教育出版社, 2025. 2. -- ISBN 978-7-04-063212-5

　　Ⅰ. TG659

中国国家版本馆 CIP 数据核字第 202410C4X7 号

Shukong Biancheng yu Jiagong

策划编辑	吴睿韬	责任编辑 吴睿韬	封面设计 贺雅馨		版式设计	马 云
责任绘图	马天驰	责任校对 马鑫蕊	责任印制 刘思涵			

出版发行	高等教育出版社		网　　址	http://www.hep.edu.cn
社　　址	北京市西城区德外大街 4 号			http://www.hep.com.cn
邮政编码	100120		网上订购	http://www.hepmall.com.cn
印　　刷	三河市骏杰印刷有限公司			http://www.hepmall.com
开　　本	787mm×1092mm　1/16			http://www.hepmall.cn
印　　张	20.25		版　　次	2010 年 5 月第 1 版
字　　数	480 千字			2025 年 2 月第 3 版
购书热线	010 - 58581118		印　　次	2025 年 9 月第 2 次印刷
咨询电话	400 - 810 - 0598		定　　价	49.80 元

本书如有缺页、倒页、脱页等质量问题,请到所购图书销售部门联系调换
版权所有　侵权必究
物 料 号　63212-00

智慧职教服务指南

"智慧职教"（www.icve.com.cn）是由高等教育出版社建设和运营的职业教育数字教学资源共建共享平台和在线课程教学服务平台，与教材配套课程相关的部分包括资源库平台、职教云平台和 App 等。用户通过平台注册，登录即可使用该平台。

● 资源库平台：为学习者提供本教材配套课程及资源的浏览服务。

登录"智慧职教"平台，在首页搜索框中搜索对应课程名称，找到对应作者主持的课程，加入课程参加学习，即可浏览课程资源。

● 职教云平台：帮助任课教师对本教材配套课程进行引用、修改，再发布为个性化课程（SPOC）。

1. 登录职教云平台，在首页单击"新增课程"按钮，根据提示设置要构建的个性化课程的基本信息。

2. 进入课程编辑页面设置教学班级后，在"教学管理"的"教学设计"中"导入"教材配套课程，可根据教学需要进行修改，再发布为个性化课程。

● App：帮助任课教师和学生基于新构建的个性化课程开展线上线下混合式、智能化教与学。

1. 在应用市场搜索"智慧职教 icve"App，下载安装。

2. 登录 App，任课教师指导学生加入个性化课程，并利用 App 提供的各类功能，开展课前、课中、课后的教学互动，构建智慧课堂。

"智慧职教"使用帮助及常见问题解答请访问 help.icve.com.cn。

第 3 版前言

根据国务院《关于推动现代职业教育高质量发展的意见》《关于深化现代职业教育体系建设改革的意见》有关要求，本教材修订过程中对接制造业数字化、智能化、复合化发展趋势，由高职院校教师、企业一线技术人员和行业专家组成的教材编写团队，参照相关专业教学标准和相关国家职业标准，以船舶配套零件阀体、泵体、活塞杆、螺杆轴和高压管子螺纹接头的外套螺母等产品为数控加工对象，按照项目化教学的特点，重构基于工作过程的教材体系。

本教材内容涉及五大类零件的数控编程与加工，包括：回转体类零件数控编程与加工、平面类零件数控编程与加工、方程曲面类零件数控编程与加工、箱体类零件数控编程与加工和车铣复合类零件数控编程与加工。 所选的 13 个教学项目具有企业产品工作任务的典型性，编排顺序体现了能力递进的设计思路。 每个项目由工作任务、学习目标、学习内容、工作内容和项目拓展五大部分组成，便于开展"理实一体化"教学。 通过工作任务分析、学习目标制订，实现理论知识与实践操作技能的融会贯通，在培养专业能力的同时，注重劳动教育、安全教育和工匠精神等职业素养的培养。 教材所选的部分项目具有一定难度，教学中视实际需要可适当删减。

本次改版主要做了以下几方面工作：

1. 校企合作，突出"产教融合、能力本位"

通过九江中船消防设备有限公司、中国船舶集团有限公司第七〇七研究所（九江）、九江海天设备制造有限公司相关的数控加工技术岗位，在对岗位操作规范、技术标准和生产条件等问题进行调研的基础上，以生产的产品为载体，重新编写部分教学项目，优化数控加工工序卡、项目考核评价表，并按照先进的数控系统功能，对部分项目的零件数控加工程序进行修改。

2. 编写理念贯彻"知行合一、德技并修"

从知识、技能和素养三方面制订学习目标，增加项目拓展内容。 与本教材配套的职业教育国家在线精品课程中有相应的课程思政案例，有助于加强职业素养和工匠精神的培养。

3. 教材形态体现"纸数一体、国精配套"

教材中配有 114 个二维码，主要是指令格式及用途、零件、刀具路径三维展示动画，方便授课和随时学习。 由课程负责人杨静云主讲的职业教育国家在线精品课程"数控编程与加工"与本教材内容配套，已上线国家职业教育智慧教育平台，授课视频、动画、仿真视频、实操录像等数字化资源齐全、种类丰富，支撑课程数字化、智能化教学需求。

4. 对接标准，实现"岗课赛证"融通

落实职业教育专业教学标准，对接国家职业标准和数控车铣加工职业技能等级标准。 一是参考"1+X"职业技能等级证书要求,增加项目考核评价表;二是对照数控编程与零件加工技能要求,在前三个学习情境中增加综合练习;三是为了便于理解每个项目的加工程序,增加项目程序单,并对每条程序进行注释;四是检验学习成效,在每个项目中增加相关的练习题。

5. 新技术、新标准进教材

在学习情境 4 和 5 中增加多轴数控机床编程与操作知识技能模块,概述部分增加先进制造技术内容;贯彻机械制图、材料等方面的最新国家标准,更新零件图和材料牌号。

本教材由江西职业技术大学杨静云任主编;江西职业技术大学罗涛、张秀娟,广东生态工程职业学院刘文波任副主编;重庆电子科技职业大学岳秋琴,江西职业技术大学胡斌、郭翊翔,九江中船消防设备有限公司孙平参与部分内容的编写。 编写分工如下:学习情境 1 的项目 1、项目 2、项目 3、项目 5 由杨静云编写,学习情境 1 的项目 4 由孙平编写,学习情境 2 的项目 1 由张秀娟编写,学习情境 2 的项目 2 由郭翊翔编写,学习情境 2 的项目 3、项目 4 由罗涛编写,学习情境 3 的项目 1 由杨静云编写,学习情境 3 的项目 2 由刘文波编写,学习情境 4 由岳秋琴编写,学习情境 5 由胡斌编写,概述由张秀娟、胡斌编写,数字资源由课程组共同制作,杨静云负责统稿工作。

本教材由武汉船舶职业技术学院邹新宇教授主审,并提出了许多宝贵的意见和建议。 在教材编写过程中还得到了相关行业、院校和企业人员的大力支持,在此一并表示感谢。

尽管本教材在特色上有所突破,但数控技术的发展迅速,编者水平有限,教材中难免存在疏漏之处,恳请广大读者提出宝贵意见,以利完善,在此深表感谢。

编 者

2024 年 7 月

第 2 版前言

党的二十大报告中强调"教育、科技、人才是全面建设社会主义现代化国家的基础性、战略性支撑",它赋予教育新的战略地位、历史使命和发展格局。 装备制造业作为我国支柱产业,更应该全面贯彻新发展理念、促进数字技术和实体经济深度融合、赋能传统产业转型升级,在这一进程中如何培养有较强数控工艺设计和编程能力,又有较高加工过程控制能力的高素质技术技能人才,支撑装备制造业高质量发展,已经成为全社会共同关注的问题。

本书坚持立德树人根本任务,遵循人才培养规律,突出高职教育特色,组建由企业一线技术人员和行业专家参与的教材编写团队,将企业真实项目转化为教学项目,参照数控技术专业教学标准和相关职业技能等级证书标准,以项目导向、任务驱动的教学模式,选取和规划本书的教学内容,充分体现了本书内容的针对性、先进性与实用性。

本书内容涉及五大类零件的数控编程与加工,包括回转体类零件数控编程与加工、平面类零件数控编程与加工、方程曲面类零件数控编程与加工、箱体类零件数控编程与加工和车铣复合类零件数控编程与加工。 所选的 14 个教学项目都具有企业产品工作任务的典型性,编排次序体现了能力递进的设计思路。 每个项目由工作任务、学习目标、学习内容、工作内容和项目拓展五部分组成。 在项目中,通过对该项目工作任务的分析,制订学习目标,进行相关理论知识的学习,最终完成该工作任务,实现理论知识与实践操作技能的融会贯通,加强理论知识的理解和实践操作技能的强化,在培养专业能力的同时,注重职业素养的养成。 本书所选项目涉及的理论知识和加工技能不仅全面而且具有一定的难度,训练学生运用已学知识在一定范围内解决实际问题的能力,对于箱体类零件数控编程与加工和车铣复合类零件数控编程与加工的学习项目可以根据具体情况作为选择性的教学内容。

本次修订主要做了以下几方面工作:

1. 紧跟智能制造等前沿技术的发展,并考虑项目的典型性和可实施性,对第 1 版教材中部分教学项目的载体(零件)进行了重新设计,让学生能够更好地掌握该项目所涵盖的知识点和技能点。

2. 在学习情境 1 和学习情境 2 相关项目的学习内容中增加了零件数控加工工艺知识,形成"零件工艺分析—程序编制—零件加工"的完整工作过程,更加符合项目化教学特征。

3. 每个学习情境均增加了编程习题,便于教师课后布置作业,也有利于学生的复习和练习。

4. 按照先进数控系统功能对部分项目的零件加工程序进行了修改。

本书由九江职业技术学院杨静云担任主编,九江职业技术学院罗涛、张秀娟和中国船舶重工集团第四九一厂于龙跃担任副主编,九江职业技术学院胡斌、张文华和中国船舶集团有限公司第七〇七研究所(九江)廖云参加了部分内容的编写。 具体分工如下:学习情境 1 的项目 1、项目 2 和学习情境 3 的项目 1、项目 2、项目 3 由杨静云编写,学习情境 1 的项目 3、项目 4、项目 5 由张秀娟编写,学习情境 2 的项目 1、学习情境 5 由胡斌编写,学习情境 2 的项目 2 由于龙跃编写,学习情境 2 的项目 3、项目 4 由罗涛编写,学习情境 4 由张文华编写,概述由张秀娟、廖云编写。 Flash 动画由九江职业技术学院吴金会制作,杨静云负责全书的统稿工作。

本书由武汉船舶职业技术学院邹新宇副教授主审,他对全书提出了许多宝贵的建议和修改意见。 在编写过程中还得到了有关院系领导的指导和帮助,编者在此一并表示感谢。

尽管我们在探索《数控编程与加工》教材的特色建设方面做出了许多努力,但是由于编者水平有限,数控技术发展迅速,在教材编写中难免存在疏漏之处,恳请读者在使用本书的过程中给予指正,提出宝贵意见,在此深表感谢!

编者

2022 年 11 月

目　录

概述

一、数控机床及其发展

（一）数控机床

数控机床（Numerical Control Machine Tool）是用数字信息进行控制的机床。它用数字代码将刀具相对工件移动的轨迹、速度等信息记录在程序介质上，由数控系统经过译码和运算，来控制机床刀具与工件的相对运动，加工出所需要的工件。数控机床是基于机械制造技术和控制技术发展而来的，其过程大致如下。

1948年，美国帕森斯公司（Parsons Co.）接受美国空军委托，研制直升机螺旋桨叶片轮廓检验样板的加工设备。由于样板形状复杂，精度要求高，一般加工设备难以适应，于是提出采用电子计算机来控制机床的设想。

1949年，美国帕森斯公司与麻省理工学院伺服机构实验室（Servo Mechanism Laboratory of the Massachusetts Institute of Technology）合作，历时3年于1952年成功研制出立式数控铣床。该铣床是三坐标直线插补连续控制的，被公认为世界上第一台数控机床，也是第一代数控实验性机床。它利用电子管元件，采用了计算机、自动控制、伺服驱动、精密检测和新型机械结构等新技术。

1954年11月，在帕森斯专利基础上，第一台用于工业的数控机床由美国本迪克斯公司（Bendix Co.）正式生产出来。

1959年3月，美国卡耐·特雷克公司（Keaney & Trecker Co.）发明了带有自动换刀装置的数控机床，它被称为加工中心（Machining Center，MC）。这种机床在刀库中装有丝锥、麻花钻、铰刀、铣刀等刀具，根据穿孔带的指令自动选择刀具，并通过机械手将刀具装在主轴上，对工件进行加工。同时，数控系统中广泛采用晶体管和印制电路板，从而使数控机床跨入了第二代数控产品。

1965年研制出了小规模集成电路。由于它的体积小、功耗低，使数控系统的可靠性得到进一步提高，数控机床发展到第三代数控产品。

以上三代都是采用专用计算机控制的硬件逻辑数控（Numerical Control，NC）系统的普通机床。

由于当时计算机的价格十分昂贵，为了提高系统的性价比，1967年，英国首先把几台数控机床连接成柔性的加工系统，这是最初的柔性制造系统（Flexible Manufacturing System，FMS）。之后，美国、日本等国也相继进行了开发和应用。所谓柔性，就是当加工工件改变时，除了重新装夹工件和更换刀具外，只需改变数控程序，而不需要对数控机床作任何调整，具有灵活、通用并能迅速适应工件变更的特性。

随着计算机技术的发展,小型计算机的价格急剧下降,开始取代专用计算机控制的硬件逻辑数控系统,数控的许多功能可由软件程序来实现。

1970年,在美国芝加哥国际展览会上,首次展出了由计算机用作控制单元的数控(Computer Numerical Control,CNC)系统,这就是第四代数控产品。

1974年,美国、日本等国家研制出以微处理器为核心的微型计算机数控系统。由于中、大规模集成电路的集成度和可靠性高,且价格低廉,所以微处理器数控系统得到了广泛的应用。这就是第五代数控产品。

1978年后,加工中心迅速发展,并相继问世。

1980年年初,国际上又出现了柔性制造单元(Flexible Manufacturing Cell,FMC)。这种单元投资少、见效快,既可单独长时间少人看管运行,也可集成到FMS或更高级的集成制造系统中使用,数控系统也得到升级发展。

20世纪80年代末90年代初,计算机集成制造系统(Computer Integrated Manufacturing System,CIMS)问世,它是包括生产决策、产品设计CAD、制造CAM、检验CAT和管理等在内的全过程均由计算机集成管理和控制的生产自动化系统。实现CIMS的基础是FMC和FMS。几十年来,数控机床无论在品种、数量还是在功能上都取得了长足的进步,并为机械制造业注入了新的生命和活力。

我国从1958年开始研究数控机床,到20世纪60年代中期,始终处于研制、开发时期,一直没有取得实质性的成果。从20世纪70年代开始,数控技术在车、铣、磨、齿轮加工、电加工等领域全面展开,数控加工中心在上海、北京研制成功。但数控系统的可靠性、稳定性问题未能得到有效解决,因而没有被广泛推广。在这一时期,数控线切割机床由于结构简单、使用方便、价格低廉,在模具加工中得到了应用和推广。

20世纪80年代初,我国先后从日本、德国、美国等国家引进一些先进的数控装置及主轴、伺服系统的生产技术,并投入了生产。这些数控系统可靠性高、功能齐全,极大地推动了我国数控机床的稳定发展,使我国的数控机床在性能和质量上产生了一个质的飞跃。

20世纪90年代后,我国数控机床有了新的发展。数控机床品种不断增多,规格齐全,许多技术复杂的大型数控机床、重型数控机床及柔性制造系统都相继被研制出来。这个时期,在引进、消化国外技术的基础上,进行了大量开发工作。一些较高档次的数控系统(五轴联动)、分辨率为0.002 μm的高精度数控系统陆续被开发出来。

近年来,我国数控机床工业发展较快,目前已有近百家数控机床生产企业。以华中数控(武汉华中数控股份有限公司)、大连光洋科技(大连光洋科技集团有限公司)、沈阳中科(沈阳中科数控技术股份有限公司)、航天数控(北京航天数控系统有限公司)、广州数控(广州数控设备有限公司)等为代表的头部企业,正在与国外品牌产品在功能和核心技术上不断缩小差距,并且在系统功能、性能参数、价格和服务方面有较大优势。国家颁发的《机械工业振兴纲要》已将数控机床列为四个重点振兴领域之一。我国机床工业在经历初始发展、大规模建设、改革开放、快速发展等阶段后,已经进入世界机床制造大国的行列。随着高档数控机床关键技术的不断创新突破,将为"制造强国"建设注入新质生产力。

(二)数控机床的发展趋势

随着科学技术的发展,现代机械制造要求产品的形状和结构不断改进,对零件加工质量的要求也越来越高,对产品多样化的需求不断增强。产品品种的增多,以及产品更新换代速度的加快,要求数控机床成为具有高效率、高质量、高柔性和低成本特性的新一代制造设备。FMS 的迅猛发展以及 CIMS 的兴起和不断成熟对机床数控系统提出了更高的要求。在这样的背景下,现代数控机床正向着智能化、高可靠性、高速、高效、高精度、多功能复合化的方向发展。

1. 智能化

在数控机床工作过程中,有许多变量直接或间接影响加工效果,如工件毛坯余量不均匀、材料硬度不一致、刀具磨损或破损、工件变形等因素。这些变量是事先难以预测的,编制加工程序时一般都是凭经验数据给出,而实际加工时,难以用最佳参数进行切削。现代数控机床采用了自适应控制技术,它能根据切削条件的变化而自动调整并保持最优工作状态,从而提高经济效率、加工精度和表面质量。主要体现在:

a. 工件自动检测、自动定心;

b. 刀具折损检测及自动更换备用刀具;

c. 刀具寿命及刀具收存情况管理;

d. 负载监控;

e. 数控管理;

f. 维修管理;

g. 利用反馈控制实时补偿的功能;

h. 根据加工时热变形对滚珠丝杠等的伸缩进行实时补偿的功能。

此外,在数控机床上装有各种类型的监控、检测装置(如红外线),对工件及刀具进行实时监测,一旦发现工件尺寸超差、刀具磨损或破损,立即报警,并给予补偿或调换刀具。

2. 高可靠性

随着数控机床网络化应用的发展,高可靠性已经成为数控系统制造商和数控机床制造商追求的目标。在设计过程中,数控机床的可靠性通常靠故障诊断技术,自动检错、纠错技术,系统恢复技术,软件可靠性技术等实现。

3. 高速

高速和超高速加工技术不仅可以提高加工效率,而且也是加工难切削材料、提高加工精度、控制振动的重要保障。高速和超高速加工技术的关键是提高机床的主轴转速和进给速度。目前,数控系统多采用 32 位 CPU(也已经开发出采用 64 位 CPU 的新型数控系统)和多CPU 并行技术,使运算速度得到了很大提高。与高性能数控系统相配合,数控机床采用了交流数字伺服系统。伺服电动机实现了数字化,并采用不受机械负荷变动影响的高速响应伺服驱动技术。同时,高分辨率、高响应的绝对位置检测器也已应用到伺服系统中。数控机床的主轴转速一般为 1 500 r/min,普遍可达到 6 000 r/min 以上;快移速度一般为 5 m/min,可达 20 m/min。

目前,在超高速加工中,车削和铣削的切削速度已达到 5 000~8 000 m/min;主轴转速在30 000 r/min 以上;在分辨率为 0.1 μm 时,快移速度可达 24 m/min;自动换刀时间在 1 s 以内;小线段插补进给速度达到 12 m/min。

4. 高效

为了减少机床辅助时间,提高机床效率,可采取一系列的措施缩短换刀时间。目前数控

机床换刀时间最短为 0.5 s;采用各种形式的交换工作台,使装卸工件的时间与机动时间重合,同时缩短工作台交换时间;广泛采用脱机编程、图形模拟等技术,实现后台输入、修改、编辑程序,前台加工,缩短新的加工程序在机调试时间;采用快换夹具、刀具装置以及对工件原点快速确定等措施,缩短机床及刀具的调整时间。

5. 高精度

高精度一直是机床数控技术发展追求的目标,在 20 世纪末已取得明显成效。普通级中等规格加工中心的定位精度已从 20 世纪 80 年代的 ± 12 μm/300 mm,提高到 $\pm(0.15 \sim 3$ μm$)$/1 000 mm,重复定位精度由 ± 2 μm 提高到 ± 0.5 μm。

6. 多功能复合化

（1）具有多种监控、检测及补偿功能

为了提高数控系统的效率及运行精度,现代数控系统配置了各种检测装置,如刀具磨损的检测系统及热变形的检测装置等。与之相适应地,现代数控系统具备工具寿命管理、刀具长度补偿、刀尖补偿、爬行补偿、实时变形补偿等多种功能。

（2）彩色 CRT（阴极射线管）图形显示

大多数现代数控系统都采用 CRT 图形显示,可以进行二维图形轨迹显示,有的还可以实现三维彩色动态图形显示。

（3）人机对话功能

借助 CRT 和键盘,现代数控系统可以实现程序的输入、编辑、修改和删除等功能,此外还具有前台操作、后台编辑的功能。

（4）自诊断功能

现代数控系统已具有硬件、软件及故障自诊断功能,提高了可维修性及系统的使用效率。

（5）很强的通信功能

现代数控系统除了能与编程机、绘图机等外围设备通信外,还能与其他 CNC 系统通信或与上级计算机联系,实现柔性制造系统连线的要求。

二、先进制造技术

随着第四次工业革命开启的机会窗口,提升先进制造业国际竞争优势,成为我国装备制造产业发展的重要课题。《"十四五"智能制造发展规划》提出以新一代信息技术与先进制造技术深度融合为主线,深入实施智能制造工程,着力提升创新能力、供给能力、支撑能力和应用水平,加快构建智能制造发展生态,持续推进制造业数字化转型、网络化协同、智能化变革,为促进制造业高质量发展、加快制造强国建设、发展数字经济、构筑国际竞争新优势提供有力支撑。

（一）数字孪生（Digital Twin, DT）

数字孪生,是充分利用物理模型、传感器更新、运行历史等数据,集成多学科、多物理量、多尺度、多概率的仿真过程,在虚拟空间中完成映射,从而反映相对应的实体装备的全生命周期过程。简单来说,数字孪生就是在一个设备或系统的基础上,创造一个数字版的"克隆体"。数字孪生作为连接物理世界与数字世界的纽带,是智能制造时代突破性的关键技术。物联网、大数据、人工智能、工业互联网等技术与制造系统建模、仿真、虚拟现实、增强现实、智能控制等数字孪生相关技术进行有机耦合与集成,使得在虚拟空间中建立平行运行的制造数字孪生系统成为可能。近年来,以数字孪生为核心构建数字线索,实现产品全生命周期过程闭环管理和关键点智能仿真决策,已经成为先进制造企业的发展战略。

理解数字孪生需要记住三个关键词,分别是产品生命周期管理(PLM)、实时/准实时、双向。产品生命周期管理是指数字孪生可以贯穿产品包括设计、开发、制造、服务、维护乃至报废回收的整个周期;实时/准实时是指本体和孪生体之间可以建立全面的实时或准实时联系;双向是指本体和孪生体之间的数据流动可以是双向的,并不是只能由本体向孪生体输出数据,孪生体也可以向本体反馈信息,企业可以根据孪生体反馈的信息,对本体采取进一步的行动和干预。数字孪生模型如图 0-1 所示。

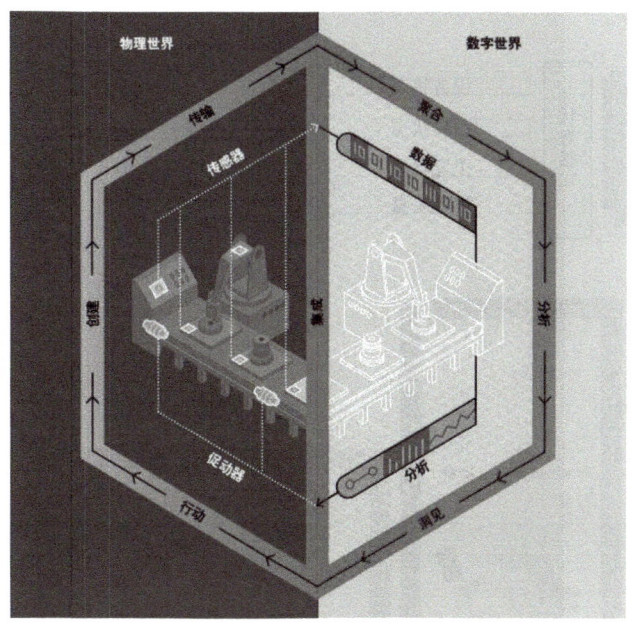

图 0-1　数字孪生模型

目前数字孪生相关技术的应用主要是通过物联网技术和虚拟现实、增强现实等可视化技术,实现对物理系统的感知和数字空间呈现,实现制造系统的透明化。

(二) 人工智能(Artificial Intelligence,AI)

人工智能是对人类智慧行为的仿真。它通常是设计用来感知环境、了解行为并采取行动的一套系统,可以将机器学习和深度学习等 AI 算法集成到支持自动化技术的复杂环境。

国内专家研究了数字孪生与人工智能融合涉及的关键问题,讨论了加工制造过程自适应控制、智能车间生产过程智能管控、制造过程资源调度与优化决策、产品智能质量控制等应用场景,为数字孪生与人工智能的融合应用提供了参考。通过将各种神经网络模型以及遗传算法、PSO(粒子群优化算法)等人工智能方法用于机床误差建模,并对影响模型的预测精度和响应速度因素进行对比,得出了建立一种能够用于不同加工条件、实时性更好的人工智能模型,这是解决机床误差补偿问题的关键。

华中数控开发出具备自主学习、自主优化补偿能力的华中9型智能数控系统,为机床厂家、行业用户及科研机构创新研制智能机床产品和开展智能化技术研究提供了技术支撑。该系统深度融合大数据与人工智能技术,打造了"端-边-云"的智能体系架构,形成了集成AI芯片的智能硬件平台、支持AI算法的智能软件平台、构建智能App生态的开放平台。人工智能机床模型和数控系统如图0-2所示。

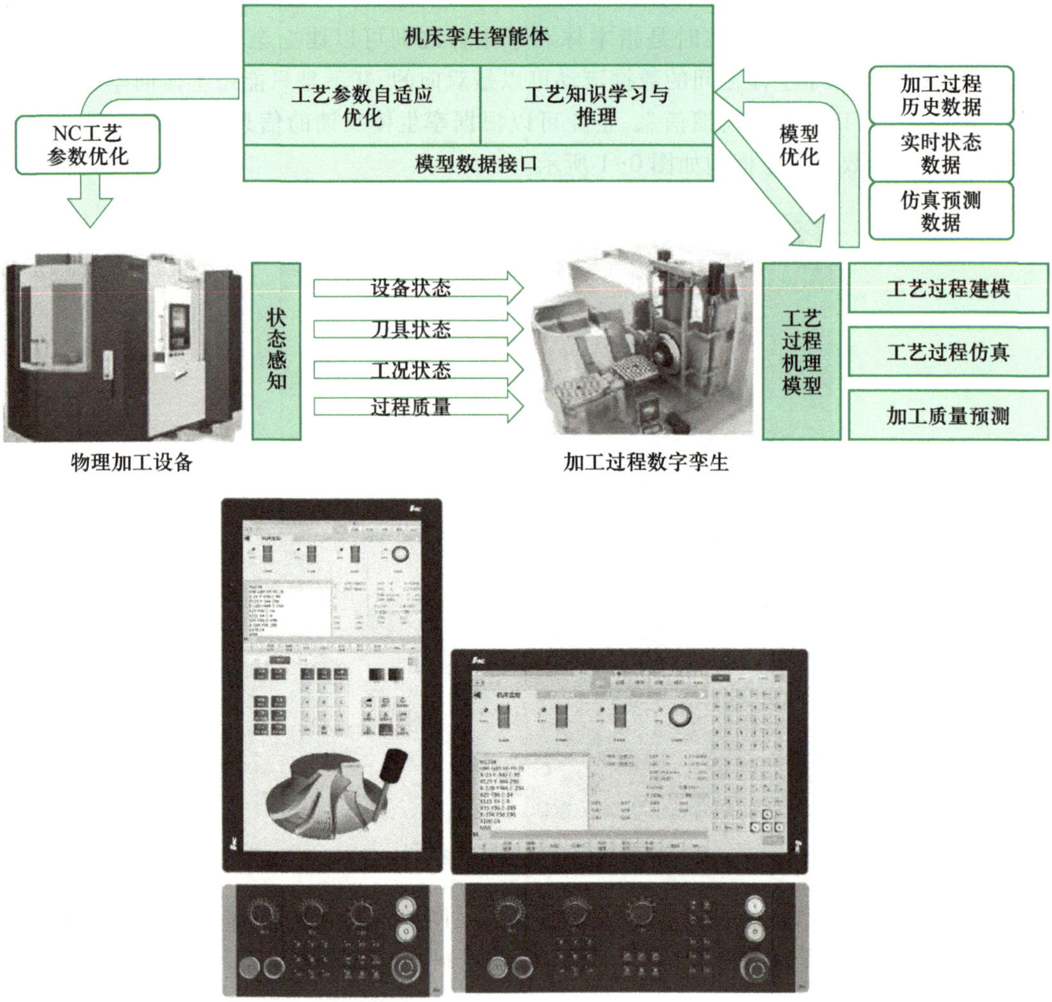

図 0-2　人工智能机床模型和数控系统

（三）绿色制造（Green manufacturing）

我国"十四五"规划中明确提出"提升产业链供应链现代化水平",绿色、韧性与数字化是最具时代特色的供应链现代化的内涵特征。同时,绿色是高质量发展的鲜明底色,制造业绿色转型是推动"碳达峰"与"碳中和"愿景实现的重要部分,也是国家生态文明建设的重要一环。随着低碳经济的快速发展和用户环境意识的不断提高,机床的绿色化也逐渐成为重要的技术性能评价指标。绿色化是寿命周期概念,涉及产品的绿色设计、绿色制造、绿色使用、绿色运维和绿色处置等。常用的机床绿色化技术包括干切削、微量润滑切削、切屑无害化处理、节能技术、机床再制造等。

三、数控机床的分类

数控机床可以根据不同的方法进行分类,常用的有按数控机床工艺用途分类、按数控机床运动轨迹分类、按进给伺服系统控制方式分类、按控制的坐标轴数分类和按数控系统的功能水平分类等。

(一)按数控机床工艺用途分类

按数控机床工艺用途,可把数控机床分为如表 0-1 所示的十一大类,常用的有数控车床、数控铣镗床和加工中心三类。

表 0-1 数控机床按数控机床工艺用途分类

序号	分类	名称
1	数控车床	数控卧式车床、数控立式车床、车削中心
2	数控铣镗床	数控卧式铣镗床、数控立式铣镗床、其他数控铣镗床
3	加工中心	卧式加工中心、立式加工中心、立卧式加工中心等 三轴加工中心、四轴加工中心、五轴加工中心等
4	车铣复合机床	车铣复合加工中心、铣车复合加工中心等
5	数控磨床	数控平面磨床、数控外圆磨床、数控轮廓磨床、数控工具磨床、数控坐标磨床
6	数控钻床	数控滑座式钻床、数控龙门式钻床、数控立式铣钻床、铣钻加工中心
7	数控特种机床	数控电火花机床、数控线切割机床、数控激光切削机床
8	数控组合机床	数控多工位组合机床
9	数控专用机床	数控齿轮机床、数控曲轴机床、数控管子加工机床、数控活塞车床等
10	数控机床生产线	活塞生产线、柔性生产线
11	其他	数控冲床、数控超声波加工机床、三坐标测量机床等

(二)按数控机床运动轨迹分类

数控机床运动轨迹主要有点位控制运动、直线控制运动和轮廓控制运动三种形式,如图 0-3 所示。

1. 点位控制的数控机床

点位控制运动就是刀具与工件相对运动时,只控制从一点运动到另一点的准确性,而不考虑两点之间的运动路径和方向。即在刀具相对工件的移动过程中,不进行切削加工。这种控制方式多应用于数控钻床、数控冲床、数控坐标镗床和数控点焊机等。

2. 直线控制的数控机床

直线控制的数控机床的特点是不仅要控制从起点到终点的准确定位,而且要保证两点

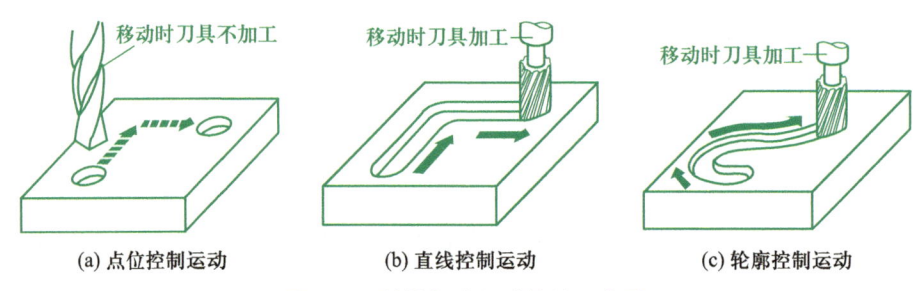

(a) 点位控制运动　　　　(b) 直线控制运动　　　　(c) 轮廓控制运动

图 0-3　数控机床运动轨迹示意图

之间的运动轨迹是一条平行于机床坐标轴的直线,或是两轴同时移动形成的45°斜线。直线控制的数控机床虽然比点位控制的数控机床的工艺范围广,但在实际应用中仍受到很大限制。这类数控机床主要有经济型数控车床、数控镗铣床和加工中心等。

3. 轮廓控制的数控机床

轮廓控制运动也称为连续控制运动,指刀具或工作台按工件的轮廓轨迹运动,运动轨迹为任意方向的直线、圆弧、抛物线或其他函数关系的曲线。采用这种控制方式的数控机床有数控车床、数控铣床、加工中心等。

(三) 按进给伺服系统控制方式分类

按进给伺服系统控制方式,数控机床可分为开环控制系统、闭环控制系统和半闭环控制系统。

1. 开环控制系统

这种控制系统采用步进电动机驱动,无位置检测元件,输入数据经过计算机数控装置运算,输出指令脉冲控制步进电动机工作,如图 0-4 所示。这种控制方式对执行机构不进行检测,无反馈控制信号,因此称为开环控制。开环控制系统的控制精度低,工作速度受步进电动机限制,但设备成本低,调试简单,被广泛应用于经济型数控机床上。

图 0-4　开环控制系统

2. 闭环控制系统

如图 0-5 所示,位置检测元件(光栅尺)安装在工作台上,测出的工作台实际位移值将被反馈到计算机数控装置。计算机数控装置中的位置比较电路将位置检测元件反馈的工作台实际位移值与指令位移值相比较,用比较的差值控制伺服电动机工作,直至工作台到达指令位置,这种控制方式称为闭环控制。闭环控制系统的控制精度高,但要求机床的刚性好,对机床的加工、装配要求高,调试较复杂,而且设备的成本高。

3. 半闭环控制系统

如图 0-6 所示,这种控制系统不是直接检测工作台的位移值,而是采用角位移检测元件测出伺服电动机或丝杠的转角,推算出工作台的实际位移值,反馈到计算机数控装置中进行位置比较,用比较的差值进行控制。由于反馈环节内没有包含工作台,故称为半闭环控制。

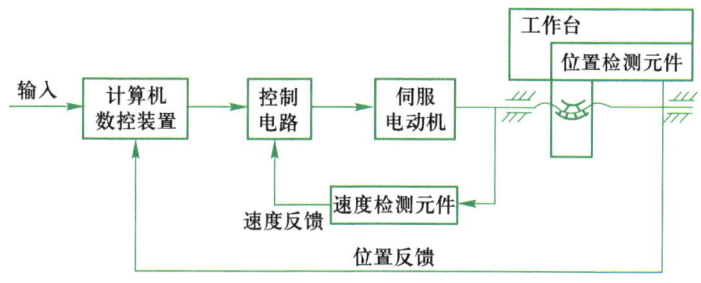

图 0-5 闭环控制系统

半闭环控制系统的精度较闭环控制系统差,但稳定性好,成本较低,调试维修也较容易,兼顾了开环控制系统和闭环控制系统两者的特点,因此应用比较广泛。

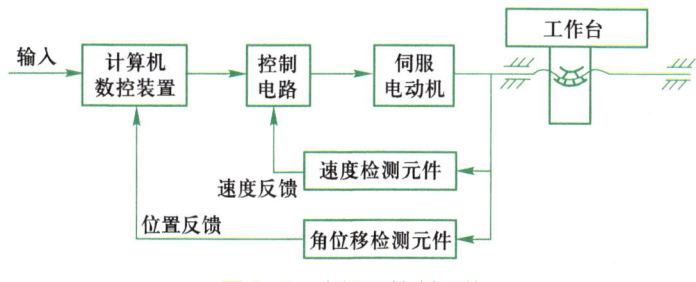

图 0-6 半闭环控制系统

(四) 按控制的坐标轴数分类

数控机床在加工零件时,常常要控制两个或两个以上坐标轴方向的运动。在一台数控机床上,可以对几个坐标轴方向的运动进行数字控制,这台机床就称为"几"坐标数控机床。

1. 两坐标数控机床

两坐标数控机床是指可以控制两个坐标轴(其控制方式能够联动)加工曲线轮廓零件的机床。如可以同时控制 X 和 Z 坐标轴的数控车床,以及可以同时控制 X 和 Y 坐标轴的数控线切割机床、简易数控铣床等。

2. 三坐标数控机床

三坐标数控机床是指可以控制和联动控制的坐标轴均为三轴的轮廓控制机床,可以用于加工不太复杂的空间曲面。最典型的是数控立式铣床。

3. $2\frac{1}{2}$坐标数控机床

这类机床俗称为两轴半坐标数控机床。它有 X、Y、Z 三个可以控制的坐标轴,但能同时进行联动控制的坐标轴只能是其中的任意两个,即 $X-Y$、$X-Z$ 或 $Y-Z$,第三个不能联动控制的坐标轴仅能做等距的周期移动。这类机床主要有经济型数控铣床和数控钻床等。

4. 多坐标数控机床

可以联动控制的坐标轴为四轴或四轴以上的机床统称为多坐标数控机床。这类数控机床的控制精度较高,加工零件的形状多为空间曲面,但编制加工程序的工作复杂,一般需要配合自动编程机,故适宜加工形状复杂、精度要求高的零件。

（五）按数控系统的功能水平分类

按数控系统的功能水平，通常可把数控机床划分为低、中、高档三类，即经济型、普及型、高级型。

1. 经济型数控机床

经济型数控机床结构简单，精度中等，价格便宜，仅能满足一般精度要求的加工，能加工形状较简单的直线、斜线、圆弧及带螺纹类的零件。

2. 普及型数控机床

普及型数控机床具有人机对话功能，应用较广，且价格适中，通常称为全功能数控机床。

3. 高级型数控机床

高级型数控机床是指加工复杂形状、多轴控制、工序集中、自动化程度高、柔性度高的数控机床。

四、数控机床的基本工作原理

在数控机床上加工零件，一般按如下步骤进行：

a. 根据被加工零件的图样与工艺方案，用规定的代码和程序格式，将刀具的移动轨迹、加工工艺过程、工艺参数、切削用量等编写成数控系统能够识别的指令。

b. 将所编写的加工程序输入数控装置。

c. 数控装置对输入的程序（代码）进行译码、运算处理，并向各坐标轴的伺服驱动装置和辅助控制装置发出控制信号，以控制机床各部件的运动。

d. 在运动过程中，数控系统需要随时检测机床的坐标轴位置、行程开关的状态等，并与程序的要求相比较，以决定下一步动作，直到加工出合格的零件。

e. 操作者可以随时对机床的加工情况、工作状态进行观察、检查，必要时还需要对机床动作和加工程序进行调整，以保证机床安全、可靠地运行。

由此可知，数控系统是所有数控设备的核心。数控系统的主要控制对象是坐标轴的位移（包括移动速度、方向和位置等），其控制信息主要来源于数控加工或运动控制程序。因此，作为数控机床的基本组成，它应包括输入/输出装置、数控装置、伺服驱动装置和反馈装置、辅助控制装置以及机床本体等部分，如图 0-7 所示。

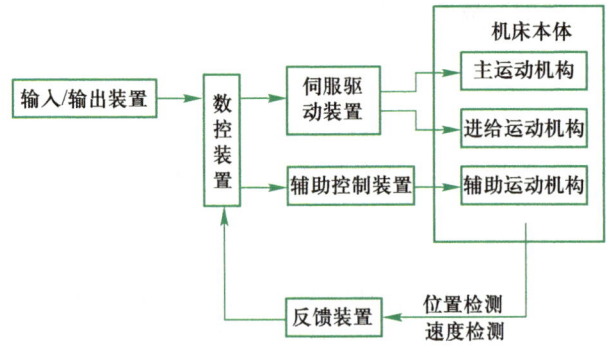

图 0-7　数控机床的组成框图

五、数控机床坐标系的确定

(一) 机床坐标系

数控机床坐标系是为了确定工件在机床中的位置、机床运动部件的特殊位置(如换刀点、参考点等)及运动范围(如行程范围)等而建立的几何坐标系。国家标准 GB/T 19660—2005《工业自动化系统与集成　机床数值控制　坐标系和运动命名》(等同采用国标标准 ISO 841∶2001)规定了与数控机床主要运动和辅助运动相应的机床坐标系。有关规定如下:

a. 机床坐标系采用右手直角坐标系(笛卡尔坐标系),如图 0-8 所示。三个主要轴称为 X、Y 和 Z 轴,绕 X、Y 和 Z 轴回转的轴分别称为 A、B 和 C 轴。

b. 机床坐标系用来提供刀具(或加工空间里或图纸上的点)相对于固定的工件移动的坐标。当工件运动时,即在坐标轴符号右上加"'"表示。

c. 刀具远离工件的运动方向为坐标的正方向。

d. 分别围绕 X、Y、Z 轴做回转运动的正方向 $+A$、$+B$、$+C$ 用右手螺旋法则判定。

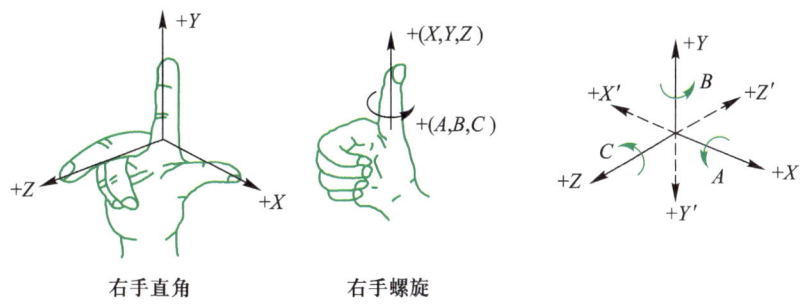

右手直角　　　右手螺旋

图 0-8　右手直角坐标系

1. 机床坐标系的规定

图 0-9 和图 0-10 分别表示了卧式车床和立式铣床的坐标系,其坐标和方向根据以下规则确定:

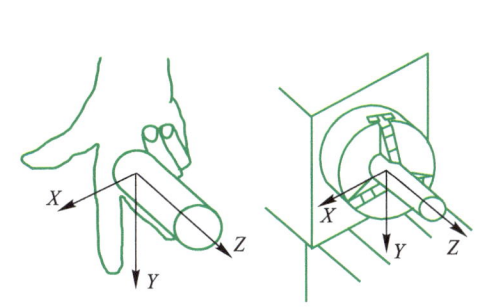

图 0-9　卧式车床的坐标系

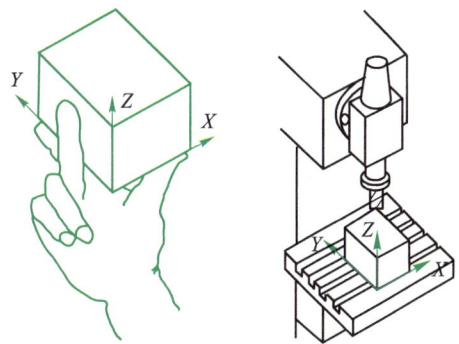

图 0-10　立式铣床的坐标系

(1) Z 坐标轴

在机床坐标系中,规定传递切削动力的主轴轴线为 Z 坐标轴,取刀具远离工件的方向为正方向($+Z$)。对于没有主轴的机床(如数控龙门铣床),则规定 Z 坐标轴垂直于工件装夹面

方向。若机床上有多个主轴,则选一垂直于工件装夹面的主轴作为主要的主轴。若主轴始终平行于标准坐标系的一个坐标轴,则该坐标轴即为 Z 坐标轴,且向里为正方向(面对工作台的平行移动方向),如卧式铣床的水平主轴。

(2) X 坐标轴

X 坐标轴为水平方向,它平行于工件装夹面,且垂直于 Z 坐标轴。对于工件旋转运动的机床(如车床、磨床等),X 坐标轴在工件的径向上平行于横向滑座,且刀具离开工件旋转中心的方向为 X 坐标轴正方向。对于刀具旋转运动的机床(如铣床、镗床等),当 Z 坐标轴为水平(卧式)主轴时,沿刀具主轴后端向工件方向看,向右方向为 X 坐标轴的正方向;当 Z 坐标轴为垂直(立式)主轴时,对单立柱机床,面对刀具主轴向立柱方向看,向右方向为 X 坐标轴的正方向。对刀具或工件均不旋转的机床(如刨床),X 坐标轴平行于主要切削方向,并以该方向为正方向。

(3) Y 坐标轴

Y 坐标轴垂直于 X、Z 坐标轴。Y 坐标轴的正方向根据 X 和 Z 坐标轴的正方向按照右手直角笛卡尔坐标系来判断。

(4) 旋转坐标轴

围绕 X、Y、Z 坐标轴旋转的运动,分别用 A、B、C 表示。其轴线平行于 X、Y、Z 坐标轴,它们的正方向用右手螺旋法则判定。

(5) 附加轴

如果在 X、Y、Z 主要坐标轴以外,还有平行于它们的坐标轴,可分别指定第二组 U、V、W 坐标轴,第三组 P、Q、R 坐标轴。

常见类型数控机床的坐标系如图 0-11 所示。

2. 机床坐标系的确定

(1) 机床坐标系的确定方法

① 机床坐标轴的确定方法 一般先确定 Z 坐标轴,因为它是传递切削动力的主轴或方向,再按规定确定其 X 坐标轴,最后用右手定则确定 Y 坐标轴。

② 机床坐标系原点的确定方法 机床坐标系原点又称机床零位或机床零点,它是机床上设置的一个固定点。机床坐标系原点位置应由机床制造厂规定。该点在数控机床装配和调试时就已经设定,是机床运动的基准点。对于数控车床,机床原点取在机床主轴端面和主轴中心线的交点处;而对于数控铣床和加工中心,机床原点一般取在 X、Y、Z 三个坐标轴正方向的极限位置上。

(2) 机床坐标系原点的用途

机床坐标系原点用于数控系统某些功能的启动,如螺纹插补功能及各坐标软限位的设定;还用于加工程序编制时选择工件坐标系相对机床坐标系原点的位置等,在机床设计中常用作换刀位置。

(二) 工件坐标系

工件坐标系是用于确定工件几何图形上各几何要素(点、直线和圆弧)的位置而建立的坐标系。工件坐标系的原点即是工件零点。选择工件零点时,最好把工件零点放在工件图样的尺寸能够方便转换成坐标值的地方。车床工件零点一般设在主轴中心线上,且在工件

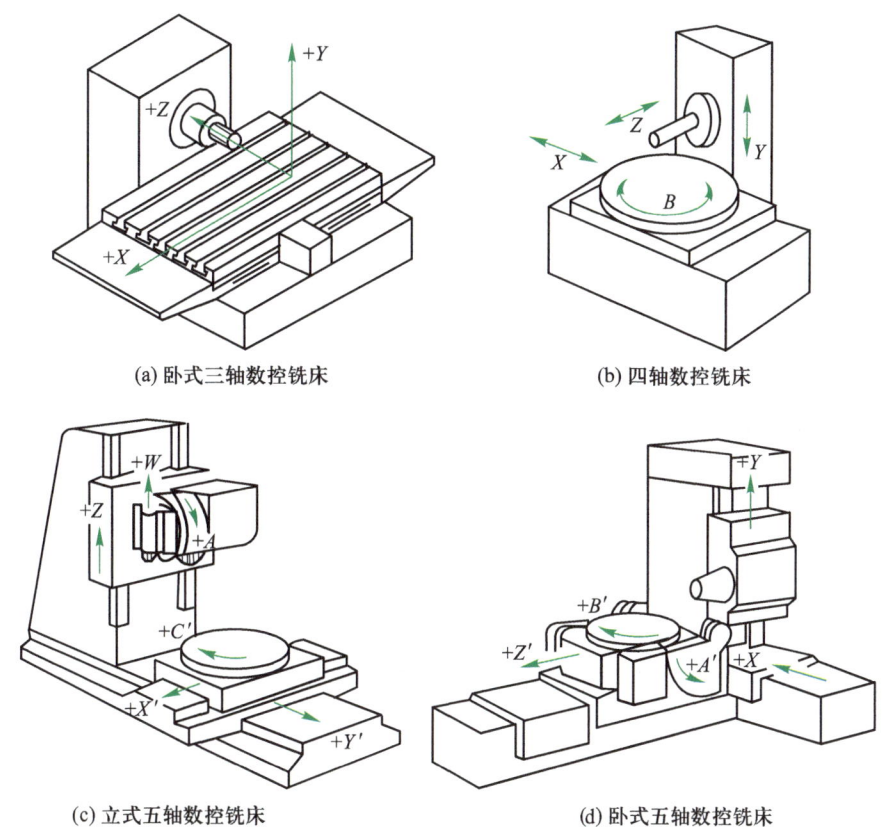

(a) 卧式三轴数控铣床   (b) 四轴数控铣床

(c) 立式五轴数控铣床   (d) 卧式五轴数控铣床

图 0-11　常见类型数控机床的坐标系

的右端面或左端面;铣床工件零点一般设在工件外轮廓的某个角上,进刀深度方向的零点大多取在工件上表面。工件零点的一般选用原则如下:

　　a. 工件零点选在工件图样的尺寸基准上,这样可以直接用图纸标注的尺寸作为编程点的坐标值,减少计算工作量。

　　b. 工件零点的选取应利于工件的装夹、测量和检验。

　　c. 工件零点尽量选在尺寸精度较高的工件表面上,这样可以提高工件的加工精度和同一批零件的一致性。

　　d. 对于有对称形状的几何零件,工件零点最好选在对称中心上。

六、数控编程的内容与方法

　　数控加工是按照事先编制好的零件加工程序,经机床数控系统处理后,使机床自动完成零件加工的。

　　零件加工程序的编制应根据零件图要求,将加工零件的全部工艺过程及工艺参数、位移数据、辅助运动(如主轴准停、切削液开关和自动换刀等),以规定的指令代码及程序格式编制成加工程序,经过调试后传送或输入到数控装置中,从而控制机床加工零件。

　　数控机床零件加工程序的编制步骤为:分析零件图→制订工艺方案→数值计算→编写

加工程序→加工程序的输入→程序校验和试切。

（一）数控编程的内容

1. 分析零件图

编程人员首先要根据零件图,分析零件的材料、形状、尺寸、精度、毛坯形状和热处理要求等,明确加工的内容和要求。

2. 制订工艺方案

在详细分析零件图的基础上,拟订零件加工方案,确定加工顺序、进给路线、定位与装夹方法、刀具及合理的切削用量等,并选择合适的数控机床,充分发挥机床的效能。零件的装夹次数应尽可能少,加工路线应尽可能短,要正确选择对刀点、换刀点,减少换刀次数,在保证零件加工质量的前提下,降低加工成本,提高加工效率。此外,还应填写有关的工艺文件,如数控加工工序卡片、数控刀具卡片、工件装夹和零件设定卡片等。

3. 数值计算

在确定了工艺方案后,需要根据零件的几何尺寸、加工路线和允许的编程误差等,计算机床数控系统所需要输入的数据,称为数值计算。

4. 编写加工程序

根据计算出的刀具运动轨迹坐标值、已经确定的切削用量以及辅助动作,使用数控系统规定的功能指令代码及程序段格式,编写零件加工程序。

5. 加工程序的输入

编写的零件加工程序可以直接用键盘手工输入或通过通信传输的方式输入到数控系统。

6. 程序校验和试切

在正式加工前,应对程序进行校验和试切。通常可采用机床空运行的功能来检查机床动作和运动轨迹的正确性,以检验程序。在具有图形模拟功能的数控机床上,可通过显示的进给轨迹或模拟刀具对工件的切削过程来对程序进行检查。但是,这些方法只能检验出运动是否正确,不能检验被加工零件的加工公差等级。因此,应进行零件的试切。试切发现加工误差超差时,应分析超差产生的原因,采取误差补偿措施,加以修正。

（二）数控编程的方法

加工程序的编制方法有手工编程和自动编程两种。

1. 手工编程

手工编程是指在编程过程中从分析零件图、制订工艺方案、图形数学处理、编写零件加工程序单、制备控制介质到程序校验等工作均主要由人工完成的编程方法。

对于几何形状简单、计算量不大、程序段不多的零件,采用手工编程即可实现,而且较为经济、及时。因此,手工编程广泛应用于点位加工或由直线与圆弧组成的轮廓加工中。但对于形状复杂的零件,特别是由空间曲线、曲面等几何要素组成的零件,用手工编程计算量大而繁琐,且容易出错,有时甚至无法完成,应采用自动编程的方法。

2. 自动编程

自动编程是指在编程过程中除了分析零件图和制订工艺方案由人工完成,其余工作均由计算机辅助完成的编程方法。

采用计算机自动编程时,数学处理、编写程序、检验程序等工作是由计算机自动完成的,编程人员只需按零件图的要求将加工信息输入到计算机中,计算机完成数值计算和后置处理后,编制出零件加工程序单。计算机可自动绘制出刀具中心的运动轨迹,使编程人员可及时检查和修改程序。

自动编程可以大大减轻编程人员的劳动强度,提高编程效率和编程质量,同时解决了手工编程无法解决的复杂零件的编程难题。

七、加工程序的结构与格式

为了满足设计、制造、维修和普及的需要,在输入代码、坐标系统、加工指令、辅助功能及程序格式等方面,国际上已形成了由国际标准化组织(ISO)和美国电子工业协会(EIA)分别制定的两种标准,我国也等同采用或修改采用 ISO 标准制定了相应数控机床加工程序的国家标准。但是由于各数控机床生产厂家所用的标准尚未完全统一,其所用的代码、指令及含义不尽相同,因此,应按所用数控机床编程手册中的规定进行数控编程。目前,数控系统中常用的代码有 ISO 代码和 EIA 代码。

(一) 加工程序的结构

例:图 0-12 所示零件图的加工程序(铣刀直径为 10 mm,切削深度为 5 mm):

O0001;	程序号
N0010 G54 G90 G01 Z100 F2000;	确定工件坐标系
N0020 M03 S500;	主轴正转,转速为 500r/min
N0030 G00 X-40 Y0;	快速移动到加工起点
N0040 G01 Z-5 F100;	刀具进给到切削深度
N0050 G01 G42 X-10 Y0 D01;	建立刀具半径补偿
N0060 G01 X60 Y0;	加工 AB 段
N0070 G03 X80 Y20 R20;	加工 BC 段
N0080 G03 X40 Y60 R40;	加工 CD 段
N0090 G01 X0 Y40;	加工 DE 段
N00100 G01 X0 Y-10;	加工 EA 段
N00110 G01 G40 X0 Y-40;	取消刀具半径补偿
N00120 G01 Z100 F2000;	主轴抬起
N00130 M05;	主轴停止
N00140 M30;	程序结束

每一个程序都是由程序号、程序内容和程序结束三部分组成的。

1. 程序号

程序号为程序的开始部分,一般由规定的英文字母开头,后面紧跟若干位数字。不同的数控系统,其程序号命名不同。在 FANUC 0i 系统中,程序号由英文字母 O 加 4 位数字组成,而有的系统采用 P 或"%"等。为区别存储器中的程序,每个程序都要有程序号。

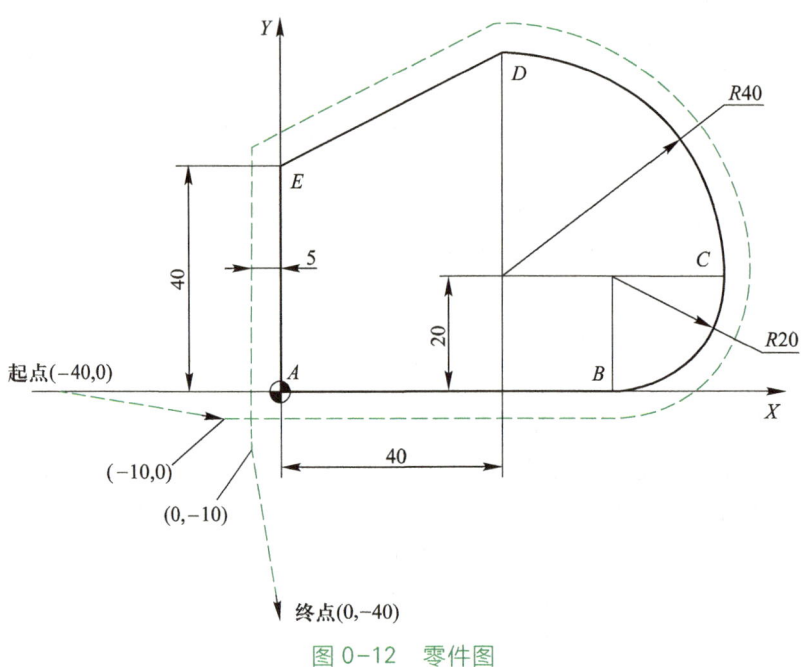

图 0-12　零件图

2. 程序内容

程序内容是整个程序的核心,由许多程序段组成。

3. 程序结束

以程序结束指令 M02 或 M30 作为整个程序结束的符号,来结束整个程序。

(二)加工程序的格式

零件加工程序由程序段组成,程序段是组成程序的基本单元。程序段由若干个程序字(或功能字)组成,用来表示机床执行的某一个或一组动作。程序字由英文字母表示的地址符和若干位数字组成。程序段格式是指一个程序段中字、字符、数据的书写规则。通常有字-地址可变程序段格式、使用分隔符的程序段格式和固定程序段格式,其中最常用的为字-地址可变程序段格式。

字-地址可变程序段格式由程序段号、程序字和程序段结束符组成。

例:N10 G01 X30 Z-20 F100。

1. 程序段号

程序段号是用来识别程序段的编号,位于程序段之首,由地址符 N 和后面的若干位数字组成。例如 N10 表示程序段号为 10。

数控机床加工时,数控系统是按照程序段的先后顺序执行的,与程序段号的大小无关,程序段号只起标记的作用,以便于程序的校对和检索修改。

2. 程序字

程序字通常由地址符、数字和符号组成。程序字的功能类别由地址符决定,它的排列顺序要求不太严格,数据的位数可多可少,不需要的字可以省略不写。程序字与地址符的意义见表 0-2。

表 0-2 程序字与地址符的意义

程序字	地址符	意义	说明
程序号	O、P、%	用于指定程序的编号	主程序编号、子程序编号
程序段号	N	又称顺序号,是程序段的编号	由地址符 N 和后面的若干位数字组成
准备功能字	G	用于控制系统动作方式的指令	用地址符 G 和后面的两位数字表示,有G00~G99 共 100 种。G 功能是使数控机床做好某种操作准备的指令,如 G01 表示直线插补运动
尺寸字	X、Y、Z、U、V、W、A、B、C、I、J、K、R	用于确定加工时刀具运动的坐标位置	X、Y、Z 用于确定终点的直线坐标尺寸;A、B、C 用于确定附加轴终点的角度坐标尺寸;I、J、K 用于确定圆、圆弧的圆心坐标;R 用于确定圆弧半径
补偿功能字	D、H	用于补偿号的指定	D 通常为刀具半径补偿号的指定;H 为刀具长度补偿号的指定
进给功能字	F	用于指定切削的进给速度	表示刀具中心运动时的进给速度,由地址符 F 和后面的数字构成,单位为 mm/min 或 mm/r
主轴转速功能字	S	用于指定主轴转速	由地址符 S 和后面的数字组成,单位为 r/min 或 m/min
刀具功能字	T	用于指定加工时所用刀具的编号	由地址符 T 和后面的数字组成,数字指定刀具的刀号,数字的位数由所用的系统决定
辅助功能字	M	用于控制机床或系统辅助装置的开关动作	由地址符 M 和后面的两位数字组成,有M00~M99 共 100 种。各种机床的 M 代码规定有差异,必须根据手册中的规定进行编程

3. 程序段结束符

程序段结束符写在每一程序段之后,表示程序段结束。在 ISO 代码中,结束符为 NL 或 LP;在 EIA 代码中,结束符为 CR;有的数控系统的程序段结束符用";"或"＊";也有的数控系统不设结束符,直接按 Enter 键即可。

学习情境 1　回转体类零件数控编程与加工

回转体类零件大多数由数控车床加工。数控车削适合加工精度和表面粗糙度要求较高、轮廓形状复杂或难以控制尺寸、带螺纹的回转体等零件。数控车削包括零件的工艺过程、走刀路线、切削用量、刀具尺寸和车床的运动过程。操作者不仅要掌握数控系统的编程指令，还要熟悉数控车床的性能、特点、运动方式、刀具系统、切削规范及工件的装夹方法。本学习情境主要以当前国内外应用较广的 FANUC 0i 系统为例，介绍数控车床的编程与加工功能。

动画扫一扫
圆柱、圆锥、
圆弧面零件

项目1　圆柱、圆锥、圆弧面零件数控编程与加工

一、工作任务

已知零件毛坯为 $\phi30$ mm 的圆柱棒料，加工图样如图 1-1 所示的零件。

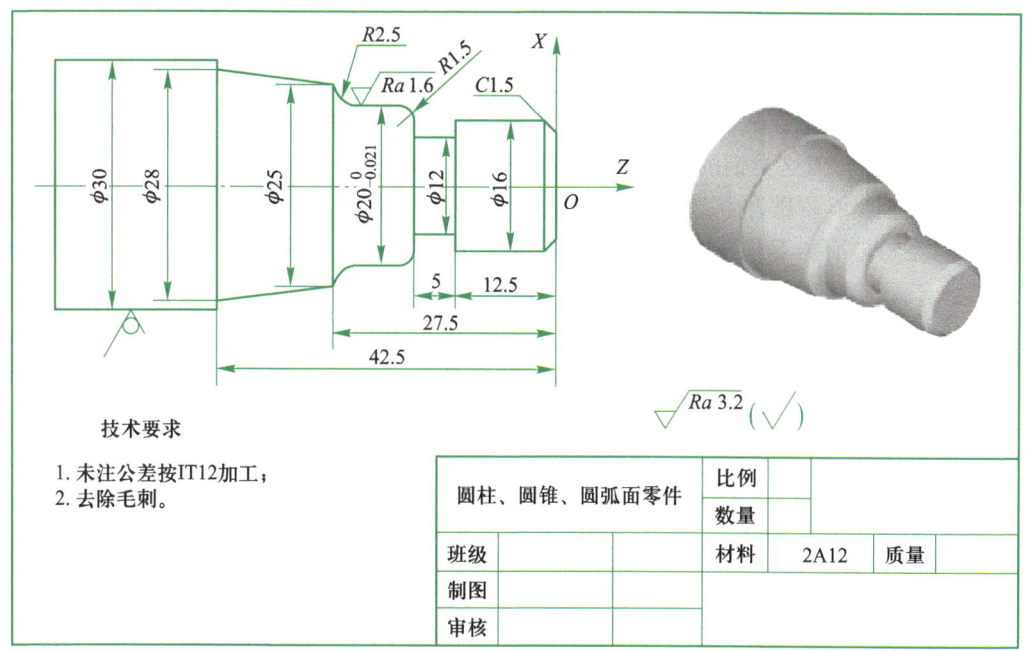

技术要求

1. 未注公差按IT12加工；
2. 去除毛刺。

圆柱、圆锥、圆弧面零件		比例		
		数量		
班级		材料	2A12	质量
制图				
审核				

图 1-1　圆柱、圆锥、圆弧面零件（回转体零件）图

二、学习目标

a. 掌握数控车床编程基础。

b. 掌握简单零件数控车削加工工艺的制订。

c. 掌握圆柱、圆锥、圆弧面加工编程指令 G00、G01、G02、G03、G04 的应用。

d. 能合理安排数控车削加工准备工作。

e. 学会圆柱、圆锥、圆弧面零件的数控加工。

f. 培养数控机床安全操作、文明生产和"6S"管理意识。

三、学习内容

（一）数控车床编程工艺知识

1. 数控车削加工刀具及其选用

（1）车削刀具的材料

金属切削加工中常用的刀具材料有高速钢、硬质合金、陶瓷、金刚石和立方氮化硼等五类。目前数控加工中普遍应用的刀具是高速钢刀具和硬质合金刀具。

① 高速钢　高速钢是一种加入了较多钨、铬、钒、钼等合金元素的高合金工具钢，具有良好的综合性能。在现有刀具材料中，其强度最高，韧性也最好。高速钢刀具制造工艺简单，容易刃磨、锻造，热处理变形小，目前在复杂刀具的制造中，仍占主要地位，如麻花钻、丝锥和成形刀具。

a. 普通高速钢　普通高速钢刀具有一定的硬度和耐磨性、较高的强度和韧性，其切削速度不太高，切削普通钢料时为 40~60 m/min，不适合高速切削和硬质材料的切削，如 W18Cr4V 钢广泛用于制造各种复杂刀具。

b. 高性能高速钢　高性能高速钢是通过在普通高速钢的基础上增加含碳量、含钒量，再添加钴、铝等元素冶炼而成的。如 W12Cr4V4Mo 钢，用它制成的刀具寿命为普通高速钢刀具寿命的 1.5~3 倍。但这类钢的综合性能不如普通高速钢。

② 硬质合金　硬质合金是由难熔金属碳化物（如 TiC、WC、NbC 等）和金属黏结剂（如 Co、Ni 等）经粉末冶金工艺方法制成的。国产普通硬质合金按其化学成分的不同，可分为以下四类：

a. 钨钴类（WC+Co）　合金代号为 YG（国际标准 K 类），适合切削短切屑的黑色金属、有色金属和非金属材料。该合金钴含量越高，韧性越好，适用粗加工；钴含量低的，适用精加工。

b. 钨钛钴类（WC+TiC+Co）　合金代号为 YT（国际标准 P 类），此类合金有较高的硬度和耐热性，主要用于加工长切屑的钢件等塑性材料。该合金中 TiC 含量越高，则耐磨性和耐热性越高，但强度低。因此，粗加工一般选择 TiC 含量少的牌号，精加工选择 TiC 含量多的牌号。

c. 钨钛钽（铌）钴类（WC+TiC+TaC（NbC）+Co）　合金代号为 YW（国际标准 M 类），此类合金适用于冷硬铸铁、有色金属及合金的半精加工以及高锰钢、淬火钢、合金钢及耐热合金钢的半精加工和精加工。

d. 碳化钛基类(WC+TiC+Ni+Mo)　合金代号为YN(国际标准P01类),该类合金一般用于精加工和半精加工,尤其适合加工大而长或公差等级较高的零件,但不适用有冲击载荷的粗加工和低速加工。

③ 特殊刀具材料

a. 陶瓷刀具　陶瓷刀具材料主要由硬度和熔点都很高的Al_2O_3、Si_3N_4等氧化物、氮化物组成。另外还需掺入少量的金属碳化物、氧化物等添加剂,通过粉末冶金工艺方法压制烧结而成。

陶瓷刀具的优点:有很高的硬度和耐磨性,硬度达91~95 HRA,耐磨性是硬质合金刀具的5倍;寿命比硬质合金刀具高;具有很好的热硬性;摩擦系数低,切削力比硬质合金刀具小,用此类刀具加工能降低被加工工件的表面粗糙度值。

因陶瓷的脆性大,所以陶瓷刀具强度和韧性差,热导率低。此类刀具一般用于钢、铸铁,高硬度材料及高精度零件的高速精细加工。

b. 金刚石刀具　金刚石具有极高的硬度。现有的金刚石刀具有三类:天然金刚石刀具、人造聚晶金刚石刀具、复合聚晶金刚石刀具。

金刚石刀具的优点:有极高的硬度和耐磨性,人造金刚石显微硬度达10 000 HV,耐磨性是硬质合金的60~80倍;切削刃锋利,能实现超精密微量加工和镜面加工;有很高的导热性。

金刚石刀具的缺点:耐热性差,强度低,脆性大,对振动很敏感,对铁阻材料的亲和力大,一般不宜加工黑色金属,主要用于有色金属及其合金和非金属材料的高速精细加工。

c. 立方氮化硼刀具　立方氮化硼(CBN)是人工合成的超硬刀具材料。其硬度仅次于金刚石,可达7 300~9 000 HV;热稳定性好,可耐1 300~1 500 ℃高温,有较高的导热性和较小的摩擦系数。但其强度和韧性较差,抗弯强度仅为陶瓷的20%~50%。

立方氮化硼刀具适用加工高硬度淬火钢、冷硬铸铁和高温合金材料,不宜加工塑性大的钢件和镍基合金,也不适加工铝合金和铜合金,通常采用负前角的高速切削。

d. 涂层刀具　涂层刀具是在韧性较好的硬质合金基体上或高速钢刀具基体上涂覆一层耐磨性较高的难熔金属化合物制成的。常用的涂层材料有TiC、TiN、Al_2O_3等。TiC的硬度比TiN高,抗磨损性能好;不过TiN与金属亲和力小,在空气中抗氧化能力强。因此,对于摩擦剧烈的刀具,宜采用TiC涂层刀具,而在容易产生黏结的条件下,宜采用TiN涂层刀具。

涂层刀具具有高的抗氧化性能和抗黏结性能,因此具有较高的耐磨性。涂层摩擦系数较小,可降低切削时的切削力和切削温度,提高刀具寿命,高速钢基体涂层刀具寿命可提高2~10倍,硬质合金基体涂层刀具寿命可提高1~3倍。加工材料硬度越高,涂层刀具效果越好。

(2) 数控车刀的类型

与普通车削相比,数控车削对刀具的要求更高,不仅要求精度高、刚度好、刀具寿命高,而且要求尺寸稳定、安装调试方便。

选择数控车削加工刀具通常要考虑数控车床的加工能力、工序内容及工件材料等因素。根据与刀杆的连接方式不同,常用的数控车刀有焊接式车刀和机夹可转位车刀(俗称机夹刀)两类。

① 焊接式车刀　是将硬质合金刀片用焊接的方法固定在刀杆上,形成一个整体。此类

刀具结构简单,制造方便,刚性较好。但受焊接工艺的影响,刀具的使用性能受损,刀杆不能重复使用,造成刀具材料的浪费。

根据工件加工表面的形状以及用途的不同,车刀可分为外圆车刀、内孔车刀、切断(切槽)车刀、螺纹车刀及成形车刀等,如图 1-2 所示。

动画扫一扫
常见车刀

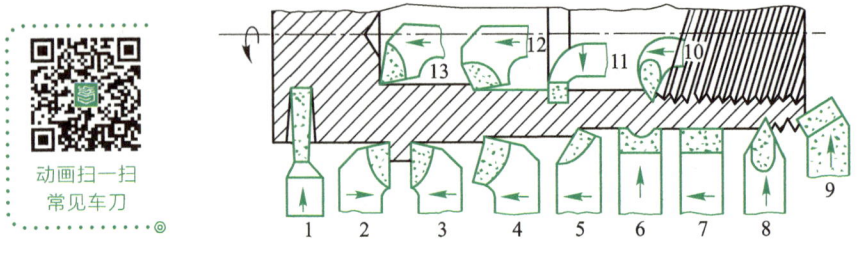

图 1-2 常用车刀的种类、形状和用途

1—切断车刀;2—90°左偏车刀;3—90°右偏车刀;4—弯头车刀;5—直头车刀;6—成形车刀;7—宽刃精车刀;
8—外螺纹车刀;9—端面车刀;10—内螺纹车刀;11—内槽车刀;12—通孔车刀;13—盲孔车刀

② 机夹可转位车刀 是已经实现机械加工标准化、系列化的车刀。数控车床常用的机夹可转位车刀如图 1-3 所示,主要由刀杆、夹紧元件、刀片及刀垫组成,其刀杆和刀片都有国家标准及系列化型号。

机夹可转位车刀就是把经过研磨的可转位多边形刀片用夹紧元件装夹在刀杆上。车刀在使用过程中,一侧切削刃磨钝后,通过刀片的转位即可用新的切削刃继续切削,只有当多边形刀片所有的切削刃都磨钝后,才需要更换刀片。

国家标准 GB/T 2076—2021《切削刀具用可转位刀片 型号表示规则》(等同采用 ISO 1832:2017)规定了可转位车刀刀片的型号表示规则。其型号表示规则用 9 个字母代号表征刀片的尺寸及其特性。其中每个字母代号所表示的含义见表 1-1。

通常根据机夹可转位车刀刀片切削方式的不同,分别按照车、铣、钻、镗的工艺来叙述机夹可转位车刀刀片型号代号的具体内容。

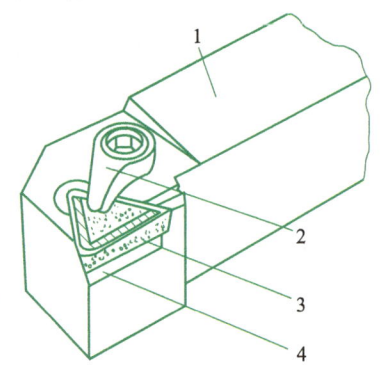

图 1-3 机夹可转位车刀

1—刀杆;2—夹紧元件;3—刀片;4—刀垫

例:机夹可转位车刀刀片型号 TNUM160408ER 表示的含义。

T—60°三角形刀片形状;N—法后角为 0°;U—内切圆直径 d 为 6.35 mm 时,刀尖转位尺寸极限偏差为 ±0.13 mm,内接圆极限偏差为 ±0.08 mm,厚度极限偏差为 ±0.13 mm;M—圆柱孔单面断屑槽;16—切削刃长度为 16 mm;04—刀片厚度为 4.76 mm;08—刀尖圆弧半径为 0.8 mm;E—切削刃倒圆;R—向左方向切削。

(3)数控车刀的选用

① 车刀切削刃类型的选用 数控车刀根据其切削刃类型不同,一般分为尖形车刀、圆弧形车刀和成形车刀三类。

表1-1 可转位车刀刀片型号9个字母代号表示的含义

代号位	1	2	3	4	5	6	7	8	9
字母代号表示的含义	刀片形状	法后角	尺寸偏差等级	夹固形式及有无断屑槽	刀片长度	刀片厚度	刀头形状	切削刃截面形状	切削方向
示例	T	N	U	M	16	04	08	E	R

代号位1 刀片形状：

代号	角度
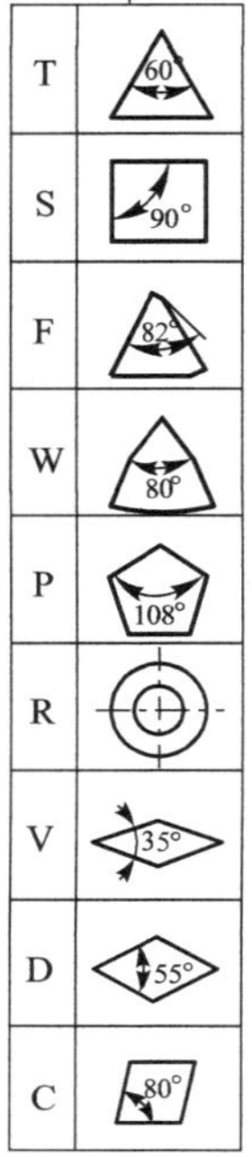 T	60°
S	90°
F	82°
W	80°
P	108°
R	⊕
V	35°
D	55°
C	80°

代号位2 法后角：

A	B	C	D	E	F	G	N	P	Q
3°	5°	7°	15°	20°	25°	30°	0°	11°	其他

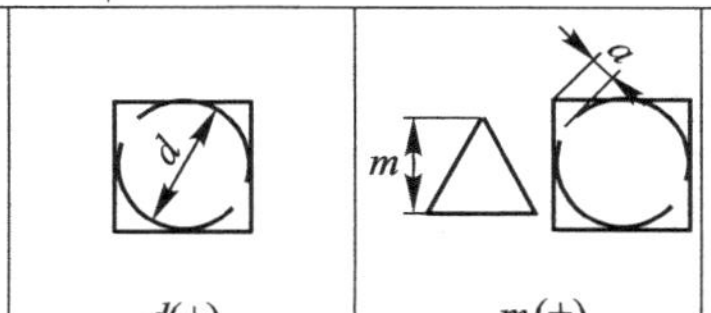

代号位3 尺寸偏差等级（公差表）：

内切圆直径 d	$d(\pm)$ M	$d(\pm)$ U	$m(\pm)$ M	$m(\pm)$ U	刀片厚度 $S(\pm)$ G/M/U
6.35	0.05	0.08	0.08	0.13	
9.525	0.05	0.08	0.08	0.13	0.13
12.70	0.08	0.13	0.13	0.20	
13.375	0.10	0.18	0.15	0.27	
19.05	0.10	0.18	0.15	0.27	
25.40	0.13	0.25	0.18	0.38	

代号位4 夹固形式及有无断屑槽： A、M、N、G、B、I（特殊形式）

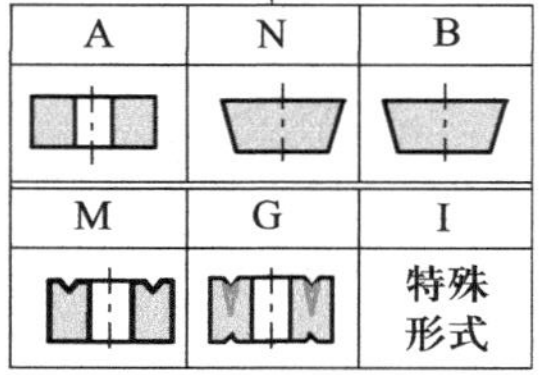

代号位6 刀片厚度： 以刀片厚度尺寸整数表示 个位数前加0

尺寸	代号
3.18	0.3
4.76	0.4
6.38	0.6
7.93	0.7

代号位7 刀头形状：

圆刀片	尖刀片
00	00
0.2	0.2
0.4	0.4
0.5	0.5
0.8	0.8

以主切削刃尺寸整数表示 个位数前加0，圆刀片用直径表示

尺寸	代号
9.525	09
12.70	12

代号位8 切削刃截面形状： F、E、T、S

代号位9 切削方向： R、L、N

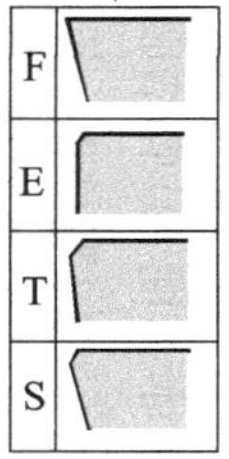

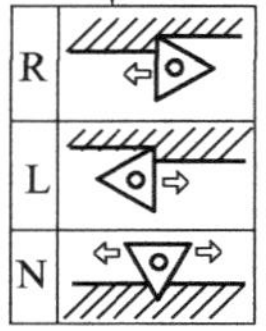

a. 尖形车刀　以直线形切削刃为特征的车刀一般称为尖形车刀。这类车刀的刀尖由直线形的主、副切削刃构成,如 90°内、外圆车刀,左、右端面车刀,切槽(断)车刀及刀尖倒棱很小的各种外圆和内孔车刀。

用这类车刀加工零件时,其零件的轮廓形状主要由一个独立的刀尖或一条直线形主切削刃位移后得到。

尖形车刀几何参数的选择方法与普通车削时基本相同,但应结合数控车削的特点,如进给路线、加工干涉等进行全面考虑。加工如图 1-4 所示的零件时,若使其左右两个 45°锥面由一把车刀加工出来,则车刀的主偏角应取 50°~55°,副偏角应取 50°~52°。这样既保证了刀头有足够的强度,又利于主、副切削刃车削圆锥面时不致发生加工干涉。

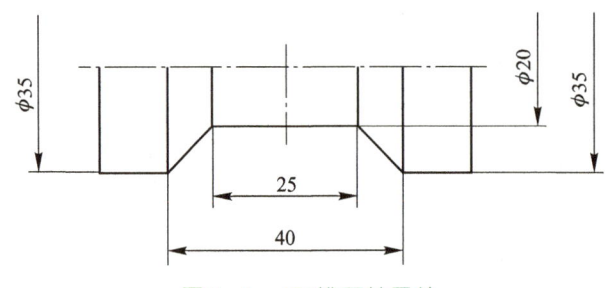

图 1-4　45°锥面轴零件

判别尖形车刀的几何角度是否发生干涉,可用作图或计算的方法确定。副偏角大于不发生加工干涉的极限角度值 6°~8°即可。

b. 圆弧形车刀　圆弧形车刀的特征是:主切削刃形状为一圆度误差或线轮廓度误差很小的圆弧,如图 1-5 所示。该圆弧刃上每一点都是圆弧形车刀的刀尖,刀位点不在圆弧上,而在圆弧的圆心,编程时需要进行刀具半径补偿。

圆弧形车刀可以用于车削内、外圆表面,特别适用于车削精度要求较高的凹曲面或半径较大的凸圆弧面。

圆弧形车刀具有宽刃切削(修光)性质,能使精车削余量相当均匀而改善切削性能,还能一刀车出多个象限的圆弧面。

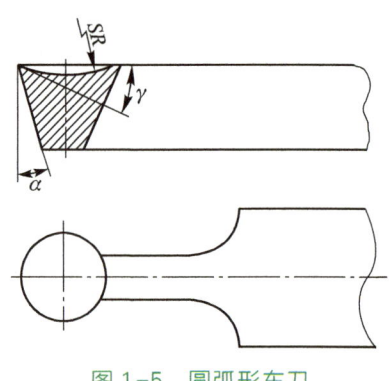

图 1-5　圆弧形车刀

例如,当图 1-6 所示的曲面精度要求不高时,可以选用尖形车刀进行加工。当曲面精度要求较高时,选择尖形车刀加工就不合适了。因为车刀的实际背吃刀量在圆弧轮廓段是不均匀的,当车刀主切削刃靠近其圆弧终点时,背吃刀量(a_{p1})将大大超过其圆弧起点位置上的背吃刀量(a_p),使切削阻力增大,可能产生较大的线轮廓度误差,并增大表面粗糙度值,此时应选择圆弧形车刀切削,如图 1-7 所示。

圆弧形车刀的主要几何参数除了前角及后角外,还有车刀圆弧切削刃的形状及半径。选择车刀圆弧半径时,应考虑两点:一是车刀切削刃的圆弧半径应当小于或等于零件凹形轮廓上的最小曲率半径,以免发生加工干涉;二是该半径不宜太小,否则既难以制造,还会因刀头强度太弱或刀体散热能力差,使车刀容易损坏。

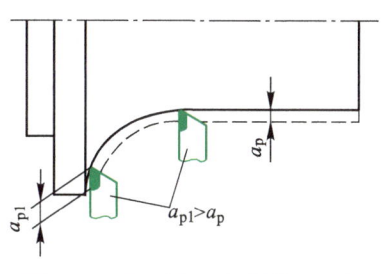

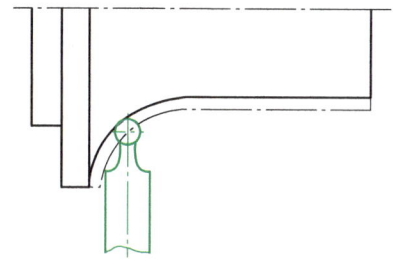

图 1-6 尖形车刀车削曲面示例   图 1-7 圆弧形车刀车削曲面示例

c. 成形车刀 成形车刀俗称样板车刀,其加工零件的轮廓形状完全由车刀切削刃的形状和尺寸决定。数控车削加工中,常见的成形车刀有小半径圆弧车刀、非矩形车槽刀、螺纹车刀等。

② 机夹可转位车刀的选用 为了减少换刀时间和方便对刀,便于实现机械加工的标准化,数控车削加工时,应尽量采用机夹可转位车刀。

a. 刀片材质的选择 常见刀片材料有高速钢、硬质合金、涂层硬质合金、陶瓷、立方氮化硼和金刚石等,其中应用最多的是硬质合金和涂层硬质合金。选择刀片材质的主要依据是被加工工件的材料、被加工表面的精度要求、表面质量要求、切削载荷的大小以及切削过程有无冲击和振动等。

b. 刀片紧固方式的选择 在国家标准中,一般紧固方式有上压式(代码为 C)、上压与销孔夹紧式(代码为 M)、销孔夹紧式(代码为 P)和螺钉夹紧式(代码为 S)四种。但这仍没有包括机夹可转位车刀所有的夹紧方式,而且各刀具厂家所提供的产品并不一定包括所有的夹紧方式,因此选用时要查阅相关的产品样本。

c. 刀片外形的选择 刀片外形与加工的对象、刀具的主偏角及刀尖角等有关。一般外圆车削常用 80°凸三边形(W 型)、四方形(S 型)和 80°棱形(C 型)刀片。仿形加工常用 55°菱形(D 型)、35°菱形(V 型)和圆形(R 型)刀片。90°主偏角常用三角形(T 型)刀片。不同的刀片形状有不同的刀尖强度,圆形(R 型)刀片刀尖角最大,强度最大;35°菱形(V 型)刀片刀尖角最小,强度也最小。在选用时,应根据加工条件恶劣与否,按重、中、轻切削有针对性选择。粗加工应选用刀尖角较大的刀片,精加工宜选用刀尖角较小的刀片。

d. 刀片后角的选择 常用的刀片后角有 N(0°)、C(7°)、P(11°)、E(20°)等。一般粗加工、半精加工可用 N 型;半精加工、精加工可用 C、P 型,也可用带断屑槽的 N 型;加工铸铁、硬钢可用 N 型;加工不锈钢可用 C、P 型;加工铝合金可用 P、E 型等;加工弹性恢复性好的材料可选用大一些的后角;一般孔加工可选用 C、P 型,大尺寸孔可选用 N 型。

e. 左右手刀柄的选择 左右手刀柄有 R(右手)、L(左手)、N(左右手)三种。要注意区分左、右刀的方向。选择时要考虑车床刀架是前置式还是后置式、车刀前面向上还是向下、主轴的旋转方向以及需要的进给方向等。

f. 刀尖圆弧半径的选择 刀尖圆弧半径不仅影响切削效率,而且关系到被加工表面的粗糙度及加工公差等级。从刀尖圆弧半径与最大进给量关系来看,最大进给量不应超过刀尖圆弧半径尺寸的 80%,否则将恶化切削条件,甚至出现螺纹状表面和打刀等问题。刀尖圆弧半径还与断屑的可靠性有关,为保证断屑,切削余量和进给量有一个最小值,若刀尖圆弧半径减小,所得到的这两个最小值也相应减小。因此,从断屑可靠性出发,通常小切削余量、小进给量的车削加工应采用小的刀尖圆弧半径;反之宜采用较大的刀尖圆弧半径。

粗加工时,应注意以下几点:为提高切削刃强度,应尽可能选取大刀尖圆弧半径的刀片,大刀尖圆弧半径可允许大进给量;在有振动倾向时,应选择较小的刀尖圆弧半径;常用刀尖圆弧半径为 1.2~1.6 mm;粗车时,进给量不能超过表 1-2 给出的最大进给量,一般可取为刀尖圆弧半径的一半。

表 1-2　不同刀尖圆弧半径的最大进给量范围

刀尖圆弧半径/mm	0.4	0.8	1.2	1.6	2.4
最大进给量范围/(mm/r)	0.25~0.35	0.4~0.7	0.5~1.0	0.7~1.3	1.0~1.8

精加工时,应注意以下几点:精加工的表面质量不仅受刀尖圆弧半径和进给量的影响,而且受工件装夹稳定性、夹具和机床的整体条件等因素的影响;在有振动倾向时,应选择较小的刀尖圆弧半径;非涂层刀片比涂层刀片加工的表面质量好。

g. 断屑槽形的选择。断屑槽的参数直接影响切屑的卷曲和折断。目前刀片的断屑槽形式较多,可根据加工类型和加工对象的材料特性来确定槽形。基本槽形按加工类型分为精加工(代码 F)、普通加工(代码 M)和粗加工(代码 R);加工材料按国际标准分为加工钢的 P 类,加工不锈钢、合金钢的 M 类和加工铸铁的 K 类。这两种情况一组合即得到相应的槽形,如 FP 指用于钢的精加工的槽形,MK 指用于铸铁的普通加工的槽形等。如果加工向两个方向扩展,如超精加工和重型粗加工,同时材料也有扩展,如耐热合金、铝合金、有色金属等,就有了超精加工、重型粗加工和加工耐热合金、铝合金等补充槽形,选择时可查阅具体的产品样本。

2. 数控车削加工的切削用量选择

数控车削加工的切削用量包括:背吃刀量 a_p、主轴转速 n 或切削速度 v_c(用于恒线速度切削)、进给速度 v_f 或进给量 f。这些参数均应在机床给定的允许范围内选取。

（1）选择切削用量的一般原则

① 粗车时切削用量的选择　粗车一般以提高生产率为主,兼顾经济性和加工成本。提高切削速度、加大进给量和背吃刀量都能提高生产率。其中切削速度对刀具寿命的影响最大,背吃刀量对刀具寿命的影响最小。所以,考虑粗车的切削用量时首先应选择一个尽可能大的背吃刀量 a_p,其次选择较大的进给速度 v_f 或进给量 f,最后在刀具使用寿命和机床功率允许的条件下选择一个合理的切削速度 v_c。

② 精车、半精车时切削用量的选择　精车、半精车时切削用量要保证加工质量,兼顾生产率和刀具使用寿命。因为加工精度和表面粗糙度要求较高,加工余量不大且较均匀,因此选择精车、半精车的切削用量时,应着重考虑如何保证加工质量,并在此基础上尽量提高生产率。精车、半精车时应选用较小的背吃刀量 a_p 和进给量 f,并选用性能高的刀具材料和合理的几何参数,以尽可能提高切削速度 v_c。

（2）背吃刀量的确定

背吃刀量应根据加工余量确定。在机床、刀具和工件系统刚度允许的情况下,应尽量选择较大的背吃刀量,以减少走刀次数,提高生产率。

粗加工时,在不影响加工精度的条件下,可使背吃刀量等于零件的加工余量。在工件毛坯加工余量很大或余量不均匀的情况下,粗加工要分几次进给,前几次进给的背吃刀量应大一些。粗加工、半精加工一般取 0.5~2 mm,精加工一般取 0.1~0.5 mm。

（3）主轴转速的确定

① 光车时的主轴转速　根据机床和刀具允许的切削速度来确定主轴转速,可以用计算法或查表法来选取切削速度,通常由经验确定。一般按式（1-1）计算光车时的主轴转速:

$$n = \frac{1\,000\,v_c}{\pi D} \tag{1-1}$$

式中:n——主轴转速,r/min;

　　　v_c——切削速度,m/min;

　　　D——工件直径,mm。

对于有级变速的车床,需根据计算值选择相近的主轴转速。选择主轴转速应尽量避开产生积屑瘤的速度区域;间断切削时,应适当降低转速;加工大件、细长件和薄壁件时,应选较低转速;加工带外皮的工件时,应适当降低转速。

表 1-3 为硬质合金刀具外圆切削速度的参考数值,供选用。

表 1-3　硬质合金刀具外圆切削速度的参考数值

零件材料	热处理状态	切削速度/(m/min)		
		$a_p = 0.3 \sim 2$ mm	$a_p = 2 \sim 6$ mm	$a_p = 6 \sim 10$ mm
		$f = 0.08 \sim 0.3$ mm/r	$f = 0.3 \sim 0.6$ mm/r	$f = 0.6 \sim 1$ mm/r
低碳钢	热轧	140~180	100~120	70~90
中碳钢	热轧	130~160	90~110	60~80
	调质	100~130	70~90	50~70
合金结构钢	热轧	100~130	70~90	50~70
	调质	80~110	50~70	40~60
工具钢	退火	90~120	60~80	50~70
灰口铸铁	<190 HBW	90~120	60~80	50~70
	190~225 HBW	80~110	50~70	40~60
铜及铜合金		200~250	120~180	90~120
铝及铝合金		300~600	200~400	150~200

② 车螺纹时的主轴转速　在切削螺纹时,车床主轴的转速将受螺纹的螺距、电动机调速和螺纹插补运算等因素的影响,转速不能过高。通常按式（1-2）计算车螺纹时的主轴转速:

$$n \leqslant \frac{1\,200}{P_h} - K \tag{1-2}$$

式中:n——主轴转速,r/min;

　　　P_h——工件螺纹的导程,mm;

　　　K——安全系数,一般取 80。

（4）进给速度的确定

在保证工件质量和运行安全的条件下，尽量选择较高的进给速度，一般不超过 2 000 mm/min。切断、车削深孔或精车时，宜选择较低的进给速度。

一般根据零件的表面粗糙度、刀具及工件材料等因素，查阅切削用量手册选择。表 1-4 给出了硬质合金刀具粗车外圆、端面的进给量参考数值。

表 1-4　硬质合金刀具粗车外圆、端面的进给量参考数值

工件材料	车刀刀杆尺寸 $B×H$/（mm×mm）	工件直径 d/mm	背吃刀量 a_p/mm				
			≤3	>3~5	>5~8	>8~12	>12
			进给量 f/（mm/r）				
碳素结构钢、合金结构钢及耐热钢	16×25	20	0.3~0.4				
		40	0.4~0.5	0.3~0.4			
		60	0.5~0.7	0.4~0.6	0.3~0.5		
		100	0.6~0.9	0.5~0.7	0.5~0.6	0.4~0.5	
		400	0.8~1.2	0.7~1.0	0.6~0.8	0.5~0.6	
	20×30 25×25	20	0.3~0.4				
		40	0.4~0.5	0.3~0.4			
		60	0.5~0.7	0.5~0.7	0.4~0.6		
		100	0.8~1.0	0.7~0.9	0.5~0.7	0.4~0.7	
		400	1.2~1.4	1.0~1.2	0.8~1.0	0.6~0.9	0.4~0.6
铸铁及铜合金	16×25	40	0.4~0.5				
		60	0.5~0.8	0.5~0.8	0.4~0.6		
		100	0.8~1.2	0.7~1.0	0.6~0.8	0.5~0.7	
		400	1.0~1.4	1.0~1.2	0.8~1.0	0.6~0.8	
	20×30 25×25	40	0.4~0.5				
		60	0.5~0.9	0.5~0.8	0.4~0.7		
		100	0.9~1.3	0.8~1.2	0.7~1.0	0.5~0.8	
		400	1.2~1.8	1.2~1.6	1.0~1.3	0.9~1.1	0.7~0.9

注：1. 加工断续表面或受冲击的工件时，进给量 f 的数值应乘以系数 $k = 0.75 \sim 0.85$。

2. 在无外皮加工时，进给量 f 的数值应乘以系数 $k = 1.1$。

3. 加工耐热钢及其合金时，进给量 f 不大于 1 mm/r。

4. 加工淬硬钢时，进给量 f 应减小。当硬度为 44~56 HRC 时，进给量 f 的数值应乘以系数 $k = 0.8$；当硬度为 57~62 HRC时，供给量 f 的数值应乘以系数 $k = 0.5$。

3. 程序编制中的工艺处理

（1）分析图样

这是工艺准备中的首要工作，直接影响零件加工程序的编制及加工结果。由于设计等多方面原因，在图样上可能出现加工轮廓的数据不充分、尺寸模糊不清及尺寸封闭等缺陷，增加了编程工作的难度，有时甚至无法编程，如图 1-8 所示。

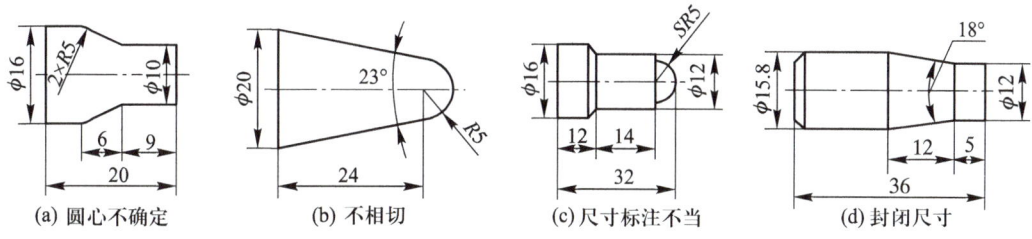

(a) 圆心不确定　　　(b) 不相切　　　(c) 尺寸标注不当　　　(d) 封闭尺寸

图 1-8　不恰当的图样

　　a. 图样上的图线位置模糊或尺寸标注不清,使编程工作无从下手。

　　如图 1-8a 所示,两圆弧的圆心位置是不确定的,不同的理解将得到完全不同的结果。如图 1-8b 所示,圆弧与斜线的关系要求为相切,但经计算后的结果却为相交(割)。

　　b. 图样上所给定的几何条件自相矛盾或漏掉尺寸。

　　如图 1-8c 所示的各段长度之和不等于其总长尺寸,并且漏掉倒角尺寸。

　　c. 图样上所给定的几何条件已形成封闭尺寸,这不仅给数学处理造成困难,还可能产生不必要的计算误差。

　　如图 1-8d 所示,其圆锥体的各构成尺寸已经封闭。

　　当发生以上各项缺陷时,应向图样的设计人员及时反映,解决后方可进行程序编制工作。

　　(2) 分析尺寸公差要求

　　分析图样上的公差要求,以确定控制其尺寸精度的加工工艺,如刀具选择及确定切削用量等。

　　在该项分析过程中,还可以同时进行一些编程尺寸的简单换算,如增量尺寸、绝对尺寸、中值尺寸及尺寸链解算等。在数控编程实践中,常常对零件要求的尺寸取其最大和最小极限尺寸的平均值(即中值)作为编程的尺寸依据。

　　(3) 分析形状和位置公差要求

　　对于数控切削加工,零件的形状和位置误差主要受机床机械运动副精度的影响。在车削中,如沿 Z 轴运动的方向线与其主轴不平行,则无法保证圆柱度形状公差要求。如沿 X 轴运动的方向线与其主轴轴线不垂直,则无法保证垂直度位置公差要求。对上述情况,如果无法提高机床精度,即可在工艺准备工作中考虑进行技术性处理的有关方案。

　　(4) 分析表面粗糙度要求

　　表面粗糙度是保证零件表面微观精度的重要要求,也是合理选择机床、刀具及确定切削用量的重要依据。

　　(5) 分析材料与热处理要求

　　图样上给出的零件材料与热处理要求是选择刀具(材料、几何参数及使用寿命)和机床型号及确定有关切削用量等的重要依据。

　　(6) 分析毛坯要求

　　零件的毛坯要求主要指对坯料形状和尺寸的要求,如棒料、管材或铸、锻坯件的形状及其尺寸等。分析上述要求,对确定数控机床的加工工序,选择机床型号、刀具材料及几何参数、走刀路线和切削用量等都是必不可少的。

　　例如,当铸、锻坯料的加工余量过大或很不均匀时,若采用数控加工,则既不经济,又降低了机床的使用寿命。

（7）分析件数要求

零件的加工件数对装夹与定位、刀具选择、工序安排及走刀路线的确定等都是不可忽视的参数。

（二）数控系统功能指令

1. 数控车床的编程特点

（1）绝对值/增量值编程

各轴移动量的指令方法有绝对值指令和增量值指令两种。对于车床,绝对值、增量值指令的地址符见表1-5。

表1-5　绝对值、增量值指令的地址符

绝对值指令	增量值指令	备注
X	U	X轴移动指令
Z	W	Z轴移动指令

绝对值坐标是相对于坐标系原点给出的,而增量值坐标是相对于前一位置给出的。

如图1-9所示,刀具从点 A 移动到点 B 的绝对值指令为X30.0　Z70.0,而增量值指令为U-60.0　W-40.0。另外在数控车床上也可用二者混合编程,即坐标值也可写为X30.0　W-40.0或者U-60.0　Z70.0。具体用哪种指令编程可根据零件所给的尺寸关系来确定。

（2）直径编程

数控车削中 X 轴坐标无论是绝对值编程还是增量值编程均采用直径编程。

（3）工件坐标系的设定

数控车床用G50或G54~G59指令设定工件坐标系。

用G50时编程格式为:

G50　X____　Z____;

该指令一般作为第一条指令放在整个程序的最前面。程序中X、Z的值是起刀点相对于加工原点的位置。

例:按图1-10设置加工坐标的程序段如下:

G50　X128.0　Z37.5;

执行G50　X(α)　Z(β)后,系统内部即对(α,β)进行记忆,并显示在显示器上,这就相当于在系统内部建立了一个以工件原点为坐标原点的工件坐标系。

2. F、M、S、T 功能简介

（1）进给功能（F功能）

① 快速进给　当给出快速定位指令时,刀具以快速进给速度定位,此速度由机床参数设定,其快慢可用机床操作面板上的倍率开关进行调节,调节倍率有 0、25%、

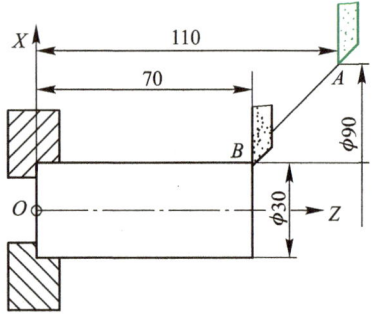

图 1-9　绝对值/增量值编程

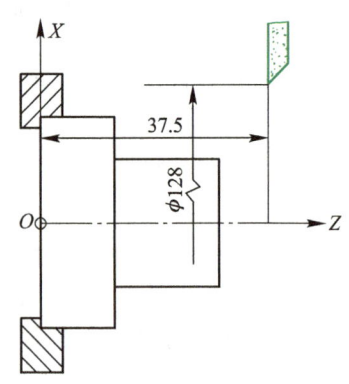

图 1-10　工件坐标系的设定

50%、100%。

② 切削进给　刀具的切削进给速度由 F 后面的数值指定。F 后面的数值表示切削进给的切线方向速度（图 1-11）。

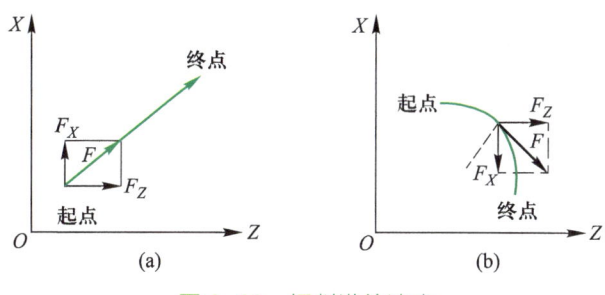

图 1-11　切削进给速度

在数控车床的编程指令中，用 G98 指令设定每分钟进给方式，F 后面的数值设定刀具每分钟的进给量，单位为 mm/min。用 G99 指令设定每转进给方式，F 后面的数值设定主轴每转的刀具进给量，单位为 mm/r。

G98、G99 均为模态指令，可互相被替代。

切削进给的速度倍率可利用操作面板上的开关在 0～150% 范围内调节，但螺纹切削时无效。

（2）辅助功能（M 功能）

辅助功能又称 M 功能，主要用来表示机床操作时的各种辅助动作及其状态。它由 M 及其后的两位数字组成。

① 程序结束 M02/M30　执行 M30，程序结束，变为复位状态，光标返回程序开头。M02 可用参数设定不返回程序开头。

② 程序停止 M00　执行 M00，自动运行停止，而且模态信息被保存。按下“循环启动”按钮，继续执行程序。M00 主要用于尺寸检验、排屑或插入必要的手动操作时。

动画扫一扫
程序停止 M00

③ 任选停止 M01　只有当机床操作面板上的“任选停止开关”有效时，M00 等同于 M01。

④ 子程序调用和子程序结束 M98/M99。

⑤ 主轴正转、主轴反转、主轴停止 M03/M04/M05 如图 1-12 所示为主轴正转。

⑥ 切削液开、切削液关 M08/M09。

（3）主轴功能（S 功能）

主轴功能主要用来指定主轴转速或速度，由地址符 S 和其后的数字组成。

恒线速度控制 G96　G96 是恒线速度控制的指令。系统执行 G96 指令后，S 后面的数值表示切削速度。例如，G96　S100表示切削速度为 100 m/min。

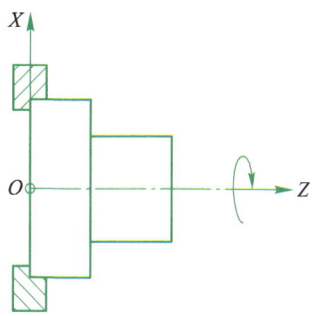

图 1-12　主轴正转

主轴转速控制 G97　G97 是取消恒线速度控制的指令。系统执行 G97 指令后，S 后面的数值表示主轴每分钟的转数。例如，G97　S800 表示主轴转速为 800 r/min，系统开机状态为

G97 状态。

主轴最高速度限定 G50　G50 除有坐标系设定功能外,还有主轴最高转速设定功能,即用 S 后面的数值设定主轴每分钟的最高转速。例如,G50　S2000 表示主轴最高转速为 2 000 r/min。

用恒线速度控制加工端面、锥度和圆弧时,由于 X 坐标值不断变化,当刀具逐渐接近工件的旋转中心时,主轴转速会越来越高,工件有从卡盘飞出的危险,所以为防止事故的发生,有时必须限定主轴的最高转速。

（4）刀具功能(T 功能)

① 用 T 代码后面的最后 1 位数字指定刀具偏置号。

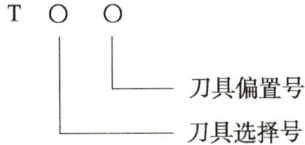

② 用 T 代码后面的最后 2 位数字指定刀具偏置号。

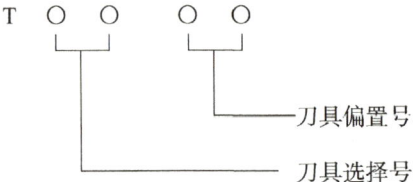

具体使用上述的哪一种可由系统参数设定。

例如某段程序如下:

N1　G00　X100.0　Z140.0;

N2　T0313;　　　　　　　选择 3 号刀具,使用 13 号偏置量

N3　X40.0　Z105.0;

F 功能、M 功能、S 功能、T 功能均为模态代码。

3. 补偿功能

（1）刀具位置偏置补偿

当采用不同尺寸的刀具加工同一轮廓尺寸的零件,或同一名义尺寸的刀具因换刀重调、磨损以及切削力使工件、刀具、机床变形引起工件尺寸变化时,为加工出合格的零件,必须进行刀具位置偏置补偿。

刀具位置偏置补偿可分为刀具形状补偿和刀具磨损补偿两种,如图 1-13 所示。刀具形状补偿是对刀具形状及刀具安装的补偿,刀具磨损补偿是对刀尖磨损的补偿。两种偏移补偿值可分别设定。

用 T 代码指定刀具选择号及刀具偏置号,一旦指定了刀具偏置号,便意味着选择了与其相适应的偏置量,即开始补偿。刀具偏置号为 0 或 00 时,偏置量为 0,相当于取消偏置。

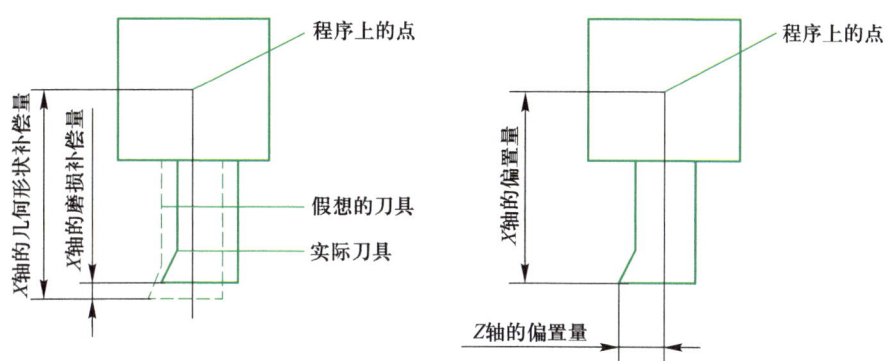

图1-13 刀具位置偏置补偿

例：N1　G00　X50.0　Z100.0　T0202；　　　　建立偏移矢量,偏置号为02

　　N2　X200.0；

　　N3　X100.0　Z250.0　T0200；　　　　　　指定偏置号为00,取消偏置

（2）刀尖圆弧半径补偿

① 刀尖圆弧产生的误差　数控车削编程和加工时,通常都将车刀刀尖作为一点用来编程和对刀,即理想刀尖。但实际加工中,为了降低工件的表面粗糙度,减缓刀具磨损,提高刀具寿命,一般车刀刀尖处会磨成圆弧过渡刃,如图1-14所示。理想刀尖并不是车刀与工件的接触点,实际起切削作用的是刀尖圆弧的各个切点。

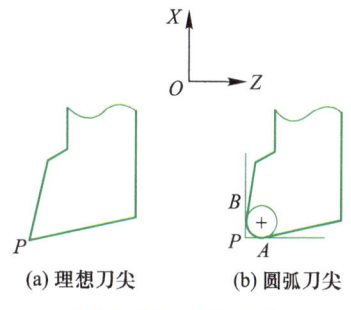

(a)理想刀尖　　(b)圆弧刀尖

图1-14 车刀刀尖

加工台阶面或端面时,刀尖圆弧半径对加工表面的尺寸和形状影响不大,但端面中心和台阶的清角处会产生残留余量。加工圆锥面、圆弧面及曲面时,则会产生欠切或过切现象,影响零件的加工公差等级,如图1-15所示。

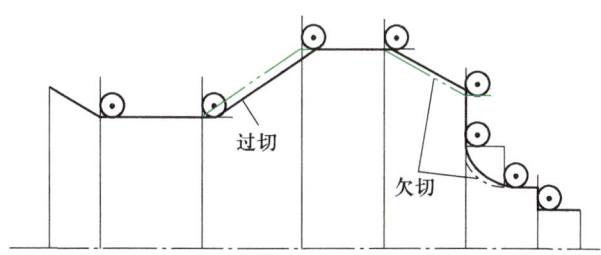

图1-15 刀尖圆弧半径产生的欠切和过切

② 刀尖圆弧半径自动补偿　编程时若以刀尖圆弧中心编程,可避免过切和欠切现象,但刀位点计算比较麻烦,并且如果刀尖圆弧半径值发生变化,程序也需要做相应的改变。

一般数控系统都具有刀尖圆弧半径自动补偿功能。编程时,只需按工件的实际轮廓尺寸编程,并不必考虑刀尖圆弧半径的大小。加工时,数控系统能根据刀尖圆弧半径自动计算出补偿值,进行精确的补偿,如图1-16所示。这可避免欠切或过切现象的产生,实现精密加工。

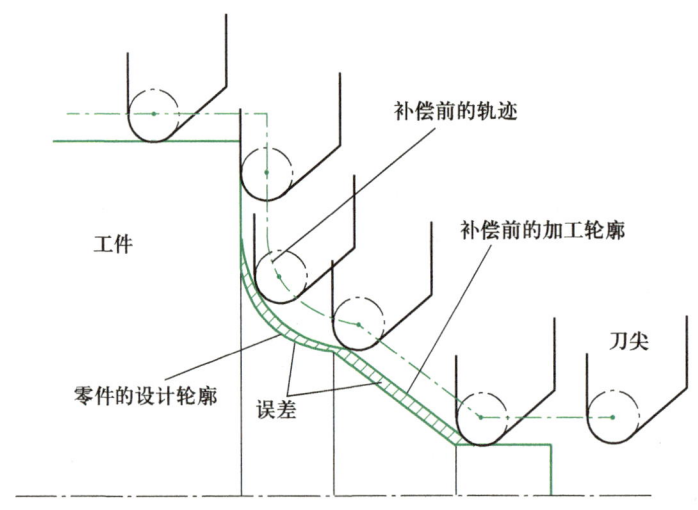

图 1-16　刀尖圆弧半径补偿示意图

③ 刀尖圆弧半径补偿指令 G41、G42、G40　刀尖圆弧半径补偿是通过 G41、G42、G40 代码及 T 代码指定的刀尖圆弧半径补偿号来建立或取消的。其编程格式如下:

$$\left.\begin{array}{l} G41 \\ G42 \\ G40 \end{array}\right\} \left\{\begin{array}{llll} G00 & X(U)\underline{\qquad} & Z(W)\underline{\qquad} & ; \\ G01 & X(U)\underline{\qquad} & Z(W)\underline{\qquad} & F\underline{\qquad} ; \end{array}\right.$$

其中:G41 为刀尖圆弧半径左补偿,G42 为刀尖圆弧半径右补偿,G40 为取消刀尖圆弧半径补偿。

刀尖圆弧半径补偿的判断方法如图 1-17 所示,从 Y 轴正方向向负方向观察,顺着刀具运动方向看,刀具在工件的左侧,用 G41 代码编程;刀具在工件的右侧,用 G42 代码编程。

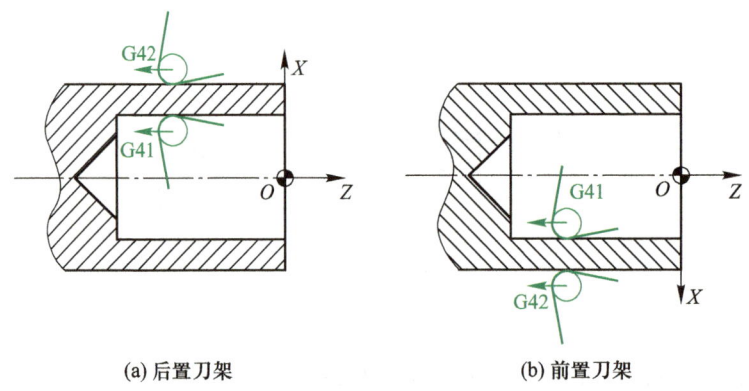

(a) 后置刀架　　　　　　　　　(b) 前置刀架

图 1-17　刀尖圆弧半径补偿的判断方法

如需要取消刀尖圆弧半径左、右补偿,可编入 G40 代码,这时车刀轨迹将按理想刀尖轨迹运动。

刀尖圆弧半径补偿指令的编程规则如下:

a. G40、G41、G42 只能与 G00、G01 结合编程，不允许与 G02、G03 等其他指令结合编程，否则报警。

b. 在编入 G40、G41、G42 的 G00 与 G01 前、后的两个程序段中，X、Z 值至少有一个值变化。

c. 在调用新的刀具前，必须取消刀尖圆弧半径补偿，否则报警。

d. 在 MDI 状态下不能进行刀尖圆弧半径补偿。

④ 刀尖圆弧位置编码　在设置刀尖圆弧半径补偿值时，还要设置刀尖圆弧位置编码。刀尖圆弧位置编码定义了刀具刀位点（理想刀尖）与刀尖圆弧中心的位置关系，有 0~9 共十个方向。如图 1-18a 所示为刀架前置的数控车床刀具刀尖圆弧位置编码；如图 1-18b 所示为刀架后置的数控车床刀具刀尖圆弧位置编码。编码 0 或 9 是以刀尖圆弧中心作为刀位点的刀尖圆弧位置编码。只有在刀具数据库内按刀具实际放置情况设置相应的刀尖圆弧位置编码，才能保证对它进行正确的刀补；否则，将会出现过切和欠切现象。

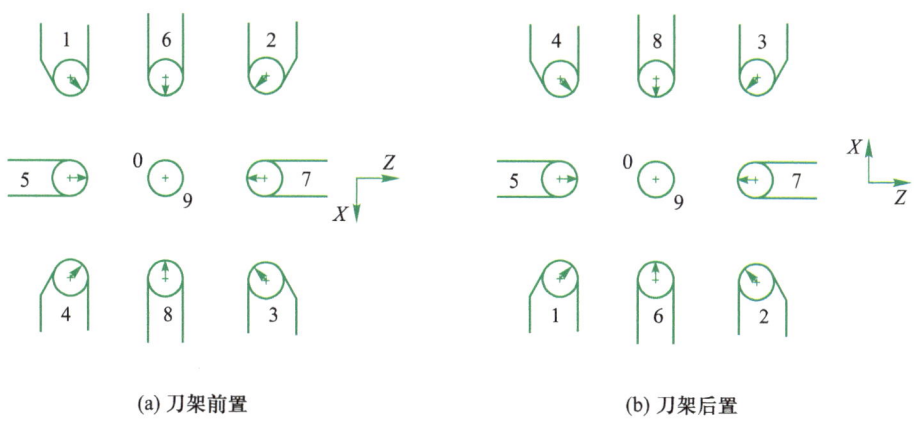

(a) 刀架前置　　　　　　　　　　　　(b) 刀架后置

图 1-18　刀尖圆弧位置编码

⑤ 刀尖圆弧半径补偿值的设定　刀尖圆弧半径补偿值可以通过刀尖圆弧补偿值设定界面设定（按数控系统控制面板上参数输入页面的"OFFSET"键两次），如表 1-6 所示。在 T 代码刀具偏置号对应的存储单元中除有 X 轴、Z 轴的几何形状偏置量外，还有刀尖圆弧半径补偿值和刀尖圆弧位置编码（0~9），共四个数据。将每把刀具的这四个数据分别输入刀具偏置号对应的存储单元中，即可实现自动补偿，如表 1-6 所示的 01 号刀具（T0101）的刀尖圆弧半径补偿值为 0.3 mm，刀尖圆弧位置编码为 3。

表 1-6　刀尖圆弧半径补偿值设定界面

几何形状补偿号	OFGX（X 轴几何形状偏置量）	OFGZ（Z 轴几何形状偏置量）	OFGR（刀尖圆弧半径补偿值）	OFT（刀尖圆弧位置编码）
G01	211.315	119.766	0.300	3
G02	0.000	0.000	0.000	0
G03	0.000	0.000	0.000	0
G04	0.000	0.000	0.000	0
…	…	…	…	…

（三）常用准备功能的编程方法

1. 指令功能与格式

准备功能也称 G 功能、G 代码或 G 指令,用于使机床或数控系统建立某种加工方式。G 代码由地址符 G 和后面的两位数字组成,有 G00~G99 共 100 种。G 指令主要用于规定刀具和工件的相对运动轨迹(即插补功能)、机床坐标系、坐标平面以及刀具补偿等多种加工操作。G 代码见表 1-7。

表 1-7　G　代　码

G 代码	组别	解释
G00		快速点定位
G01 *	01	直线插补
G02		顺时针圆弧插补
G03		逆时针圆弧插补
G04	00	暂停
G09		准停校验
G20	06	英制输入
G21 *		公制输入
G22	09	存储行程检查有效
G23		存储行程无效
G27		返回参考点校验
G28	00	自动返回参考点
G29		从参考点返回
G30		返回第二参考点
G32	01	螺纹切削
G40 *		取消刀尖圆弧半径补偿
G41	07	刀尖圆弧半径左补偿
G42		刀尖圆弧半径右补偿
G50		建立工件坐标系;设置主轴最大转速
G52	00	局部坐标系设定
G53		选择机床坐标系

续表

G 代码	组别	解释
G54 *	14	工件坐标系选择 1
G55		工件坐标系选择 2
G56		工件坐标系选择 3
G57		工件坐标系选择 4
G58		工件坐标系选择 5
G59		工件坐标系选择 6
G65	00	宏程序调用
G66	12	宏程序模态调用
G67		宏程序模态调用取消
G70	00	精加工复合循环
G71		内外径粗加工复合循环
G72		端面粗加工复合循环
G73		仿形粗加工复合循环
G74		端面沟槽复合循环或深孔钻循环
G75		外径沟槽复合循环
G76		螺纹切削复合循环
G80	10	固定循环取消
G83		钻孔循环
G84		攻螺纹循环
G85		正面镗孔循环
G87		侧面钻孔循环
G88		侧面攻螺纹循环
G89		侧面镗孔循环
G90	01	内外径切削循环
G92		螺纹切削循环
G94		端面切削循环
G96	12	恒线速度控制
G97 *		恒线速度控制取消
G98	05	每分钟进给量
G99 *		每转进给量

注：标有"＊"号的为默认代码。

动画扫一扫
G00 指令

2. 指令使用说明

a. G 代码按其功能不同分为若干组,不同组的 G 代码在同一个程序段中可以出现多个,但如果在同一个程序段中出现两个或两个以上属于同一组的 G 代码时,只有最后面的 G 代码有效。

b. G 代码分为模态式 G 代码和非模态式 G 代码两类。非模态式 G 代码只限于在被指定的程序段中有效,而模态式 G 代码具有续效性,在后续程序段中,同组其他 G 代码出现之前一直有效。00 组的 G 代码为非模态式,其他 G 代码均为模态式。

c. 表 1-7 中标有"＊"号的为默认代码,即在数控系统启动时该功能被初始化。

3. 常用的 G 代码

（1）快速点定位 G00

用 G00 指令定位。用绝对值指令或者增量值指令,使刀具以快速进给速度向工件坐标系的某一点移动。采用绝对值指令时,用终点的坐标值编程;采用增量值指令时,用刀具的移动距离编程。G00 指令为模态指令。

动画扫一扫
快速点定位
G00 进刀

① 格式　G00　X(U)____　Z(W)____;

说明:X(U)____　Z(W)____表示目标点坐标。

使用 G00 指令时,刀具轨迹并非直线,各轴以最快速度移动。所以,使用 G00 指令时要注意刀具是否和工件或夹具发生干涉,忽略这一点就容易发生碰撞,而且快速状态下的碰撞更加危险。

② 编程方法　如图 1-19 所示,刀具从点 A 运动到点 B。

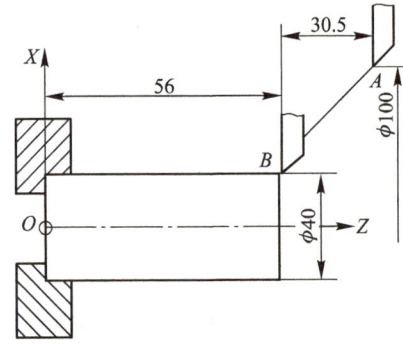

图 1-19　快速点定位

动画扫一扫
快速点定位
G00 退刀

绝对值编程:

G00　X40.0　Z56.0;

增量值编程:

G00　U-60.0　W-30.5;

③ 说明　由 G00 定位的方式中,在程序段的开头部分对已给定的速度进行加速,在程序段的结束部分进行减速,并根据参数确认到达位置状态的情况之后执行下一个程序段。

动画扫一扫
G00 指令的
注意事项

（2）直线插补 G01

直线插补指令是直线运动指令。它命令刀具以插补联动方式按 F 指定的进给速度做任意斜率的直线运动。G01 指令是模态(续效)指令。

① 格式　G01　X(U)＿＿＿＿　Z(W)＿＿＿＿　F＿＿＿＿；

说明：X(U)＿＿＿＿ Z(W)＿＿＿＿表示目标点坐标，F＿＿＿＿表示进给速度。

② 编程方法　如图 1-20 所示，选右端面 O 为编程原点。

动画扫一扫
直线插补
G01

动画扫一扫
G01 指令车外圆

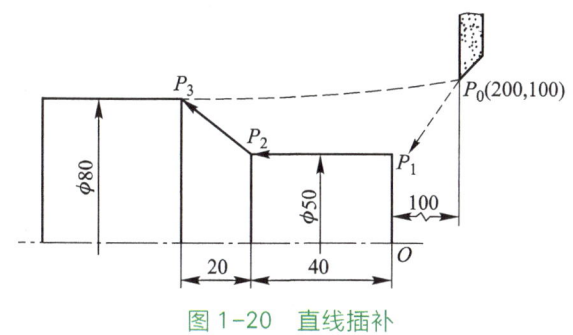

图 1-20　直线插补

绝对值编程：

……

N03　G00　X50.0　Z2.0　S800　T01　M03；　　P_0 点—P_1 点

N04　G01　Z-40.0　F80；　　　　　　　　　 P_1 点—P_2 点(刀尖按 F 指定的进给速度运动)

N05　　X80.0　Z-60.0；　　　　　　　　　 P_2 点—P_3 点

N06　G00　X200.0　Z100.0；　　　　　　　 P_3 点—P_0 点

……

增量值编程：

……

N03　G00　U-150.0　W-98.0　S800　T01　M03；

N04　G01　W-42.0　F80；

N05　　U30.0　W-20.0；

N06　G00　U120.0　W160.0；

……

③ 说明

a. G01 指令后的坐标值取绝对值还是增量值，由尺寸字地址符决定。

b. 进给速度由 F 指令决定。F 指令也是模态指令，它可以用 G00 指令取消。如果 G01 程序段之前的程序段没有 F 指令，而现在的 G01 程序段中也没有 F 指令，则机床不运动。因此，G01 程序段中必须含有 F 指令。

例 1-1　已知毛坯为 $\phi33$ mm、$L=110$ mm 的棒料，加工如图 1-21 所示的零件。3 号刀具为外圆车刀，5 号刀具为切断车刀。

编程如下：

O0010；

N0010　T0303；

N0020　M03　S800；

N0030　G00　X35.0　Z0；

```
N0040   G01   X-1.0   F0.3;
N0050   G00   Z2.0;
N0060         X30.0;
N0070   G01   Z-90.0   F0.3;
N0080   G00   U2.0;
N0090         Z2.0;
N0100         X25.0;
N0110   G01   Z-70.0   F0.3;
N0120   G00   U2.0;
N0130         Z2.0;
N0140         X20.0;
N0150   G01   W-32.0   F0.3;
N0160   G00   X100.0   Z100.0;
N0170   M03   S300   T0505;           以右刀尖为基准
N0180   G00   X35.0   Z-80.0;
N0190   G01   X0   F0.1;
N0200   G00   X100.0;
N0205         Z100.0
N0210   M30;
```

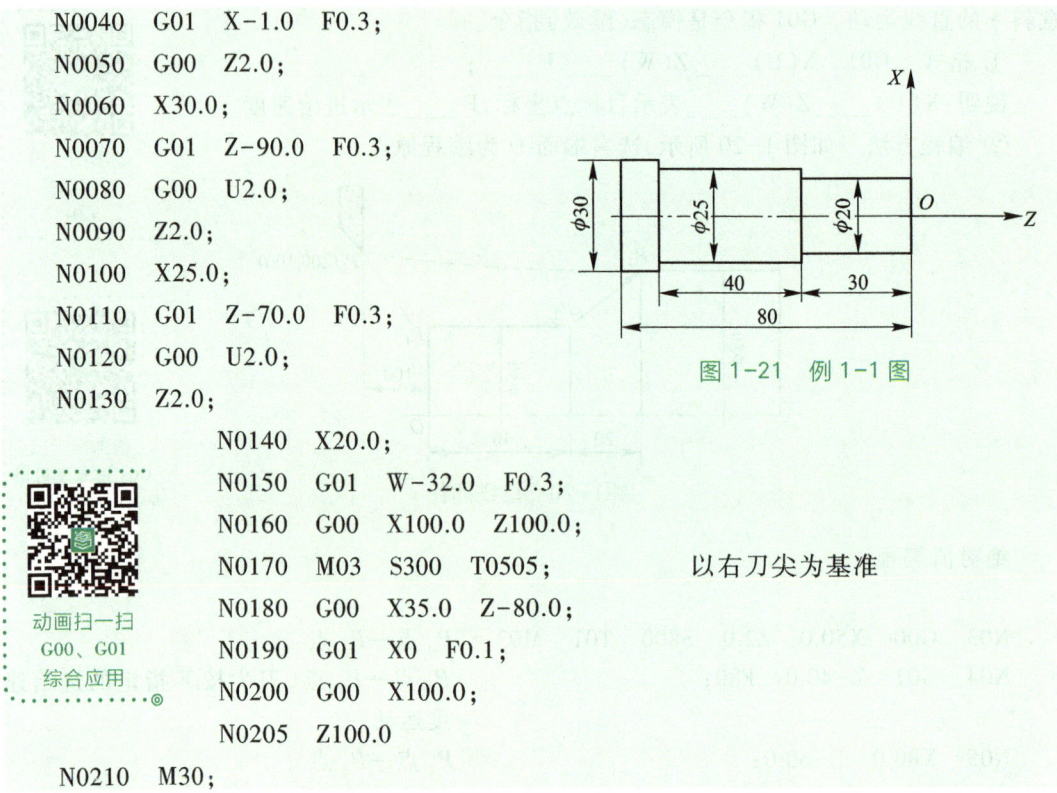

图 1-21 例 1-1 图

动画扫一扫
G00、G01
综合应用

动画扫一扫
圆弧插补 G02
（后置刀架）

动画扫一扫
圆弧插补 G02
（前置刀架）

动画扫一扫
圆弧插补 G03
（后置刀架）

（3）圆弧插补 G02/G03

数控车床上的圆弧插补指令 G02、G03 是用来使刀具在给定平面内以 F 指定的进给速度做圆弧插补运动（圆弧切削）的指令。G02、G03 是模态指令。

① 格式 $\left.\begin{matrix} G02 \\ G03 \end{matrix}\right\}$ X(U)____ Z(W)____ $\left\{\begin{matrix} I\_\_ K\_\_ F\_\_; \\ R\_\_ F\_\_; \end{matrix}\right.$

G02、G03 指令中各程序字的含义见表 1-8。

表 1-8 G02、G03 指令中各程序字的含义

项目	指定内容		程序字	含义
1	旋转方向		G02	顺时针旋转（CW）
			G03	逆时针旋转（CCW）
2	终点位置	绝对值	X、Z	终点坐标
		增量值	U、W	从起点到终点的距离
3	从起点到圆心的距离		I、K	从起点到圆心的距离（带符号）
	圆弧的半径		R	圆弧的半径
4	进给速度		F	沿着圆弧运动的速度

用地址符 X、Z 或 U、W 指定圆弧的终点，可以用绝对值或用增量值表示圆弧的终点。当采用绝对值编程时，X、Z 后面的数字为圆弧终点在工件

坐标系中的坐标值;当采用增量值编程时,U、W 后面的数字为终点相对于起点的坐标值。

用地址符 I、K 来指定圆弧圆心的坐标值,I、K 分别为圆弧圆心相对于圆弧起点在 X、Z 方向上的增量坐标(有正、负),即 $I=X_{圆心}-X_{起点}$,$K=Z_{圆心}-Z_{起点}$。

动画扫一扫
圆弧插补 G03
(前置刀架)

用 R 来指定圆心位置时,由于在同一半径 R 的情况下,从圆弧的起点到终点存在两个圆弧,即圆心角大于 180° 的圆弧和圆心角小于 180° 的圆弧,如图 1-22 所示。为区分两者,特规定圆心角 $\alpha \leqslant 180°$ 时,用 "+R" 表示,如图 1-22 中的圆弧 1;$\alpha > 180°$ 时,用 "-R" 表示,如图 1-22 中的圆弧 2。注意:用 R 编程只适于非整圆的圆弧插补情况,不适于整圆的加工。

② 顺时针与逆时针的判别   圆弧插补指令分为顺时针圆弧插补指令 G02 和逆时针圆弧插补指令 G03。圆弧插补的顺、逆可按图 1-23 给出的方向判断:沿着圆弧所在平面(如 XOZ 平面)的垂直坐标轴(Y)正方向($+Y$)向负方向($-Y$)看去,顺时针方向为 G02,逆时针方向为 G03。

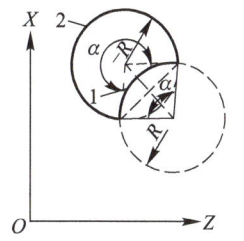

图 1-22   R 正、负的判断

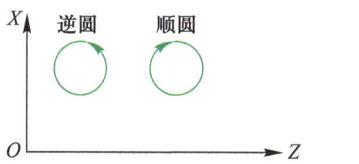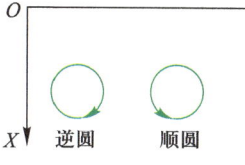

图 1-23   圆弧插补顺、逆时针的判别

③ 编程方法   在图 1-24 中,进行顺时针圆弧插补。

方法一   用 I、K 表示圆心位置。

绝对值编程:

......

N03   G00   X20.0   Z2.0;

N04   G01   Z-30.0   F80;

N05   G02   X40.0   Z-40.0   I10.0   K0   F60;

......

动画扫一扫
G02 指令车圆弧

增量值编程:

......

N03   G00   U-80.0   W-98.0;

N04   G01   U0   W-32.0   F80;

N05   G02   U20.0   W-10.0   I10.0   K0   F60;

......

动画扫一扫
G03 指令车圆弧

方法二   用 R 表示圆心位置。

绝对值编程:

......

N04   G01   Z-30.0   F80;

N05   G02   X40.0   Z-40.0   R10.0   F60;

……

在图 1-25 中,进行逆时针圆弧插补。

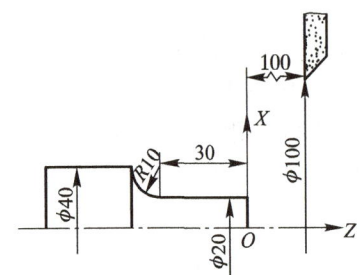

图 1-24   顺时针圆弧插补

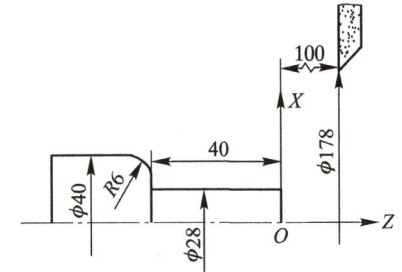

图 1-25   逆时针圆弧插补

方法一   用 I、K 表示圆心位置。

绝对值编程:

……

N04   G00   X28.0   Z2.0;

N05   G01   Z-40.0   F80;

N06   G03   X40.0   Z-46.0   I0   K-6.0   F60;

……

增量值编程:

……

N04   G00   U-150.0   W-98.0;

N05   G01   W-42.0   F80;

N06   G03   U12.0   W-6.0   I0   K-6.0   F60;

……

方法二   用 R 表示圆心位置。

绝对值编程:

……

N04   G00   X28.0   Z2.0;

N05   G01   Z-40.0   F80;

N06   G03   X40.0   Z-46.0   R6.0   F60;

……

例 1-2   精车图 1-26 所示手柄的圆弧段 AE,已知圆弧段交点的坐标值为 $A(0,160)$、$B(17.143,155.151)$、$C(23.749,78.815)$、$D(31.874,37.083)$、$E(40,25)$,圆弧段 AB、BC、CD、DE 的圆心坐标值分别为 $(0,150)$、$(-120,113.945)$、$(95.632,61.250)$、$(0,25)$。编写精加工程序,3 号刀具为精车刀。

编程如下:

O0010;

N0010   T0303;

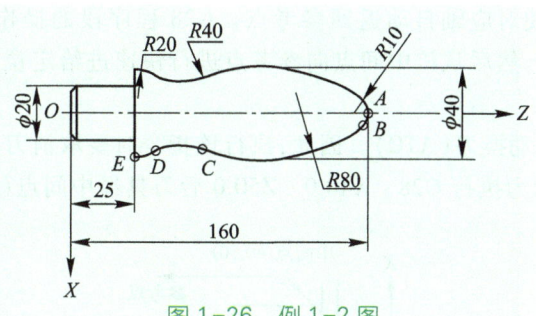

图 1-26　例 1-2 图

```
N0020　M03　S800;
N0025　G00　X0　Z162.0;
N0030　G01　X0　Z160.0　F30;
N0040　G03　X17.143　Z155.151　R10.0(或 K-10);
N0050　X23.749　Z78.815　R80.0(或 I-137.143　K-41.206);
N0060　G02　X31.874　Z37.083　R40.0(或 I71.874　K-17.565);
N0070　G03　X40.0　Z25.0　R20.0(或 I-31.874　K-12.083);
N0080　G00　X100.0　Z200.0;
N0090　M05;
N0100　M30;
```

（4）暂停 G04

G04 指令是非模态指令。G04 指令用于暂停程序,即执行完前一个程序段,经过延时之后执行下一个程序段。

① 格式　G04　X____;或 G04　U____;或 G04　P____;

② 编程方法　例:暂停 2.5 s。

G04　X2.5;或 G04　U2.5;或 G04　P2500;

动画扫一扫
暂停 G04

③ 说明　上述指令中,P 后面不能使用小数点,单位为 ms;X 及 U 后面采用小数点,单位为 s。

在数控车床上程序暂停一般用于车槽、镗孔、钻孔指令后,以提高表面质量且有利于切屑充分排出。

（5）参考点功能 G27/G28

所谓参考点,是机床上可以使刀具容易移到的某一固定点,可作为机床的基准点。

① 返回参考点检测 G27　格式:G27　X(U)____ Z(W)____;

动画扫一扫
车槽

说明:X(U)____ Z(W)____为参考点的坐标值。

执行 G27 指令,刀具以快速进给速度在对应的位置上定位。所到达的位置如果是参考点,则返回参考点灯亮。仅一个轴返回参考点时,则对应轴的灯亮。此外,定位结束后,如果对应轴没有返回参考点,则报警。

用 G27 指令前应取消补偿值。

② 自动返回参考点 G28　格式:G28　X(U)____ Z(W)____;

动画扫一扫
自动返回参
考点 G28

说明:X(U)____ Z(W)____为中间点坐标。

执行上述指令,可使对应轴自动返回参考点。G28 程序段的操作首先是以快速进给速度使对应轴移向中间点,然后从该中间点向参考点进行快速进给定位,如果不是机床锁住状态,返回参考点后灯亮。

该指令一般用于自动换刀(ATC)。因此,执行该指令时要取消刀具位置偏置。

例:如图 1-27 所示为执行 G28 X40.0 Z50.0 后刀具经中间点(40,50)返回参考点。

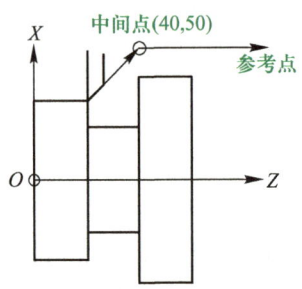

图 1-27 自动返回参考点

例 1-3 如图 1-28 所示的工件 ϕ60 mm 的外圆不加工,先用 1 号刀具精车削外圆,然后用 2 号刀具车削槽,槽深为 3 mm。试编写精加工程序。

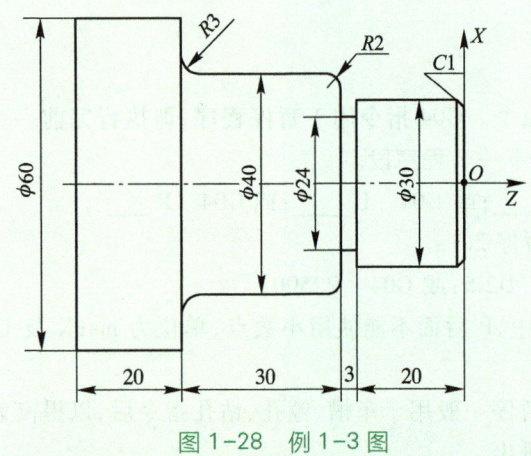

图 1-28 例 1-3 图

编程如下:

N01 T0101;

N02 G96 S180 M03;

N04 G00 G42 X40.0 Z2.0;

N05 G01 X24.0 F0.1;

N06 X30.0 Z-1.0;

N07 Z-23.0;

N08 X36.0;

N09 G03 X40.0 Z-25.0 R2.0;

N10 G01 Z-50.0;

N11　G02　X46.0　Z-53.0　R3.0;

N12　G01　X63.0;

N13　G00　G40　X100.0　Z100.0　T0100;

N14　M05　T0202;

N15　G00　G97　S300　M03;

N16　X42.0　Z-23.0;

N17　G01　X24.0　F0.1;

N18　G04　X2.0;

N19　G00　X42.0;

N20　X200.0　Z100.0　T0200;

N21　M30;

四、工作内容

1. 实训目的与要求

a. 进一步熟悉数控车床的基本操作,特别是程序的编辑功能。

b. 掌握程序的结构形式以及数控车床加工圆柱、圆锥面零件的编程方法。

c. 会制订阶梯轴类零件加工工艺及编制程序,能进行零件的试切对刀,能控制零件的加工过程,保证零件的加工精度。

2. 仪器与设备

a. 卧式数控车床若干台。

b. 棒料(长度、直径视实训零件尺寸而定)。

c. 工具准备。

量具准备清单:

游标卡尺　　　　　　　　0~150 mm/0.02 mm

外径千分尺　　　　　　　0~25 mm/0.01 mm;25~50 mm/0.01 mm

钢直尺　　　　　　　　　0~200 mm

百分表　　　　　　　　　0~10 mm/0.01 mm

刀具准备清单:

93°外圆车刀

切槽(断)车刀　　　　　刀宽 3 mm

其他工具准备清单:

卡盘钥匙

刀架钥匙

垫刀片

3. 实训时间

120 min。

4. 实训内容

零件毛坯为 ϕ30 mm 的圆柱棒料,完成图 1-1 所示零件的编程、调试并加工。

（1）零件图工艺分析

此零件尺寸标注正确、轮廓描述完整。整个零件要加工的部分是长度尺寸为 42.5,最大外圆表面尺寸为 $\phi28$,对于尺寸 $\phi20_{-0.021}^{0}$,采用最大极限尺寸与最小极限尺寸之间的尺寸 $\phi19.99$ 编程,表面粗糙度 $Ra1.6\ \mu m$ 由精车保证。

（2）确定装夹方案

采用机床本身的标准卡盘,毛坯伸出三爪自定心卡盘外 70 mm 左右,并找正夹紧。

（3）确定加工方案

以工件右端面中心作为坐标原点建立工件坐标系。加工起点和换刀点设为同一点,其位置的确定原则为方便拆卸工件,不发生碰撞,空行程较短等。故加工起点和换刀点放在 Z 向距离工件前端面 100 mm、X 向距离轴心线 100 mm(直径值)的位置。加工工艺路线为粗车右端外圆表面→精车右端外圆表面→车退刀槽并切断。

（4）选择刀具与切削用量

外圆车刀 T0101,刀具主偏角为 93°;切槽(断)车刀 T0202,刀宽为 3 mm。上述刀具材料为高速钢。采用的切削用量主要考虑加工精度要求,同时兼顾提高刀具耐用度、机床寿命等因素。粗车外圆时主轴转速为 500 r/min,进给量为 0.3 mm/r,给精加工留 0.5 mm 的背吃刀量;精加工外圆时主轴转速为 800 r/min,进给量为 0.1 mm/r;切槽时,主轴转速为 500 r/min,进给量为 0.1 mm/r。

（5）拟订数控加工工序卡

数控加工工序卡见表 1-9。

表 1-9　数控加工工序卡

（单位）	数控加工工序卡片	产品名称或代号	零件名称		零件图号
			圆柱、圆锥、圆弧面零件		
工序号	程序编号	夹具名称	使用设备	数控系统	车间
	O0010	三爪自定心卡盘	TK36S	FANUC 0i	数控中心
工步号	工步内容	刀具号	刀具名称	刀具规格	主轴转速/（r/min）	进给量/（mm/r）	背吃刀量/mm	备注
1	粗车右端外轮廓	T01	外圆车刀	93°	500	0.3		
2	精车右端外轮廓	T01	外圆车刀	93°	800	0.1	0.5	
3	车退刀槽,切断,控制总长	T02	切槽车刀	3 mm	500	0.1		
编制		审核		批准		共 1 页	第 1 页	

（6）编制数控加工程序

参考数控加工程序单见表 1-10。

表 1-10　数控加工程序单

零件图号		零件名称	圆柱、圆锥、圆弧面零件	资料编号	
程序号	O0010	数控系统	FANUC 0i	备注	
程序段号	程序内容		说明		
N10	T0101;		调用 1 号外圆车刀和 1 号刀具偏置		
N20	G99 M03 S500;		指定每转进给方式为主轴正转,转速为 500 r/min		
N30	G00 X25.0 Z2.0;		定位到加工起点		
N40	G01 Z-27.5 F0.3;		沿着 Z 轴负方向加工		
N50	X29.0 Z-42.5;		粗加工锥面		
N60	X32.0;		X 轴方向退刀		
N70	G00 Z2.0;		Z 轴方向退刀		
N80	X21.0;		X 轴方向定位		
N90	G01 Z-25.0 F0.3;		沿着 Z 轴负方向加工		
N100	X27.0;		X 轴方向退刀		
N110	G00 Z2.0;		Z 轴方向退刀		
N120	X17.0;		X 轴方向定位		
N130	G01 Z-17.5 F0.3;		沿着 Z 轴负方向加工		
N140	X22.0;		X 轴方向退刀		
N150	G00 G42 Z2.0;		退刀并建立刀具半径补偿		
N160	S800;		改变主轴转速为精车转速		
N170	G00 X13.0;		定位到 X13.0		
N180	G01 X13.0 Z0 F0.1;		走刀到倒角起点		
N190	X16.0 Z-1.5;		倒角		
N200	Z-17.5;		车 ϕ16 mm 外圆		
N210	X16.99;		X 轴方向加工到圆角起点		
N220	G03 X19.99 W-1.5 R1.5;		加工 R1.5 mm 的圆角		
N230	G01 Z-25.0;		车 ϕ19.99 mm 的外圆		
N240	G02 X24.99 W-2.5 R2.5;		加工 R2.5 mm 的圆角		
N250	G01X25.0;		X 轴方向走刀至锥面起点		
N260	X28.0 Z-42.5;		车锥面		
N270	X32.0;		X 轴方向加工		
N280	G00G40 X100.0 Z100.0;		退刀至换刀点,取消刀具半径补偿		
N290	T0202;		换 2 号切槽车刀,调用 2 号刀具偏置		
N300	M03 S500;		主轴正转,转速为 500 r/min		
N310	G00 X21.0 Z-15.5;		定位到切槽起点		

续表

程序段号	程序内容	说明
N320	G01 X12.0 F0.1;	切槽
N330	G04 X1.0;	延时 1 s
N340	G00 X21.0;	X 轴方向退刀
N350	G00 Z−17.5;	Z 轴向定位
N360	G01 X12.0 F0.1;	切槽
N370	G04 X1.0;	延时 1 s
N380	G00 X31.0;	退刀
N390	Z−45.5;	定位到切断位置
N400	G01 X0 F0.1;	切断
N410	X32.0;	X 轴方向退刀
N420	G00 X100.0 Z100.0;	退刀至换刀点
N430	M05;	主轴停
N440	M30;	程序结束
编制		审核		批准		时间	

（7）输入零件程序

（8）进行程序校验及加工轨迹仿真，修改程序

（9）进行对刀操作，自动加工

（10）实训总结

1.1 考核评价表

　　a. 根据零件图中的尺寸标注，在满足图样上尺寸精度要求的前提下，可以选择绝对值坐标、增量值坐标和两者混合编程，提高编程效率。

　　b. 数控机床适合加工形状复杂的零件，不受人为因素的影响，一般不需要特殊的工装设备，加工效率高。

　　c. 注意 G04　X ____ 和 G04　P ____ 两种格式的用法区别。

（11）可以扫描二维码，填写圆柱、圆锥、圆弧面零件考核评价表

五、项目拓展

　　如图 1-29 所示的零件，毛坯为半成品，精加工右端外圆表面，试用 FANUC 0i 数控系统指令编写车削加工程序，并完成零件的加工实训。

　　参考程序如下：

O0010;

T0101;　　　　　　　　　　外圆车刀

S800　M03;

G00　G42　X50.0　Z5.0;

G00　X50.0　Z0;

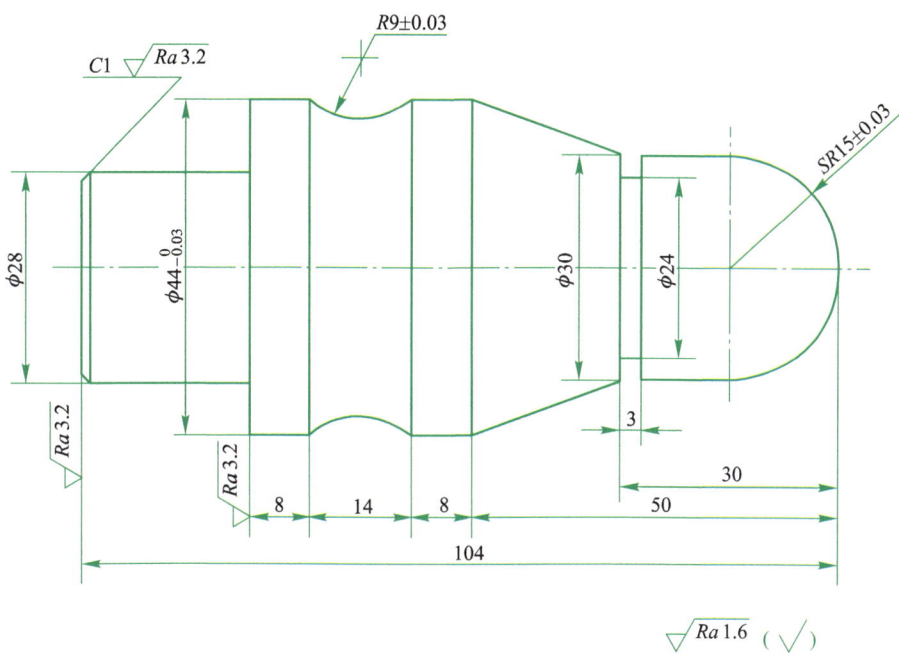

图 1-29　项目拓展例图

G01　X0　F0.1；

G03　X30.0　Z-15.0　R15.0；

G01　Z-30.0；

X43.988　Z-50.0；

W-8.0；

G02　X43.988　W-14.0　R9.0；

G01　W-8.0；

X48.0；

G00　G40　X200.0　Z50.0；

T0100；

M05；

M00；

T0202；　　　　　　　　　　　切槽（断）车刀

S500　M03；

G00　X31.0　Z-30.0；

G01　X24.0　F0.1；

G04　X2.0；

G00　X35.0；

G00　X200.0　Z50.0；

M05；

M30；

练习题 1　采用 G00、G01、G02、G03 等指令,编写车削加工如图 1-30 所示零件的精车程序。

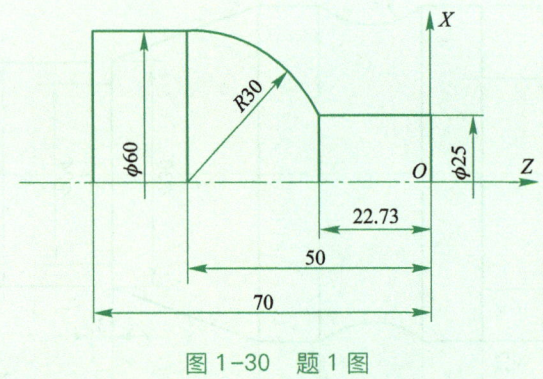

图 1-30　题 1 图

练习题 2　已知毛坯为 φ30 mm×100 mm 的棒料,编写加工如图 1-31 所示零件的数控车削程序。

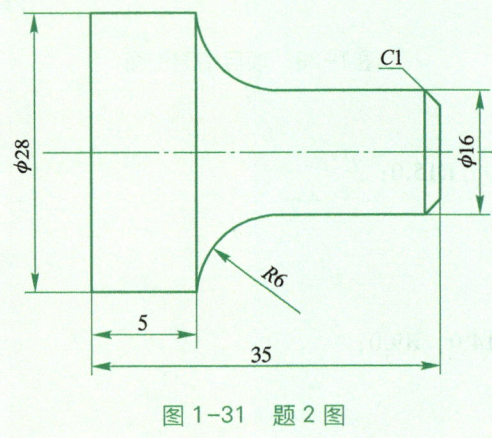

图 1-31　题 2 图

项目 2　复合形状零件数控编程与加工

动画扫一扫
复合形状零件
三维模型

一、工作任务

1. 外轮廓加工任务

已知零件毛坯为 φ30 mm×110 mm 的棒料,加工如图 1-32 所示的复合形状外轮廓零件。

2. 内轮廓加工任务

毛坯预加工孔为 φ20 mm,加工如图 1-33 所示的复合形状内轮廓零件。

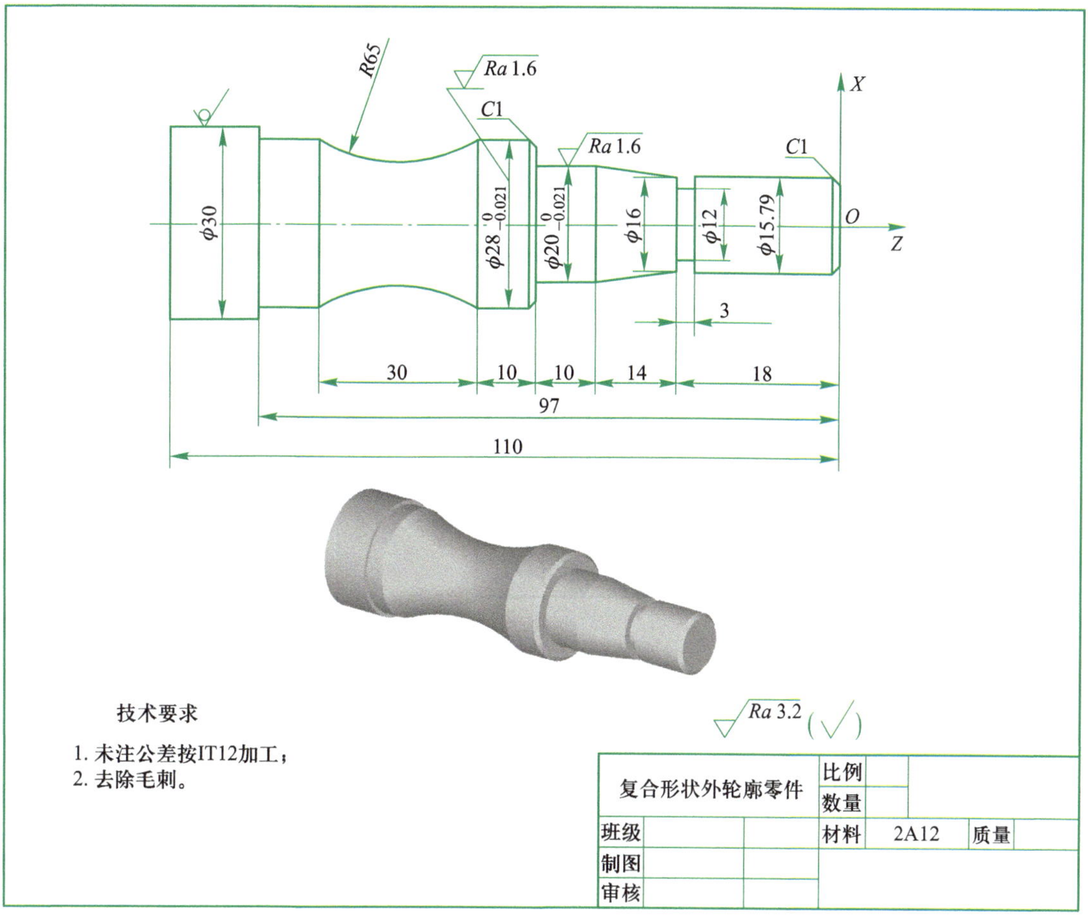

技术要求

1. 未注公差按IT12加工；
2. 去除毛刺。

复合形状外轮廓零件	比例		
	数量		
班级		材料	2A12	质量	
制图			
审核			

$\sqrt{Ra\,3.2}$ ($\sqrt{}$)

图 1-32 复合形状外轮廓零件图

二、学习目标

a. 掌握复合形状零件加工方案的制订。

b. 掌握 G71、G72、G73、G70 等固定循环指令的格式含义及用途。

c. 正确选用固定循环指令编制较复杂轴类零件的数控加工程序。

d. 掌握较复杂轴类零件数控车削技能。

e. 培养安全、规范、质量意识和团队合作精神。

三、学习内容

（一）加工方案的制订

加工方案又称工艺方案，数控机床加工方案的制订包括制订工序、工步及走刀路线等内容。

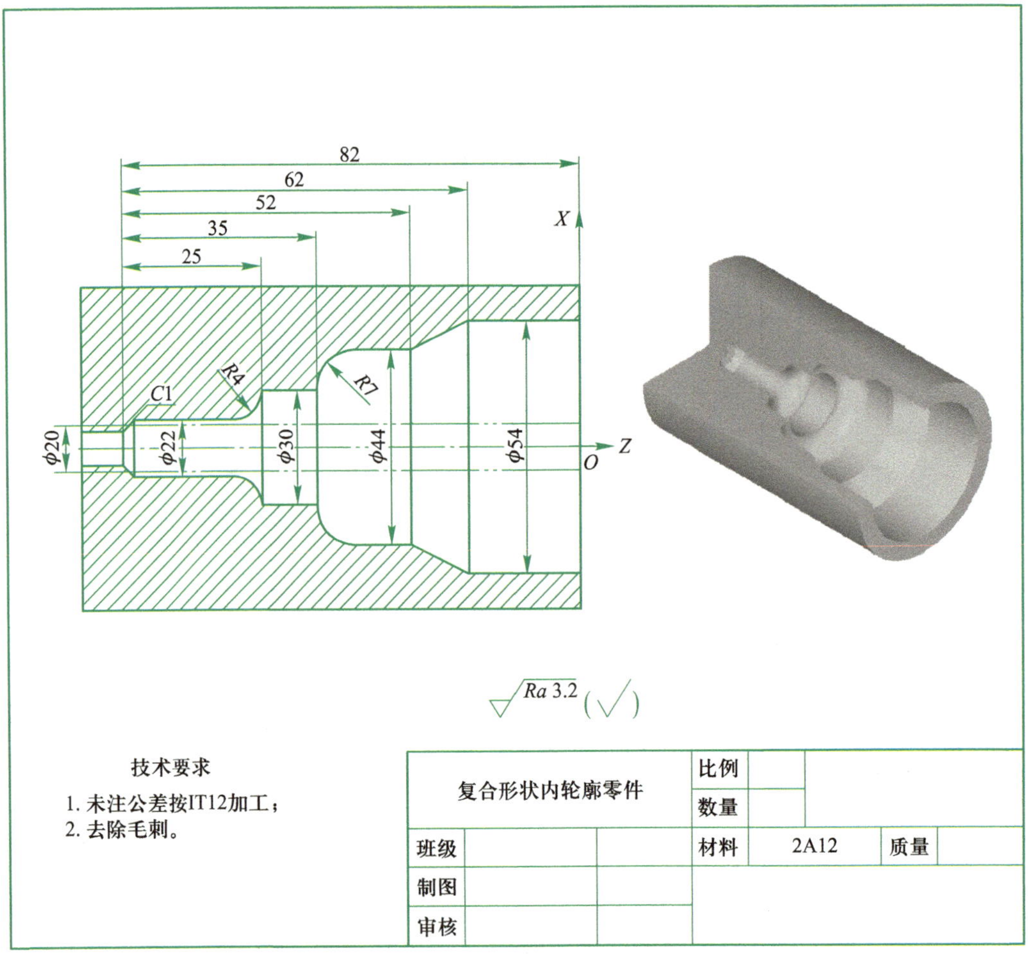

图 1-33　复合形状内轮廓零件

在对加工工艺进行仔细分析后,制订加工方案的一般原则为先粗后精,先近后远,先内后外,程序段最少,走刀路线最短等。

1. 先粗后精

为了提高生产效率并保证零件的精加工质量,在切削加工时,应先安排粗加工工序,在较短的时间内将精加工前大量的加工余量去掉,同时尽量满足精加工的余量均匀性要求。

若粗加工后所留余量的均匀性满足不了精加工要求,则可安排半精加工作为过渡性工序,以便使精加工余量小而均匀。如图 1-34a 所示,首先进行粗加工,将虚线包围的部分切除,然后进行半精加工和精加工。

在安排可以一刀或多刀进行的精加工工序时,其零件的完工轮廓应由最后一刀连续加工而成。这时,刀具的进、退刀位置要考虑妥当,尽量不要在连续的轮廓中安排切入和切出或换刀及停顿,以免因切削力突然变化而造成弹性变形,使光滑连接轮廓上产生表面划伤、形状突变或滞留刀痕等缺陷。

2. 先近后远

一般情况下,特别是在粗加工时,通常安排离对刀点近的部位先加工,离对刀点远的部位后加工,以便缩短刀具移动距离,减少空行程时间。对于车削加工,该方法还有利于保持坯料或半成品的刚性,改善其切削条件。

例:当加工图 1-34b 所示的零件时,宜按 $\phi34$ mm→$\phi36$ mm→$\phi38$ mm 的次序先近后远地安排加工。

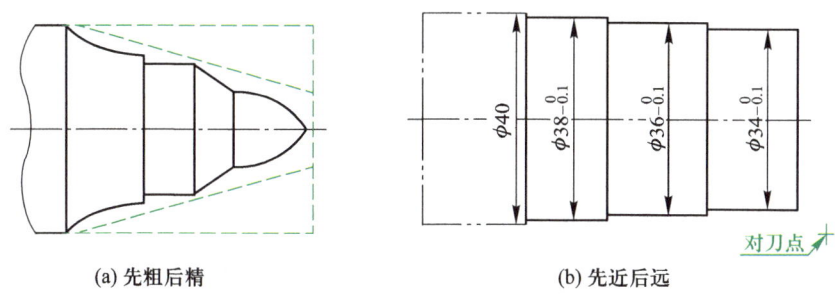

(a) 先粗后精　　　　　　　　　(b) 先近后远

图 1-34　车削顺序

3. 先内后外

对既有内表面又有外表面的零件,在制订其加工方案时,通常应安排先加工内形和内腔,后加工外形表面。这是因为控制内表面的尺寸和形状较困难,刀具刚性相应较差,刀尖(刃)的使用寿命易受切削热而降低,以及在加工中清除切屑较困难等。

4. 程序段最少

在加工程序的编制中,总是希望以最少的程序段来实现对零件的加工,以使程序简洁,减少出错的概率并提高编辑工作的效率。

5. 走刀路线最短

走刀路线泛指刀具从对刀点开始运动,直至返回该点并结束加工程序所经过的路径,包括切削加工的路径及刀具引入、切出等非切削空行程。

在保证加工质量的前提下,使加工程序具有最短的走刀路线,不仅可以节省整个加工过程的执行时间,还能减少一些不必要的刀具消耗及机床进给机构滑动部件的磨损等。实现最短的走刀路线,除了依靠大量的实践经验外,还应善于分析,必要时可辅以一些简单计算。

(1)巧用起刀点

起刀点与换刀点分离,减少空行程。

(2)巧用切断(槽)车刀

切断面带一倒角要求的零件,如图 1-35a 所示,在批量车削加工中比较普遍,为了便于切断并避免调头倒角,可巧用切断车刀同时完成车倒角、切断两个工序,效果很好。

如图 1-35b 所示,用切断车刀先按 4 mm×$\phi26$ mm 的工序尺寸车槽,这样既为倒角提供了方便,也减小了刀尖切断较大直径坯料时的长时间摩擦,同时有利于切断时的排屑。

如图 1-35c、d 所示分别是倒角、切断时切断车刀刀位点的起、止位置图。

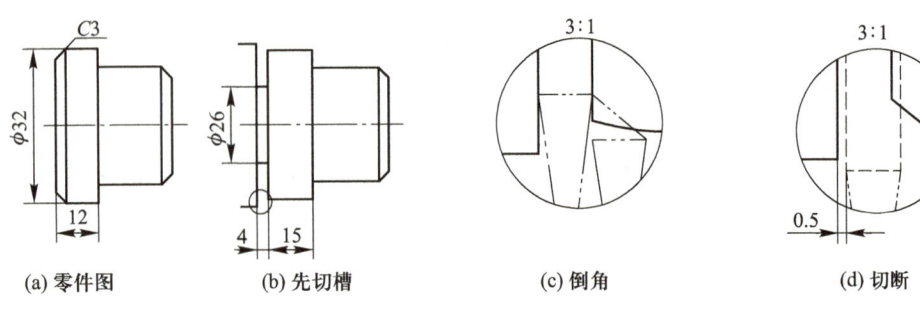

(a) 零件图 (b) 先切槽 (c) 倒角 (d) 切断

图 1-35 巧用切断(槽)车刀

动画扫一扫
单一形状固定
循环指令 G90

动画扫一扫
内、外径车削
循环 G90 应用

(二) 循环指令

1. 单一形状固定循环指令 G90/G94

在某些粗车的特殊加工中,由于切削余量大,通常相同的走刀轨迹要重复多次,此时可利用固定循环功能。一般用一个固定循环的程序段指代多个某个程序段指定的加工轨迹,使编程大大简化。

(1) 内、外径车削循环 G90

格式:G90 X(U)____ Z(W)____ R ____ F ____;

说明:X(U)____ Z(W)____中 X、Z 取值为切削表面终点坐标值,U、W取值为圆柱面切削终点相对循环起点的增量坐标值。

R ____当加工圆柱面时为 0,可省略此项;当加工圆锥面时,R 取值为锥体面切削起点与切削终点的半径差,$R=R_起-R_终$,此值有正、负。

F ____为进给速度。

如图 1-36a 所示为车削外圆柱面时的走刀轨迹,刀具从循环起点开始按矩形循环,最后又回到循环起点。图中虚线表示按 R 快速运动,实线表示按 F 指定的进给速度运动。

如图 1-36b 所示为车削外圆锥面时的走刀轨迹。

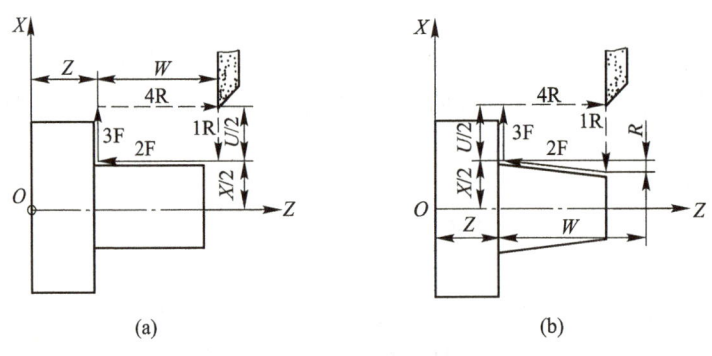

(a) (b)

图 1-36 G90 的走刀轨迹

执行 G90 前,刀具必须先定位到一个循环起点(对于数控车床的所有循环指令,要特别注意正确选择程序循环起点的位置,一般宜选择在离开毛坯表面 1~2 mm 处),然后开始执行 G90,此处应注意刀具每执行完一次 G90 时会回到循环起点。

如图1-37a所示,其粗车循环程序如下:

……

G00 X60.0 Z70.0;	确定循环起点
G90 X40.0 Z20.0 F0.3;	$A \to B \to C \to D \to A$
X30.0;	$A \to E \to F \to D \to A$
X20.0;	$A \to G \to H \to D \to A$

……

动画扫一扫
G90指令

如图1-37b所示,其有关程序如下:

……

G90 X40.0 Z20.0 R-5.0 F0.3;	$A \to B \to C \to D \to A$
X30.0;	$A \to E \to F \to D \to A$
X20.0;	$A \to G \to H \to D \to A$

……

动画扫一扫
G90指令应用

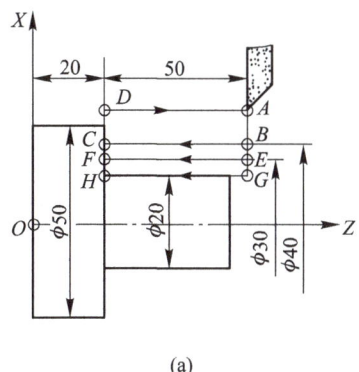

(a)

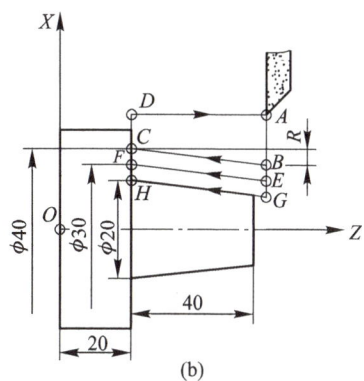

(b)

图1-37 G90举例

（2）端面车削循环G94

格式:G94 X(U)____ Z(W)____ R____ F____;

说明:X(U)____ Z(W)____中X、Z取值为切削表面终点坐标值,U、W取值为端面切削终点相对循环起点的增量坐标值。

R____为端面切削起点至终点位移在Z轴方向的坐标增量。切削端平面时为0,可省略。

动画扫一扫
端面车削
循环G94

应用G94车削平面和有锥度端面的走刀轨迹分别如图1-38a、b所示。

图1-39a的加工程序如下:

……

G94 X50.0 Z16.0 F0.3;	$A \to B \to C \to D \to A$
Z13.0;	$A \to E \to F \to D \to A$
Z10.0;	$A \to G \to H \to D \to A$

……

图1-39b的加工程序如下:

……

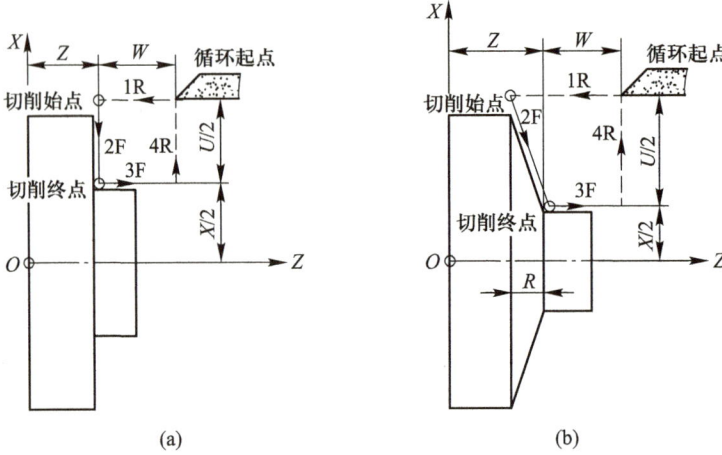

图 1-38　G94 的走刀轨迹

G94　X15.0　Z33.48　R-3.48　F0.3;	$A{\rightarrow}B{\rightarrow}C{\rightarrow}D{\rightarrow}A$
Z31.48;	$A{\rightarrow}E{\rightarrow}F{\rightarrow}D{\rightarrow}A$
Z28.78;	$A{\rightarrow}G{\rightarrow}H{\rightarrow}D{\rightarrow}A$
……	

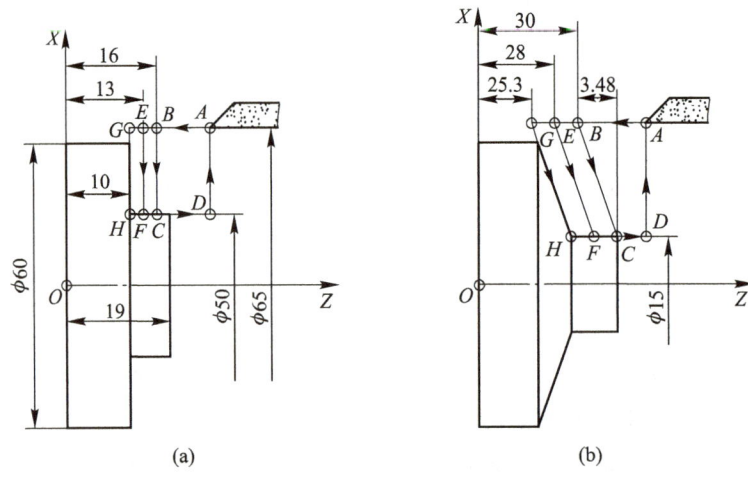

图 1-39　G94 举例

（3）注意事项

a. 应根据毛坯的形状和工件的加工轮廓合理选择和使用单一固定循环。一般情况下，内、外径车削循环指令 G90 主要用于零件的内、外圆柱面。圆锥面轴向毛坯余量较大或直接以棒料车削零件时，应进行精车前的粗车，以去除大部分余量。端面车削循环指令 G94 主要用于短、面大的零件（径向切削量较大）的垂直端面或锥形端面的粗加工，以去除大部分余量。

b. 由于 X(U)、Z(W) 和 R 的数值在固定循环期间是模态的，如果没有重新指定 X(U)、Z(W) 和 R，则原来指定的数据一直有效。

c. 如果固定循环中使用了 M、S、T 指令,则固定循环和 M、S、T 功能同时被执行。如果加工中不允许,则应将固定循环先取消,执行 M、S、T 后再执行固定循环,如下例所示。

例:N003　T0101;

　　N010　G90　X20.0;

　　N011　G00　T0202;

　　N012　G90　X20.0;

d. 如果在单段运行方式下执行循环,则每一循环分四段进行,执行过程中必须按四次"循环启动"按钮。

e. 用 MDI 方式运行固定循环,该程序段执行后,再按"循环启动"按钮,可执行与前次相同的固定循环。

f. G90、G94 都是模态指令,当循环结束时,应以同组的指令(G00、G01、G02 等)将循环功能取消。

2. 复合形状固定循环指令 G71/G72/G73/G70

它应用于切除非一次加工才能达到规定尺寸的场合,主要在粗车情况下使用。当用棒料毛坯车削阶梯相差较大的轴,或切削铸、锻件的毛坯余量时,都有一些多次重复进行的动作,每次加工的轨迹相差不大。利用复合形状固定循环功能,机床即可自动地重复切削直到工件加工完为止。它主要有以下几种。

(1)内、外径粗车循环 G71

它适用于圆柱毛坯粗车外径和圆筒毛坯粗车内径。如图 1-40 所示为 G71 的走刀轨迹。图中 C 是粗车循环的起点,A 是毛坯外径与端面轮廓的交点。

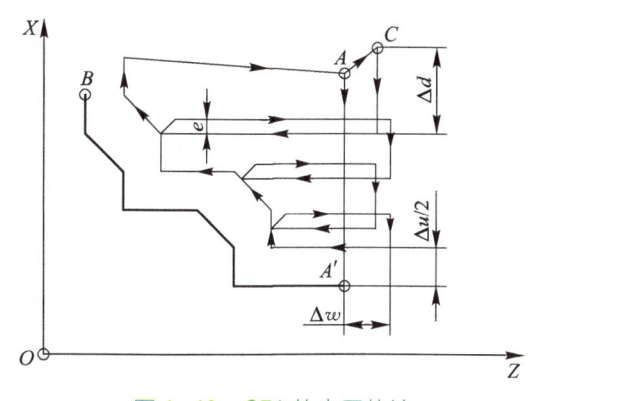

动画扫一扫
G71 指令

图 1-40　G71 的走刀轨迹

格式:G71　U(Δd)　R(e);

　　　G71　P(ns)　Q(nf)　U(Δu)　W(Δw)　F(f)　S(s)　T(t);

其中:Δd——背吃刀量,无正、负号,半径指定,可用系统参数设定,也可用程序指定数值,但程序指定数值优先;

　　　e——径向退刀量,可用系统参数设定,也可用程序指定数值;

　　　ns——精加工形状程序段中的开始程序段号;

　　　nf——精加工形状程序段中的结束程序段号;

　　　Δu——X 轴方向精加工余量的大小及方向,直径值编程,有正、负;

Δw——Z 轴方向精加工余量,有正、负号;

F、S、T——粗加工循环中的进给速度、主轴转速与刀具功能。

在此应注意以下几点:

a. 当加工内径轮廓时,G71 就自动成为内径粗车循环,此时径向精加工余量 Δu 应指定为负值。Δu 和 Δw 的正负判断如图 1-41 所示,其方法是从垂直于精加工轨迹向粗加工轨迹画向量,然后画出该向量的 X 分向量和 Z 分向量,方向与工件坐标 X 轴、Z 轴方向一致即为正,不一致即为负。其中 A 和 A' 之间的刀具轨迹在包含 G00 或 G01,顺序号为 ns 的循环第一个程序段中指定,并且在这个程序段中不能指定 Z 轴的运动指令。

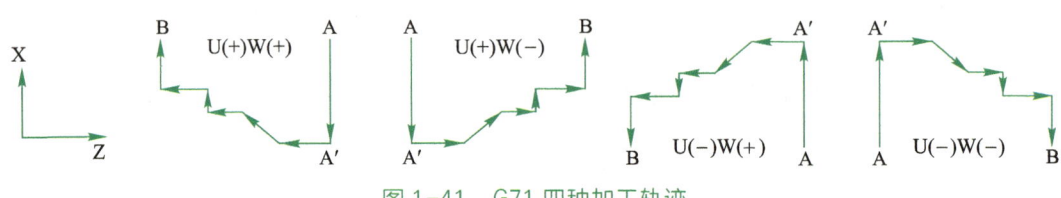

图 1-41　G71 四种加工轨迹

b. 零件轮廓符合 X 轴、Z 轴方向同时单调增大或单调减少时,顺序号为 ns 的循环第一个程序段中不能指定 Z 轴的运动指令。零件轮廓 X 轴、Z 轴方向非单调时,$ns \rightarrow nf$ 程序段中第一条指令必须在 X 轴、Z 轴方向同时有运动。

动画扫一扫
G71 指令应用

c. 在使用 G71 进行粗加工循环时,只有含在 G71 程序段中的 F、S、T 功能才有效,而包含在 $ns \rightarrow nf$ 程序段中的 F、S、T 功能即使被指定,对粗车循环也无效。

d. 用恒表面切削速度控制主轴时,$ns \rightarrow nf$ 程序段中的 G96 和 G97 无效,而在 G71 程序段或之前程序段中的 G96 和 G97 有效。

e. 粗车循环结束后,刀具自动退回循环起点。

f. $ns \rightarrow nf$ 程序段中,可以进行刀具补偿,但不能调用子程序。

例 1-4　试按图 1-42 所示尺寸编写粗车循环加工程序。

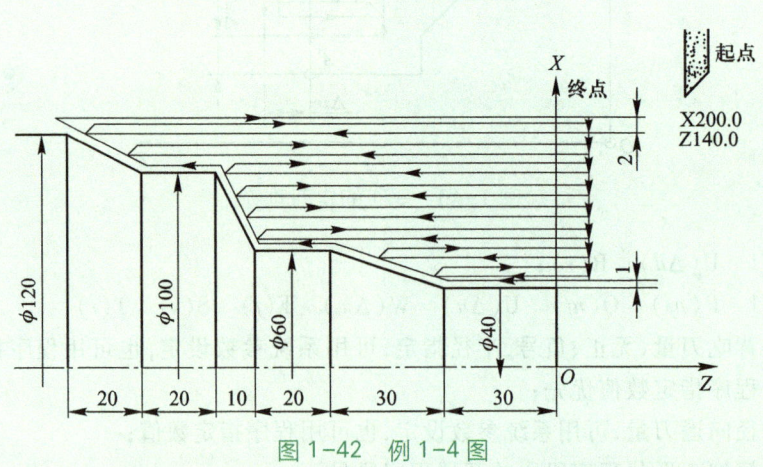

图 1-42　例 1-4 图

编程如下:

O1;

```
N10    T0101;
N20    S400    M03;
N30    G00    X122.0    Z10.0;
N40    M08;
N50    G71    U2.0    R0.1;
N60    G71    P70    Q130    U1.0    W2.0    F0.3;
N70    G00    X40.0;
N80    G01    Z-30.0    F0.15;
N90    X60.0    Z-60.0;
N100   Z-80.0;
N110   X100.0    Z-90.0;
N120   Z-110.0;
N130   X120.0    Z-130.0;
N140   G00    X125.0    G40;
N150   X200.0    Z140.0    T0100    M05;
N160   M02;
```

例 1-5 毛坯有孔且孔径为 ϕ30 mm,如图 1-43 所示,试用 G71 指令编写孔粗加工程序。

编程如下:

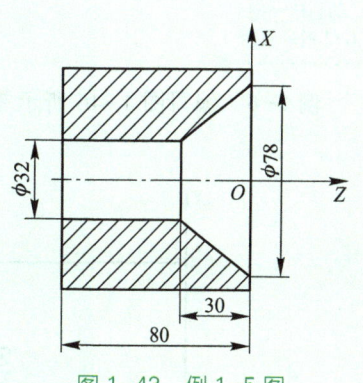

图 1-43 例 1-5 图

```
O0010;
G50    S2000;
T0202;
G96    S150    M03;
G00    X29.5    Z15.0;
Z5.0;
G71    U1.0    R0.5;
G71    P1    Q2    U-0.4    W0.2    F0.2;
N1    G00    X78.0;
G01    Z0.0    F0.12;
X32.0    Z-30.0;
N2    Z-81.0;
G00    X200.0    Z100.0;
M30;
```

(2)端面粗加工循环 G72

它适用于圆柱棒料毛坯端面方向的粗车,如图 1-44 所示的 G72 走刀轨迹为从外径方向往轴心方向车削端面循环。

格式:G72   W(Δd)   R(e);

G72   P(ns)   Q(nf)   U(Δu)   W(Δw)   F(f)   S(s)   T(t);

各参数的含义与 G71 相同。除与 G71 类似的注意事项外,还应注意以下几点:

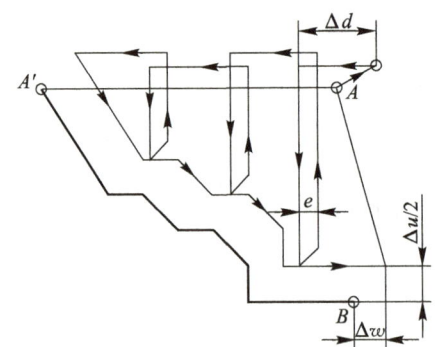

图 1-44　G72 的走刀轨迹

a. G72 与 G71 背吃刀量 Δd 的切入方向不同，G71 沿 X 轴进给，而 G72 沿 Z 轴进给。

b. $ns \rightarrow nf$ 程序段中，一般第一段不能指定 X 轴的运动指令，否则会出现程序报警。

c. 用 G72 指令加工的工件形状有如图 1-45 所示的四种情况，无论哪种都是根据刀具平行 Z 轴移动进行切削的，精加工余量（Δu、Δw）的方向符号如图 1-45 所示。

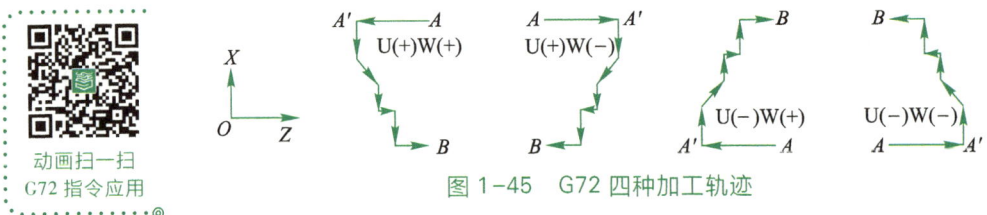

图 1-45　G72 四种加工轨迹

例 1-6　编写图 1-46 所示零件的加工程序。

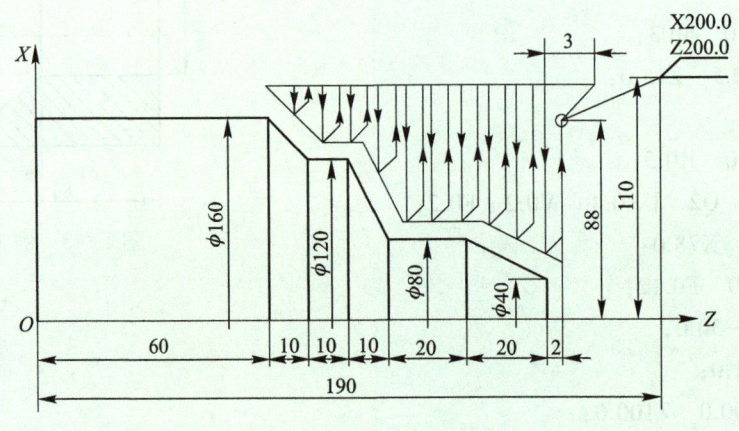

图 1-46　例 1-6 图

编程如下：

N10　T0101;

N20　S500　M03;

N30　G00　X176.0　Z132.0;

N40　M08;

```
N50    G72    W3.0    R0.1;
N60    G72    P70    Q120    U1.0    W0.5    F0.3;
N70    G00    X176.0    Z60.0;
N75    G01    X160    F0.15;
N80    G01    X120.0    Z70.0    F0.15    S800;
N90    Z80.0;
N100   X80.0    Z90.0;
N110   Z110.0;
N120   X36.0    Z132.0;
N130   G00    X200.0    Z200.0    T0100    M05;
N140   M30;
```

（3）仿形粗车循环 G73

所谓仿形切削循环,是按照一定的切削形状逐渐接近最终形状,对于铸造或锻造毛坯的切削是一种效率很高的方法。G73 的走刀轨迹如图 1-47 所示。

动画扫一扫
G73 指令

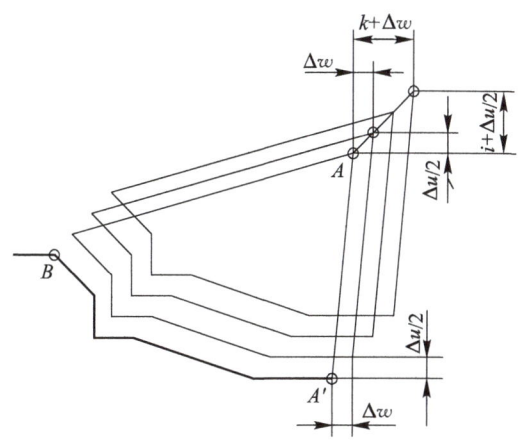

图 1-47　G73 的走刀轨迹

格式:G73　U(Δi)　W(Δk)　R(d);

　　　　G73　P(ns)　Q(nf)　U(Δu)　W(Δw)　F(f)　S(s)　T(t);

其中:i——X 轴上的总吃刀量(半径值);

　　　k——Z 轴上的总吃刀量;

　　　d——重复加工次数。

其余参数的含义与 G71 相同。G73 用法与 G71、G72 一样,但要注意:

a. G73 用于未切除余量的棒料切削时,会有较多的空行程,因此应尽可能使用 G71、G72 切除余料。

b. G73 描述精加工走刀路线时应封闭。

c. G73 可用于内凹形体的切削加工,无须要求工件单调增加或减小。

动画扫一扫
G73 指令应用

例 **1-7** 编写图 1-48 所示零件的加工程序。

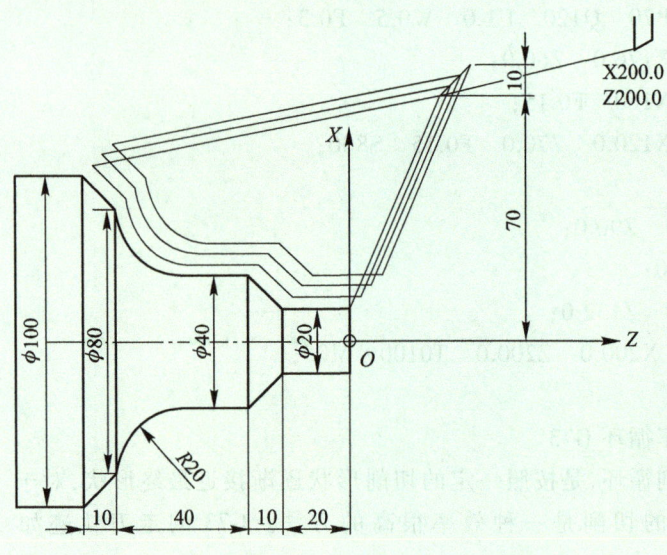

图 1-48 例 1-7 图

编程如下：

N10　T0101；

N20　S500　M03；

N30　G00　X140.0　Z40.0；

N40　M08；

N50　G73　U9.5　W9.5　R3.0；

N60　G73　P70　Q130　U1.0　W0.5　F0.3；

N70　G00　X20.0　Z2.0；　　　　　　　　　（ns）

N80　G01　Z-20.0　F0.15；

N90　X40.0　Z-30.0；

N100　Z-50.0；

N110　G02　X80.0　Z-70.0　R20.0；

N120　G01　X100.0　Z-80.0；

N130　X105.0；　　　　　　　　　　　　　　（nf）

N140　G00　X200.0　Z200.0；

N150　M30；

（4）精加工循环 G70

由 G71、G72 等完成粗加工后，可以用 G70 进行精加工。

格式：G70　P(ns)　Q(nf)；

其中：ns 和 nf 的含义与前述相同。

在这里，G71、G72、G73 程序段中的 F、S、T 指令都无效，只有在 ns→nf 程序段中的 F、S、T 才有效。G70 循环结束后，刀具会快速返回起点位置，并开始执行 G70 循环的下一个程序段。

G70、G71 的典型应用程序格式如下：

……

T0101   S800   M03；

G00   X51.0   Z2.0；   定位到循环起点

G71   U1.5   R1.0；

G71   P30   Q55   U0.5   W0.1   F150；

N30…；   精加工程序开始

……；

N55 …；   精加工程序结束

G00   X100.0   Z50.0；   退刀

M05；

M00；

S1500   M03   F80   T0202；   换精加工刀具

G00   G42   X51.0   Z2.0；   定位到粗加工循环起点

G70   P30   Q55；   精加工循环

G00   G40   X100.0   Z50.0；   退刀

……

四、工作内容

（一）外轮廓循环加工

1. 实训目的与要求

a. 了解数控车床加工循环指令的作用。

b. 掌握数控车床加工循环指令编程的方法以及程序的结构形式。

c. 比较循环指令编程与常用准备功能编程的异同。

2. 仪器与设备

a. 卧式数控车床若干台。

b. 铝棒（长度、直径视实训零件尺寸而定）。

c. 工具准备。

量具准备清单：

游标卡尺   0～150 mm/0.02 mm

外径千分尺   0～25 mm/0.01 mm；25～50 mm/0.01 mm

钢直尺   0～200 mm

百分表   0～10 mm/0.01 mm

刀具准备清单：

93°外圆车刀

切槽（断）车刀   刀宽 3 mm

其他工具准备清单：

卡盘钥匙

刀架钥匙

垫刀片

3. 实训时间

两个小时。

4. 相关知识概述

a. 单一形状固定循环指令的格式及各个字的含义。

b. 复合形状固定循环指令的种类。

c. 复合形状固定循环指令的编程格式以及各个字的设定。

d. 起刀点，粗、精加工循环起点，换刀点的确定。

e. 尺寸的数值计算。

5. 实训内容

已知毛坯为 ϕ30 mm×110 mm 的棒料，要求加工图 1-32 所示的零件。

（1）零件图工艺分析

该轴类零件表面由圆柱面、圆锥面及圆弧面组成。各段尺寸的精度要求不高，尺寸完整，轮廓描述清楚。外表面尺寸 $\phi20_{-0.021}^{0}$ 和 $\phi28_{-0.021}^{0}$ 的精度要求较高，采用平均尺寸 ϕ19.99 和 ϕ27.99 编程，表面粗糙度 Ra1.6 μm 由精车保证。

（2）确定装夹方案

采用车床通用夹具——三爪自定心卡盘装夹定位。工件原点选在右端面，如图 1-32 所示。

（3）确定加工方案

加工顺序按由粗到精确定，先粗车各外圆柱面、圆锥面、圆弧面，再精车各段外圆、圆锥及圆弧面，切 3 mm×ϕ12 mm 的槽。

（4）选择刀具

a. 粗车选用高速钢 93°外圆车刀，副偏角不能太小，应保证车削圆弧面时不与工件发生干涉。

b. 精车选用硬质合金 93°外圆车刀，也要保证车圆弧面时不与工件发生干涉。

c. 切槽选用宽度为 3 mm 的切槽车刀。

由于本零件所用刀具较少，而且都是常用刀具，故刀具调整图省略。

（5）选择切削用量

a. 粗车循环时，确定 a_p = 2～4 mm，f = 0.3 mm/r，s = 500 r/min。

b. 精车时，a_p = 0.25 mm，f = 0.1 mm/r，s = 800 r/min。

（6）拟订数控加工工序卡

数控加工工序卡见表 1-11。

表 1-11　数控加工工序卡

（单位）数控加工工序卡片		产品名称或代号	零件名称		零件图号
			复合形状外轮廓零件		
工序号	程序编号	夹具名称	使用设备	数控系统	车间
	O2001	三爪自定心卡盘	TK36S	FANUC 0i	数控中心

续表

工步号	工步内容	刀具号	刀具名称	刀具规格	主轴转速/(r/min)	进给速度/(mm/r)	背吃刀量/mm	备注
1	a. 光端面 b. 粗车外轮廓	T01	外圆车刀	93°	500	0.3	2.0	
2	精车外轮廓	T02	外圆车刀	93°	800	0.1	0.25	
3	切退刀槽	T03	切槽车刀	3 mm	500	0.1		
编制		审核		批准		共 1 页	第 1 页	

（7）编制数控加工程序

数控加工程序单见表 1-12。

表 1-12　数控加工程序单

零件图号		零件名称	复合形状外轮廓零件		资料编号	
程序号	O2001	数控系统	FANUC 0i		备注	
程序段号	程序内容		说明			
N10	T0101		调用 1 号外圆车刀和 1 号刀具偏置			
N20	G00 X100.0 Z100.0		刀具定位到换刀点,手动按下"跳选"键,使其有效			
N30	M03 S500		启动主轴正转,转速为 500 r/min			
N40	G00 X32.0 Z0		定位到端面			
N50	G01 X0 F0.3		车端面			
N60	Z2.0		Z 轴方向退刀			
N70	G00 X32.0		粗车循环定位			
N80	G71 U2.0 R0.5		粗车循环			
N90	G71 P100 Q220 U0.5 W0.1 F0.3		粗车循环			
N100	G00 X13.79		X 轴方向定位			
N110	G01 Z0 F0.1		走刀至倒角起点			
N120	X15.79 Z−1.0		倒角			
N130	Z−18.0		加工 ϕ15.79 mm 的外轮廓			
N140	X16.0		X 轴方向走刀			
N150	X19.99 W−14.0		加工锥面			
N160	W−10.0		加工 ϕ19.99 mm 的外轮廓			
N170	X25.99		走刀至倒角起点			
N180	X27.99 W−1		倒角			

续表

程序段号	程序内容	说明
N190	W−9.0	加工 ϕ27.99 mm 的外轮廓
N200	/G02 X27.99 W−30.0 R65.0	加工 R65 mm 的圆弧面,手动按下"跳选"键,使其有效
N210	G01 Z−97.0	加工 ϕ27.99 mm 的外轮廓
N220	G01 X32.0	沿着 X 轴方向走到 32 mm 处
N230	G00 X100.0Z100.0	退刀至换刀点
N235	M00	手动按下"跳转"键,使其无效
N240	T0202	换 2 号外圆车刀,调用 2 号刀具偏置
N250	M03 S800	主轴转速变为 800 r/min
N260	G00 G42 X32.0 Z2.0	定位到循环起点,并建立刀具半径补偿
N270	G70 P100 Q220	精加工循环
N280	G00 G40 X100.0 Z100.0	退刀至换刀点,取消刀具半径补偿
N290	T0303	换 3 号切槽车刀,调用 3 号刀具偏置
N300	M03 S500	主轴转速变为 500 r/min
N310	G00 X17.0 Z−18.0	定位到切槽起点
N320	G01 X12.0 F0.1	切槽
N330	G04 X1.5	延时 1.5 s
N340	G01 X17.0F0.3	X 轴方向退刀
N350	G00 X100.0 Z100.0	退刀至换刀点
N360	M30	程序结束
编制	审核	批准	时间

1.2 考核评价表

（8）输入零件程序

（9）进行程序校验及加工轨迹仿真,修改程序

（10）进行对刀操作、自动加工

（11）可以扫描二维码,填写复合形状外轮廓零件考核评价表

（二）内表面循环加工

1. 实训目的与要求

a. 掌握数控车床加工循环指令编程的方法。

b. 比较内、外表面加工时循环指令编程的异同。

2. 仪器与设备

a. 卧式数控车床若干台。

b. 铝棒(长度、直径视实训零件尺寸而定)。

c. 工具准备。

量具准备清单：

游标卡尺	$0 \sim 150$ mm/0.02 mm
外径千分尺	$0 \sim 25$ mm/0.01 mm；$25 \sim 50$ mm/0.01 mm
深度游标卡尺	$0 \sim 200$ mm/0.02 mm
钢直尺	$0 \sim 200$ mm
百分表	$0 \sim 10$ mm/0.01 mm
磁性表座	

刀具准备清单：

93°外圆车刀	
切槽（断）车刀	刀宽 3 mm
盲孔镗刀	$\phi18$ mm，深 90 mm
内切槽车刀	刀宽 3 mm

其他工具准备清单：

卡盘钥匙

刀架钥匙

垫刀片

3. 实训时间

两个小时。

4. 相关知识概述

a. 复合形状固定循环指令的种类。

b. 复合形状固定循环指令的编程格式以及内表面加工时各个字的设定。

c. 内表面加工时，起刀点，粗、精加工循环起点，换刀点的确定。

d. 尺寸的数值计算。

5. 实训内容

如图 1-33 所示的零件，毛坯预加工孔为图中细双点画线部分 $\phi20$ mm，要求加工右端内圆表面，试用 FANUC 0i 数控系统固定循环指令编写车削加工程序，并完成零件的加工实训。

（1）零件图工艺分析

此零件尺寸标注正确、轮廓描述完整。最大内圆表面尺寸为 $\phi54$ mm，长 82 mm，选择毛坯尺寸为 $\phi60$ mm×110 mm。

（2）确定装夹方案

采用机床本身的标准卡盘，毛坯伸出三爪自定心卡盘外 90 mm 左右，并找正夹紧。

（3）确定加工方案

以零件右端面中心作为坐标原点建立工件坐标系。加工起点和换刀点设为同一点，其位置的确定原则为方便拆卸工件，不发生碰撞，空行程较短等。故加工起点和换刀点放在 Z 向距离工件前端面 50 mm、X 向距离轴心线 200 mm 的位置。加工工艺路线为车端面→粗车内圆表面→精车内圆表面。

（4）选择刀具与切削用量

选择刀具和切削用量主要考虑加工精度要求并兼顾提高刀具耐用度、机床寿命等因素。

T01 内圆粗镗刀：主轴转速为 500 r/min，进给速度为 0.3 mm/r。

T02 内圆精镗刀:主轴转速为 800 r/min,进给速度为 0.1 mm/r。

上述刀具材料为高速钢。

(5)拟订数控加工工序卡(略)

(6)编制数控加工程序

数控加工程序单见表 1–13。

表 1–13 数控加工程序单

零件图号		零件名称	复合形状内轮廓零件	资料编号	
程序号	O0011	数控系统	FANUC 0i	备注	
程序段号	程序内容		说明		
N10	T0101;		调用 1 号内圆粗镗刀和 1 号刀具偏置		
N20	M03 S500;		启动主轴正转,转速为 500 r/min		
N30	G00 X19.0 Z0;		定位到端面		
N40	G01 X62.0 F0.3;		车端面		
N50	G00 Z5.0;		Z 轴方向退刀		
N60	X19.0;		粗车循环定位		
N70	G71 U1.0 R0.5;		粗车循环指令		
N80	G71 P90 Q170 U−0.4 W0 F0.3		粗车循环指令		
N90	G00 X54.0;		X 轴方向定位		
N100	G01 Z−20.0 F0.1;		加工 ϕ54 mm 的内轮廓		
N110	X44.0 W−10.0;		加工内锥面		
N120	W−10.0;		加工 ϕ44 mm 的内轮廓		
N130	G03 U−14.0 W−7.0 R7.0;		加工 R7 mm 的圆弧面		
N140	G01 W−10.0;		加工 ϕ30 mm 的内轮廓		
N150	G02 U−8.0 W−4.0 R4.0;		加工 R4 mm 的圆弧面		
N160	G01 Z−81.0;		加工 ϕ22 mm 内轮廓		
N170	G01 X20.0 Z−82.0;		加工倒角		
N180	G00 Z50.0;		退刀		
N190	X200.0;		退刀至换刀点		
N200	T0202;		换 2 号内圆精镗刀,调用 2 号刀具偏置		
N210	M03 S800;		主轴转速变为 800 r/min		
N220	G00 G41 X19.0 Z5.0;		定位到循环起点,并建立刀具半径补偿		

续表

程序段号	程序内容	说明
N230	G70 P90 Q170;	精加工循环
N240	G00 G40 X200.0 Z50.0;	退刀至换刀点,取消刀具半径补偿
N250	M30;	程序结束

编制		审核		批准		时间	

（7）输入零件程序

（8）进行程序校验及加工轨迹仿真,修改程序

（9）进行对刀操作

（10）自动加工

五、项目拓展

如图 1-29 所示的零件,毛坯直径为 ϕ48 mm。加工右端外圆表面,试用 FANUC 0i 数控系统固定循环指令编写车削加工程序,并完成零件的加工实训。

参考程序如下：

O0010；

T0101；　　　　　　　　　粗车外圆车刀

S500　M03；

G00　X50.0　Z0；

G01　X0　F0.3；

G00　Z5.0；

X50.0；

G71　U1.0　R0.5；

G71　P1　Q2　U0.4　W0　F0.3；

N1　G00　X0；

　　G01　Z0　F0.1；

　　G03　X30.0　Z−15.0　R15.0；

　　G01　Z−30.0；

　　X43.988　Z−50.0；

　　W−8.0；

　　G02　X43.988　W−14.0　R9.0；

　　G01　W−8.0；

N2　X48.0；

G00　X200.0　Z50.0；

T0100；

M05；

```
M00；
T0202；                    精车外圆车刀
S800  M03；
G00  G42  X50.0  Z5.0；
G70  P1  Q2；
G00  G40  X200.0  Z50.0；
M05；
M30；
```

练习题 1 毛坯为 45 钢，φ30 mm 的棒料，粗加工背吃刀量为 2 mm，精加工余量为 1 mm。要求根据图 1-49 所示的零件完成：(1) 制订加工方案；(2) 正确选择刀具、切削参数；(3) 正确选择固定循环指令，编写数控车削加工程序。

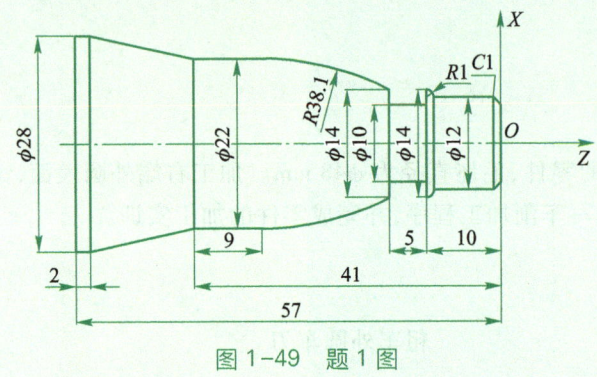

图 1-49 题 1 图

练习题 2 毛坯为 45 钢，φ30 mm 的棒料，要求根据图 1-50 所示的零件完成：(1) 制订加工方案；(2) 正确选择刀具、切削参数、工件坐标系；(3) 正确选择固定循环指令，编写数控车削加工程序。

练习题 3 毛坯为 φ55 mm 的棒料，要求根据图 1-51 所示的零件完成：(1) 制订加工方案；(2) 正确选择刀具、切削参数、工件坐标系；(3) 正确选择固定循环指令，编写数控车削加工程序。

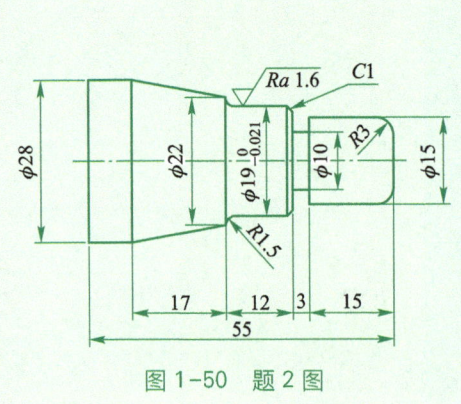

图 1-50 题 2 图

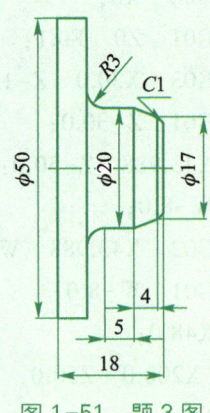

图 1-51 题 3 图

练习题 4　如图 1-52 所示零件的毛坯为铸件,径向背吃刀量为 5 mm,轴向背吃刀量为 2 mm,精加工余量为 1 mm。要求根据图 1-52 所示的零件完成:(1) 制订加工方案;(2) 正确选择刀具、切削参数、工件坐标系;(3) 正确选择固定循环指令,编写数控车削加工程序。

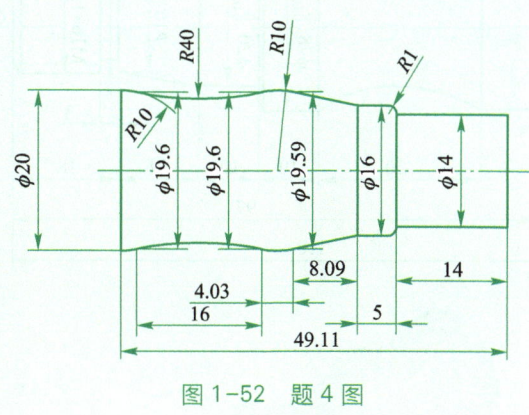

图 1-52　题 4 图

项目 3　螺纹零件数控编程与加工

一、工作任务

已知零件毛坯为 $\phi30$ mm×110 mm 的棒料,加工如图 1-53 所示的螺纹零件。

二、学习目标

动画扫一扫
螺纹零件
三维模型

a. 掌握 G92、G76 等固定循环指令的格式含义及用途。

b. 掌握螺纹数控车削加工工艺及有关参数计算方法。

c. 掌握单线螺纹和多线螺纹数控车削加工程序的编制方法。

d. 掌握螺纹零件数控车削技能。

e. 培养爱岗敬业、乐于奉献的螺丝钉精神。

三、学习内容

(一) 螺纹加工工艺

1. 螺纹切削的进给方法

螺纹切削加工需分粗、精加工工序,经多次反复切削完成,这样可以减小切削力,保证螺纹精度。螺纹切削加工多次反复切削的进给方法有三种,见表 1-14。

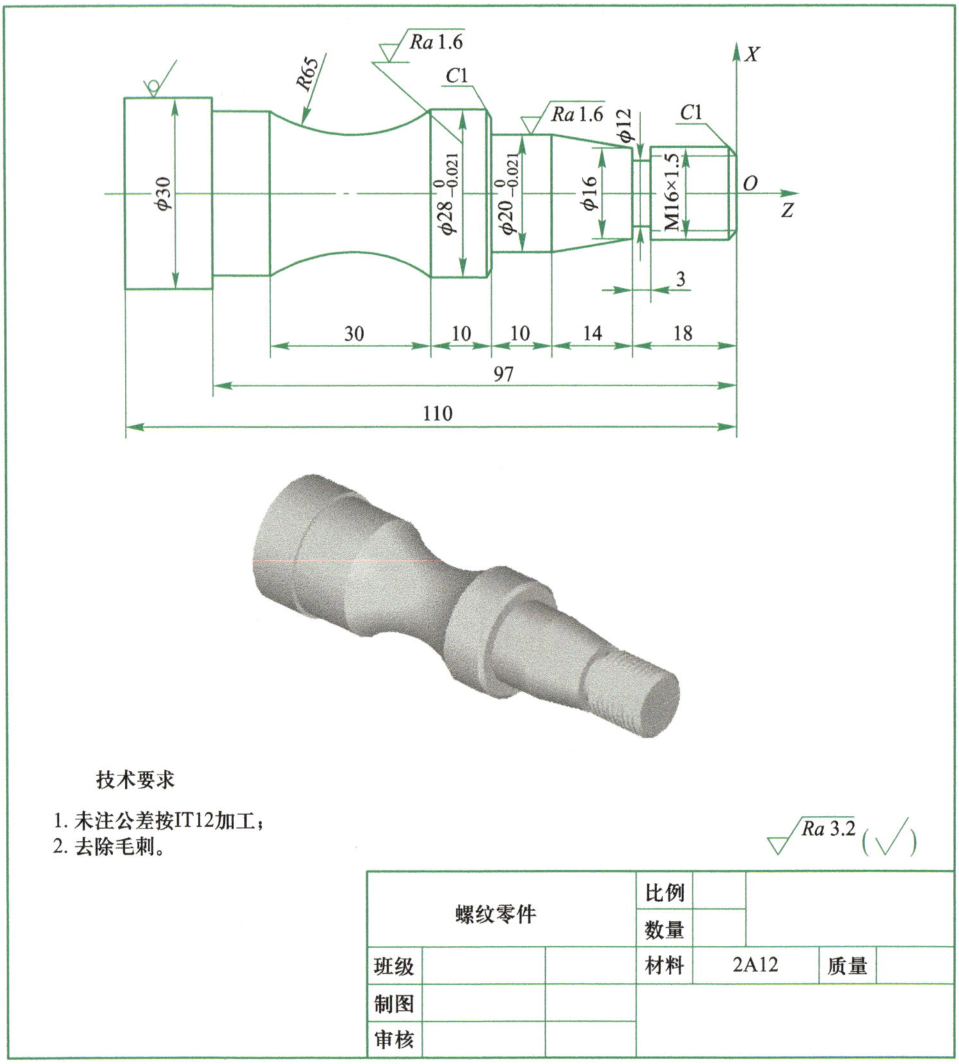

图中标注:

R65　Ra 1.6　C1　Ra 1.6　φ12　C1　X

φ30　φ28$_{-0.021}^{0}$　φ20$_{-0.021}^{0}$　φ16　M16×1.5　O　Z

30　10　10　14　18　3

97

110

技术要求

1. 未注公差按IT12加工;
2. 去除毛刺。

$\sqrt{Ra\,3.2}\,(\sqrt{})$

螺纹零件		比例		
		数量		
班级		材料	2A12	质量
制图				
审核				

图 1-53　螺纹零件图

表 1-14　螺纹切削的进给方法

进给方法	图示	特点与用途
直进法:车刀沿横向(X向)进给	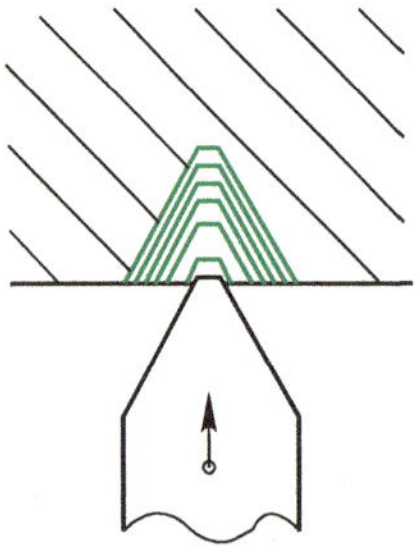	所车螺纹牙型精度高,但是车刀两侧切削刃都参加切削,切削力较大,排屑困难,螺纹不易车光,并且容易产生"扎刀"现象。一般多用于小螺距螺纹加工

续表

进给方法	图示	特点与用途
左右切削法:车刀除了沿横向(X 向)进给外,还要在纵向(Z 向)沿左、右两个方向做微量进给		切削力小,螺纹表面粗糙度值小,不易"扎刀",但牙型精度较低。适用于精车螺纹
斜进法:车刀除了沿横向(X 向)进给外,还要在纵向(Z 向)沿一个方向做微量进给		刀具负载较小,排屑容易,不易"扎刀",适用于大螺距螺纹加工。但单侧刃容易损伤和磨损,以致牙型精度较差。一般用斜进法粗车螺纹后,再用左、右切削法精车螺纹,以获得较好的表面精度

2. 进给次数及进给量的确定

螺纹加工刀具越接近螺纹牙底,切屑面积越大,为减小切削力并提高螺纹加工质量,每次进给量(背吃刀量)的分配应依次递减。常用螺纹切削的进给次数与背吃刀量见表 1-15。一般精加工余量为 0.05~0.1 mm。

表 1-15   常用螺纹切削的进给次数与背吃刀量   mm

米制螺纹							
螺距	1.0	1.5	2.0	2.5	3.0	3.5	4.0
牙深(半径值)	0.649	0.974	1.299	1.624	1.949	2.273	2.598
加工余量及次数 1 次	0.7	0.8	0.9	1.0	1.2	1.5	1.5
2 次	0.4	0.6	0.6	0.7	0.7	0.7	0.8
3 次	0.2	0.4	0.6	0.6	0.6	0.6	0.6
4 次		0.16	0.4	0.4	0.4	0.6	0.6
5 次			0.1	0.4	0.4	0.4	0.4
6 次				0.15	0.4	0.4	0.4
7 次					0.2	0.2	0.4
8 次						0.15	0.3
9 次							0.2

续表

英制螺纹							
螺纹参数 a(牙/in)	24	18	16	14	12	10	8
牙深(半径值)	0.678	0.904	1.016	1.162	1.355	1.626	2.033
加工余量及次数 1次	0.8	0.8	0.8	0.8	0.9	1.0	1.2
2次	0.4	0.6	0.6	0.6	0.6	0.7	0.7
3次	0.16	0.3	0.5	0.5	0.6	0.6	0.6
4次		0.11	0.14	0.3	0.4	0.4	0.5
5次				0.13	0.21	0.4	0.5
6次						0.16	0.4
7次							0.17

3. 螺纹车削有关参数计算

（1）螺纹牙型高度（螺纹总切深）

螺纹牙型高度 h_1 是指在螺纹牙型上，牙顶到牙底之间垂直于螺纹轴线的距离。如图 1-54 所示，它是车削时车刀的总切入深度。

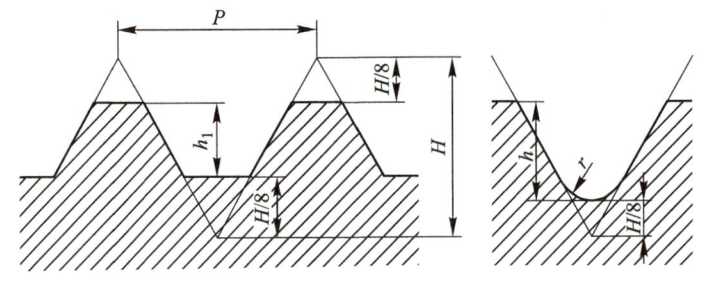

图 1-54 螺纹有关尺寸示意图

根据国家标准 GB/T 192—2003《普通螺纹 基本牙型》的规定，普通螺纹的牙型理论高度 $H=0.866P$。实际加工时，由于螺纹车刀刀尖圆弧半径的影响，螺纹的实际切深有变化。GB/T 197—2018《普通螺纹 公差》规定螺纹车刀可在牙底最小削平高度 $H/8$ 处削平或倒圆，则螺纹实际牙型高度可按式（1-3）计算：

$$h = H - 2(H/8) = 0.649\,5P \tag{1-3}$$

式中：H——螺纹原始三角形高度，$H=0.866P$，mm；

P——螺距，mm。

（2）螺纹起点与螺纹终点径向尺寸的确定

螺纹加工中，径向起点（编程大径）的确定取决于螺纹大径。例如要加工 M30×2-6g 外螺纹，由 GB/T 197—2018 可知：

螺纹大径为 30 mm，基本偏差为 es = −0.038 mm，公差为 $T_d = 0.28$ mm，则螺纹大径尺寸为 $\phi 30^{-0.038}_{-0.318}$ mm。所以，螺纹大径应在此范围内选取，并在加工螺纹前由外圆车削来保证。

径向终点（编程小径）的确定取决于螺纹小径。因为编程大径确定后，螺纹总切深在加工中是由编程小径(螺纹小径)来控制的。螺纹小径的确定应考虑满足螺纹中径公差的要求。设牙底由单一圆弧形状构成(圆弧半径为 R),则编程小径 d' 可用式(1-4)计算:

$$d' = d - 2(7H/8 - R - es/2 + 1/2 \times T_{d_2}/2) = d - 1.75H + 2R + es - T_{d_2}/2 \qquad (1-4)$$

式中:d——螺纹公称直径,mm;

　H——螺纹原始三角形高度,mm;

　R——牙底圆弧半径,mm,一般取 $R = (1/8 \sim 1/6)H$;

　es——螺纹中径基本偏差,mm;

　T_{d_2}——螺纹中径公差,mm。

本题取 $R = H/8 = 1/8 \times 0.866 \times 2$ mm $= 0.216\ 5$ mm ≈ 0.2 mm,则编程小径 $d' = (30 - 1.75 \times 0.866 \times 2 + 2 \times 0.2 - 0.038 - 0.17/2)$ mm $= 27.246$ mm。

一般也可按下式近似计算:

车削外螺纹:$d_大 \approx d_{公称} - (0.1 \sim 0.14) \times$ 螺距;

　　　　　$d_小 = d_{公称} - 1.3 \times$ 螺距

车削内螺纹:$D_孔 = D_{顶径} = D_{公称} - (1 \sim 1.05) \times$ 螺距(塑性金属取 1.0,脆性金属取 1.05)

　　　　　$D_{底径} = D_{大径} = D_{公称}$

(3)空刀导入量 δ_1 和空刀退出量 δ_2

螺纹切削时,刀具沿螺纹方向的进给应与工件主轴旋转保持严格的速比关系。而刀具加、减速时,驱动系统有一个过渡过程,会在螺纹切削起点和终点产生错误的导程。因此,在螺纹切削进刀和退刀时要留有一定的空刀导入量 δ_1 和空刀退出量 δ_2,如图 1-55 所示,以避免在加、减速过程中进行螺纹切削而影响螺距的稳定。δ_1 和 δ_2 的大小与螺距和转速有关:$\delta_1 = nP/180$;$\delta_2 = nP/400$(n 为主轴转速,P 为螺距)。一般可取 δ_1 为 $2 \sim 5$ mm,δ_2 为 δ_1 的 1/2 左右。

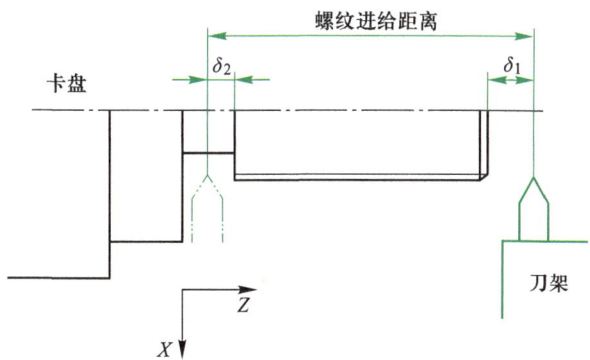

图 1-55　螺纹切削时的空刀导入量 δ_1 和空刀退出量 δ_2

(4)螺纹切削起点位置的确定

在螺纹的反复切削过程中,螺纹的切削起点位置应始终设定为一个固定值,否则会使螺纹"乱扣"。而螺纹切削起点位置由两个因素决定:一是螺纹轴向起始位置,二是螺纹圆周起始位置。

① 单线螺纹　在单线螺纹分层切削时,要保证每次刀具的轴向和圆周起始位置都是固定的,即轴向上每次切削时的起点 Z 坐标都应当是同一个坐标值。

② 多线螺纹　多线螺纹的分线方法有轴向分线法和圆周分度分线法两种。

a. 轴向分线法通过改变螺纹切削时刀具起点 Z 坐标来确定各线螺纹的位置。当换线切削另一条螺纹时，刀具轴向切削起点 Z 坐标应偏移一个螺距 P 或螺距的倍数。偏移的方法有两种：一种是在程序中直接更改起点 Z 坐标值，另一种是用 G54～G59 工件坐标系偏移指令或刀具偏置指令偏移。

b. 圆周分度分线法通过改变螺纹切削时主轴在圆周方向（数控车床上称为 C 轴）起点的 C 轴角位移坐标来确定各线螺纹的位置。这种方法只能在有 C 轴控制功能的数控车床上使用。

（二）螺纹加工的编程

1. 单行程螺纹切削 G32

G32 指令可以执行单行程螺纹切削，车刀进给运动严格根据输入的螺纹导程进行，但是车刀的切入、切出返回均需编入程序。

① 格式 G32 X(U)＿＿＿ Z(W)＿＿＿ F＿＿＿；

说明：F 指定螺纹导程。对锥螺纹（图 1-56），其斜角 α 在 45°以下时，螺纹导程以 Z 轴方向值指定；α 为 45°～90°时，以 X 轴方向值指定。

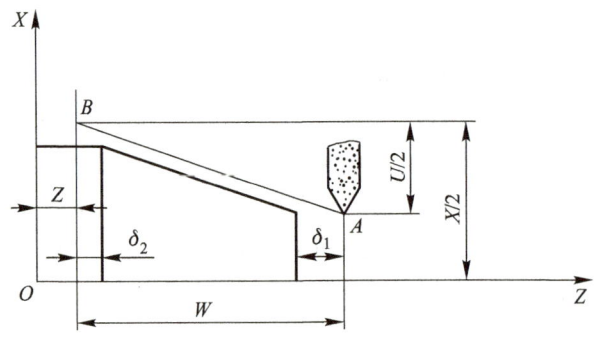

图 1-56 锥螺纹切削实例

通常螺纹切削时，从粗车到精车需要刀具多次在同一轨迹上进行切削。

由于螺纹切削是从检测主轴上的位置编码器发出信号一段时间后开始的，因此无论进行几次螺纹切削，工件圆周上的切削起点都是相同的，螺纹切削轨迹也是相同的。但是，从粗车到精车，主轴转速必须恒定，主轴转速发生变化时，螺纹会产生一些偏差。

② 编程方法 例：切削如图 1-57 所示直螺纹。

螺纹导程为 4 mm，$\delta_1 = 3$ mm，$\delta_2 = 1.5$ mm，切深为 1 mm（两次切削）。

加工程序如下：

G00 U-62.0;

G32 W-74.5 F4.0;

G00 U62.0;

    W74.5;

    U-64.0;

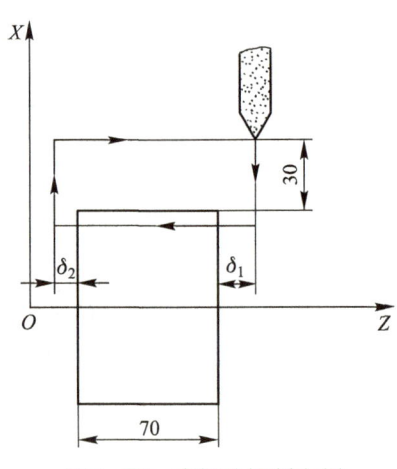

图 1-57 直螺纹切削实例

```
G32    W-74.5    F4.0；
G00    U64.5；
       W74.5；
```

2. 螺纹切削单一固定循环 G92

① 格式　G92 X(U)____ Z(W)____ I ____ F ____；

说明：X(U)____ Z(W)____为螺纹终点坐标；I 为螺纹的起点与终点半径差，加工圆柱螺纹时，I 为 0，可省略；F 为螺纹导程。

该指令可切削圆锥螺纹和圆柱螺纹，如图 1-58a 所示为圆锥螺纹循环的走刀轨迹，如图 1-58b 所示为圆柱螺纹循环的走刀轨迹。刀具从循环起点开始，按 A、B、C、D 进行自动循环，最后又回到循环起点 A。图中虚线表示按 R 快速移动，实线表示按 F 指定的工作进给速度移动。

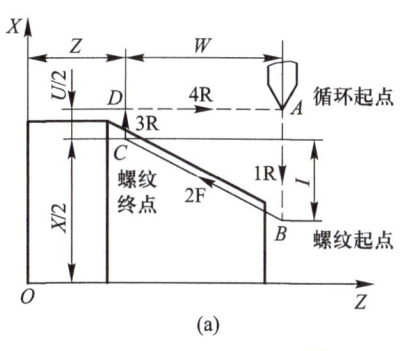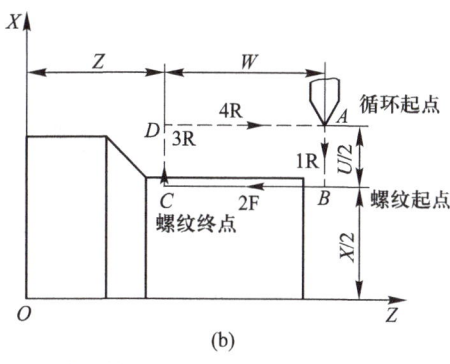

图 1-58　G92 的走刀轨迹

② 编程方法　例：车削如图 1-59 所示的 M30×2-6g 的普通螺纹，试编程。

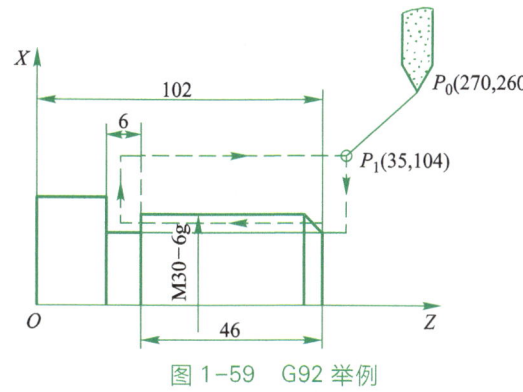

图 1-59　G92 举例

由 GB/T 197—2018 可知：该螺纹大径为 $\phi 30_{-0.318}^{-0.038}$ mm，所以编程大径取为 $\phi 29.7$ mm，设牙底由单一圆弧形状构成，取圆弧半径为 $R = 1/8H = 0.2$ mm，则编程小径 d' 为

$$d' = (30 - 7/4 \times 0.866 \times 2 + 2 \times 0.2 - 0.038 - 0.17/2)\ \text{mm} = 27.246\ \text{mm}$$

取编程小径为 $\phi 27.3$ mm。

加工程序如下：

```
N01    G50    X270.0    Z260.0；
N02    M03    S500    T0101；
```

N03　G00　X35.0　Z104.0；

N04　G92　X28.7　Z53.0　F2.0；

N05　　　X28.0；

N06　　　X27.5；

N07　　　X27.3；

N08　G00　X270.0　Z260.0　T0100；

N09　M30；

3. 螺纹切削复合循环 G76

该指令用于多次自动循环螺纹车削,在指令中定义好有关参数,就能自动进行循环,完成螺纹的加工。车削过程中,除第一刀的切削深度外,其余每刀的切削深度由系统自动计算生成。G76 采用的是斜进式切削方法,具有刀具负载小、排屑容易、不易"扎刀"的优点,尤其适合截面尺寸较大的螺纹(如梯形螺纹)加工。G76 的加工路线及进给法如图 1-60 所示。

动画扫一扫
G76 指令

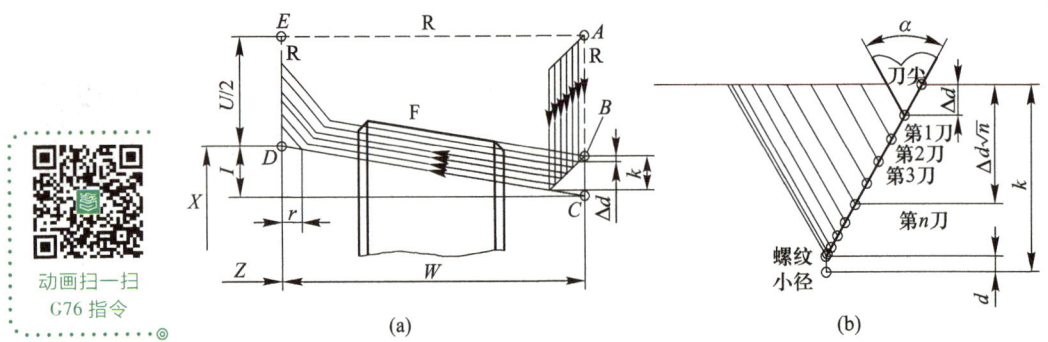

图 1-60　G76 的加工路线及进给法

① 格式:G76　P(m)(γ)(α)　Q(Δd_{min})　R(d)；

　　　　　G76　X(U)__Z(W)__R(i)　P(k)　Q(Δd)　F(Ph)；

其中:m——精加工重复次数,01~99,用两位整数表示,该参数为模态量;

　　　γ——螺纹尾端倒角值,该值的大小可设置为(0.0~9.9)L,系数应为 0.1 的整数倍,用

　　　　　　00~99 的两位整数表示,该参数为模态量,其中 L 为导程;

　　　α——刀尖角度,可以选择 80°、60°、55°、30°、29° 和 0° 这六种中的一种,由两位整数表

　　　　　　示,该参数为模态量,m、γ、α 用地址符 P 同时指定,例如,$m=2$、$\gamma=1.2L$、$\alpha=60°$,

　　　　　　表示为"P021260";

Δd_{min}——最小切削深度,用半径编程指定,单位为 μm,车削过程中第 n 次的背吃刀量为

　　　　　　$\Delta d(\sqrt{n}-\sqrt{n-1})$,当 Δd 小于 Δd_{min} 时,切削深度设定为 Δd_{min};

　　　d——精车加工余量,用半径编程指定,单位为 μm,该参数为模态量;

X、Z——终点坐标值;

　　　i——螺纹锥度值,即螺纹切削起点与切削终点的半径差,当 X 向切削起点坐标小于

　　　　　　切削终点坐标时,i 为负,反之为正,加工圆柱螺纹时,i 为 0;

　　　k——螺纹牙型高度,用半径值指定,单位为 μm,通常为正值;

　　Δd——第一次切削深度,X 轴方向的半径值,单位为 μm,通常为正值;

　　Ph——螺纹导程。

② 编程方法 例:用 G76 指令加工如图 1-61 所示螺纹(螺纹大径已经加工)。

原始数据:双线螺纹,螺纹公称直径为 $\phi30$ mm,螺纹导程 $Ph=4$ mm,螺距 $P=2$ mm,螺纹长度 $l=40$ mm。

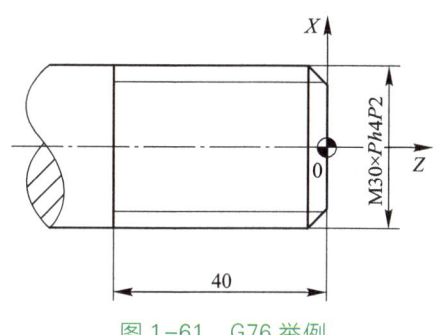

图 1-61 G76 举例

确定指令参数:精加工两次,$m=02$;螺纹尾端倒角值 $\gamma=12$,实际退刀量 $1.2L=4.8$ mm;刀尖角 $60°$,$\alpha=60$;最小切削深度 0.1 mm,$\Delta d_{min}=100$ μm;精车加工余量 0.1 mm,$d=100$ μm;终点坐标 (X27.402,Z-40.0);螺纹锥度值 $i=0$;螺纹牙型高度 1.299 mm,$k=1$ 299 μm;第一刀切削深度 0.9 mm,$\Delta d=900$ μm。

加工程序如下:

```
T0202;
S350  M03;
G00   X35.0   Z3.0;
G76   P021260   Q100   R100;
G76   X27.402   Z-40.0   R0   P1299   Q900   F4.0;
G00   X35.0   Z5.0;
G76   P021260   Q100   R100;
G76   X27.402   Z-40.0   R0   P1299   Q900   F4.0;
M05;
M30;
```

四、工作内容

1. 实训目的与要求

a. 了解数控车削加工螺纹的加工原理及螺纹加工工艺。

b. 掌握螺纹加工编程指令的基本结构及编程方法。

c. 掌握 60°螺纹车刀的刀具刃磨技能。

d. 掌握在数控车床上加工螺纹控制尺寸的方法。

e. 掌握螺纹加工切削用量的选择。

f. 熟练运用单一固定循环加工三角螺纹,了解相关的螺纹加工方法以及锥螺纹的加工方法。

2. 仪器与设备

a. 卧式数控车床若干台。

b. 铝棒(长度、直径视实训零件尺寸而定)。

c. 工具准备。

量具准备清单:

游标卡尺   0~150 mm/0.02 mm

M16×1.5 螺纹环规

钢直尺　　　　　　　　　　　　0～200 mm

百分表　　　　　　　　　　　　0～10 mm/0.01 mm

刀具准备清单：

93°外圆车刀

切槽（断）车刀　　　　　　　　刀宽 3 mm

60°外螺纹车刀

其他工具准备清单：

卡盘钥匙

刀架钥匙

垫刀片

3. 实训时间

两个小时。

4. 相关知识概述

a. 数控车床车削三角螺纹的方法。

b. 60°外螺纹车刀的刀具刃磨技能和装刀、对刀方法。

c. 螺纹环规检查三角螺纹的方法。

d. 螺纹编程指令和计算的有关知识。

5. 实训内容

已知毛坯为 ϕ30 mm×110 mm 的棒料，要求加工图 1-53 所示的零件。

（1）零件图工艺分析

零件加工工艺参见项目 2，在粗车外圆表面→精车外圆表面→车退刀槽后车螺纹即可。

刀具选择 60°外螺纹车刀，刀具号为 T0404，主轴转速为 300 r/min。

（2）螺纹加工参数计算

编程螺纹数值计算：$d_大 \approx d_{公称} - 0.14 \times P = (16 - 0.14 \times 1.5)$ mm = 15.79 mm

编程螺纹小径：$d_小 = d_{公称} - 1.3 \times P = (16 - 1.3 \times 1.5)$ mm = 14.05 mm

（3）拟订数控加工工序卡

数控加工工序卡见表 1-16。

表 1-16　数控加工工序卡

（单位）	数控加工工序卡片	产品名称或代号		零件名称		零件图号	
				螺纹零件			
工序号	程序编号	夹具名称		使用设备	数控系统	车间	
	O1112	三爪自定心卡盘		TK36S	FANUC 0i	数控中心	
工步号	工步内容	刀具号	刀具名称	刀具规格	主轴转速/(r/min)	进给速度/(mm/r)	背吃刀量/mm	备注
1	a. 光端面 b. 粗车外轮廓	T01	外圆车刀	93°	500	0.3	2.0	

续表

工步号	工步内容	刀具号	刀具名称	刀具规格	主轴转速/（r/min）	进给速度/（mm/r）	背吃刀量/mm	备注
2	精车外轮廓	T02	外圆车刀	93°	800	0.1	0.25	
3	切退刀槽	T03	切槽车刀	3 mm	500	0.1		
4	车螺纹	T04	外螺纹车刀	60°	300	1.5		
编制		审核		批准		共1页	第1页	

（4）编制数控加工程序

数控加工程序单见表1-17。

表1-17 数控加工程序单

零件图号		零件名称	螺纹零件	资料编号	
程序号	O1112	数控系统	FANUC 0i	备注	
程序段号	程序内容		说明		
N10	T0101		调用1号外圆车刀和1号刀具偏置		
N20	G00 X100.0 Z100.0		刀具定位到换刀点，手动按下"跳选"键，使其有效		
N30	M03 S500		启动主轴正转，转速为500 r/min		
N40	G00 X32.0 Z0		定位到端面		
N50	G01 X0 F0.3		车端面		
N60	Z2.0		Z轴方向退刀		
N70	G00 X32.0		粗车循环定位		
N80	G71 U2.0 R0.5		粗车循环		
N90	G71 P100 Q220 U0.5 W0.1 F0.3		粗车循环		
N100	G00 X13.79		X轴方向定位		
N110	G01 Z0 F0.1		走刀至倒角起点		
N120	X15.79 Z−1.0		倒角		
N130	Z−18.0		加工$\phi15.79$ mm的外轮廓		
N140	X16.0		X轴方向退刀		
N150	X19.99 W−14.0		加工锥面		
N160	W−10.0		加工$\phi19.99$ mm的外轮廓		
N170	X25.99		走刀至倒角起点		
N180	X27.99 W−1		倒角		
N190	W−9.0		加工$\phi27.99$ mm的外轮廓		

续表

程序段号	程序内容	说明
N200	/G02 X27.99 W-30.0 R65.0	加工 R65 mm 的圆弧面,手动按下"跳选"键,使其有效
N210	G01 Z-97.0	加工 φ27.99 mm 的外轮廓
N220	G01 X32.0	沿着 X 轴方向走到 32 mm 处
N230	G00 X100.0 Z100.0	退刀至换刀点
N235	M00	手动按下"跳选"键,使其无效
N240	T0202	换 2 号外圆车刀,调用 2 号刀具偏置
N250	M03 S800	主轴转速变为 800 r/min
N260	G00 G42 X32.0 Z2.0	定位到循环起点,并建立刀具半径补偿
N270	G70 P100 Q220	精加工循环
N280	G00 G40 X100.0 Z100.0	退刀至换刀点,取消刀具半径补偿
N290	T0303	换 3 号切槽车刀,调用 3 号刀具偏置
N300	M03 S500	主轴转速变为 500 r/min
N310	G00 X17.0 Z-18.0	定位到切槽起点
N320	G01 X12.0 F0.1	切槽
N330	G04 X1.5	延时 1.5 s
N340	G01 X17.0F0.1	X 轴方向退刀
N350	G00 X100.0 Z100.0	退刀至换刀点
N360	T0404	换 4 号外螺纹车刀,调用 4 号刀具偏置
N370	M03 S300	主轴转速变为 300 r/min
N380	G00 X20.0 Z3.0	定位到螺纹加工循环起点
N390	G92 X15.2 Z-16.5 F1.5	采用单一固定循环指令第一次车螺纹
N400	X14.6	第二次车螺纹
N410	X14.2	第三次车螺纹
N420	X14.05	第四次车螺纹
N430	G00 X100.0 Z100.0	退刀至换刀点
N440	M30	程序结束
编制		审核		批准		时间	

1.3 考核评价表

（5）输入零件程序

（6）进行程序校验及加工轨迹仿真,修改程序

（7）进行对刀操作

（8）自动加工

（9）可以扫描二维码,填写螺纹零件考核评价表

五、项目拓展

编写如图 1-62 所示零件的加工程序,已知毛坯是 $\phi 30$ mm 的棒料,工件坐标系建立在右端面。

（1）零件图工艺分析

如图 1-62 所示,此零件由外圆柱面、圆锥面、圆弧面和螺纹面等构成。其中 $\phi 30$ mm 处不加工,而 $\phi 20$ mm 处加工精度要求较高。

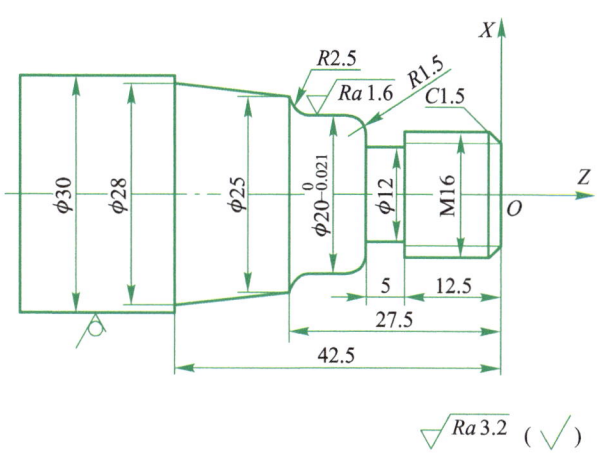

图 1-62 零件图

（2）确定装夹方案

对短轴类零件,轴线为工艺基准,用三爪自定心卡盘夹持 $\phi 30$ mm 外圆,使工件伸出卡盘 60 mm,一次装夹完成粗、精加工。

（3）确定加工方案

加工起点和换刀点设为同一点（X80.0,Z100.0）,其位置的确定原则为方便拆卸工件,不发生碰撞,空行程较短等。加工工步顺序为车端面→粗车外圆,留 0.5 mm 精车加工余量→精车外圆至零件尺寸→切退刀槽→车螺纹。

（4）选择刀具与切削用量

外圆面车刀 T0101,刀具主偏角为 93°;90°外圆精车刀 T0202;切槽（断）车刀 T0303,刀宽 3 mm;60°外螺纹车刀 T0404。上述刀具材料为高速钢。切削用量的具体数值应根据机床性能、被加工工件材料、硬度、切削状态、背吃刀量、进给速度,刀具耐用度,相关手册并结合实际经验确定。粗加工外圆时,主轴转速为 500 r/min,进给速度为 0.3 mm/r;精加工外圆时,主轴转速为 800 r/min,进给速度为 0.1 mm/r;切槽时,主轴转速为 500 r/min,进给速度为 0.1 mm/r;车螺纹时,主轴转速为 300 r/min。

编程螺纹数值计算:$d_{大} \approx d_{公称} - 0.14 \times P = (16 - 0.14 \times 2)$ mm = 15.72 mm

编程螺纹小径:$d_{小} = d_{公称} - 1.3 \times P = (16 - 2.6)$ mm = 13.4 mm

（5）拟订数控加工工序卡（略）

（6）编制数控加工程序

参考程序如下：

O2007；

T0101；

S500　M03；

G00　X35.0　Z5.0；

G00　X35.0　Z0；

G01　X0　F0.1；

G00　Z2.0；

X32.0；

G71　U2.0　R0.5；

G71　P10　Q20　U0.5　W0.1　F0.3；

N10　G00　X8.72；

G01　X15.72　Z-1.5　F0.1；

Z-17.5；

X16.99；

G03　X19.99　W-1.5　R1.5；

G01　Z-25.0；

G02　X24.99　Z-27.5　R2.5；

G01　X25.0；

X28　Z-42.5；

N20　X30.0；

G00　X80.0　Z150.0；

T0202；

M03　S800；

G00　G42　X32.0　Z2.0；

G70　P10　Q20；

G00　G40　X80.0　Z150.0；

T0303；

M03　S500；

G00　X21.0　Z-15.5；

G01　X12.0　F0.1；

G04　X2.0；

G00　X21.0；

G00　X21.0　Z-17.5；

G01　X12.0　F0.1；

G04　X2.0；

G00　X21.0；

G00　X80.0　Z150.0；

```
T0404；
M03   S300；
G00   X18.0   Z4.0；
G92   X15.1   Z-14.0   F2.0；
      X14.5；
      X13.9；
      X13.5；
      X13.4；
G00   X80.0   Z150.0；
M05；
M30；
```

练习题 1　毛坯为 45 钢，ϕ25 mm 的棒料，粗加工背吃刀量为 2 mm，精加工余量为 1 mm。要求根据图 1-63 所示的零件完成：（1）制订加工方案；（2）正确选择刀具、工件坐标原点；（3）计算螺纹径向尺寸；（4）编写数控车削加工程序。

练习题 2　已知毛坯为 ϕ80 mm×100 mm 的棒料，要求根据图 1-64 所示的零件完成：（1）制订加工方案；（2）正确选择刀具、切削参数、工件坐标系；（3）编写数控车削加工程序。

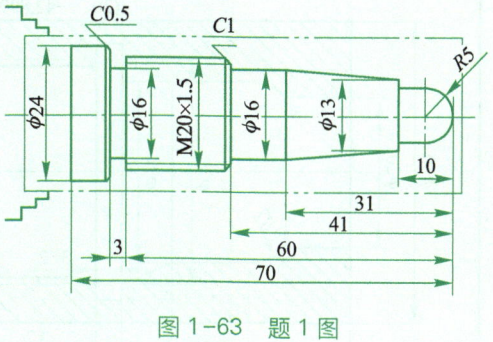

图 1-63　题 1 图

练习题 3　毛坯为 45 钢，ϕ50 mm 的棒料，粗加工背吃刀量为 2 mm，精加工余量为 1 mm。要求根据图 1-65 所示的零件完成：（1）制订加工方案；（2）正确选择刀具、切削参数、工件坐标系；（3）编写数控车削加工程序。

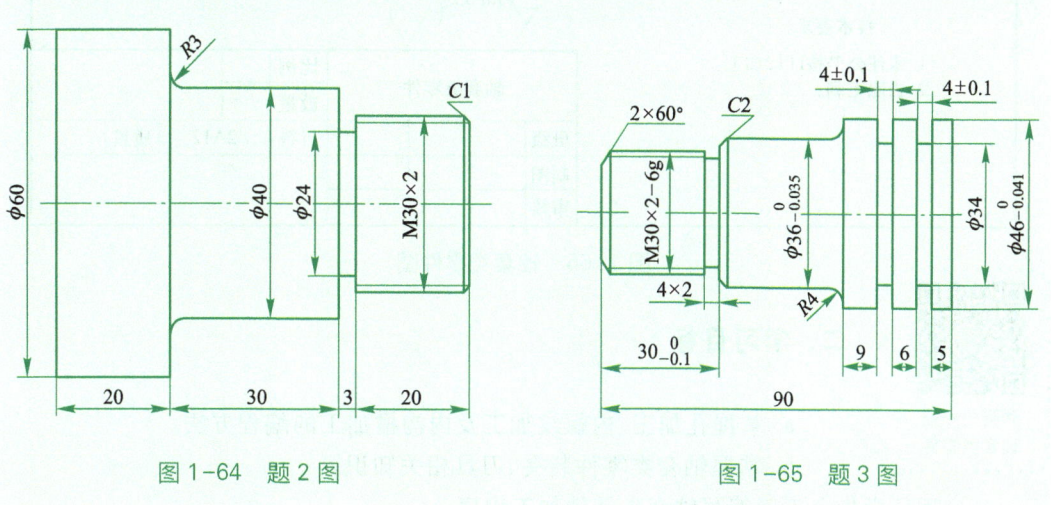

图 1-64　题 2 图

图 1-65　题 3 图

项目 4　轴套类零件数控编程与加工

一、工作任务

加工如图 1-66 所示的轴套类零件,零件毛坯已预钻 ϕ19 mm 的内孔,ϕ50 mm 的外圆也已加工。

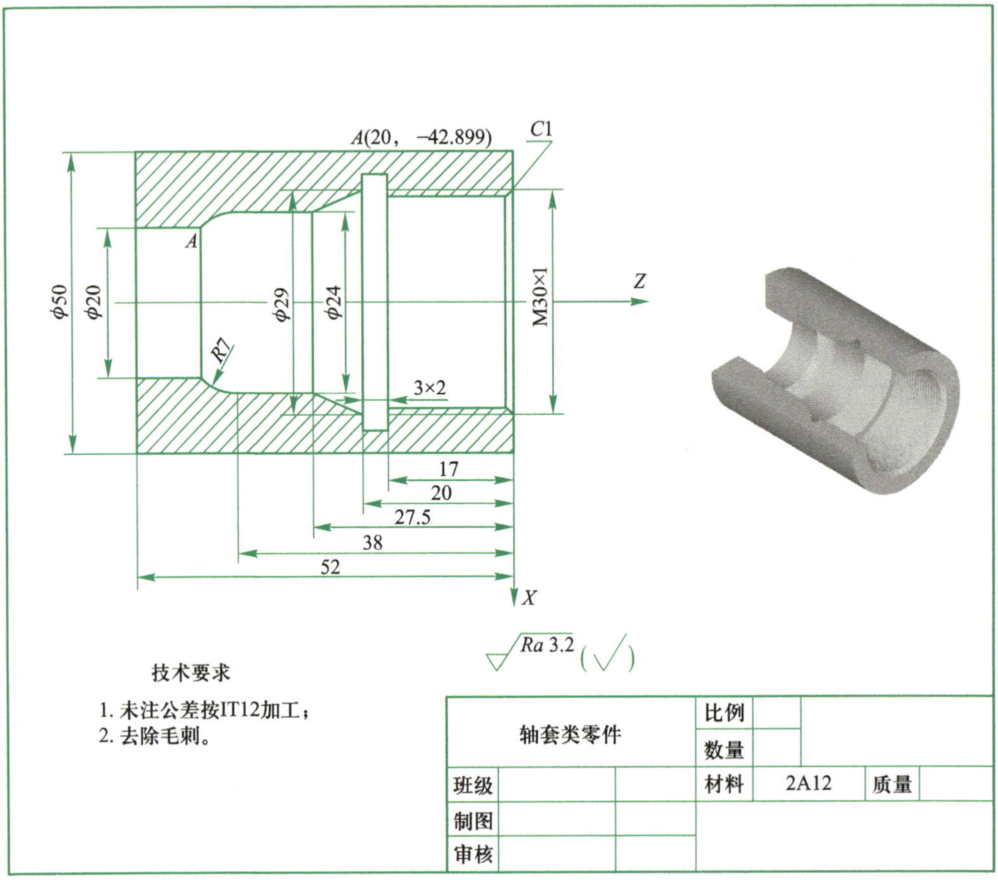

A(20, −42.899)　*C*1

ϕ50　ϕ20　*A*　ϕ29　ϕ24　*Z*　M30×1

*R*7　3×2

17
20
27.5
38
52

X

$\sqrt{\dfrac{Ra\,3.2}{}}(\sqrt{})$

技术要求

1. 未注公差按IT12加工;
2. 去除毛刺。

轴套类零件		比例		
		数量		
班级		材料	2A12	质量
制图				
审核				

图 1-66　轴套类零件图

动画扫一扫
轴套类零件

二、学习目标

a. 掌握孔加工、内螺纹加工及内沟槽加工的编程方法。

b. 掌握轴套类零件装夹、刀具相关知识。

c. 应用所学指令正确编写轴套类零件加工程序。

d. 掌握轴套类零件数控车削技能。

e. 培养吃苦耐劳、实践创新的职业素养。

三、学习内容

（一）轴套类零件加工工艺

1. 轴套类零件结构及工艺特点

轴套类零件的主要结构特征是具有内孔,如机床中各种衬套。其加工工艺与一般轴类零件相似,但由于其结构特征,使得轴套类零件的加工具有一定的复杂性,其中孔加工就比外圆加工要困难,如:

a. 内孔加工时,观察刀具切削情况比较困难,尤其是小而深的孔;

b. 由于受孔径大小的影响,内孔车削刀具的刀杆尺寸不可能很大,因此刀具刀杆刚性较差,容易在加工中出现振动等现象;

c. 内孔加工尤其是不通孔加工时,切屑难以及时排出,切削液难以到达切削区域;

d. 内孔的测量比较困难。

盘类零件的主要结构特征是径向尺寸较大(相对轴向尺寸),如轴承端盖、齿轮等。与一般轴类零件相比,盘类零件端面加工量较大,端面精度高,且由于轴向尺寸较小,使得其装夹比较困难。盘类零件往往也有内孔,也同样存在内孔加工的问题。

2. 孔的加工方法和刀具选择

孔的加工方法通常有钻孔、扩孔、车孔和铰孔。车床上进行钻孔、扩孔和铰孔,通常都是将刀具安装在机床尾架上进行加工的,工艺过程比较简单。车孔是车削加工的主要内容之一。

（1）内孔车刀的结构

根据加工情况,内孔车刀可以分为通孔车刀和盲孔车刀两种。

① 通孔车刀 如图 1-67a 所示,因为刀杆伸出较长,刀具刚性差,为了减小径向切削抗力,防止车孔时振动,主偏角应取得大些,一般为 60°～75°,但要小于 90°。为减小刀具副后面与孔壁的摩擦,副偏角也应取得较大,一般为 15°～30°。

② 盲孔车刀 如图 1-67b 所示,盲孔车刀用来车削不通孔或台阶孔,主偏角一般取 90°～93°,后角的要求和通孔车刀一样。不同之处是:盲孔车刀刀尖位于刀具的最前端,当加工平底孔时,要求刀尖到刀杆外端的距离 a 应小于内孔半径 R。

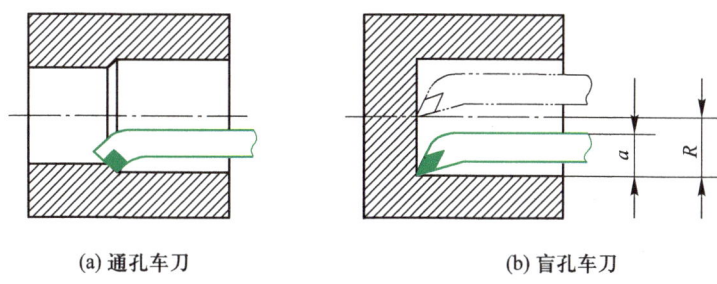

(a) 通孔车刀　　　　　　　　　　　(b) 盲孔车刀

图 1-67　内孔车刀

（2）内孔车刀的选用

常用的内孔车刀有三种截面形状的刀柄,即圆柄、矩形柄和正方形柄。如图 1-68a 所示的圆柄内孔车刀多用于车削中心;如图1-68b所示的矩形柄内孔车刀多用于使用四方刀架的车床。如果在四方刀架上使用圆柄内孔车刀,要增加辅具,使刀尖处于主轴中心线高度才可使用。

为提高刀杆的刚性,根据被加工孔径的大小,尽量选择大截面尺寸的刀杆,并且刀杆的伸出量应尽量小。一般刀杆的伸出量应小于刀杆直径的4倍。当伸出量大于刀杆直径的4倍或加工刚性差的工件时,应选用带有减振机构的刀柄。

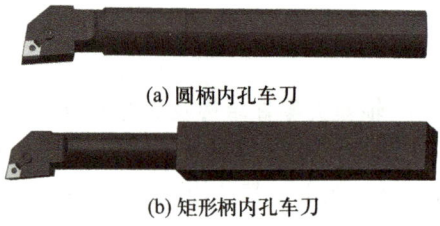

(a)圆柄内孔车刀

(b)矩形柄内孔车刀

图1-68　内孔车刀

（3）车削内孔应采取的工艺措施

① 控制切削的排出方向　正确选择刀具刃倾角,精车内孔时,采用正刃倾角的内孔车刀,使切屑流向待加工表面(前排屑);加工不通孔时,采用负刃倾角,使切屑从孔口排出。

② 充分加注切削液　内孔加工(尤其是加工塑性材料)时应充分加注切削液,以减少工件的热变形,提高零件的表面质量。

③ 合理选择刀具几何参数和切削用量　孔加工时,由于加工空间狭小,刀具刚性不足,所以刀具一般要比较锋利,且切削用量比外圆加工时要选得小些。

（4）台阶孔的加工顺序

① 车直径较小的台阶孔　按先粗、精车小孔,再粗、精车大孔的顺序进行。

② 车直径较大的台阶孔　先粗车小孔和大孔,再精车小孔和大孔。

③ 车孔径大小悬殊的台阶　最好采用主偏角小于90°的内孔车刀粗加工,然后再用主偏角等于或大于90°的内孔车刀精车。

3. 槽的加工方法和刀具选择

轴套类零件加工除具有一般的外沟槽加工外,还有内沟槽和端面槽加工。

（1）内沟槽加工

加工内沟槽要使用内沟槽车刀,如图1-69所示。车内沟槽与车外沟槽方法相似。槽的宽度较小时,可选择刀头宽度等于槽宽的内沟槽车刀采用直进法一次车出,如图1-70所示。若内沟槽深度浅、宽度大,可用内圆粗车刀先车出凹槽,再用内沟槽车刀车沟槽两端垂直面,如图1-71所示。要求较高或较宽的内沟槽,可分粗、精加工,先用直进法多次加工,并在槽底和槽壁留有精加工余量,如图1-72a所示,然后再精加工到尺寸,如图1-72b所示。

图1-69　内沟槽车刀

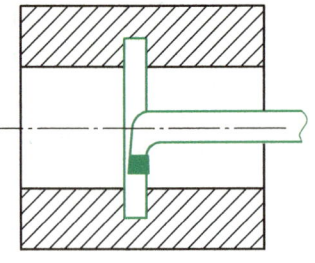

图1-70　窄槽加工

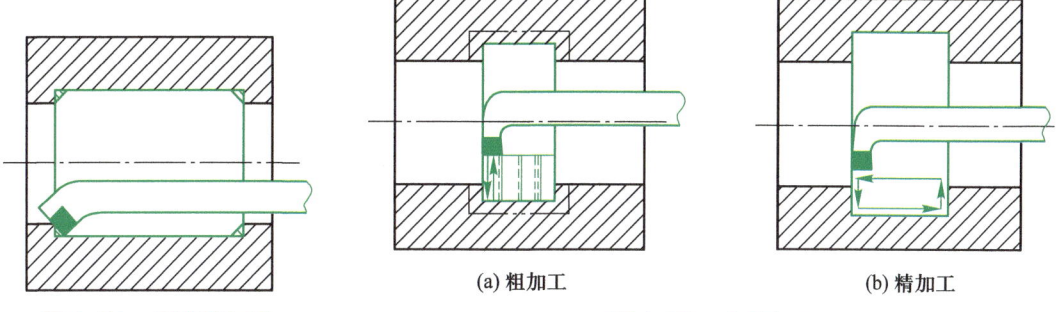

图 1-71 宽浅槽加工

(a) 粗加工   (b) 精加工

图 1-72 宽槽加工

（2）端面槽加工

端面上切槽切出的是圆形直槽,如图 1-73 所示。切槽车刀外缘刀尖(图中 d 处)的副后面的圆弧半径 r 必须小于工件端面直槽的圆弧半径 R,以避免该副后面与工件端面槽壁干涉。安装端面直槽刀时,其主切削刃垂直于工件轴线,以保证车出的槽底面与工件轴线垂直。当端面槽较宽需要分多步进行切削时,应从最大直径开始向内切削,以获得较好的切屑控制。

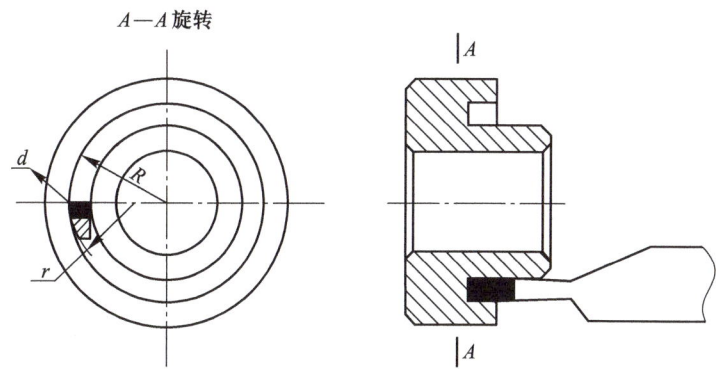

$A—A$ 旋转

图 1-73 端面切槽车刀刀头截面形状

槽加工时要始终保持低的进给速度,以避免切屑堵塞。

4. 轴套类零件的定位和装夹

（1）定位基准的选择

轴套类零件选择定位基准的基本原则与一般轴类零件相同,其主要定位基准是外圆和内孔。装夹的难点是轴套类零件一般比较薄,加工中常因夹紧力、切削力、内应力和切削热等因素的影响而产生变形。防止装夹变形可采取如下措施:

a. 采用过渡套、弹簧套或软爪卡盘夹紧工件,防止由于夹紧力不均匀使套类零件加工后内孔变形;也可采用专用夹具,将径向夹紧改为轴向夹紧。

b. 采用增大刀具主偏角和内、外表面同时加工的方法,使背向力减小或相互抵消。

c. 精加工余量选择应充分考虑粗加工产生的变形,通过精加工纠正粗加工变形。

d. 为减少热变形引起的误差,精加工时应使工件在轴向或径向能自由伸缩;在粗、精加工间合理使用切削液,使工件充分冷却。

（2）轴套类零件常用的装夹方法

① 以内孔为基准装夹　当轴套类零件的外圆形状复杂而内孔相对比较简单时，可以先将孔加工至图样要求，再配置心轴，以内孔为定位基准加工外圆，从而保证工件的位置精度，如图 1-74 所示。

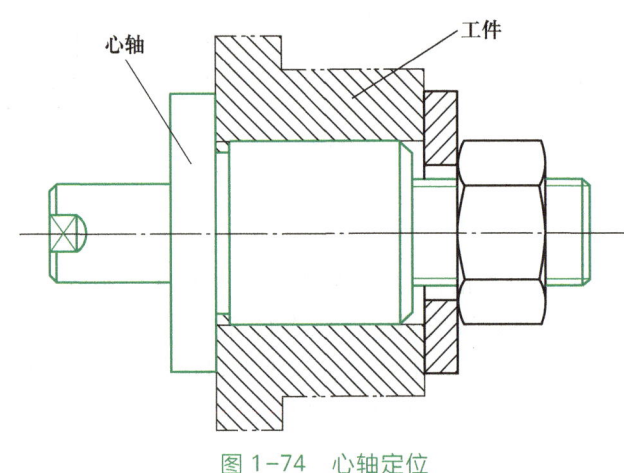

图 1-74　心轴定位

② 以外圆为基准装夹　当轴套类零件的内孔形状复杂而外圆相对比较简单时，可以先加工外圆至尺寸要求，再以外圆为基准，用软爪卡盘装夹外圆加工其他部位，从而保证零件的位置精度。这样，工件虽多次装夹仍能保持一定的位置精度。

（二）沟槽编程指令

1. 端面沟槽复合循环或深孔钻循环 G74

该指令可实现端面沟槽和端面深孔的断屑加工，Z 向切进一定的深度后再反向退刀一定的距离，实现断屑。指定 X 轴地址和 X 向移动量，就能实现端面沟槽加工；若不指定 X 轴地址和 X 向移动量，则为端面深孔钻加工。

G74 的循环方式如图 1-75 所示。

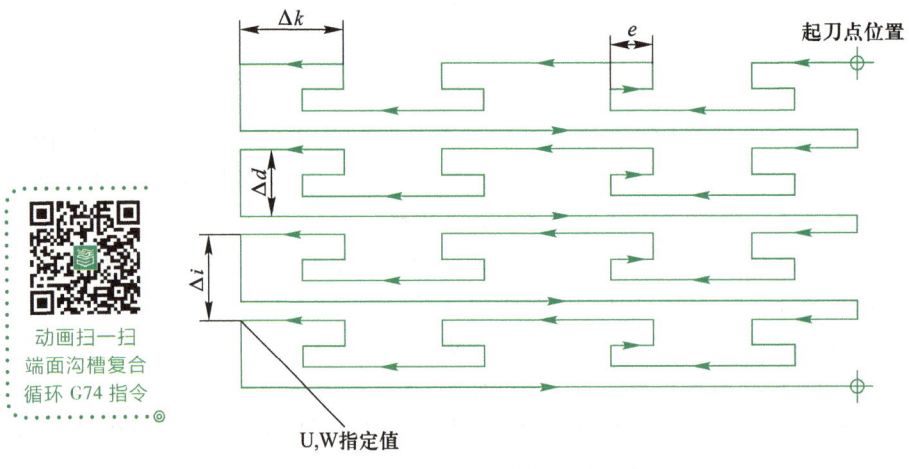

图 1-75　G74 的循环方式

（1）端面沟槽复合循环

格式：G74 R(e)；

G74 X(x) Z(z) P(Δi) Q(Δk) R(Δd) F(f) S(s) T(t)；

其中：e——每次啄式退刀量；

x——X 向终点坐标值；

z——Z 向终点坐标值；

Δi——刀具完成一次轴向切削后在 X 向的移动量（用不带符号半径值表示，单位为 μm）；

Δk——Z 向每次切深量（用不带符号的值表示，单位为 μm）；

Δd——切削底部的刀具退刀量，Δd 的符号一定是正号，但如果 X(x) 及 Δi 省略，可用所要的正、负号指定刀具退刀量；

f——进给速度。

注意：X 向终点坐标值为实际 X 向终点尺寸减去双边刀宽。

例 1-8 如图 1-76 所示，编制加工程序。

动画扫一扫
端面沟槽复合
循环 G74 指令

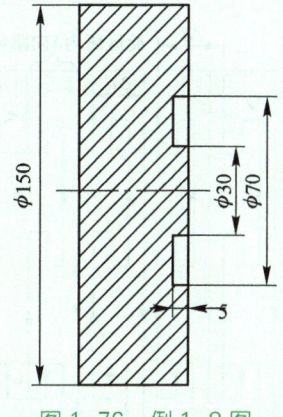

图 1-76 例 1-8 图

编程如下：

O00002；

N10 T0606；   端面切槽车刀，刃口宽 4 mm

N20 G00 X30.0 Z2.0 S300 M03；

N30 G74 R1.0；

N40 G74 X62.0 Z-5.0 P3500 Q3000 F0.1；

N50 G00 X100.0 Z100.0；

N60 M30；

（2）啄式钻孔循环（深孔钻循环）

格式：G74 R(e)；

G74 Z(z) Q(Δk) F(f) S(s) T(t)；

其中：e——每次啄式退刀量；

z——Z 向终点坐标值（孔深）；

Δk——Z 向每次的切入量（啄钻深度）。

动画扫一扫
深孔钻循环
G74 指令

例 1-9 如图 1-77 所示,在工件上加工直径为 10 mm 的孔,孔的有效深度为 60 mm。工件端面及中心孔已加工,编制加工程序。

编程如下:

O0100;

N10 T0505;   直径为 10 mm 的麻花钻

N20 G00 X0 Z3.0 S300 M03;

N30 G74 R1.0;

N40 G74 Z-60.0 Q8000 F0.1;

N50 G00 X100.0 Z100.0;

N60 M30;

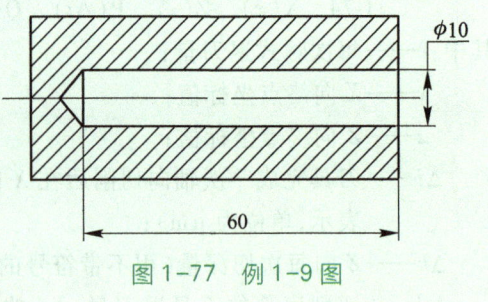

图 1-77 例 1-9 图

2. 外径沟槽复合循环 G75

G75 指令用于内、外径切槽或钻孔,其用法与 G74 大致相同。当 G75 用于径向钻孔时,需配备动力刀具,这里只介绍 G75 用于外径沟槽加工。G75 的循环方式如图 1-78 所示。

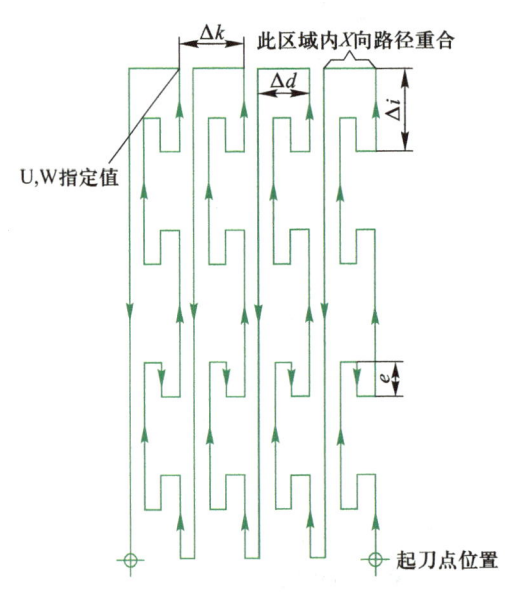

图 1-78 G75 的循环方式

动画扫一扫
外径沟槽复
合循环 G75
指令走刀轨迹

格式:G75 R(e);

G75 X(x) Z(z) P(Δi) Q(Δk) R(Δd) F(f) S(s) T(t);

其中:e——分层切削每次退刀量;

x——X 向终点坐标值;

z——Z 向终点坐标值;

Δi——X 向每次切深量(用不带符号的值表示,单位为 μm);

Δk——刀具完成一次轴向切削后在 Z 向的移动量(用不带符号的值表示,单位为 μm);

动画扫一扫
外径沟槽复合
循环 G75 指令

Δd——切削底部的刀具退刀量,Δd 的符号一定是正号,但如果 X(x)

及 Δi 省略,可用所要的正、负号指定刀具退刀量;

f——进给速度。

例 1-10 G75 指令用于切削较宽的径向槽,如图 1-79 所示,编制加工程序。

编程如下:

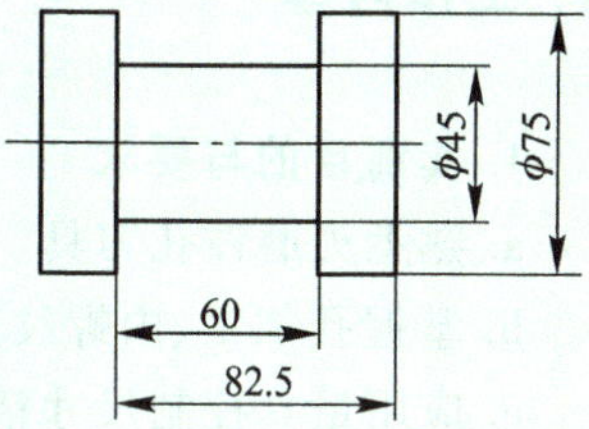

O00100;

N10   T0202;   切槽车刀,刃口宽 5 mm

N20   G00   X77.0   Z-27.5   S300   M03;

N30   G75   R1.0;

N40   G75   X45.0   Z-82.5   P3000   Q4500   F0.1;

N50   G00   X100.0   Z100.0;

图 1-79 例 1-10 图

N60   M30;

例 1-11 G75 指令用于切削径向均布槽,如图 1-80 所示,编制加工程序。

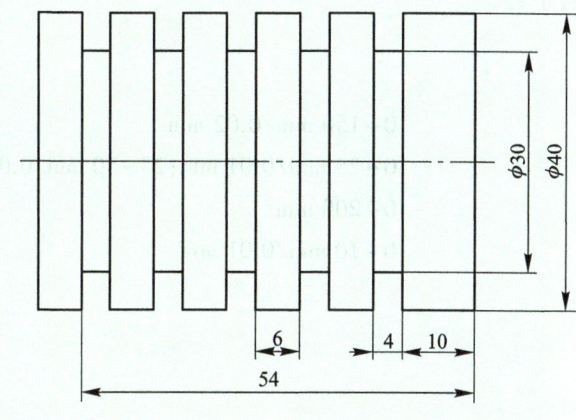

图 1-80 例 1-11 图

编程如下:

O0111;

N10   T0202;   切槽车刀,刃口宽 4 mm

N20   G00   X42.0   Z-14.0   S300   M03;

N30   G75   R1.0;

N40   G75   X30.0   Z-54.0   P3000   Q10000   F0.1;

N50   G00   X100.0   Z100.0;

N60   M30;

使用切槽复合固定循环(G74、G75)时的注意事项:

a. 在 FANUC 系统中,当出现以下情况而执行切槽复合固定循环指令时,将会出现程序报警:

X(x)或 Z(z)指定,而 Δi 值或 Δk 值未指定或指定为 0;

Δk 值大于 Z 轴的移动量或 Δk 值设定为负值;

Δi 值大于 U/2 或 Δi 值设定为负值;

退刀量大于进刀量,即 e 值大于每次切削深度 Δi 或 Δk。

b. 切槽过程中,刀具或工件受较大的单方向切削力,容易在切削过程中产生振动。因此,切槽加工中 F 的取值应略小(特别是在端面切槽时),通常取 0.05 ~ 1.2 mm/r。

四、工作内容

1. 实训目的与要求

a. 熟悉刃磨镗孔刀具。

b. 掌握孔加工、内螺纹加工及内沟槽加工的编程方法。

c. 应用量具控制尺寸精度,加工出合格零件。

d. 掌握内螺纹加工切削用量的选择。

e. 掌握应用单一固定循环加工三角螺纹的方法。

2. 仪器与设备

a. 卧式数控车床若干台。

b. 工具准备。

量具准备清单:

游标卡尺	0 ~ 150 mm/0.02 mm
外径千分尺	0 ~ 25 mm/0.01 mm;25 ~ 50 mm/0.01 mm
钢直尺	0 ~ 200 mm
百分表	0 ~ 10 mm/0.01 mm
螺纹塞规	

刀具准备清单:

镗孔刀

内切槽刀

麻花钻(尺寸视零件而定)

60°内螺纹车刀

其他工具准备清单:

卡盘钥匙

刀架钥匙

垫刀片

3. 实训时间

两个小时。

4. 实训内容

如图 1-66 所示零件,毛坯已预钻 φ19 mm 的内孔,φ50 mm 的外圆也已加工,要求加工零件内轮廓,使用 FANUC 0i 数控系统编程,并完成零件数控车削加工。

(1) 零件图工艺分析

如图 1-66 所示,此零件由内圆柱面、圆锥面、圆弧面和螺纹面等构成。其中 φ50 mm 的外圆不加工。

（2）确定装夹方案

对短轴类零件,轴心线为工艺基准,用三爪自定心卡盘夹持 ϕ50 mm 外圆,一次装夹完成粗、精加工。

（3）确定加工方案

加工起点和换刀点设为同一点（X80,Z100）,其位置的确定原则为方便拆卸工件,不发生碰撞,空行程较短等。加工工步顺序为车端面→粗车内圆,留 0.5 mm 精车余量→精车内圆至零件尺寸→切退刀槽→车螺纹。

（4）选择刀具与切削用量

T0101 为镗孔刀,T0202 为内切槽刀,刀宽为 3 mm,T0303 为 60°内螺纹车刀。上述刀具材料为高速钢。切削用量的具体数值应根据机床性能,被加工工件材料、硬度、切削状态、背吃刀量、进给量,刀具耐用度,相关手册并结合实际经验确定。粗加工内圆时,主轴转速为 500 r/min,进给速度为 0.3 mm/r;精加工内圆时,主轴转速为 800 r/min,进给速度为 0.1 mm/r;切槽时,主轴转速为 500 r/min,进给速度为 0.1 mm/r;车螺纹时,主轴转速为 300 r/min。

编程螺纹数值计算:$D_{底径} = D_{大径} = D_{公称} = 30.0$ mm

$$D_{孔} = D_{顶径} = D_{公称} - 1.0 \times 螺距 = (30.0 - 1.0 \times 1) \text{mm} = 29.0 \text{ mm}$$

（5）拟订数控加工工序卡

数控加工工序卡见表 1-18。

表 1-18　数控加工工序卡

（单位）	数控加工工序卡片	产品名称或代号		零件名称			零件图号	
				轴套类零件				
工序号	程序编号	夹具名称		使用设备	数控系统		车间	
	O2000	三爪自定心卡盘		TK36S	FANUC 0i		数控中心	
工步号	工步内容	刀具号	刀具名称	刀具规格	主轴转速/（r/min）	进给速度/（mm/r）	背吃刀量/mm	备注
1	a. 光端面 b. 粗车内轮廓	T01	镗孔刀	93°	500	0.3	2.0	
2	精车内轮廓	T01	镗孔刀	93°	800	0.1	0.25	
3	车内沟槽	T02	内切槽刀	3 mm	500	0.1		
4	车内螺纹	T03	内螺纹车刀	60°	300	1.0		
编制		审核		批准		共 1 页	第 1 页	

（6）编制数控加工程序

数控加工程序单见表 1-19。

表 1-19　数控加工程序单

零件图号		零件名称	轴套类零件	资料编号	
程序号	O2000	数控系统	FANUC 0i	备注	
程序段号	程序内容		说明		
N10	T0101		调用 1 号镗孔刀和 1 号刀具偏置		
N20	M03 S500;		启动主轴正转,转速为 500 r/min		
N30	G00 X18.0 Z5.0;		定位到工件附近		
N40	G01 X18.0 Z0 F0.1;		定位到端面		
N50	G01 X55.0 F0.1;		车端面		
N60	G00 Z2.0;		Z 轴方向退刀		
N70	X18.0;		X 轴方向定位至循环起点		
N80	G71 U2.0 R0.5;		粗车循环		
N90	G71 P100 Q180 U−0.5 W0.1 F0.3;		粗车循环		
N100	G00 X35;		X 轴方向定位		
N110	G01 X29 Z−1 F0.1;		倒角		
N120	Z−20.0;		加工螺纹底孔 ϕ29 mm 的内孔		
N130	X24.0 Z−27.5;		加工锥面		
N140	Z−38.0;		加工 ϕ24 mm 的内表面		
N150	G03 X20.0 Z−42.899 R7.0;		加工 R7 mm 的内圆弧面		
N160	G01 Z−53.5;		加工 ϕ20 mm 的内表面		
N170	X18.0		X 轴方向退刀		
N180	G00 Z150.0;		Z 轴方向退刀		
N190	X80.0;		X 轴方向退刀		
N200	M03 S800;		主轴转速变为 800 r/min		
N210	G00 G41 X20.0 Z2.0;		定位并建立刀具半径补偿		
N220	G70 P100 Q180;		精加工循环		
N230	G00 G40 Z150.0;		退刀至换刀点,取消刀具半径补偿		
N240	X80.0;		退刀至换刀点		
N250	T0202;		换 2 号内切槽刀,调用 2 号刀具偏置		
N260	M03 S500;		主轴正转,转速为 500 r/min		
N270	G00 X25.0 Z2.0		定位到工件附近		
N280	Z−20.0;		定位到切槽起点		
N290	G01 X33 F0.1;		切槽		
N300	G04 X2.0;		延时 2 s		
N310	G00 X26.0;		X 轴方向退刀		

程序段号	程序内容		说明	
N320	G00 Z150.0;		Z 轴方向退刀	
N330	X80.0;		退刀至换刀点	
N340	T0303;		换 3 号内螺纹车刀,调用 3 号刀具偏置	
N350	M03 S300		主轴正转,转速为 300 r/min	
N360	G00 X26.0 Z4.0		定位到车螺纹的循环起点	
N370	G92 X29.5 Z-18.5F1.0		车螺纹第一刀	
N380	G92 X29.8 Z-18.5F1.0		车螺纹第二刀	
N390	G92 X30 Z-18.5 F1.0		车螺纹第三刀	
N400	G00 Z150.0		退刀	
N410	X80.0		退刀至换刀点	
N420	M30;		程序结束	
编制	审核		批准	时间

（7）输入零件程序

（8）进行程序校验及加工轨迹仿真,修改程序

（9）进行对刀操作、自动加工

（10）可以扫描二维码,填写轴套类零件考核评价表

1.4 考核评价表

五、项目拓展

编写如图 1-81 所示的轴套类零件的加工程序,$\phi 20$ mm 的孔已事先钻好,试编程加工内轮廓。

编程螺纹数值计算: $D_{底径} = D_{大径} = D_{公称} = 42.0$ mm

$$D_{孔} = D_{顶径} = D_{公称} - 1.0 \times 螺距 = 42 - 1.0 \times 1.5 = 40.5 \text{ mm}$$

参考程序如下:

O1112;

T0101;

S500　M03;

G00　X55.0　Z5.0;

G00　X55.0　Z0;

G01　X0　F0.1;

G00　Z2.0;

X18.0;

G71　U2.0　R0.5;

G71　P10　Q20　U-0.5　W0.1　F0.3;

N10　G00　X46.5;

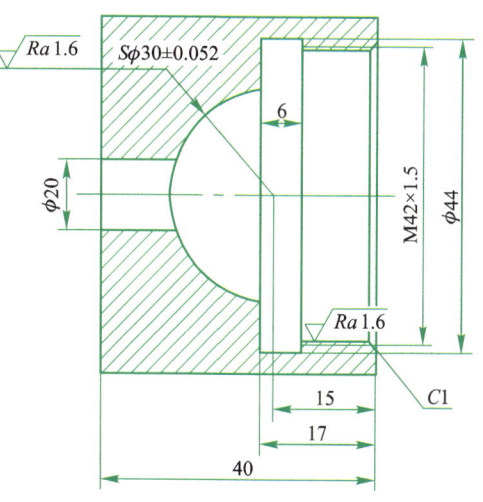

图 1-81　轴套类零件加工实例

G01　X40.5　Z−1.0　F0.1；

Z−17.0；

X29.732；

G03　X20.0　Z−26.2　R15.0；

N20　G01　X19.0；

G00　Z150.0；

X80.0；

M03　S800；

G00　G41　X18.0　Z2.0；

G70　P10　Q20；

G00　G40　Z150.0；

X80.0；

T0202；

M03　S500；

G00　X35.0　Z2.0；

G01　Z−14.0　F0.1；

X44.0；

G04　X2.0；

G00　X38.0；

Z−17.0；

G01　X44.0　F0.1；

G04　X2.0；

G00　X38.0；

G00　Z150.0；

X80.0；

T0303；

M03　S300；

G00　X35.0　Z5.0；

G92　X41.15　Z−14.0　F1.5；

G92　X41.75　Z−14.0　F1.5；

X41.9；

X42.0；

G00　Z150.0；

X80.0；

M05；

M30；

练习题　毛坯材料为 2A12，规格为 ϕ42 mm×85 mm，一端预钻孔 ϕ18 mm×40 mm（含钻尖）。编写如图 1-82 所示零件的数控加工工序卡及加工程序，图中未注倒角为 $C1$。

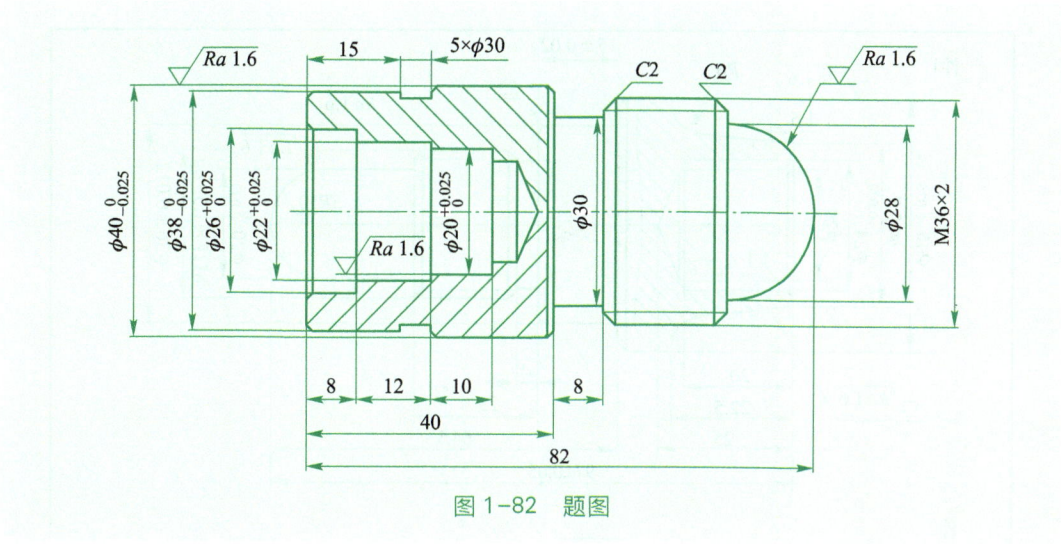

图 1-82 题图

项目 5 配合件数控编程与加工

一、工作任务

已知毛坯为 φ50 mm×150 mm 的棒料,已预钻 φ22 mm、深度为 75 mm 的孔,加工如图 1-83所示的配合件。

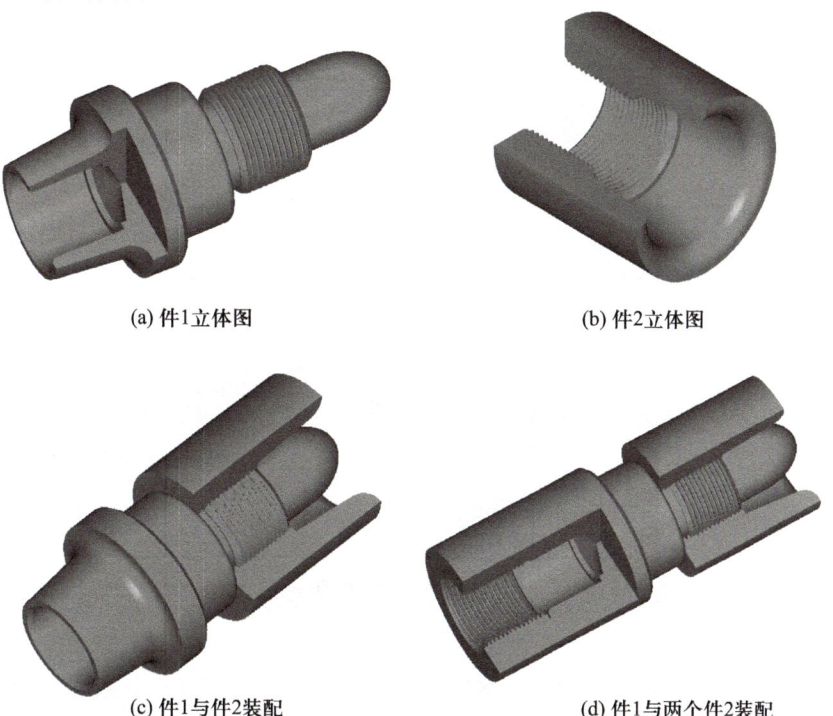

(a) 件1立体图　　　　　　　　　(b) 件2立体图

(c) 件1与件2装配　　　　　　　(d) 件1与两个件2装配

件1

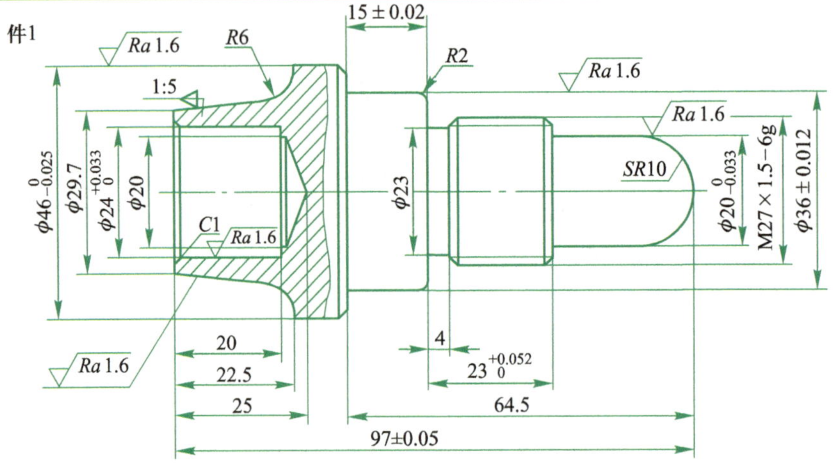

$\phi 46^{0}_{-0.025}$
$\phi 29.7$
$\phi 24^{+0.033}_{0}$
$\phi 20$

Ra 1.6   R6   1:5

15 ± 0.02 R2   Ra 1.6

C1 Ra 1.6

Ra 1.6   SR10 $\phi 20^{0}_{-0.033}$ M27×1.5-6g $\phi 36\pm0.012$

$\phi 23$

20
22.5
25

4
$23^{+0.052}_{0}$

64.5

97 ± 0.05

件2

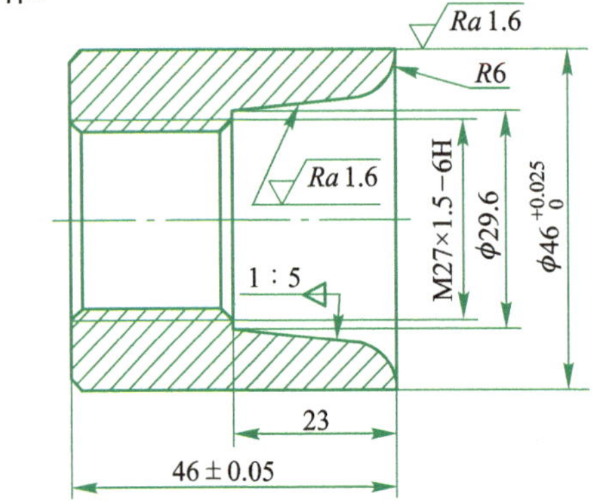

Ra 1.6

Ra 1.6   R6

M27×1.5-6H $\phi 29.6$ $\phi 46^{+0.025}_{0}$

1:5

23

46 ± 0.05

技术要求

1.未注倒角C1.5，锐边倒钝C0.3；
2.锥面接触面积不小于50%；
3.圆锥与圆弧过渡光滑；
4.未注尺寸公差按GB/T 1804—m加工和检验。

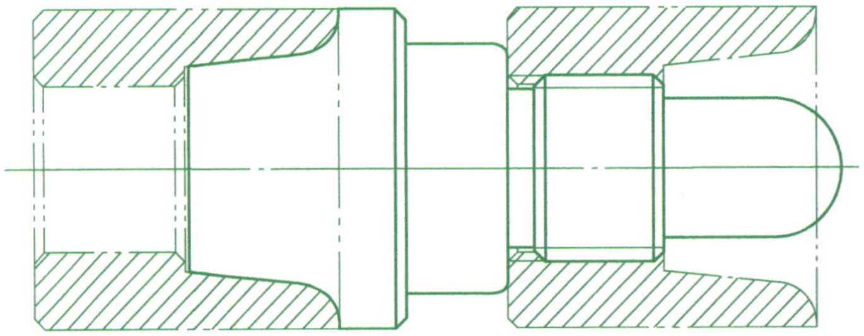

$\sqrt{Ra\,3.2}$ ($\sqrt{}$)

配合件		比例		
		数量		
班级		材料	2A12	质量
制图				
审核				

(e)配合件零件图

图 1-83 配合件

二、学习目标

a. 掌握配合件加工顺序的安排及数控车削工艺制订方法。

b. 掌握配合件数控车削加工工序卡的编制方法。

c. 掌握螺纹配合、锥面配合的数值计算和编程方法。

d. 综合应用所学指令正确编写配合件加工程序。

e. 掌握配合件数控车削技能。

f. 培养刻苦钻研、一丝不苟的职业素养。

三、学习内容

1. 子程序

在程序中把某些固定顺序或重复出现的程序单独抽出来,编成一个程序供主程序调用,这类程序称为子程序。

子程序可以被主程序调用,同时子程序也可以调用另一个子程序,其执行情况如图 1-84所示。

注意:子程序应该能被主程序多次调用,所以要用增量值编程。

（1）子程序的调用 M98

格式:M98　P ____ L ____ ;

其中:P——子程序号;

　　　L——重复调用子程序的次数,若为 1 次,可省略。

此指令用于在主程序中调用子程序。

（2）子程序的返回 M99

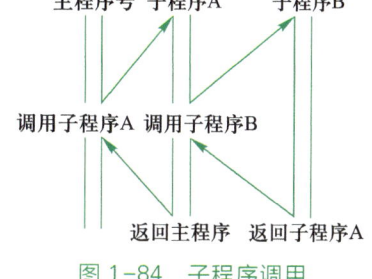

图 1-84　子程序调用

M99 指令用于子程序的最后一条程序段,表示子程序结束,返回主程序中相对应的 M98 的下一条程序继续执行。

2. 子程序的编程举例

例 1-12　已知毛坯直径为 $\phi32$ mm,长度为 77 mm。1 号刀具为外圆车刀,3 号刀具为切断车刀,其宽度为 2 mm(图 1-85)。试编写加工程序。

程序如下:

O10;

N01　G50　X150.0　Z100.0;

N02　M03　S800　T0101;

N03　M08;

N04　G00　X35.0　Z0;

N05　G01　X-1.0　F0.3;

N06　G00　Z2.0;

```
N07   G00   X30.0;
N08   G01   Z-55.0  F0.3;
N09   G00   X150.0  Z100.0  T0100;
N10         T0303;
N11   G00   X32.0  Z0;
N12   M98   P15  L2;
N13   G00   W-12.0;
N14   G01   X0  F0.12;
N15   G04   X2.0;
N16   G00   X150.0  Z100.0  M09  T0300;
N17   M30;
O15;
N100  G00   W-12.0;
N110  G01   U-12.0  F0.15;
N120  G04   X1.0;
N130  G00   U12.0;
N140  W-8.0;
N150  G01   U-12.0  F0.15;
N160  G04   X1.0;
N170  G00   U12.0;
N180  M99;
```

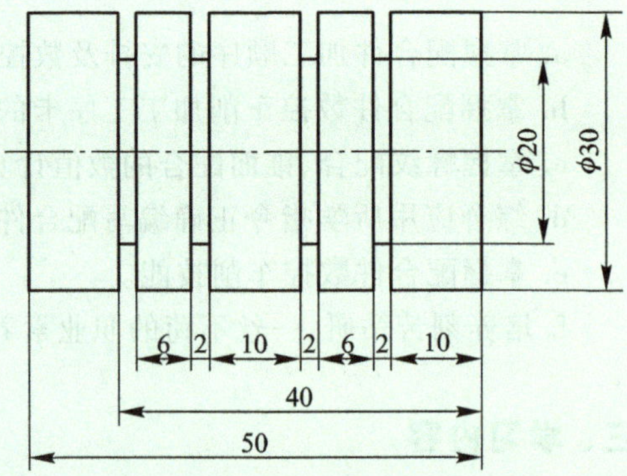

图 1-85　子程序应用

四、工作内容

1. 实训目的与要求

a. 在前面单件零件加工的基础上进一步练习综合零件的加工技能。

b. 掌握车内孔、内沟槽和内螺纹的程序编制方法,熟练应用各功能指令。

c. 掌握装夹刀具及试切对刀的技能。

d. 提高各种车刀的刀具刃磨技能与量具使用技能。

e. 掌握在数控机床上加工零件时控制尺寸的方法及切削用量的选择。

2. 仪器与设备

a. 卧式数控车床若干台。

b. 毛坯规格:$\phi50$ mm×153 mm,一端预钻孔 $\phi20$ mm×75 mm(含钻尖)。

c. 工具准备。

量具准备清单:

游标卡尺	0~150 mm/0.02 mm
外径千分尺	0~25 mm/0.01 mm;25~50 mm/0.01 mm
深度游标卡尺	0~200 mm/0.02 mm
钢直尺	0~150 mm

百分表	0~10 mm/0.01 mm
圆柱塞规	ϕ24H8
螺纹环规	M27×1.5-6g
螺纹塞规	M27×1.5-6H
圆弧样板(凸、凹)R6	
磁性表座	
刀具准备清单:	
93°外圆车刀	
镗孔刀	ϕ23 mm,深 40 mm
60°内螺纹车刀	深 40 mm
60°外螺纹车刀	
切槽(断)车刀	刀宽 4 mm
其他工具准备清单:	
卡盘钥匙	
刀架钥匙	
尾座顶尖	莫氏 3#
垫刀片	

3. 训练重点

a. 数控加工工艺方案的确定。

b. 数控加工程序的编制。

c. 尺寸精度的控制方法。

d. 内孔及内螺纹的加工方法。

4. 实训内容

已知毛坯为 ϕ50 mm×150 mm 的棒料,已钻 ϕ22 mm、深度为 75 mm 的底孔,要求加工图 1-83 所示的配合件。

(1) 零件 1 节点坐标的计算

如图 1-86 所示,零件 1 各节点坐标为

A:$X=20.00,Z=-10.00$ B:$X=20.00,Z=-26.50$

C:$X=23.85,Z=-26.50$ D:$X=26.85,Z=-28.00$

E:$X=26.85,Z=-44.00$ F:$X=23.85,Z=-45.50$

G:$X=23.00,Z=-45.50$ H:$X=23.00,Z=-49.50$

I:$X=32.00,Z=-49.50$ J:$X=36.00,Z=-51.50$

K:$X=36.00,Z=-64.50$ L:$X=43.00,Z=-64.50$

M:$X=46.00,Z=-66.00$ N:$X=46.00,Z=-74.50$

O:$X=45.06,Z=-74.50$ P:$X=33.12,Z=-79.90$

Q:$X=29.70,Z=-97.00$

(2) 零件 2 节点坐标的计算

如图 1-87 所示,零件 2 各节点坐标为

A:$X=46.00,Z=0.00$ B:$X=45.06,Z=0.00$

$C:X=33.12,Z=-5.403$　　$D:X=29.60,Z=-23.00$

$E:X=28.50,Z=-23.00$　　$F:X=25.50,Z=-24.50$

$G:X=25.50,Z=-44.50$　　$H:X=28.50,Z=-46.00$

$I:X=43.00,Z=-46.00$　　$J:X=46.00,Z=-44.50$

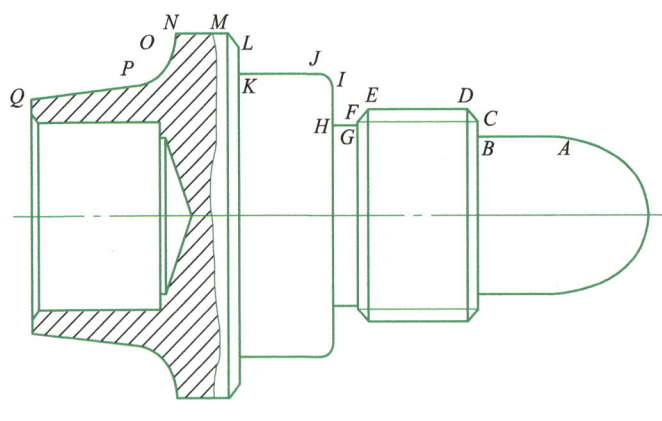 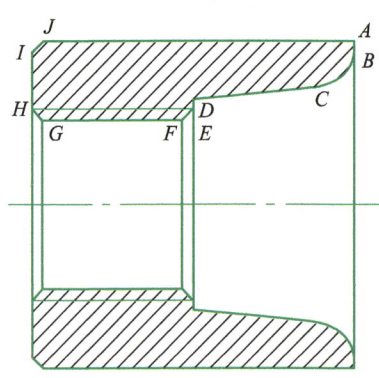

图 1-86　零件 1 各节点坐标　　　　　　图 1-87　零件 2 各节点坐标

（3）零件各精加工工步的走刀轨迹

零件各精加工工步的走刀轨迹如图 1-88 所示。

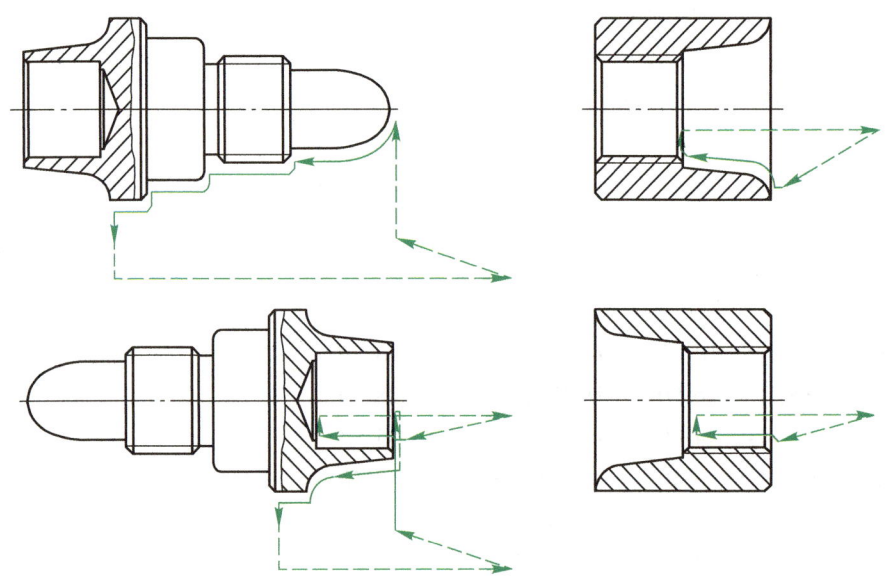

图 1-88　零件各精加工工步的走刀轨迹

（4）拟订数控加工工序卡

工序 1：件 1 右端的数控加工工序卡见表 1-20。

表 1-20 数控加工工序卡(工序 1)

(单位)	数控加工工序卡片	产品名称或代号	零件名称		零件图号
			件 1		
工序号	程序编号	夹具名称	使用设备	数控系统	车间
	O0014	三爪自定心卡盘	TK36S	FANUC 0i	数控中心
工步号	工步内容	刀具号	刀具名称	刀具规格	主轴转速/(r/min)	进给速度/(mm/min)	背吃刀量/mm	备注
1	a. 光端面 b. 粗车件 1 右端外轮廓	T01	外圆车刀	93°	600	100	2.0	
2	精车件 1 右端外轮廓	T01	外圆车刀	93°	900	30	0.25	
3	切螺纹退刀槽,倒角	T03	切槽车刀	4 mm	500	20		
4	车件 1 右端外螺纹 M27×1.5 mm	T04	外螺纹车刀	60°	500			
编制		审核		批准		共 1 页	第 1 页	

工序 2:件 2 右端的数控加工工序卡见表 1-21。

表 1-21 数控加工工序卡(工序 2)

(单位)	数控加工工序卡片	产品名称或代号	零件名称		零件图号
			件 2		
工序号	程序编号	夹具名称	使用设备	数控系统	车间
	O0011	三爪自定心卡盘	TK36S	FANUC 0i	数控中心
工步号	工步内容	刀具号	刀具名称	刀具规格	主轴转速/(r/min)	进给速度/(mm/min)	背吃刀量/mm	备注
1	上一个工序完成的零件掉头装夹,车件 2 右端面,粗车外圆 φ46 mm×50 mm	T01	外圆车刀	93°	600	100	2.0	
2	精车外圆 φ46 mm×50 mm	T01	外圆车刀	93°	900	30	0.25	
3	粗车件 2 右端内锥 1:5 孔,R6 mm 圆弧,倒角	T02	镗孔刀	90°	500	50	2.0	

续表

工步号	工步内容	刀具号	刀具名称	刀具规格	主轴转速/（r/min）	进给速度/（mm/min）	背吃刀量/mm	备注
4	精车件 2 右端内锥 1∶5 孔，R6 mm 圆弧，倒角	T02	镗孔刀	90°	800	20	0.15	
5	切断，控制件 2 总长为 46.5 mm	T03	切断刀	4 mm	375	20		
编制		审核		批准		共 1 页	第 1 页	

工序 3：件 1 左端的数控加工工序卡见表 1-22。

表 1-22　数控加工工序卡（工序 3）

（单位）	数控加工工序卡片	产品名称或代号		零件名称		零件图号	
				件 1			
工序号	程序编号	夹具名称		使用设备	数控系统	车间	
	O0012	三爪自定心卡盘		TK36S	FANUC 0i	数控中心	
工步号	工步内容	刀具号	刀具名称	刀具规格	主轴转速/（r/min）	进给速度/（mm/min）	背吃刀量/mm	备注
1	车件 1 左端面，控制总长为 97 mm	T01	外圆车刀	93°	600	50		
2	粗镗 φ24 mm 孔，倒角	T02	镗孔刀	90°	500	50	2.0	
3	精镗 φ24 mm 孔，倒角	T02	镗孔刀	90°	800	20	0.15	
4	粗车件 1 左端外锥面 1∶5，R6 mm 圆弧	T01	外圆车刀	93°	600	100	2.0	
5	精车件 1 左端外锥面 1∶5，R6 mm 圆弧	T01	外圆车刀	93°	900	30	0.25	
编制		审核		批准		共 1 页	第 1 页	

工序 4：件 2 左端数控加工工序卡见表 1-23。

表 1-23　数控加工工序卡（工序 4）

（单位）	数控加工工序卡片	产品名称或代号		零件名称		零件图号	
				件 2			
工序号	程序编号	夹具名称	使用设备	数控系统		车间	
	O0013	三爪自定心卡盘	TK36S	FANUC 0i		数控中心	
工步号	工步内容	刀具号	刀具名称	刀具规格	主轴转速/（r/min）	进给速度/（mm/min）	背吃刀量/mm	备注
1	车件 2 左端面，控制总长为 46 mm，倒角	T01	外圆车刀	93°	500	50		
2	粗镗内螺纹小径为 ϕ25.6 mm，倒角	T02	镗孔刀	90°	500	50	2.0	
3	精镗内螺纹小径为 ϕ25.6 mm，倒角	T02	镗孔刀	90°	800	20	0.15	
4	车件 2 左端内螺纹 M27×1.5 mm	T04	内螺纹车刀	60°	500			
编制		审核		批准		共 1 页	第 1 页

（5）编制数控加工程序

件 1 右端的参考数控加工程序单见表 1-24。

表 1-24　数控加工程序单（件 1 右端）

零件图号		零件名称		件 1	资料编号	
程序号	O0014	数控系统		FANUC 0i	备注	
程序段号	程序内容			说明		
N10	T0101			调用 1 号外圆车刀和 1 号刀具偏置		
N20	G00 X100.0 Z100.0			定位至换刀点		
N30	M03 S600			启动主轴正转，转速为 600 r/min		
N40	G00 X52.0 Z0			定位到端面		
N50	G98G01 X0 F100			车端面，指定进给速度为 100 mm/min		
N60	Z2.0			Z 轴方向退刀		
N70	G00 X51.0			粗车循环定位		

续表

程序段号	程序内容	说明
N80	G71 U2.0 R0.5	粗车循环
N90	G71 P100 Q220 U0.5 W0.1 F100	粗车循环
N100	G00 X0	X 轴方向定位
N110	G01 Z0 F30	走刀至圆弧起点
N120	G03 X20.0 Z-10.0 R10.0	加工 $SR10$ mm 的圆弧面
N130	G01 Z-26.5	加工 $\phi20$ mm 的外圆
N140	X23.85	X 轴方向退至倒角起点
N150	X26.85 W-1.5	倒角
N160	Z-49.5	加工螺纹大径外圆
N170	X32.0	走刀至圆角起点
N180	G03 X36.0 W-2.0 R2.0	加工圆角
N190	G01 Z-64.5	加工 $\phi36$ mm 的外轮廓
N200	X43.0	走刀至倒角起点
N210	X46.0 W-1.5	加工倒角
N220	Z-75.0	加工 $\phi46$ mm 的外圆
N230	M03 S900	主轴转速变为 900 r/min
N240	G00 G42 X52.0 Z2.0	定位并建立刀具半径补偿
N250	G70 P100 Q220	精加工循环
N260	G00 G40 X100.0 Z100.0	退刀至换刀点,取消刀具半径补偿
N270	T0303	换 3 号切槽车刀,调用 3 号刀具偏置
N280	M03 S500	主轴转速变为 500 r/min
N290	G00 X38.0	X 轴方向定位
N300	Z-49.5	定位到切槽起点
N310	G01 X23.0 F20	切槽
N320	G04 X1.5	延时 1.5 s
N330	G01 X23.85F20	X 轴方向退刀
N340	X26.85 W1.5	倒角
N350	X27.0	X 轴方向退刀
N360	G00 X100.0 Z100.0	退刀至换刀点
N370	T0404	换 4 号外螺纹车刀,调用 4 号刀具偏置

续表

程序段号	程序内容	说明
N380	M03 S500	主轴转速变为 500 r/min
N390	G00 X28.0	X 轴方向定位
N400	Z−22.0	定位到车螺纹循环起点
N410	G92 X26.1 Z−47.0 F1.5	采用单一固定循环指令第一次车螺纹
N420	X25.5	第二次车螺纹
N430	X25.1	第三次车螺纹
N440	X25.05	第四次车螺纹
N450	X25.05	螺纹光整加工一刀
N460	G00 X100.0 Z100.0	退刀至换刀点
N470	M30	程序结束
编制		审核		批准		时间	

件 2 右端的参考数控加工程序单见表 1−25。

表 1−25　数控加工程序单（件 2 右端）

零件图号		零件名称		件 2		资料编号	
程序号	O0011	数控系统		FANUC 0i		备注	
程序段号	程序内容		说明				
N10	T0101		调用 1 号外圆车刀和 1 号刀具偏置				
N20	G00 X100.0 Z100.0		定位至换刀点				
N30	M03 S600		启动主轴正转，转速为 600 r/min				
N40	G00 X52.0 Z0		定位到端面				
N50	G98G01 X19.0 F50		车端面，指定进给速度为 50 mm/min				
N60	Z2.0		Z 轴方向退刀				
N70	G00 X51.0		X 轴方向定位至循环起点				
N80	G71 U2.0 R0.5；		粗车循环				
N90	G71 P100 Q120 U0.5 W0.1 F100；		粗车循环				
N100	G00 X46；		X 轴方向定位				
N110	G01 Z−50.5 F30；		加工 $\phi 46$ mm 的外圆				
N120	X52.0；		退刀				
N130	M03 S900；		主轴转速变为 900 r/min				

续表

程序段号	程序内容	说明
N140	G00 G42 X52.0 Z2.0;	定位并建立刀具半径补偿
N150	G70 P100 Q120;	精加工循环
N160	G00G40 X100.0 Z100.0	退刀至换刀点
N170	T0202	调用 2 号镗孔刀和 2 号刀具偏置
N180	M03 S500	主轴正转,转速为 500 r/min
N190	G00 X19 Z2	定位至循环起点
N200	G71 U2 R0.5	粗车循环
N210	G71 P220 Q270 U−0.3 F50	粗车循环
N220	G00 X45.06	X 轴方向定位至 $R6$ mm 的圆弧面起点
N230	G01 Z0 F20	走刀至 $R6$ mm 的圆弧面起点
N240	G02 X33.12 Z−5.403 R6	加工 $R6$ mm 的圆弧面
N250	G01 X29.6 Z−23	加工锥面
N260	X28.5	X 轴方向走刀至倒角起点
N270	X25.5 W−1.5	倒角
N280	M03 S800	主轴正转,转速变为 800 r/min
N290	G00 G41 X19.0 Z3.0;	定位并建立刀具半径补偿
N300	G70 P220 Q270;	精加工循环
N310	G00 G40 Z100.0	退刀,取消刀具半径补偿
N320	X100.0	退刀至换刀点
N330	T0303	换 3 号切断刀,调用 3 号刀具偏置
N340	M03 S375	主轴正转,转速变为 375 r/min
N350	G00 X52	定位到工件附近
N360	Z−50.5	定位到切断位置
N370	G01 X19 F20	切断
N380	G00 X100.0	退刀
N390	Z100.0	退刀至换刀点
N400	M30	程序结束
编制		审核		批准		时间	

件 1 左端的参考数控加工程序单见表 1-26。

表 1-26　数控加工程序单(件 1 左端)

零件图号		零件名称		件 1	资料编号	
程序号	O0012	数控系统		FANUC 0i	备注	
程序段号	程序内容			说明		
N10	T0101			调用 1 号外圆刀和 1 号刀具偏置		
N20	G00 X100.0 Z100.0			定位至换刀点		
N30	M03 S600			启动主轴正转,转速为 600 r/min		
N40	G00 X52.0 Z0			定位到端面		
N50	G98 G01 X19.0 F50			车端面,指定进给速度为 50 mm/min		
N60	Z5.0			Z 轴方向退刀		
N70	G00 X100.0 Z100.0			退刀至换刀点		
N80	T0202			调用 2 号镗孔刀和 2 号刀具偏置		
N90	M03 S500			主轴正转,转速变为 500 r/min		
N100	G00 X19 Z2			定位至循环起点		
N110	G71 U2 R0.5			粗车循环		
N120	G71 P130 Q170 U-0.3 F50			粗车循环		
N130	G00 X26			X 轴方向定位至倒角起点		
N140	G01 Z0 F20			走刀至倒角起点		
N150	X24 Z-1			倒角		
N160	Z-20			镗 $\phi24$ mm 的内孔		
N170	X 20			X 轴方向退刀		
N180	M03 S800			主轴正转,转速变为 800 r/min		
N190	G00 G41 X19.0 Z3.0;			定位并建立刀具半径补偿		
N200	G70 P130 Q170;			精加工循环		
N210	G00G40 Z100.0			退刀		
N220	X100.0			退刀至换刀点		
N230	T0101			调用 1 号外圆车刀和 1 号刀具偏置		
N240	M03 S600			主轴正转,转速变为 600 r/min		

程序段号	程序内容	说明
N250	G00 X52.0 Z2.0	定位到循环起点
N260	G71 U2.0 R0.5;	粗车循环
N270	G71 P280 Q320 U0.5 W0.1 F100;	粗车循环
N280	G00 X29.7	X轴方向定位
N290	G01 Z0 F30	走刀至锥面起点
N300	X33.12 Z−17.1	加工锥面
N310	G02 X45.06 Z−22.5 R6	加工 R6 mm 的圆弧面
N320	G01 X51.0	X轴方向退刀
N330	M03 S900;	主轴转速变为 900 r/min
N340	G00 G42 X51.0 Z2.0;	定位并建立刀具半径补偿
N350	G70 P280 Q320;	精加工循环
N360	G00 G40 X100.0 Z100.0	退刀,取消刀具半径补偿
N370	M30	程序结束
编制	审核	批准	时间

件 2 左端的参考数控加工程序单见表 1-27。

表 1-27　数控加工程序单(件 2 左端)

零件图号		零件名称	件 2		资料编号	
程序号	O0013	数控系统	FANUC 0i		备注	
程序段号	程序内容		说明			
N10	T0101		调用 1 号外圆车刀和 1 号刀具偏置			
N20	G00 X100.0 Z100.0		定位至换刀点			
N30	M03 S600		启动主轴正转,转速为 600 r/min			
N40	G00 X52.0 Z0		定位到端面			
N50	G98 G01 X19.0 F50		车端面,指定进给速度为 50 mm/min			
N60	X43		X轴方向走刀至倒角起点			
N70	X46 W−1.5		倒角			
N80	X47		退刀			

续表

程序段号	程序内容	说明
N90	G00 X100 Z100	退刀至换刀点
N100	T0202	调用 2 号镗孔刀和 2 号刀具偏置
N110	M03 S500	主轴正转,转速变为 500 r/min
N120	G00 X19 Z2	定位至循环起点
N130	G71 U2 R0.5	粗车循环
N140	G71 P150 Q190 U−0.3 F50	粗车循环
N150	G00 X28.5	X 轴方向定位至倒角起点
N160	G01 Z0 F20	走刀至倒角起点
N170	X25.5 Z−1.5	倒角
N180	Z−24	镗螺纹底孔
N190	X20	X 轴方向退刀
N200	M03 S800	主轴正转,转速变为 800 r/min
N210	G00 G41 X19.0 Z3.0;	定位并建立刀具半径补偿
N220	G70 P150 Q190;	精加工循环
N230	G00G40 Z100.0	退刀
N240	X100.0	退刀至换刀点
N250	T0404	换 4 号内螺纹车刀和 4 号刀具偏置
N260	M03 S500	主轴正转,转速变为 500 r/min
N270	G00 X24.0 Z5.0	定位到车螺纹循环起点
N280	G92 X26.2 Z−24.0 F1.5	采用单一固定循环指令第一次车螺纹
N290	X26.7	第二次车螺纹
N300	X26.9	第三次车螺纹
N310	X27.0	第四次车螺纹
N320	G00 Z100.0	退刀
N330	X100.0	退刀至换刀点

续表

程序段号	程序内容		说明		
N340	M05		主轴停		
N350	M30		程序结束		
编制		审核		批准	时间

1.5 考核评价表

（6）输入零件程序

（7）进行程序检验及加工轨迹仿真,修改程序

（8）进行对刀操作

（9）自动加工

（10）可以扫描二维码,填写配合件考核评价表

综合练习

1. 毛坯材料为 45 钢,规格为 φ50 mm×80 mm 的棒料。根据《数控车铣加工职业技能等级标准》(初级)要求,对如图 1-89 所示传动轴零件进行数控编程与加工,要求:（1）编制数控加工工序卡;（2）编写数控车削加工程序;（3）进行数控车削加工。

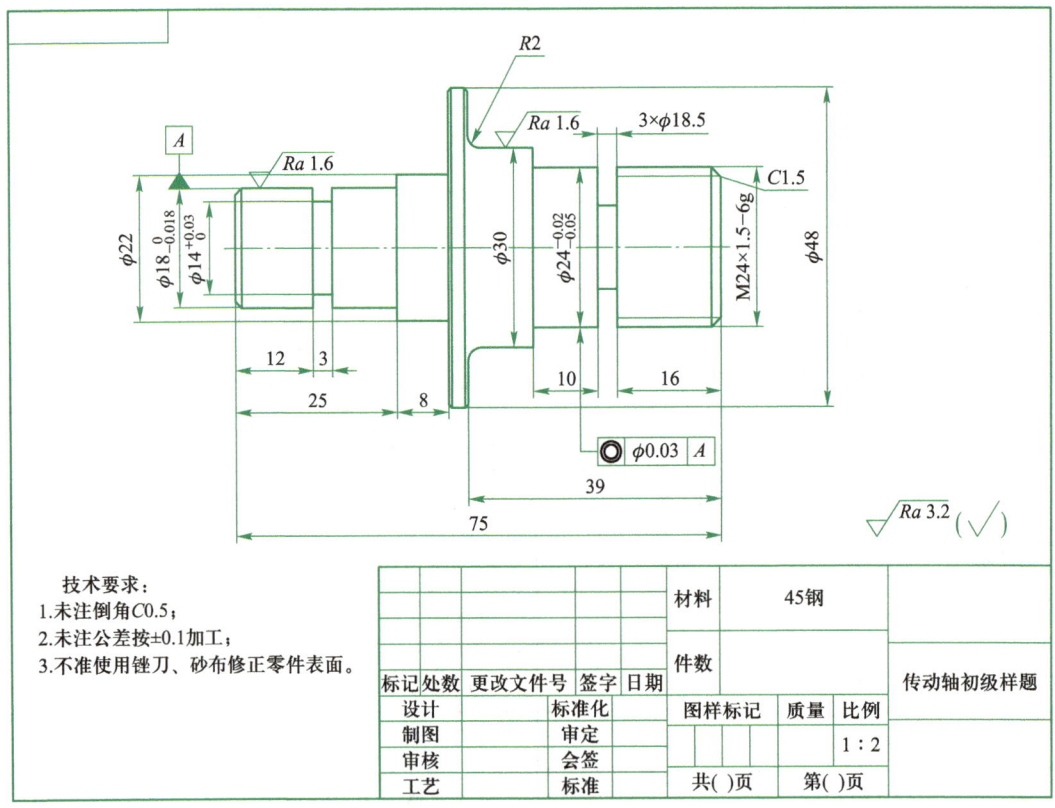

图 1-89　传动轴零件

2. 毛坯材料为 45 钢，规格为 ϕ55 mm×65 mm 的棒料。根据《数控车工国家职业标准》（中级）要求，对如图 1-90 所示传动轴零件进行数控编程与加工，要求：（1）制订加工方案并编制数控加工工序卡；（2）正确选用刀具；（3）编写数控车削加工程序；（4）进行数控车削加工。

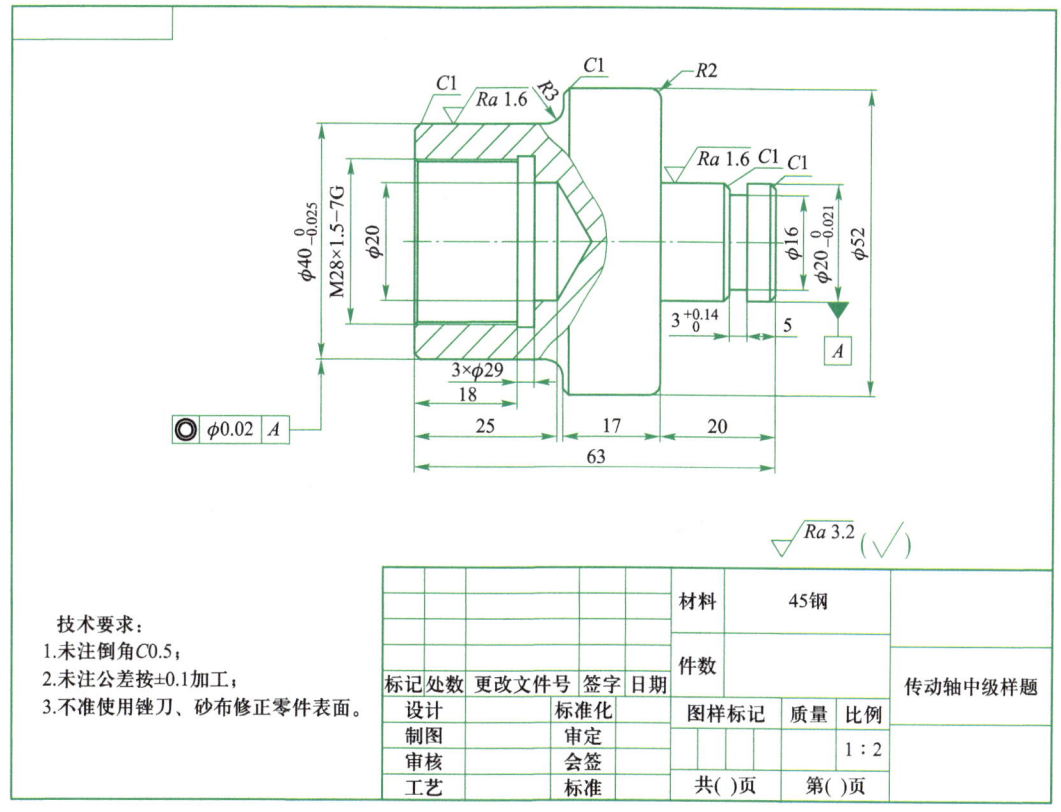

图 1-90 传动轴零件

3. 毛坯材料为 2A12，规格为 ϕ50 mm×140 mm 的棒料。根据《数控车工国家职业标准》（高级）要求，对如图 1-91 所示零件进行数控编程与加工，要求：（1）制订加工方案并编制数控加工工序卡；（2）正确选用刀具；（3）编写数控车削加工程序；（4）进行数控车削加工。

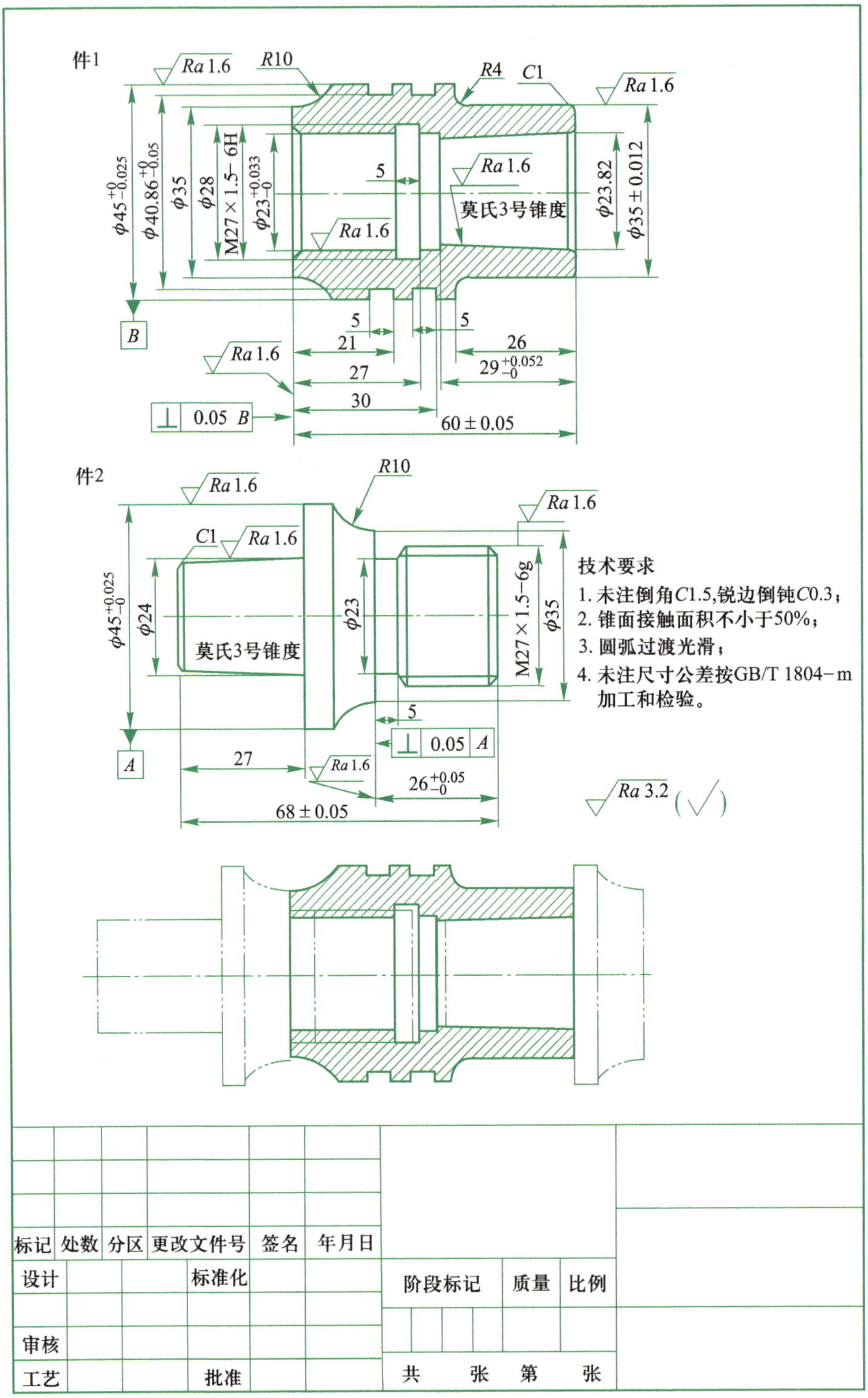
件1
Ra 1.6
R10
R4
C1
φ45 +0 −0.025
φ40.86 +0 −0.05
φ35
φ28
M27×1.5−6H
φ23 +0.033 −0
莫氏3号锥度
φ23.82
φ35±0.012
B
5
21
27
30
26
29 +0.052 −0
60±0.05
⊥ 0.05 B
件2
C1
φ45 +0.025 −0
φ24
φ23
M27×1.5−6g
φ35
A
⊥ 0.05 A
68±0.05
26 +0.05 −0
Ra 3.2 (√)
技术要求
1. 未注倒角C1.5,锐边倒钝C0.3；
2. 锥面接触面积不小于50%；
3. 圆弧过渡光滑；
4. 未注尺寸公差按GB/T 1804−m
加工和检验。
标记 处数 分区 更改文件号 签名 年月日
设计 标准化
审核
工艺 批准
阶段标记 质量 比例
共 张 第 张

图 1-91　零件

学习情境 2 平面类零件数控编程与加工

平面类零件的数控加工大多采用数控铣床和加工中心来完成。数控铣床以加工零件的平面、曲面为主，还能加工孔、圆柱面和螺纹等。加工中心是一种综合加工能力较强的数控加工机床。它把铣削、镗削、钻削、扩孔、铰孔、攻螺纹和切削螺纹等功能集中在一台设备上，使其具有多种工艺手段。加工中心设置有刀库和自动换刀装置，刀库中存放着不同数量的各种刀具或检具，在加工过程中由程序控制自动选用和更换。数控铣床和加工中心对于形状较复杂、精度要求高的单件加工或中小批量多品种生产更为适用。特别是对于必须采用工装和专机设备来保证产品质量和效率的工件，采用加工中心加工，可以省去工装和专机。这可为新产品的研制和改型换代节省大量的时间和费用，从而使企业具有较强的竞争能力。数控铣床与加工中心的数控装置具有多种插补方式，一般具有直线插补和圆弧插补，有的还具有极坐标插补、抛物线插补、螺旋线插补等。编程时要充分合理地选择这些功能，并充分利用数控铣床及加工中心齐全的功能，如刀具位置补偿、刀具长度补偿、刀具半径补偿和固定循环、镜像加工等功能，以提高加工精度和效率。本学习情境以FANUC 0i 系统为例介绍平面类零件在数控铣床和加工中心上加工的相关编程知识和加工技能。

项目 1 平面凸廓类零件数控编程与加工

一、工作任务

毛坯为 120 mm×80 mm×19 mm 的板料，六个表面已加工，材料为 45 钢，加工如图 2-1 所示的平面凸廓类零件。

二、学习目标

a. 熟练掌握平面类零件数控加工工艺制订的相关知识。

b. 能够合理规划刀具路径，正确选择刀具、夹具、量具及切削参数，制订符合技术规范的工艺文件。

c. 掌握平面凸廓类零件加工相关编程指令知识。

d. 能够完成平面凸廓类零件的编程与加工。

e. 掌握平面凸廓类零件加工质量的控制与测量方法。

动画扫一扫
平面凸廓
三维模型

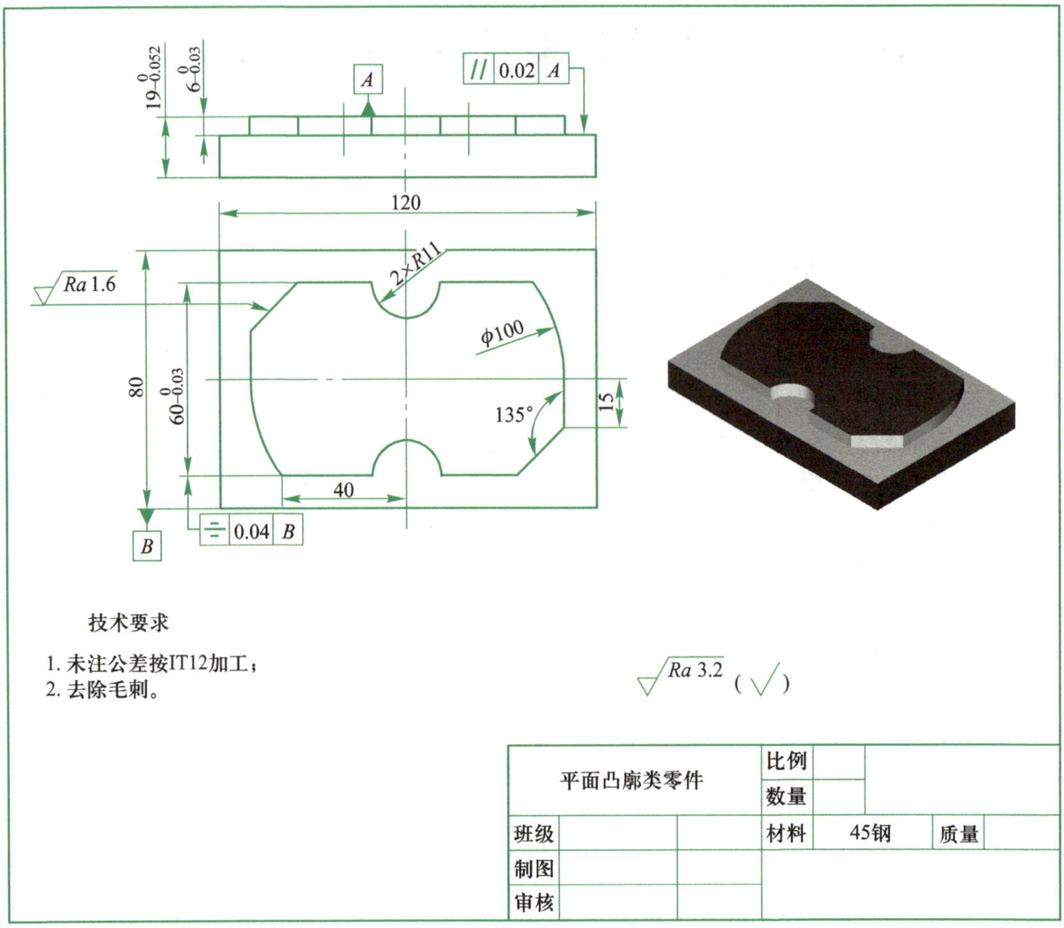
A
// 0.02 A
120
2×R11
Ra 1.6
φ100
80
15
135°
40
0.04 B
B
技术要求
1. 未注公差按IT12加工；
2. 去除毛刺。
Ra 3.2 (√)
平面凸廓类零件
比例
数量
班级
材料
45钢
质量
制图
审核

图 2-1 平面凸廓类零件图

f. 培养安全意识、质量意识。

g. 增强精益求精的工匠精神。

三、学习内容

（一）数控铣床的系统功能

1. 准备功能 G

数控铣床的准备功能即 G 代码由地址符 G 加数字组成，其作用是使机床建立一种工作方式。表 2-1 中列出 FANUC 0i 数控系统常用 G 代码。

使用时应注意：00 组的 G 代码是非模态代码。在同一程序段中可以指定多个不同组的 G 代码，若在同一程序段中指定了多个同一组的 G 代码，则最后一个 G 代码有效。

表 2-1　FANUC 0i 数控系统常用 G 代码

G 代码	组	功能	G 代码	组	功能
G00	01	快速点定位	G55	14	工件坐标系选择 2
G01		直线插补	G56		工件坐标系选择 3
G02		顺时针圆弧插补	G57		工件坐标系选择 4
G03		逆时针圆弧插补	G58		工件坐标系选择 5
G04	00	暂停	G59		工件坐标系选择 6
G07.1		圆柱插补	G60	00/01	单方向定位
G09		准停校验	G65	00	宏程序调用
G15	17	极坐标指令取消	G66	12	宏程序模态调用
G16		极坐标指令	G67		宏程序模态调用取消
G17	02	XY 平面选择	G68	16	坐标旋转生效
G18		ZX 平面选择	G69		坐标旋转取消
G19		YZ 平面选择	G73	09	深孔钻削循环
G20	06	英制输入	G74		逆攻螺纹循环
G21		公制输入	G76		精镗循环
G27	00	返回参考点校验	G80		固定循环取消
G28		自动返回参考点	G81		钻孔循环
G29	00	从参考点返回	G82		锪孔循环
G30		返回第二参考点	G83		深孔钻削循环
G31		跳转功能	G84		攻螺纹循环
G33	01	螺纹切削	G85		镗孔循环
G39	00	拐角偏置圆弧插补	G86		镗孔循环
G40	07	取消刀具半径补偿	G87		反镗削循环
G41		刀具半径左补偿	G88		镗孔循环
G42		刀具半径右补偿	G89		镗孔循环
G43	08	刀具长度正向补偿	G90	03	绝对值编程
G44		刀具长度负向补偿	G91		增量值编程
G49		刀具长度补偿取消	G92	00	工件坐标系设定
G50	11	比例缩放取消	G94	05	每分钟进给
G51		比例缩放生效	G95		每转进给
G51.1	22	可编程镜像生效	G96	13	恒表面切削速度
G52	00	局部坐标系设定	G97		恒表面切削速度取消
G53	00	选择机床坐标系	G98	10	固定循环返回安全平面
G54	14	工件坐标系选择 1	G99		固定循环返回 R 平面

2. 辅助功能 M

辅助功能即 M 代码由地址符 M 加数字组成。M 代码因机床系统及结构不同而有所差异,使用时应参考机床系统说明书。表 2-2 中列出 FANUC 0i 数控系统常用 M 代码。

表 2-2　FANUC 0i 数控系统常用 M 代码

代码	功能	代码	功能
M00	程序停止	M07	切削液开(喷雾)
M01	选择停止	M08	切削液开
M02	程序结束	M09	切削液关
M03	主轴正转	M30	程序结束并返回
M04	主轴反转	M98	调用子程序
M05	主轴停止	M99	子程序结束并返回主程序
M06	自动换刀		

在编程时,一个程序段中通常只使用一个 M 代码,以免机床执行程序时产生误操作。

3. 主轴功能 S

主轴功能 S 用于控制主轴转速,其后的数值表示主轴速度,单位为 r/min。S 是模态指令,S 功能只有在主轴速度可调节时有效。如 M03　S800 表示主轴正转,转速是 800 r/min。

4. 进给功能 F

F 指令表示工件被加工时刀具相对于工件的合成进给速度。F 的单位取决于 G94(每分钟进给量,mm/min)或 G95(每转进给量,mm/r)。工作在 G01、G02 或 G03 方式下编程的 F 一直有效,直到被新的 F 值所取代。而工作在 G00、G60 方式下快速定位的速度是各轴的最高速度,与所编 F 无关。借助操作面板上的倍率按键 F 可在一定范围内进行倍率修调。如 G94　F120 表示刀具的工作进给速度是 120 mm/min,G95　F0.3 表示刀具的工作进给速度是 0.3 mm/r。

(二)数控铣削工艺的基础知识

合理编制数控铣削加工工艺方案是数控编程的依据,指定数控铣削加工工艺主要包括对加工工件进行工艺性分析、拟订工艺路线、设计加工工序等内容。零件的工艺性分析是以指定数控铣削加工工艺和编制程序的基础为前提,现在仅从数控铣削加工角度分析其工艺性,工艺性分析包括以下内容。

1. 零件图的工艺性分析

(1)零件图技术分析

其目的在于熟悉零件在产品中的作用、位置、装配关系和工作条件,搞清楚各项技术要求对零件装配质量和使用性能的影响,找出加工的技术关键点和难点。下面就几点进行说明。

① 零件的形状、结构及尺寸标注　确定零件的形状、结构在加工中是否会产生干涉或

无法加工、是否妨碍刀具的运动;零件的尺寸标注是否正确且完整,是否有利于编程,尺寸标注是否有矛盾,各项公差是否符合加工条件等。

② 零件图的完整性和正确性 构成零件轮廓的几何元素(点、线、面)的关联条件(如相切、相交、垂直或平行等)一定要充分、正确且完整。这些是定义几何元素和编程的重要依据。在分析图样时,要认真、仔细地分析几何元素的定义是否充分,发现问题应及时与设计人员协商解决。

③ 零件的技术要求 分析零件的尺寸精度、几何公差、表面粗糙度等,确保在现有的加工条件下能达到零件的加工要求。

④ 零件材料 了解零件材料的切削性能、牌号及热处理要求等,以便合理地选择刀具和切削参数,并合理制订加工工艺和加工顺序等。

(2)零件的结构工艺性分析

① 零件的内腔和外形 零件的内腔和外形最好采用统一的几何类型和尺寸,这样可以减少刀具规格和换刀、对刀次数,提高生产率。

② 内槽圆角和内轮廓圆弧 两者不应太小,因其决定了刀具的直径。零件工艺性的好坏与被加工轮廓的高低、转接圆弧半径的大小有关。如图2-2所示的内槽圆角半径大,刀具就可选择较大直径的,刚性好,进给次数少,加工质量好,故其工艺性好。通常当 $R < 0.2H$(R 为内槽半径,H 为被加工零件轮廓面的最大高度)时,可以判断零件该部位的工艺性不好,如图2-3所示。

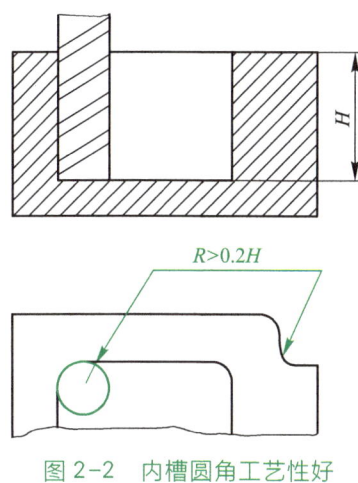

图2-2 内槽圆角工艺性好

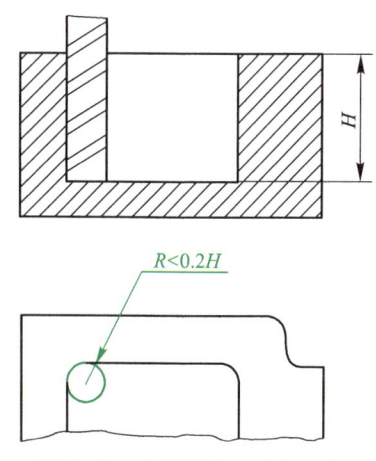

图2-3 内槽圆角工艺性不好

③ 槽底圆角 铣槽底平面时,槽底圆角半径 r 不要过大。如图2-4所示,铣刀端面刃与铣削平面的最大接触直径 $d = D - 2r$(D 为铣刀直径),D 一定时,r 越大,铣刀端面刃与铣削平面的接触面积越小,效率越低,工艺性越差。

(3)零件毛坯的工艺性分析

对于零件毛坯,应主要注意以下两点。

① 毛坯加工余量应充足和均匀 锻件在模锻时的欠压量与允许的错模量会造成余量的不均匀;铸件在铸造时也会因砂型误差、收缩量及金属液体的流动性差不能充满型腔等造成余量的不等。此外,锻造、铸造后,毛坯的挠曲与扭曲变形还会造成余量不充分、不

稳定。在数控铣削中,这些都会对加工产生严重影响,轻则会产生振动,重则会损坏刀具,使加工很难进行。因此,采用数控铣削加工,其加工表面应有比较均匀、充足的加工余量。

② 毛坯装夹的适应性　主要应考虑毛坯的形状、结构在加工时的定位以及夹紧的可靠性和方便性,必要时可增加装夹余量和工艺凸台、工艺凸耳等辅助基准,如图2-5所示。

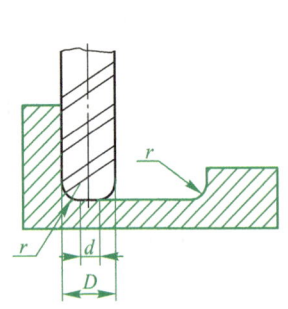

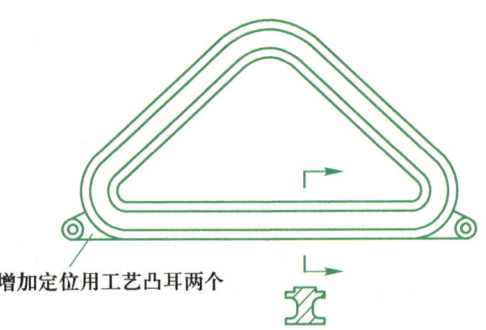

增加定位用工艺凸耳两个

图2-4　槽底圆角对加工工艺的影响　　　图2-5　增加毛坯工艺凸耳示例

（4）零件变形情况分析

数控铣削最忌讳工件在加工时产生变形,所以在设计零件的结构时应尽量避免此情况。对于变形可考虑用一些必要的工艺措施预防,如热处理去除变形或采用粗、精铣分开的方法等。

2. 数控铣削加工工艺路线的拟订

随着数控加工技术的发展,在不同设备和技术条件下,同一个零件的加工工艺路线会有较大的差异。但关键的是从现有加工条件出发,根据工件形状结构的特点合理选择加工方法、划分加工工序、确定加工路线和工件各个加工表面的加工顺序,协调数控铣削工序和其他工序之间的关系以及考虑整个工艺方案的经济性等。

（1）加工方法的选择

数控铣削加工对象的主要加工表面一般可采用表2-3所列的加工方案。

表2-3　加工表面的加工方案

序号	加工表面	加工方案	所使用的刀具
1	平面内、外轮廓	X、Y、Z向粗铣→内、外轮廓方向分层半精铣→轮廓高度方向分层半精铣→内、外轮廓精铣	整体高速钢或硬质合金立铣刀,机夹可转位硬质合金立铣刀
2	空间曲面	X、Y、Z向粗铣→曲面Z向分层粗铣→曲面半精铣→曲面精铣	整体高速钢或硬质合金立铣刀、球头铣刀,机夹可转位硬质合金立铣刀、球头铣刀
3	孔	定尺寸刀具加工铣削	麻花钻、扩孔钻、铰刀、镗刀 整体高速钢或硬质合金立铣刀, 机夹可转位硬质合金立铣刀

续表

序号	加工表面	加工方案	所使用的刀具
4	外螺纹	螺纹铣刀铣削	螺纹铣刀
5	内螺纹	攻螺纹 螺纹铣刀铣削	丝锥 螺纹铣刀

① 平面加工方法的选择 在数控铣床上加工平面主要采用端铣刀和立铣刀加工。粗铣的尺寸精度和表面粗糙度一般可达 IT11~13,$Ra6.3~25\ \mu m$;精铣的尺寸精度和表面粗糙度一般可达 IT8~10,$Ra1.6~6.3\ \mu m$。需要注意的是当零件表面粗糙度要求较高时,应采用顺铣方式。

② 平面轮廓加工方法的选择 平面轮廓多由直线和圆弧或各种曲线构成,通常采用三坐标数控铣床进行两轴半坐标加工。如图 2-6 所示为由直线和圆弧构成的零件平面轮廓 ABCDEA,采用半径为 R 的立铣刀沿周向加工,细双点画线 A'B'C'D'E'A' 为刀具中心的轨迹。为保证加工面光滑,刀具沿 PA' 切入,沿 A'K 切出。

动画扫一扫
平面凸廓
零件装夹

③ 固定斜角平面加工方法的选择 固定斜角平面是与水平面成一固定夹角的斜面。当零件尺寸不大时,可用斜垫板垫平后加工;如果机床主轴可以摆角,则可以保证适当的定角,用不同的刀具来加工(图 2-7)。当零件尺寸很大,斜面斜度又较小时,常用行切法加工,但加工后会在加工面上留下残留面积,需要用钳修方法加以清除,用三坐标数控立铣加工飞机整体壁板零件时常用此法。当然,加工斜面的最佳方法是采用五坐标数控铣床,主轴摆角后加工,可以不留残留面积。

动画扫一扫
垫斜垫铁法

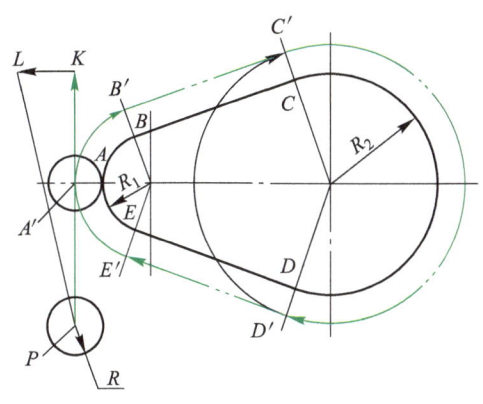

图 2-6 平面轮廓铣削

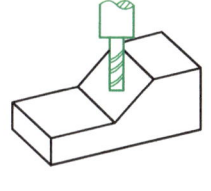
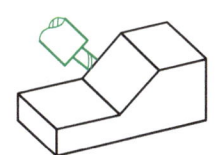
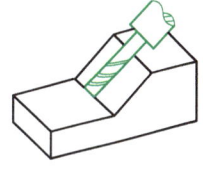
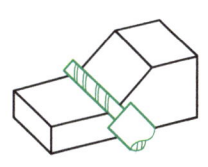

图 2-7 主轴摆角加工固定斜角平面

④ 变斜角面加工方法的选择 对曲率变化较小的变斜角面,选用 X、Y、Z 和 A 四坐标联动的数控铣床,采用立铣刀(当零件斜角过大,超过机床主轴摆角范围时,可用角度成形铣刀加以弥补)以插补方式摆角加工,如图 2-8a 所示。为保证刀具与零件型面在全长上始终贴合,刀具绕着 A 轴摆动角度 α。

动画扫一扫
主轴摆角法

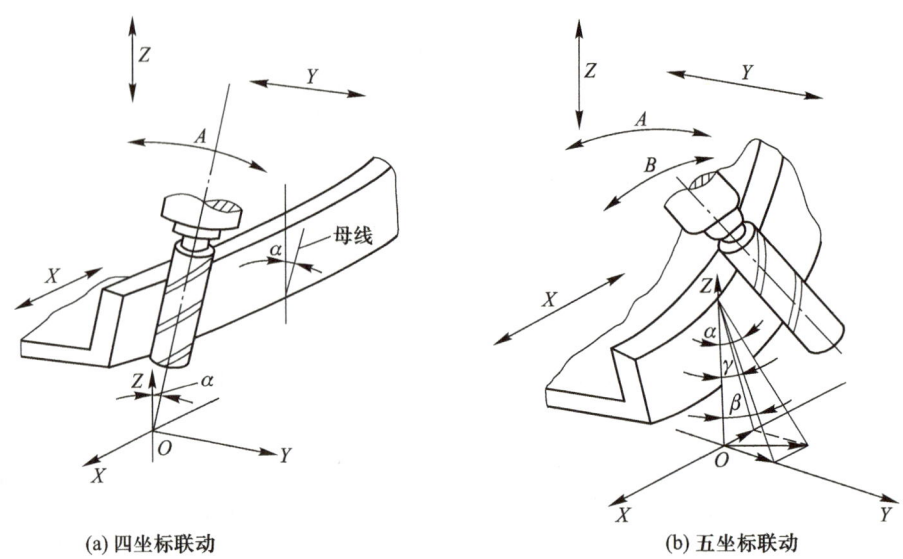

(a) 四坐标联动　　　　　　　　　　(b) 五坐标联动

图 2-8　数控铣床加工变斜角面

对曲率变化较大的变斜角面,用四坐标联动加工难以满足加工要求,最好选用 X、Y、Z、A 和 B(或 C)五坐标联动的数控铣床,以圆弧插补方式摆角加工,如图 2-8b 所示。图中夹角 β 和 γ 分别是零件斜面母线与 Z 轴夹角 α 在 ZOY 平面和 XOZ 平面上的分夹角。

采用三坐标数控铣床两坐标联动,利用球头铣刀和鼓形铣刀,以直线或圆弧插补方式进行分层铣削加工,加工后的残留面积用钳修方法清除。如图 2-9 所示为用鼓形铣刀分层铣削变斜角面零件。由于鼓形铣刀的鼓径可以做得比球头铣刀的半径大,所以加工后的残留面积高度小,加工效果比球头铣刀好。

⑤ 曲面轮廓加工方法的选择　立体曲面的加工应根据曲面形状、刀具形状以及精度要求采用不同的铣削加工方法,如两轴半、三轴、四轴及五轴等联动加工。

a. 对曲率变化不大和精度要求不高的曲面进行粗加工,常采用两轴半坐标行切法加工(所谓行切法,是指刀具与零件轮廓的切点轨迹是一行一行的,而行间的距离是按零件加工的精度要求确定的)。即 X、Y、Z 三轴中任意两轴做联动插补,第三轴做单独的周期进给。如图 2-10 所示,将 X 向分成若干段,球头铣刀沿 YOZ 面所截的曲线进行铣削,每一段加工完后进给 ΔX,再加工另一相邻曲线,如此依次切削即可加工出整个曲面。在行切法中,要根据轮廓表面粗糙度的要求及刀头不干涉相邻表面的原则选取 ΔX。球头铣刀的刀头半径应选得大一些,有利于散热,但刀头半径应小于内凹曲面的最小曲率半径。

两轴半坐标行切法加工曲面的刀心轨迹 O_1O_2 和切削点轨迹 ab 如图 2-11 所示。图中 $ABCD$ 为被加工曲面,平面 P_{YOZ} 为平行于坐标平面 YOZ 的一个行切面,刀心轨迹 O_1O_2 为曲面 $ABCD$ 的等距面 $IJKL$ 与行切面 P_{YOZ} 的交线,显然 O_1O_2 是一条平面曲线。由于曲面的曲率变化,改变了球头铣刀与曲面切削点的位置,使切削点的连线成为一条空间曲线,从而在曲面上形成扭曲的残留沟纹。

b. 对曲率变化较大和精度要求较高的曲面进行精加工,常用 X、Y、Z 三轴联动插补的行切法加工。如图 2-12 所示,平面 P_{YOZ} 为平行于坐标平面 YOZ 的一个行切面,它与曲面的交线为 ab。由于是三坐标联动,球头铣刀与曲面的切削点始终处在平面曲线 ab 上,可获得较规则的残留沟纹。但这时的刀心轨迹 O_1O_2 不在平面 P_{YOZ} 上,而是一条空间曲线。

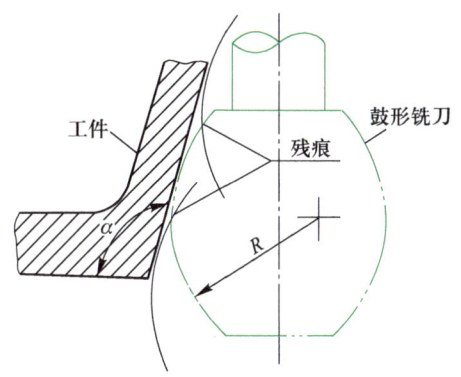

图 2-9　用鼓形铣刀分层铣削变斜角面零件

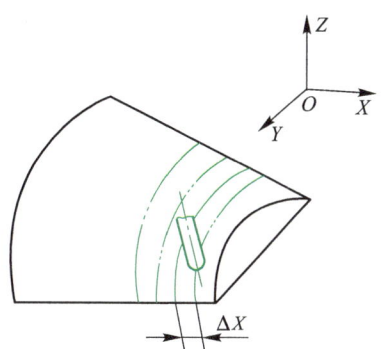

图 2-10　两轴半坐标行切法加工

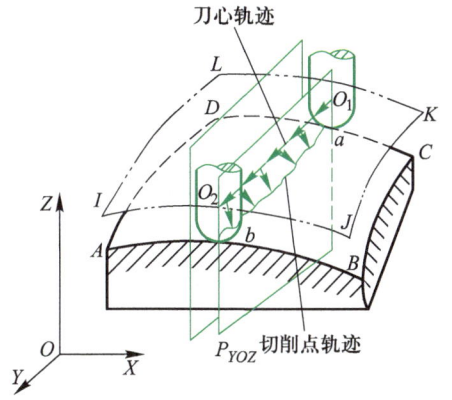

图 2-11　两轴半坐标行切法加工曲面

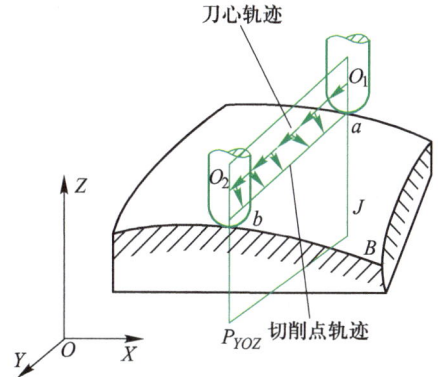

图 2-12　三轴联动行切法加工曲面

c. 对于叶轮、螺旋桨这样的零件,因其叶片形状复杂,刀具容易与相邻表面发生干涉,常用五轴联动加工。这种加工的编程计算相当复杂,一般采用自动编程,如图 2-13 所示。

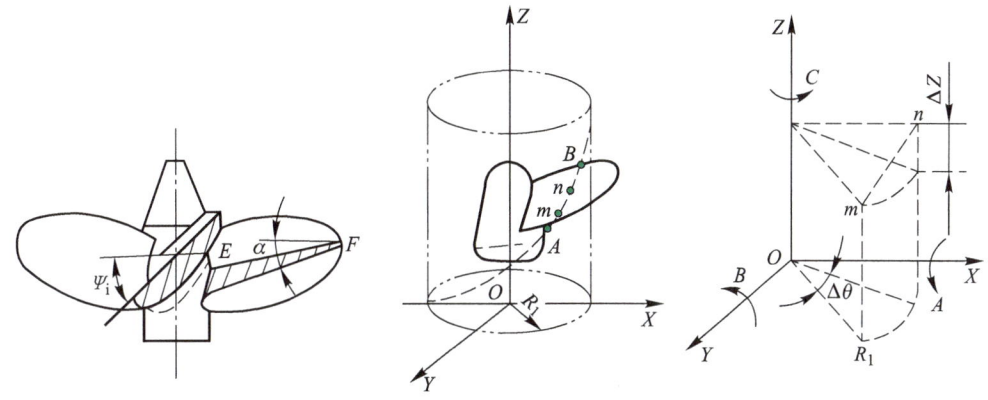

图 2-13　五轴联动加工曲面

（2）加工工序的划分

在数控铣床上或是在加工中心上加工零件,工序十分集中,许多零件只需在一次装夹中就能完成全部工序。但是,零件的粗加工,特别是铸、锻毛坯零件的基准平面、定位面等的加工应在普通铣床上完成之后,再装夹到数控铣床上进行加工。这样可以发挥数控铣床的特点,保持数控铣床的精度,延长其使用寿命并降低使用成本。在数控铣床上加工零件,其工序划分的方法有以下几种。

① 刀具集中分序法　即按所用的刀具划分工序,用同一把刀加工完零件上所有可以完成的部位,再用第二把刀、第三把刀完成它们可以完成的其他部位。这种分序法可以减少换刀次数,压缩空程时间,减少不必要的定位误差。

② 粗、精加工分序法　这种分序法是根据零件的形状、尺寸精度等因素,按照粗、精加工分开的原则进行分序。对单个零件或一批零件先进行粗加工、半精加工,而后精加工。粗、精加工之间最好隔一段时间,以使粗加工后零件的变形得到充分恢复,再进行精加工,以提高零件的加工精度。

③ 加工部位分序法　即先加工平面、定位面,再加工孔;先加工简单的几何形状,再加工复杂的几何形状;先加工精度要求较低的部位,再加工精度要求较高的部位。

总之,在数控铣床上加工零件,其加工工序的划分要视加工零件的具体情况分析。许多工序的安排综合了上述各分序法。

（3）加工顺序的安排

在确定了某个工序的加工内容后,要进行详细的工步设计,即安排这些工序内容的加工顺序,同时考虑程序编辑时刀具运动轨迹的设计。一般将一个工步编制为一个加工程序,因此工步顺序实际上也就是加工程序的执行顺序。

一般数控铣削采用工序集中的方式,这时工步的顺序就是工序分散时的工序顺序,通常按照从简单到复杂的原则,先加工平面、沟槽、孔,再加工外形、内腔,最后加工曲面;先加工精度要求低的表面,再加工精度要求高的部位等。

（4）走刀路线的确定

走刀路线是数控加工过程中刀具相对于被加工工件的运动轨迹和方向。走刀路线的确定非常重要,因为它与零件的加工精度和表面质量密切相关。确定走刀路线的一般原则是:

a. 保证零件的加工精度和表面粗糙度;

b. 方便数值计算,减少编程工作量;

c. 缩短走刀路线,减少进、退刀时间和其他辅助时间;

d. 尽量减少程序段数。

另外,在选择走刀路线时还要充分注意以下几种情况。

① 避免引入反向间隙误差　数控铣床在反向运动时会出现反向间隙,如果在走刀路线中将反向间隙带入,就会影响刀具的定位精度,增加工件的定位误差。例如精镗图 2-14 所示的四个孔,当孔的位置精度要求较高时,安排镗孔路线的问题就显得比较重要,安排不当就有可能把坐标轴的反向间隙带入,直接影响孔的位置精度。这里给出两个方案,方案 A 如图 2-14a 所示,方案 B 如图 2-14b 所示。

从图中不难看出,方案 A 中由于Ⅳ孔与Ⅰ、Ⅱ、Ⅲ孔的定位方向相反,X 向的反向间隙会使定位误差增加,而影响Ⅳ孔的位置精度。

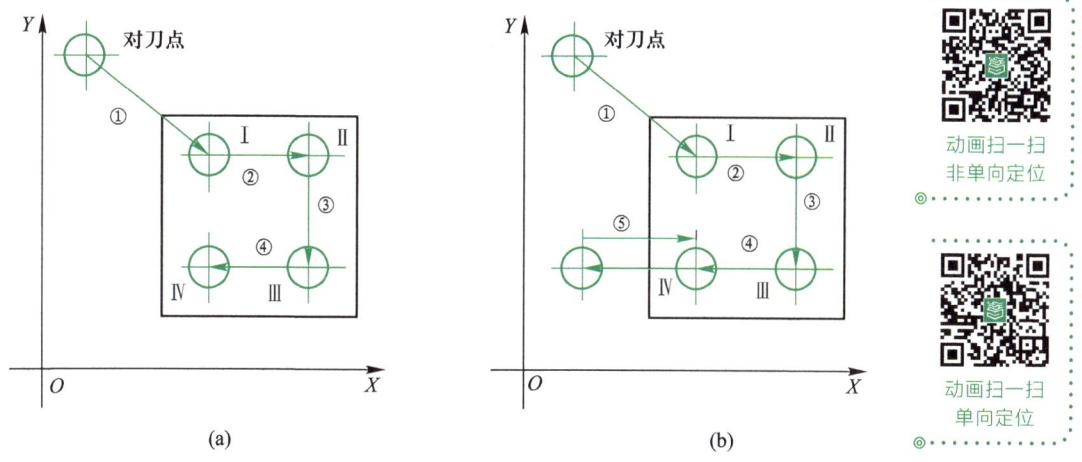

动画扫一扫
非单向定位

动画扫一扫
单向定位

图 2-14 孔系加工路线方案的比较

在方案 B 中,加工完Ⅲ孔后并没有直接在Ⅳ孔处定位,而是多运动了一段距离,然后折回来在Ⅳ孔处定位。这样Ⅰ、Ⅱ、Ⅲ孔与Ⅳ孔的定位方向是一致的,就可以避免引入反向间隙的误差,从而提高了Ⅳ孔与各孔之间的孔距精度。

② 切入切出路径 在铣削轮廓表面时,一般采用立铣刀侧面刃口进行切削,由于主轴系统和刀具的刚度变化,当沿法向切入工件时,会在切入处产生刀痕,所以应尽量避免沿法向切入工件。当铣削外表面轮廓形状时,应安排刀具沿零件轮廓曲线的切向切入工件,并且在其延长线上加入一段外延距离,以保证零件轮廓的光滑过渡。同样,在切出零件轮廓时也应从工件曲线的切向延长线上切出,如图 2-15a 所示。

动画扫一扫
外轮廓路径

当铣削内表面轮廓形状时,也应该尽量遵循从切向切入的方法,但此时切入无法外延,最好安排从圆弧过渡到圆弧的加工路线。切出时也应多安排一段过渡圆弧再退刀,如图 2-15b 所示。

动画扫一扫
内轮廓路径

当实在无法沿零件曲线的切向切入、切出时,铣刀只有沿法线方向切入、切出,在这种情况下,切入、切出点应选在零件轮廓两几何要素的交点上,而且进给过程中要避免停顿。

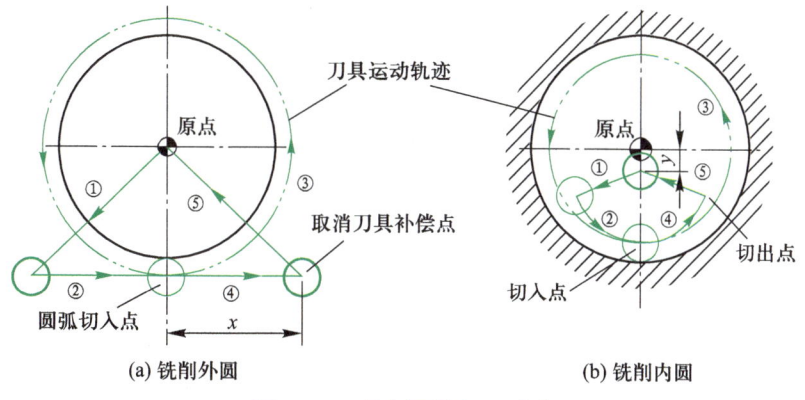

(a) 铣削外圆   (b) 铣削内圆

图 2-15 铣削圆的加工路线

动画扫一扫
顺铣

动画扫一扫
逆铣

为了消除由于系统刚度变化引起的进、退刀时的痕迹,可采用多次走刀的方法,减小最后精铣时的余量,以减小切削力。

③ 采用顺铣加工方式　在铣削加工中,若铣刀与工件接触点处的旋转方向和工件进给方向相反,称为逆铣,其铣削厚度由零开始增大,如图 2-16 所示;反之则称为顺铣,其铣削厚度由最大减少到零,如图 2-17 所示。由于采用顺铣方式时,零件的表面粗糙度和加工精度较高,并且可以减少机床的"颤振",所以在数控铣削加工零件轮廓时应尽量采用顺铣加工方式。

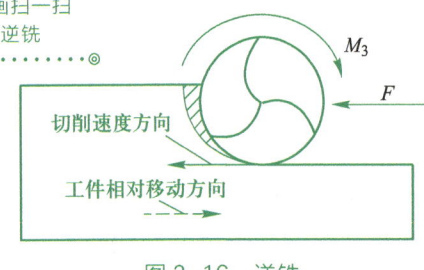

图 2-16　逆铣

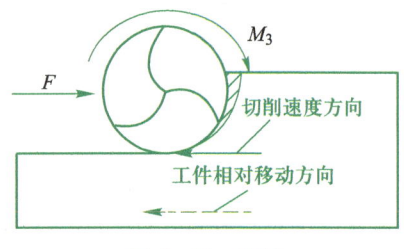

图 2-17　顺铣

（5）装夹方案的确定

工件的定位基准与装夹方案的确定应注意以下三点:

a. 力求设计基准、工艺基准和编程基准统一,以减少基准不重合误差和数控编程中的计算量。

b. 设法减少装夹次数,尽可能做到一次定位装夹后能加工出工件上全部或大部分待加工表面,以减小装夹误差,提高加工表面之间的相互位置精度,充分发挥数控机床的效率。

c. 避免采用占机人工调整式方案,以免占机时间太长,影响加工效率。

（6）刀具的选择

铣刀的选择是铣床加工工艺中的重要内容之一,它不仅影响数控铣床的加工效率,而且直接影响加工质量。另外,数控铣床的主轴转速比普通铣床高 1~2 倍,且主轴输出功率大,因此与传统加工方法相比,数控铣床加工对刀具的要求更高。

选择数控刀具时,应优先选用标准刀具,必要时才选用各种高效率的复合刀具及特殊的专用刀具。在选择标准数控刀具时,应尽可能选用各种先进刀具,如可转位式刀具、整体硬质合金刀具、陶瓷刀具等。

在数控铣削加工时常使用的铣刀包括面铣刀、立铣刀、球头铣刀、三面刃铣刀及环形铣刀等。除此以外还有各种孔加工刀具,如麻花钻、锪钻、铰刀、镗刀、丝锥等。这里主要介绍以下几种铣刀。

动画扫一扫
面铣刀

① 面铣刀　面铣刀主要用于加工较大的平面。如图 2-18 所示,面铣刀的圆周表面和端面上都有切削刃,圆周表面上的切削刃为主切削刃,端面切削刃为副切削刃,可用于立式铣床或卧式铣床上加工台阶面和平面。

面铣刀多制成套式或镶齿结构,刀齿材料为高速钢和硬质合金,刀体材料为 40Cr。与高速钢相比,硬质合金面铣刀的切削速度较高,可获得较高的加工效率和表面质量,并可加工带有硬皮和淬硬层的工件,故得到广泛应用。目前,应用较广的是可转位式硬质合金面铣刀。

标准可转位式面铣刀的直径已经标准化,采用公比1.25的标准直径系列,如16 mm、20 mm、25 mm等。选择面铣刀直径D时,主要考虑刀具所需功率是否在机床功率范围之内,也可将机床主轴直径d作为选取的依据,按$D=1.5d$选取。在批量生产时,可按工件切削宽度的1.6倍选择刀具直径。粗铣时,铣刀直径要小些,因为粗铣切削力大,选小直径铣刀可减小切削扭矩;精铣时,铣刀直径要大些,尽量包容工件整个加工宽度,以提高加工公差等级和效率,并减少接刀痕迹。

面铣刀齿数根据直径不同可分为粗齿、细齿和密齿三种。齿数越多,同时参与工作的齿数越多,生产效率高,铣削过程平稳,加工质量好;但齿数多,加工排屑不畅。粗齿铣刀主要用于粗加工,细齿铣刀用于平稳条件下的精加工,密齿铣刀的每齿进给量较小,主要用于薄壁铸铁的加工。

② 立铣刀　立铣刀是数控加工中用得最多的一种铣刀,主要用于加工凹槽较小的台阶面以及平面轮廓。如图2-19所示,立铣刀的圆柱表面和端面上都有切削刃,它们既可以同时进行切削,也可以单独进行切削。圆柱表面的切削刃为主切削刃,端面上的切削刃为副切削刃。副切削刃主要用来加工与侧面垂直的底平面,普通立铣刀的端面中心处无切削刃,故一般不宜做轴向进给。

动画扫一扫
立铣刀

图2-18　面铣刀

图2-19　立铣刀

立铣刀根据其刀齿数目可分为粗齿立铣刀和细齿立铣刀。粗齿立铣刀齿数($z=3\sim4$)较少,强度高,容屑空间大,适用于粗加工;细齿立铣刀齿数($z=5\sim8$)较多,工作平稳,适用于精加工。

立铣刀直径的选择主要应考虑工件加工尺寸的要求,并保证刀具所需功率在机床额定功率范围以内。如是小直径立铣刀,则应主要考虑机床的最高转速能否达到刀具的最低切削速度(60 m/min)。

③ 球头铣刀　球头铣刀的结构特点是球部布满切削刃,圆周刃与球部刃圆弧连接,可以做径向和轴向进给。加工曲面类零件时,为了保证刀具切削刃与加工轮廓在切削点相切,而避免切削刃与工件轮廓发生干涉,一般采用球头铣刀。粗加工用两刃铣刀,半精加工和精加工用四刃铣刀。如图2-20所示为机夹式球头铣刀。

动画扫一扫
球头铣刀

动画扫一扫
键槽铣刀

④ 键槽铣刀　键槽铣刀主要用于加工封闭的键槽,键槽铣刀结构与

动画扫一扫
燕尾槽铣刀

动画扫一扫
凹圆角铣刀

动画扫一扫
倒角铣刀

动画扫一扫
凸圆角铣刀

动画扫一扫
锥度铣刀

立铣刀相近,圆柱表面和端面上都有切削刃,端面刃延至中心,既像立铣刀,又像麻花钻。为了保证键槽的尺寸精度,一般用两刃键槽铣刀。加工时,先沿轴向进给达到键槽深度,然后沿键槽方向铣出键槽全长。键槽铣刀如图 2-21 所示。刀的直径或宽度(半圆键槽铣刀)应根据加工工件尺寸选择,并保证其切削功率在机床允许的功率范围之内。

图 2-20　机夹式球头铣刀　　　图 2-21　键槽铣刀

按国家标准规定,直柄键槽铣刀直径 $D=2\sim22$ mm,锥柄键槽铣刀直径 $D=14\sim50$ mm。

⑤ 鼓形铣刀　如图 2-22 所示为一种典型的鼓形铣刀,它的切削刃分布在半径为 R 的圆弧上,端面无切削刃。如图 2-9 所示,加工时控制刀具上下位置,相应改变切削刃的切削部位,可以在工件上切出从负到正的不同斜角。R 越小,鼓形铣刀所能加工的斜角范围越广,但所获得的表面质量也越差。鼓形铣刀刃磨困难,切削条件差,而且不适合加工有底的轮廓表面。

⑥ 成形铣刀　成形铣刀一般是为特定形状的工件或加工内容专门设计制造的,如渐开线齿面、燕尾槽和 T 形槽等。常用成形铣刀如图 2-23 所示。

除了上述几类铣刀外,数控铣床也可使用各种通用铣刀。但因不少数控铣床的主轴内有特殊的拉刀装置,或因主轴内锥孔有别,须配过渡套和拉钉。

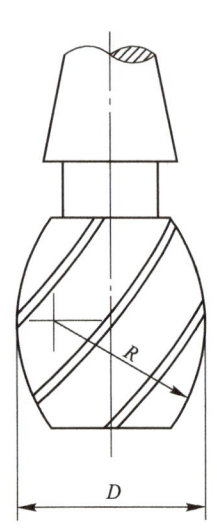

图 2-22　鼓形铣刀

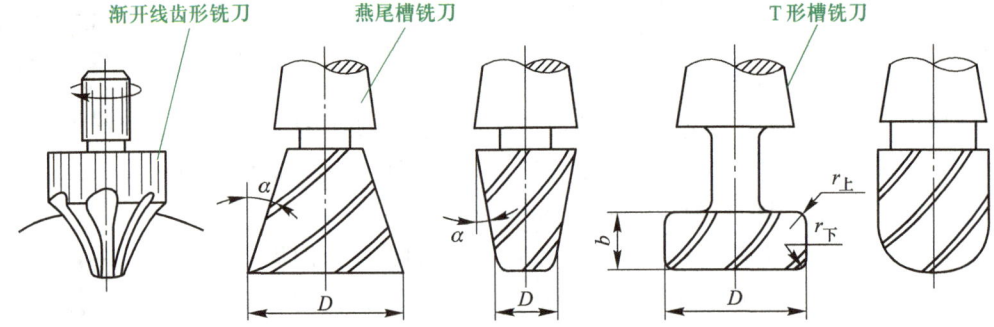

图 2-23　常用成形铣刀

(7) 切削用量的选择

铣削时采用的切削用量应在保证工件加工精度和刀具耐用度、不超过铣床允许的动力和扭矩的前提下,获得最高的生产率和最低的成本。铣削过程中,如果能在一定的时间内切除较多的金属,就有较高的生产率,从刀具耐用度的角度考虑,切削用量选择的次序是:根据侧吃刀量 a_e 先选大的背吃刀量 a_p(图 2-24),再选大的进给量 f,最后再选大的铣削速度 v_c(转换为主轴转速 S)。

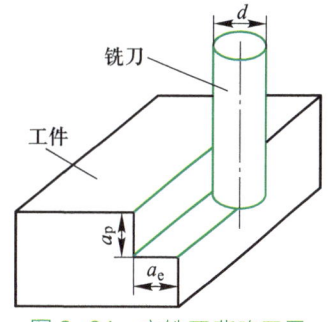

图 2-24 立铣刀背吃刀量与侧吃刀量

对于高速铣床(主轴转速在 10 000 r/min 以上),为发挥其高速旋转的特性、减少主轴的重载磨损,其切削用量选择的次序应是 $v_c \rightarrow f \rightarrow a_p(a_e)$。

① 背吃刀量 a_p 的选择　背吃刀量 a_p 是指平行于铣刀轴线的切削层尺寸;侧吃刀量 a_e 是指垂直于铣刀轴线的切削层尺寸。当侧吃刀量 $a_e < d/2$(d 为铣刀直径)时,取 $a_p = (1/3 \sim 1/2)d$;当侧吃刀量 $d/2 \leqslant a_e < d$ 时,取 $a_p = (1/4 \sim 1/3)d$;当侧吃刀量 $a_e = d$(即满刀切削)时,取 $a_p = (1/5 \sim 1/4)d$。

当机床的刚性较好,且刀具的直径较大时,a_p 可取得更大。

当零件表面粗糙度值为 $Ra12.5 \sim 25 \ \mu m$ 时,在周铣的加工余量大于 5 mm,端铣的加工余量小于 6 mm 时,粗铣一次进给就可以达到要求。但当加工余量较大,工艺系统刚度和机床动力不足时,应分两次切削完成。

动画扫一扫
立铣刀应用

当零件表面粗糙度值为 $Ra3.2 \sim 12.5 \ \mu m$ 时,应分粗铣和半精铣进行切削。粗铣时吃刀量按上述要求确定,粗铣后留 0.5~1.0 mm 的加工余量,在半精铣时切除。

当零件表面粗糙度值为 $Ra0.8 \sim 3.2 \ \mu m$ 时,应分粗铣、半精铣和精铣三步进行。半精铣的背吃刀量取 1.5~2.0 mm,精铣时周铣侧的背吃刀量取 0.1~0.3 mm,端铣的背吃刀量取 0.5~1.0 mm。

为提高切削效率,端铣刀应尽量选择较大的直径,切削宽度取刀具直径的 1/3~1/2,切削深度应大于冷硬层的厚度。

② 进给量(进给速度)f 的选择　粗铣时铣削力大,进给量的提高主要受刀具强度、机床、夹具等工艺系统刚性的限制,根据刀具形状、材料以及被加工工件材质的不同,在强度、刚度许可的条件下,进给量应尽量取大些;精铣时限制进给量的主要因素是加工表面的表面粗糙度,为了减小工艺系统的弹性变形,减小已加工表面的表面粗糙度值,一般采用较小的进给量,具体参见表 2-4。f 与铣刀每齿进给量 f_z、铣刀齿数 z 及主轴转速 $S(r/min)$ 的关系为

$$f(进给量,单位为 mm/r) = f_z z; f(进给速度,单位为 mm/min) = Sf_z z$$

表 2-4　铣刀每齿进给量 f_z 推荐值　　　　　　　　　　mm/z

工件材料	工件材料硬度	硬质合金		高速钢	
		端铣刀	立铣刀	端铣刀	立铣刀
低碳钢	150~200 HB	0.2~0.35	0.07~0.12	0.15~0.3	0.03~0.18
中、高碳钢	220~300 HB	0.12~0.25	0.07~0.1	0.1~0.2	0.03~0.15
灰铸铁	180~220 HB	0.2~0.4	0.1~0.16	0.15~0.3	0.05~0.15
可锻铸铁	240~280 HB	0.1~0.3	0.06~0.09	0.1~0.2	0.02~0.08

续表

工件材料	工件材料硬度	硬质合金		高速钢	
		端铣刀	立铣刀	端铣刀	立铣刀
合金钢	220~280 HB	0.1~0.3	0.05~0.08	0.12~0.2	0.03~0.08
工具钢	36 HRC	0.12~0.25	0.04~0.08	0.07~0.12	0.03~0.08
镁、铝合金	95~100 HB	0.15~0.38	0.08~0.14	0.2~0.3	0.05~0.15

③ 铣削速度 v_c 的选择　在背吃刀量和进给量选好后,应在保证合理的刀具耐用度、机床功率等因素的前提下确定铣刀的铣削速度 v_c,具体参见表 2-5。主轴转速 $S(\mathrm{r/min})$ 与铣削速度 $v_c(\mathrm{m/min})$ 及铣刀直径 $D(\mathrm{mm})$ 的关系为

$$S = \frac{1\,000v_c}{\pi D}$$

表 2-5　铣刀的铣削速度 v_c　　　　　　　　　　m/min

工件材料	铣刀材料					
	碳素钢	高速钢	超高速钢	合金钢	碳化钛	碳化钨
铝合金	75~150	180~300		240~460		300~600
镁合金		180~270				150~600
钼合金		45~100				120~190
黄铜(软)	12~25	20~25		45~75		100~180
黄铜	10~20	20~40		30~50		60~130
灰铸铁(硬)		10~15	10~20	18~28		45~60
冷硬铸铁			10~15	12~18		30~60
可锻铸铁	10~15	20~30	25~40	35~45		75~110
钢(低碳)	10~14	18~28	20~30		45~70	
钢(中碳)	10~15	15~25	18~28		40~60	
钢(高碳)		10~15	12~20		30~45	
合金钢					35~80	
合金钢(硬)					30~60	
高速钢			12~25		45~70	

（8）拟订工艺文件

根据前面分析的内容,填写数控加工工序卡(表 2-6)、数控加工程序说明书(表 2-7)、刀具卡(表 2-8)、刀具明细表(表 2-9)、走刀路线卡等数控铣削加工工艺卡片。数控加工程序说明书是对加工程序进行必要的说明;每一把刀具都应填写一张刀具卡;刀具明细表列出零件加工所用的全部刀具情况,供加工时参考;走刀路线卡列出主要轮廓的走刀轨迹图。

表 2-6　数控加工工序卡

（单位）	数控加工工序卡片	产品名称或代号		零件名称				零件图号	
工序号	程序编号	夹具名称		使用设备		数控系统		车间	
工步号	工步内容	刀具号	刀具名称	刀具规格	主轴转速/（r/min）	进给速度/（mm/min）	背吃刀量/mm	备注	
编制		审核		批准			共 1 页	第 1 页	

表 2-7　数控加工程序说明书

工序号		零件图号		程序编号		资料编号	
共 1 页	第 1 页	零件名称		NC 文件名称		备注	
数控加工程序说明书							
序号	说明内容						
1							
2							
3							
工艺员		审核		批准		时间	

表 2-8　刀　具　卡

零件图号			数控刀具卡				使用设备	
刀具名称								
刀具编号			换刀方式	自动	程序编号			
刀具组成	序号	编号		刀具名称	规格	数量	备注	
	1							
	2							
	3							

刀具结构图

编制		审核		批准		共　页	第　页

表 2-9　刀具明细表

零件图号	零件名称	材料	数控刀具明细表				程序编号 ×××	
×××	×××	××	刀具				刀补号地址	
刀具号	刀位号	刀具名称	刀具图号	直径/mm		长度/mm		直径/mm	长度/mm
				设定	补偿	设定	补偿	直径/mm	长度/mm
编制		审核		批准			年　月　日		

动画扫一扫
G90/G91 指令说明

动画扫一扫
G90/G91 指令编程

（三）常用准备功能的编程方法

1. 绝对值和增量值编程指令 G90/G91

格式：G90　　G00　　X ____ Y ____；

或　　　　　G91　　G00　　X ____ Y ____；

说明：G90 是绝对值编程指令，每个编程坐标轴上的编程值是相对于程序原点的值。G91 是增量值编程指令，每个编程坐标轴上的编程值是相对于前一位置而言的，该值等于沿轴移动的距离。G90、G91 为模态功能，可相互注销，一般 G90 为默认值。

例 2-1　如图 2-25 所示，使用 G90、G91 编程，要求刀具由原点按顺序移动到 1、2、3 点。

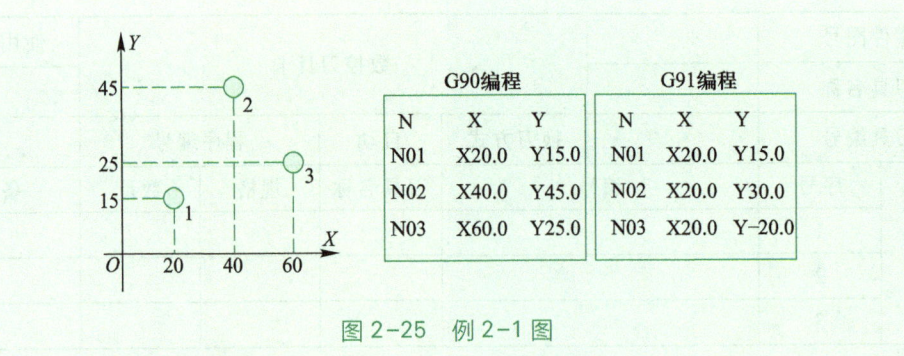

图 2-25　例 2-1 图

选择合适的编程方式可使编程简化。当图样尺寸由一个固定基准给定时，采用绝对值编程较为方便；而当图样尺寸以轮廓顶点之间的间距给定时，采用增量值编程较为方便。

2. 设定工件坐标系指令 G92/G54~G59

（1）建立工件坐标系的目的

动画扫一扫
用 G54~G59 指令
设定工件坐标系

机床通电后，通常进行手动返回参考点操作，建立机床坐标系（当机床伺服系统采用绝对位置编码器时不需要手动返回参考点操作）。只有建立了机床坐标系后，才能进一步建立工件坐标系。机床在加工操作前，必须让数控机床知道工件坐标系原点在机床坐标系中的坐标值，通过对刀来实现。

（2）用 G92 指令设定工件坐标系

G92 是刀具相对程序原点的偏置指令，该指令通过设定刀具位置相对于程序原点的坐标，建立工件坐标系，用 G92 建立的坐标系在重新启动机床后消失。

格式：G92 X ____ Y ____ Z ____；

说明：该程序段中 X、Y 和 Z 是刀具相对工件坐标系原点（程序原点）的偏置值。运行 G92 指令程序段并不能使刀具运动，它只改变显示屏中绝对坐标系（工件坐标系）的坐标值，数控系统内部建立了工件坐标系。

刀具上的定位基准点称为刀位点。刀位点一般是铣刀底面与中心轴线的交汇点或者是铣刀球形刀头的中心点（球心）。如果要在程序中使用 G92 指令，必须先让刀位点处于加工起点，该加工起点称为对刀点。

如图 2-26 所示，用 G92 指令设定工件坐标系如下：

G92 X40.0 Y50.0 Z25.0；

（3）用 G54~G59 指令设定工件坐标系

格式：G54~G59

说明：用 G54~G59 指令设定程序原点时仅写该指令，如 G54，后面无须书写 X、Y、Z 值，其定义是指机床原点到程序原点的向量值，如图 2-27 所示。

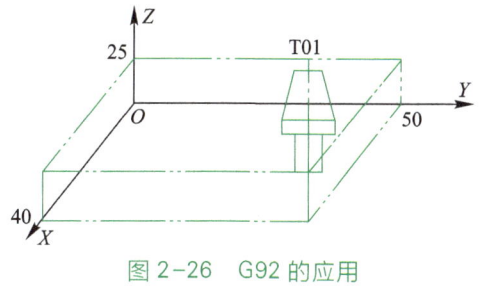

图 2-26 G92 的应用

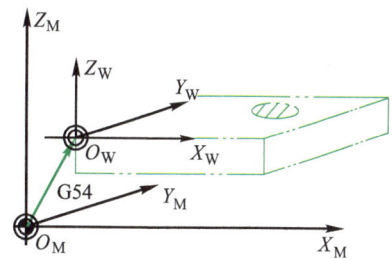

图 2-27 G54 设定工件坐标系

通过使用 G54~G59 指令来将机床坐标系的一个任意点（工件原点偏移值）赋予数控系统，可设立多个工件坐标系，分别是工件坐标系 1~工件坐标系 6。在接通电源和完成原点返回后，系统自动选择工件坐标系 1（G54）。

3. 平面选择指令 G17/G18/G19

G 代码选择平面说明见表 2-10。

表 2-10 G 代码选择平面说明

代码格式	选择平面
G17	XY 平面

续表

代码格式	选择平面
G18	ZX 平面
G19	YZ 平面

动画扫一扫
快速定位
指令编程

4. 进给功能指令 G00/G01/G02/G03

（1）快速定位 G00

格式：G00　X ＿＿＿　Y ＿＿＿　Z ＿＿＿；

说明：

a. X、Y、Z 对于绝对指令是指终点的坐标,对于相对指令是指刀具相对于前一点的向量。本节中进给功能 G 指令中的 X、Y、Z 含义相同,以后略。

b. 该指令命令刀具的刀位点快速移动到 X、Y、Z 所指定的坐标位置。其移动速率可由执行操作面板上的"快速进给率"旋钮调整,并非由 F 指令指定。

c. 刀具轨迹通常不是一条直线。如图 2-28 所示,各轴分别以系统给定的最快速度移动。

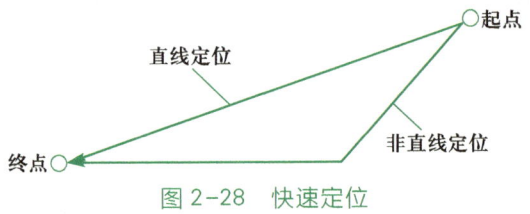

图 2-28　快速定位

动画扫一扫
直线插补
指令编程

（2）直线插补 G01

格式：G01　X ＿＿＿　Y ＿＿＿　Z ＿＿＿　F ＿＿＿；

说明：

a. 刀具以 F 指定的进给速度沿直线移动到指定的位置。

b. F 指令指定的进给速度始终有效,直到赋予新值,不需要在每个单段都指定。F 指令指定的进给速度是沿刀具轨迹测量的。如果不指定 F 值,则认为进给速度为 0。

直线插补进给如图 2-29 所示,程序如下：

G01　X200.0　Y100.0　F200；

旋转轴插补进给如图 2-30 所示,程序如下：

G01　C-90.0　F500；　　进给速度为 500 mm/min

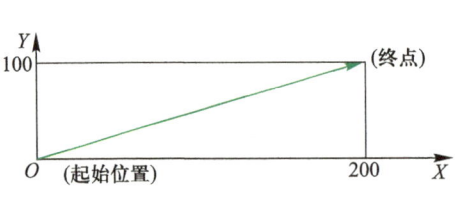

图 2-29　直线插补进给

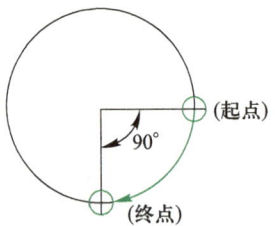

图 2-30　旋转轴插补进给

（3）圆弧插补 G02/G03

格式：G17　G02/G03　X ＿＿ Y ＿＿ I ＿＿ J ＿＿ F ＿＿；

　　　　G17　G02/G03　X ＿＿ Y ＿＿ R ＿＿ F ＿＿；

或　　　G18　G02/G03　X ＿＿ Z ＿＿ I ＿＿ K ＿＿ F ＿＿；

　　　　G18　G02/G03　X ＿＿ Z ＿＿ R ＿＿ F ＿＿；

或　　　G19　G02/G03　Y ＿＿ Z ＿＿ J ＿＿ K ＿＿ F ＿＿；

　　　　G19　G02/G03　Y ＿＿ Z ＿＿ R ＿＿ F ＿＿；

动画扫一扫
圆弧插补
指令编程

说明：

a. 刀具以 F 指定的进给速度沿圆弧移动到指定的位置。

b. I、J、K 是指令圆弧中心地址，I、J 或 K 分别是圆心相对于起点在 X、Y 或 Z 向的相对坐标。I、J 或 K 的数值分别是 X、Y 或 Z 轴从起点到圆弧圆心的距离（带符号）。

c. R 是指令圆弧半径。当圆弧圆心角>180°时，R 必须指定负值。如果 I、J、K 和 R 同时指定，则以 R 指定为准，其他忽略。编程整圆只能使用给定圆心的方法。

例 2-2　如图 2-31 所示，说明 G90、G91、G00、G01、G02、G03 指令的用法。假设刀具由程序原点向上沿轮廓铣削。其中弧 $\overset{\frown}{AB}$ 的圆心相对于起点的坐标为(38.158,-12)。

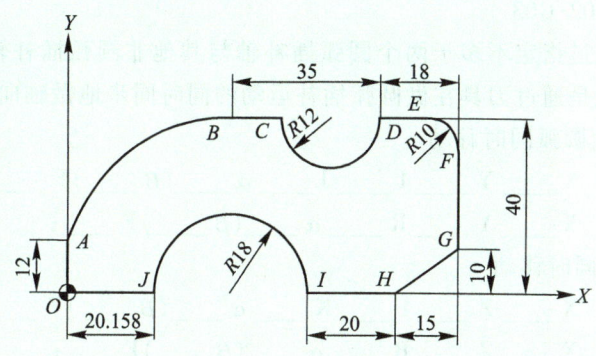

图 2-31　例 2-2 图

编程如下：

O1234；　　　　　　　　　　　　　程序名

G54；　　　　　　　　　　　　　　建立工件坐标系

M03　S1000；　　　　　　　　　　主轴正转，速度为 1 000 r/min

G00　X0　Y-10.0；　　　　　　　快速点定位

Z-5.0；　　　　　　　　　　　　Z 轴方向下刀

G90　G01　G41　Y-5.0　F80　D01；　切削点→程序原点，建立刀具半径

　　　　　　　　　　　　　　　　左补偿

Y12.0；　　　　　　　　　　　　程序原点→A

G02　X38.158　Y40.0　I38.158　J-12；　A→B

G91　G01　X11.0；　　　　　　　B→C

G03　X24.0　R12.0；　　　　　　C→D

G01　X8.0；　　　　　　　　　　D→E

G02　X10.0　Y-10.0　R10.0；　　E→F

G01　G90　Y10.0;	F→G
G91　X-15.0　Y-10.0;	G→H
X-20.0;	H→I
G90　G03　X20.158　R18.0;	I→J
G01　X-5.0;	J→程序原点
G0　G40　X-10.0;	退刀,取消刀补
Z5.0;	Z 轴方向抬刀
G00　X100.0　Y100.;	退刀
M30;	程序结束

例 2-3　刀具沿顺时针方向在 XY 平面内插补整圆,圆心为工件坐标系的原点,半径为 30 mm,刀具起点为(30,0)。试编制程序。

编程如下:

绝对值编程:G90　G02(X30.0　Y0)　I-30.0(J0)　F100;

增量值编程:G91　G02(X0　Y0)　I-30.0(J0)　F100;

程序中括号内指令可以省略,因为刀具走整圆,所以不能使用 R 地址编程。

（4）螺旋插补 G02/G03

螺旋插补是指通过指定不多于两个圆弧插补轴与其他非圆弧插补轴同步移动,形成螺旋移动轨迹。螺旋线是通过刀具在做圆弧插补运动的同时同步地做轴向运动形成的。

格式:与 XY 平面圆弧同时移动

G17　G02/G03　X ____ Y ____ I ____ J ____ α ____（β ____）F ____;

G17　G02/G03　X ____ Y ____ R ____ α ____（β ____）F ____;

或　与 ZX 平面圆弧同时移动

G18　G02/G03　X ____ Z ____ I ____ K ____ α ____（β ____）F ____;

G18　G02/G03　X ____ Z ____ R ____ α ____（β ____）F ____;

或　与 YZ 平面圆弧同时移动

G19　G02/G03　Y ____ Z ____ J ____ K ____ α ____（β ____）F ____;

G19　G02/G03　Y ____ Z ____ R ____ α ____（β ____）F ____;

说明:

a. G02、G03、X、Y、Z、I、J、K、R 定义同圆弧。

b. α、β 指非圆弧插补的任意一个轴,最多可指定两个轴,如图 2-32 所示。

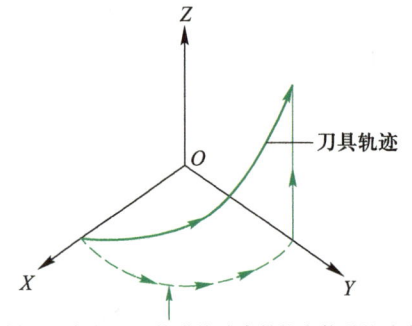

沿着两个圆弧插补圆周的进给速度是指定的进给速度

图 2-32　螺旋插补（G02,G03）

c.F 指定沿圆弧的进给速度。

5. 停刀指令 G04

格式：G04　P ____；

或　　　G04　X ____；

说明：

a. 在两个程序段之间产生一段时间的暂停,常用于钻孔、切深槽加工中。

b. 地址 P 或 X 给定暂停的时间,P 以 ms 为单位,X 以 s 为单位,范围是 0.001~9 999.999 s。

动画扫一扫
刀具半径补偿
功能 G41

6. 英制/米制单位指令 G20/G21

格式：G20/G21

说明：

a. G20 设定程序以 in 为单位。最小数值为 0.000 1 in。G21 设定程序以 mm 为单位。最小数值为 0.001 mm。

b. 国产 CNC 铣床或 MC 开机即自动设定以 mm 为单位,故程序中不需再运行指令 G21。但若欲加工以 in 为单位的工件,则必须在程序的第一段先运行指令 G20,执行后程序的坐标值、进给速度、螺纹导程、刀具半径补偿值、刀具长度补偿值、手动脉冲发生器(MPG)、手轮每格的单位值等皆被设定成英制单位。

动画扫一扫
刀具半径补偿
功能 G42

c. G20 或 G21 通常单独使用,不和其他指令一起出现在同一段内,且应位于程序的第一段。同一程序中,只能使用一种单位,不可米制、英制混合使用。

动画扫一扫
刀具半径补偿
功能的原理

7. 刀具半径补偿功能 G40/G41/G42

铣削刀具的刀位点在刀具(主轴)中心线上,编程是以刀位点为基准编写的走刀路线,但实际加工中生成的零件轮廓是由切削点形成的。以立铣刀为例,刀位点位于刀具底端面中心,切削点位于外圆,相差一个刀具半径值。以零件轮廓为编程轨迹,在实际加工时将过切一个半径值。为了加工出要求的零件轮廓,刀具中心轨迹应该偏移零件轮廓表面一个刀具半径值,即进行刀具半径补偿(简称刀补)。如图 2-33 所示,T_1 和 T_2 两把不同直径的刀具加工工件,刀具路径都是正确的,偏移工件的距离至少为该刀具的半径。

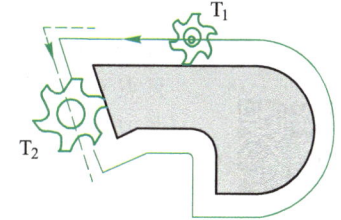

图 2-33　刀具半径补偿功能

格式：G17　G40/G41/G42　G00/G01　X ____ Y ____ D ____；

或　　　G18　G40/G41/G42　G00/G01　X ____ Z ____ D ____；

或　　　G19　G40/G41/G42　G00/G01　Y ____ Z ____ D ____；

说明：

a. G41 是相对于刀具前进方向左侧进行补偿,称为左偏刀具半径补偿,简称左刀补,如图 2-34 所示,这时相当于顺铣。G42 是相对于刀具前进方向右侧进行补偿,称为右偏刀具半径补偿,简称右刀补,如图 2-35 所示,这时相当于逆铣。从刀具寿命、加工精度、加工表面的表面粗糙度而言,顺铣效果较好,因此 G41 使用较多。

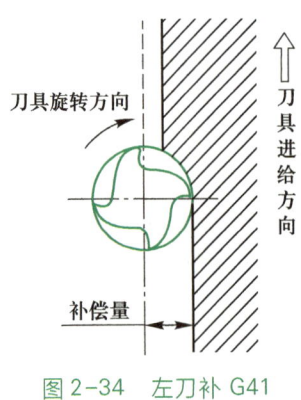

图 2-34　左刀补 G41

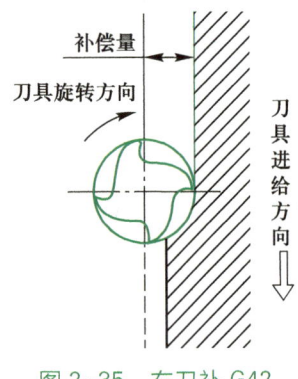

图 2-35　右刀补 G42

b. D 是刀补号地址符,是系统中记录刀具半径的存储器地址,后面跟的数值是刀补号,用来调用内存中刀具半径补偿的数值。刀补号地址有 D01～D99 共 100 个。其中的值可以用 MDI 方式预先输入内存刀具表中相应的刀具号位置上。进行刀具补偿时,要用 G17/G18/G19 选择刀补平面,默认状态是 XY 平面。

c. G40 是取消刀具半径补偿功能,所有平面取消刀具半径补偿的指令均为 G40。

d. G40、G41、G42 都是模态代码,可以互相取消。

（1）刀补的建立

为使刀具从无半径补偿运动到所希望的半径补偿起点,必须用 G00 或 G01 指令来建立半径补偿。刀补的建立过程如图 2-36 所示。铣刀的起点为点 O,从点 A 切入加工外轮廓。若在 $O \rightarrow A$ 运动程序段中刀补指

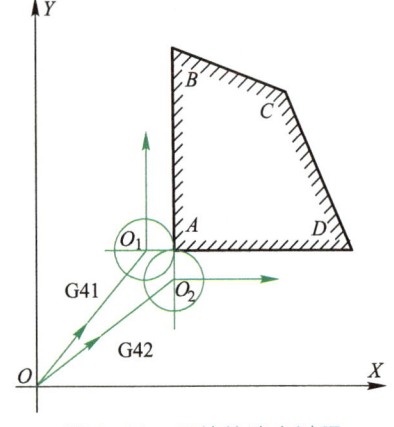

图 2-36　刀补的建立过程

令为 G41,数控系统（采用 C 刀补功能）将在点 A 处形成一个与 AB 轮廓垂直的新向量 AO_1,且点 O_1 相对点 A 向左偏置一个刀具半径,铣刀实际切入路线是 $O \rightarrow O_1$。若刀补指令为 G42,则铣刀中心向右偏置一个刀具半径,实际切入路线是 $O \rightarrow O_2$。

（2）刀补的取消

当加工不再需要半径补偿时应取消刀补,如返回起点、换刀之前等均应取消刀补。用 G40 或直接用 D00(00 号存储器中的补偿值为 0)取消。

（3）刀补指令的应用

动画扫一扫
刀具半径补偿的应用

例 2-4　如图 2-37 所示,铣削工件外形轮廓。起点为坐标系原点,加工时铣刀为左偏,按轨迹 $O \rightarrow O_1 \rightarrow B \rightarrow C \rightarrow D \rightarrow O_2 \rightarrow O$ 编程。

编程如下:

O0001;

N10　G54　G90　G17　M03　S600;　　　　　　G17 指定刀补平面（XY 平面）

N20　G00　G41　X20.0　Y10.0　D01;　　　　　建立刀补（刀补号为 01）

N30　G01　Y40.0　F200;

N40　　G02　X50.0　R15.0;

N50　　G01　Y20.0;

N60　　X10.0;

N70　　G00　G40　X0　Y0　M05;　　　　　　取消刀补

N80　　M30;

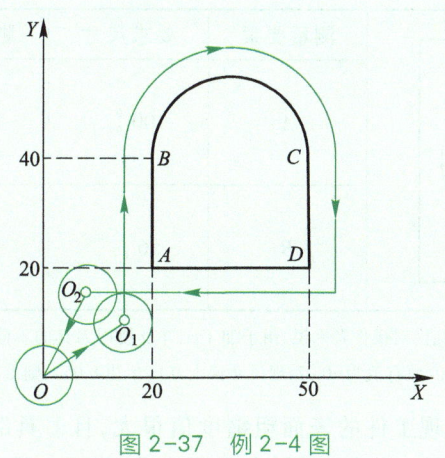

图 2-37　例 2-4 图

在刀补指令应用中,应注意以下几个问题:

a. 刀具半径补偿 G41、G42 必须结合 G00、G01 使用,不能在 G02、G03 程序段中使用。

b. 刀补的建立应在刀具切入之前,刀补的取消应在刀具切出之后,否则有可能发生过切或欠切的情况。

c. 刀具半径补偿建立后,在其作用范围内,不能连续出现两段或两段以上非补偿平面内的移动指令或其他指令(如 M 代码和 Z 向移动等)。

d. 顺铣、逆铣的确定。铣削加工时,采用顺铣还是逆铣,对加工表面的表面粗糙度有影响。应根据零件的加工要求、被加工零件的材料特点以及机床刀具的具体条件综合考虑,确定原则与普通铣削加工类同。当零件表面有硬皮,机床的进给机构有间隙时,应该选用逆铣,按照逆铣方式安排加工进给路线。因为逆铣符合粗铣的要求,所以对余量大、硬度高的零件进行粗铣加工时尽量选用逆铣。当零件表面无硬皮,机床的进给机构无间隙时,应该选用顺铣,按照顺铣方式安排加工进给路线。由于顺铣符合精铣的要求,所以对耐热材料、余量小的零件进行精铣加工时可尽量选用顺铣。由于数控机床采用滚珠丝杠,其运动间隙极小,而且顺铣的优点多于逆铣,所以铣削加工中应尽量采用顺铣。

e. 在实际生产中,为了保证零件的加工精度,常采用刀具半径补偿功能实现粗、精加工。

例 2-5　如图 2-37 所示,若工件轮廓需粗、精加工,采用 $\phi 10$ mm 的立铣刀,设精加工余量为 0.5 mm。

粗加工时,补偿值设置为 5.5 mm。精加工时,只需将粗加工 D01 中的数值 5.5 mm 改为 5.0 mm,重新运行一次程序即可。

(4) 刀具半径补偿量及磨损量的设置

由于数控系统具有刀具半径补偿的功能,因此在编程时只需按照工件的实际轮廓尺寸编制即可。刀具半径补偿量设置在数控系统中与刀号相对应的位置。刀具在切削过程中,刀刃会出现磨损(刀具直径变小),最后会出现外轮廓尺寸偏大、内轮廓尺寸偏小(反之,则所加工的工件报废)的情况,此时可通过对刀具磨损量的设置,再精铣轮廓,一般就能达到所需的加工尺寸。

举例:磨损量设置值见表 2-11。

表 2-11　磨损量设置值　　　　　　　　　　　　　　　　mm

测量要素	要求尺寸	测量尺寸	磨损量设置值
A	$100^{\ 0}_{-0.054}$	100.12	$-0.06 \sim -0.087$
B	$56^{+0.030}_{\ 0}$	55.86	$-0.07 \sim -0.085$

注:如果在磨损量设置处已有数值(对操作者来说,由于加工工件及使用刀具的不同,开机后一般需把磨损量清零),则需在原数值的基础上进行叠加。例如,原有值为 -0.07,现尺寸偏大 0.1(单边 0.05),则重新设置的值为 -0.07-0.05=-0.12。

如果精加工结束后,发现工件的表面粗糙度值很大,且刀具磨损较严重,测量尺寸有偏差,则必须更换铣刀重新精铣,此时磨损量先不要重设,等铣完后通过对尺寸的测量,再决定是否补偿,预防产生过切。

(5) 刀具半径补偿功能的优点及其应用

① 直接按零件图样所给尺寸编程　在编程时可以不考虑刀具的半径,直接按图样所给尺寸编程。

② 可以用于调整加工轮廓尺寸,进行粗、精加工　例如通过改变刀具补偿量,就能实现使用同一把刀具、同一个加工程序完成对一个工件的多工步和多次走刀加工。

如图 2-38 所示,r 为刀具半径,精加工余量为 Δ。粗加工时,刀具半径补偿量设定为 $r+\Delta$(切削时刀具中心位置为 P_1),刀具加工时留下精加工余量为 Δ;精加工时,程序和刀具均不变,仅半径补偿量设定为 r(切削时刀具中心位置为 P_2),刀具加工时将剩下的余量 Δ 切除。

③ 采用正/负刀具半径补偿加工内、外两个形状　如果刀具半径补偿量是负值,则 G41 和 G42 互换,即如果刀具中心正围绕工件的外轮廓移动,它将绕着内侧移动,反之亦然。一般情况下刀具半径补偿量被设置为正值,刀具中心轨迹与编程轨迹如图 2-39a 所示;当刀具半径补偿量改为负值时,刀具中心轨迹与编程轨迹如图 2-39b 所示。所以,同一个程序能够加工零件内、外两个形状,并且它们之间的间隙可以通过选择刀具半径补偿量进行调整。

四、工作内容

1. 实训目的与要求

a. 进一步熟练掌握数控铣床的基本操作,特别是工件坐标系的设定操作。

b. 理解快速定位、直线插补、圆弧插补的概念及走刀轨迹。

c. 掌握 G00、G01、G02、G03 等常用准备功能指令的编程格式。

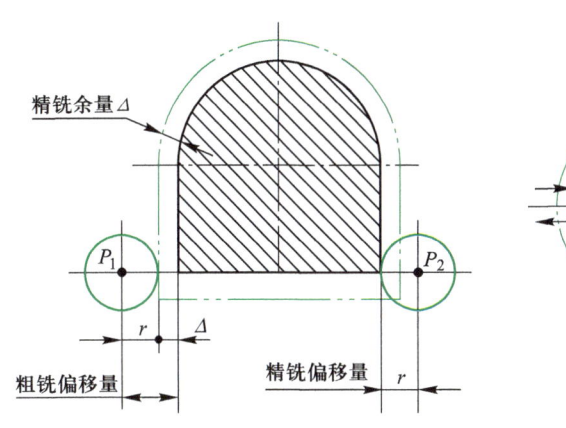

图 2-38　改变刀补进行粗、精加工

P_1—粗加工刀具中心位置；P_2—精加工刀具中心位置

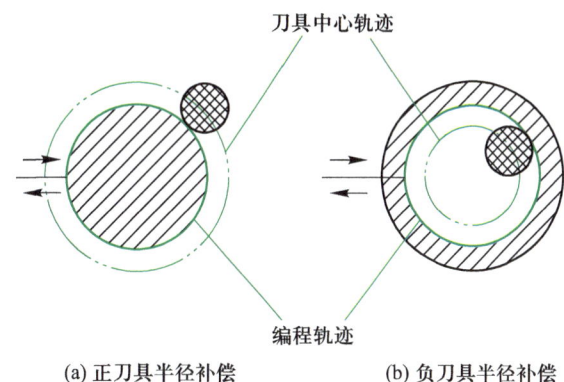

(a) 正刀具半径补偿　　　(b) 负刀具半径补偿

图 2-39　指定正、负刀补的刀具中心
轨迹与编程轨迹

d. 能应用数控加工编程中刀具半径补偿功能编写轮廓程序。

2. 仪器与设备

a. 配备 FANUC 0i 数控系统的立式铣床若干台。

b. 金属毛坯（长×宽×高）：120 mm×80 mm×20 mm。

c. 工具准备。

量具准备清单：

游标卡尺	0~200 mm/0.02 mm
钢直尺	0~200 mm
百分表	0~10 mm/0.01 mm

刀具准备清单：

粗、细齿 $\phi16$ mm 三刃高速钢直柄立铣刀

其他工具准备清单：

木槌

扳手

水平仪

3. 实训时间

两个小时。

4. 实训内容

对如图 2-1 所示的工件进行外轮廓面的加工，构成工件基本几何体的六个表面已经加工，其尺寸和表面粗糙度等要求均已符合图样规定，材料为 45 钢。

（1）确定加工方案

选用机用平口钳装夹工件，校正平口钳固定钳口的平行度以及工件上表面的平行度后夹紧工件。利用偏心式寻边器找正工件 X、Y 轴零点（位于工件上表面的中心位置），利用 Z 轴设定器设定 Z 轴零点为工件上表面。

根据图样的尺寸、形状和位置及表面粗糙度要求，选择 $\phi16$ mm 三刃高速钢直柄立铣刀对凸台轮廓底面、侧面分别进行粗、精加工，其数控加工工序卡见表 2-12。

表 2-12　数控加工工序卡

（单位）	数控加工工序卡片	产品名称或代号		零件名称		零件图号	
				平面凸廓类零件			
工序号	程序编号	夹具名称	使用设备	数控系统		车间	
	O1001、O2	平口钳	VMC850	FANUC 0i		数控中心	
工步号	工步内容	刀具号	刀具名称	刀具规格/mm	主轴转速/（r/min）	进给速度/（mm/min）	背吃刀量/mm	备注
1	夹紧工件，工件伸出钳口 8~10 mm，使用百分表校正上面与底面的平行度在 0.02 mm 以内							手动
2	粗铣凸台轮廓	T01	立铣刀	ϕ16	600	120		
3	半精铣凸台轮廓，外形留 0.3 mm 余量	T01	立铣刀	ϕ16	1 000	80		
4	精铣凸台轮廓	T01	立铣刀	ϕ16	1 000	80	0.3	
编制		审核		批准		共 1 页	第 1 页

（2）编制数控加工程序

主程序数控加工程序单见表 2-13。

表 2-13　数控加工程序单（主程序）

零件图号		零件名称	平面凸廓类零件	资料编号	
程序号	O1001	数控系统	FANUC 0i	备注	
程序段号	程序内容		说明		
N10	G54 G90 G17 G40;		建立工件坐标系，选择绝对编程方式，选择 XY 加工平面，取消刀具半径补偿等加工前初始模态设定		
N20	G00 Z150 M08;		提刀至 Z150 安全高度，开冷却液		
N30	M03 S600;		启动主轴正转，转速为 600 r/min		
N40	G00 X-59 Y-55;		快速定位至 X-59 Y-55 位置，注意下刀位置应考虑刀具直径尺寸，刀具须避让毛坯		
N50	Z5;		快速定位至 Z5 高度		

续表

程序段号	程序内容	说明
N60	G01 Z-6.0 F120;	直线插补至 Z-6,下刀至切削深度,进给速度为 120 mm/min
N70	Y39;	直线插补,粗加工
N80	X59;	直线切削,粗加工
N90	Y-39;	直线切削,粗加工
N100	X-70;	直线切削,粗加工
N110	G00 Y-55.0	退刀
N120	M03 S1000	主轴正转,转速变为 1 000 r/min
N130	G01 G41 X-50 D01 F80;	直线插补至 X-50 Y-55,建立刀具半径补偿,进给速度为 80 mm/min,D01 = 8.3 mm
N140	M98 P2	调用加工轮廓的子程序
N150	G01 G41 X-50 D02 F80;	建立刀具半径补偿,进给速度为 80 mm/min,D02 = 8.0 mm
N160	M98 P2	调用加工轮廓的子程序
N170	G00 Z100;	提刀至安全高度
N180	X0 Y0	回到工件坐标系零点
N190	M30;	程序结束
编制	审核	批准	时间

子程序数控加工程序单见表 2-14。

表 2-14 数控加工程序单(子程序)

零件图号		零件名称	平面凸廓类零件	资料编号	
程序号	O2	数控系统	FANUC 0i	备注	
程序段号	程序内容		说明		
N10	G01 Y15 F80;		直线插补至 X-50 Y15		
N20	X-35 Y30;		直线插补至 X-35 Y30		
N30	X-11;		直线插补至 X-11 Y30		
N40	G03 X11 R11;		逆圆插补至 X11 Y30,圆弧半径为 $R11$ mm		
N50	G01 X40;		直线插补至 X40 Y30		

续表

程序段号	程序内容	说明
N60	G02 X50 Y0 R50;	顺圆插补至 X50 Y0,圆弧半径为 R50 mm
N70	G01 Y-15;	直线插补至 X50 Y-15
N80	X35 Y-30;	直线插补至 X35 Y-30
N90	X11;	直线插补至 X11 Y-30
N100	G03 X-11 R11;	逆圆插补至 X-11 Y-30,圆弧半径为 R11 mm
N110	G01 X-40;	直线插补至 X-40 Y-30
N120	G02 X-50 Y0 R50;	顺圆插补至 X-50 Y0,圆弧半径为 R50 mm
N130	G03 X-70 Y20 R20;	采用 1/4 圆弧切出轮廓,圆弧半径为 R20 mm
N140	G01 G40 Y-55;	直线插补至 X-70 Y-55,远离工件,取消刀补
N150	M99	子程序结束
编制		审核		批准		时间	

（3）注意事项

a. 由于外轮廓的铣削深度及底面平行度要求很高,工件夹紧前应校正工件上表面的平行度小于 0.02 mm,工件装夹牢固后,应再次进行检验。

b. 轮廓粗加工完成后,利用杠杆百分表在机床上测量其对称度,若有偏差,应通过修改工件坐标系原点来进行修正。

c. 铣削精加工完成后,若外轮廓尺寸偏大或内轮廓尺寸偏小,可以设置刀具磨损或改变刀具半径补偿值（D2）。利用数控系统程序控制中的指定行运行或断点功能,从精加工程序段开始执行。

2.1 考核评价表

（4）可以扫描二维码,填写平面凸廓类零件考核评价表

五、项目拓展

如图 2-40 所示的零件,已知零件毛坯为 100 mm×80 mm×25 mm 的方料,材料为 45 钢,试编制其加工程序。

参考程序如下：

```
O1002;                    采用 φ14 mm 立铣刀
G54  G90  G17  G40;       工件坐标系原点建立在毛坯上表面中心
G00  Z100  M08;
M03  S600;
G00  X-50  Y-52;
Z5;
G01  Z-5  F200;
```

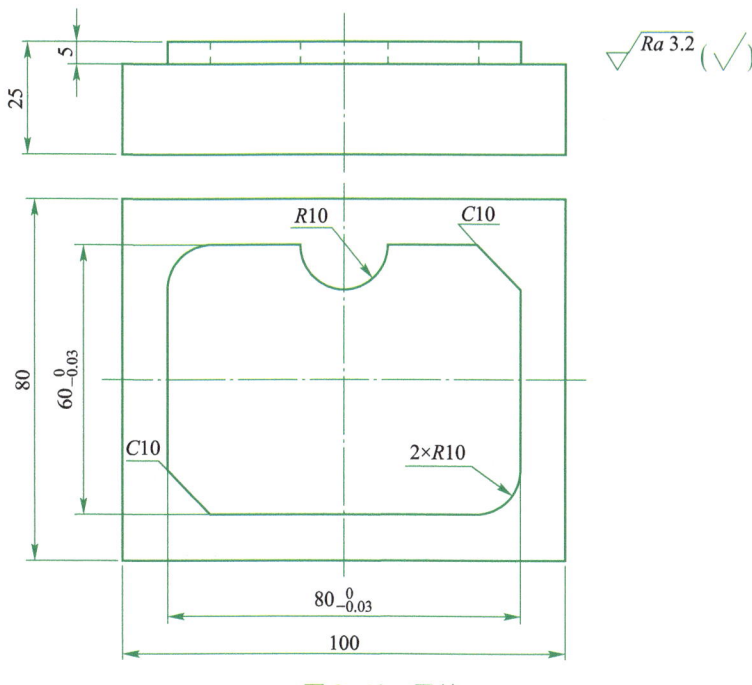

图 2-40   零件

G41   X-40   D01；

Y20   F80；

G02   X-30   Y30   R10；

G01   X-10；

G03   X10   R10；

G01   X30；

X40   Y20；

Y-20；

G02   X30   Y-30   R10；

G01   X-30；

G91   X-15   Y15；

G90   G01   G40   X-55；

G00   Z100；

M30；

    练习题 1   如图 2-41 所示零件,采用 G00、G01、G02、G03 等指令,编写刀具沿着零件轮廓精铣的部分程序。

    练习题 2   如图 2-42 所示零件,采用 G00、G01、G02、G03 等指令,编写刀具沿着零件轮廓精铣的部分程序。

    练习题 3   如图 2-43 所示,已知毛坯为 50 mm×50 mm×20 mm 的板料,凸台高度为 3 mm,材料为 45 钢。编制凸台轮廓的加工程序。

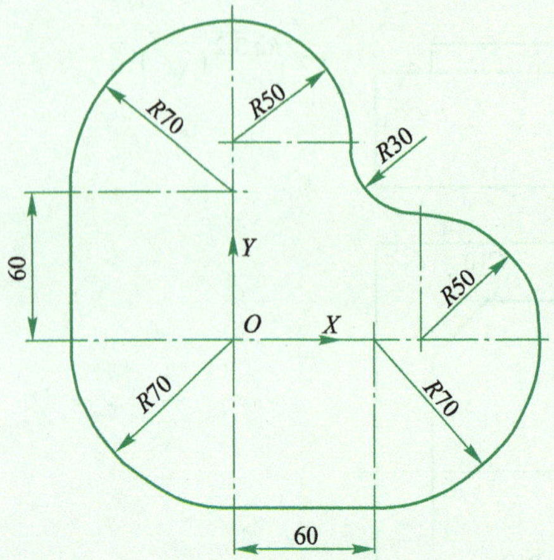

图 2-41　题 1 图

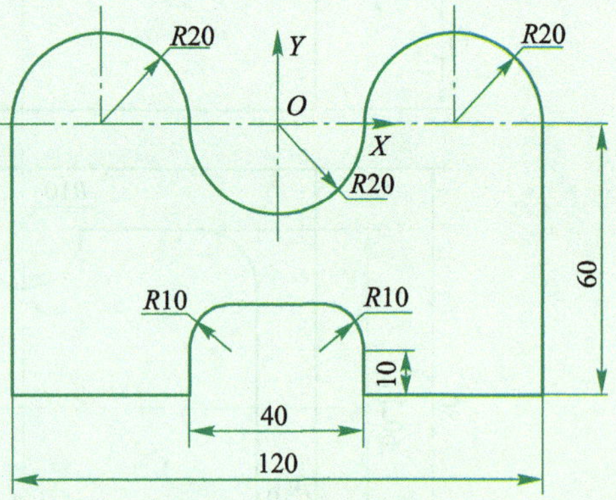

图 2-42　题 2 图

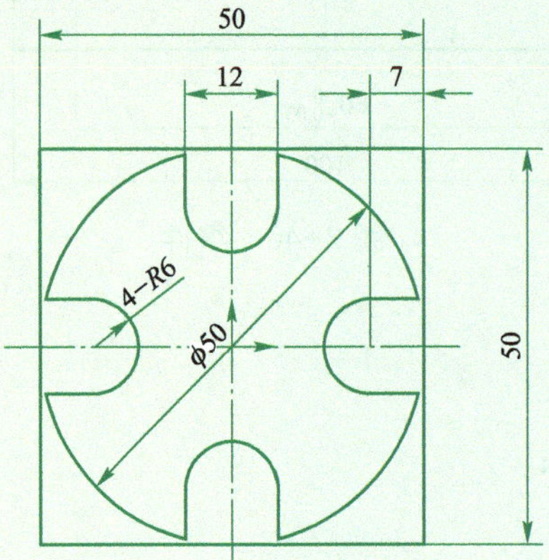

图 2-43　题 3 图

项目 2　平面型腔类零件数控编程与加工

一、工作任务

　　零件毛坯为 120 mm×80 mm×19 mm 的板料,六个表面和凸廓已加工,材料为 45 钢,加工如图 2-44 所示的平面型腔类零件。

二、学习目标

　　a. 掌握平面型腔类零件数控铣削加工工艺的制订方法。
　　b. 掌握刀具长度补偿指令 G43、G44、G49 的格式及应用。

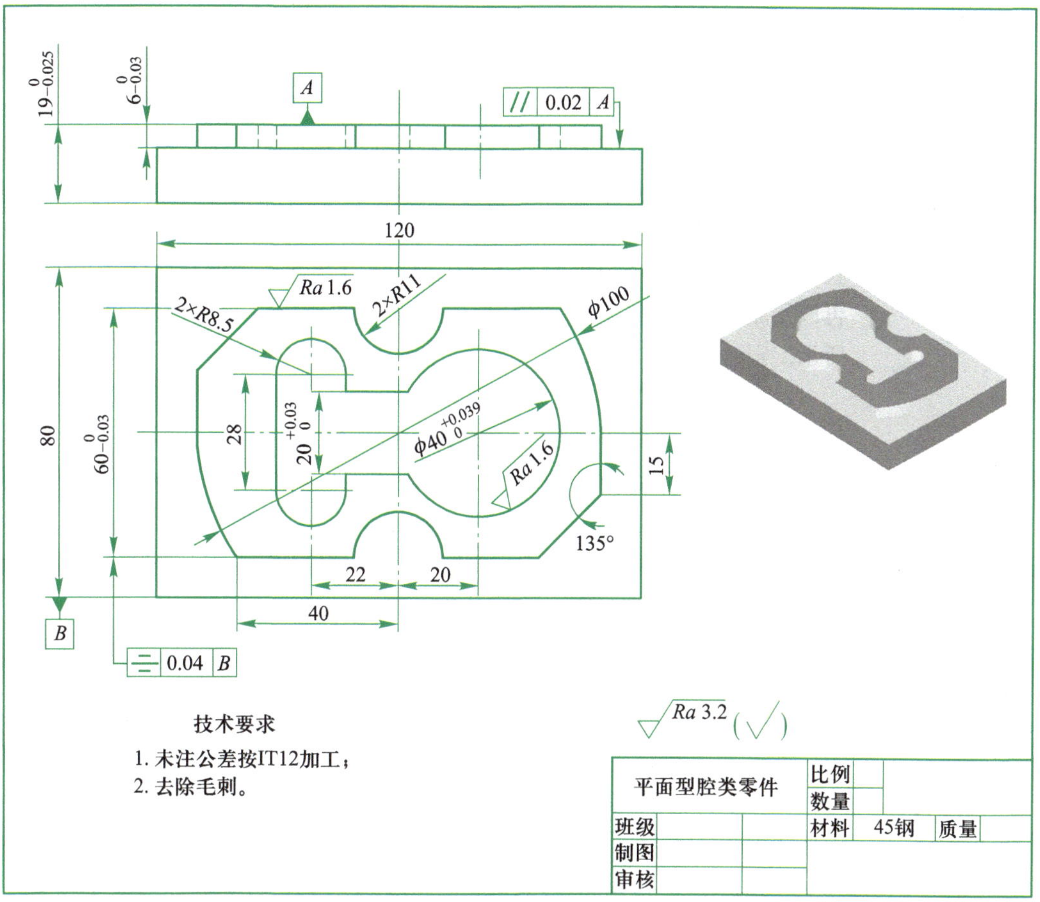

图2-44 平面型腔类零件图

c. 能够完成平面型腔类零件的编程与加工。

d. 掌握平面型腔类零件加工质量的控制与测量方法。

e. 培养沟通交流能力和团队合作意识。

动画扫一扫
平面型腔零件
三维模型

三、学习内容

1. 内轮廓(型腔)加工工艺

（1）内轮廓加工方法

内轮廓(型腔)加工是数控铣削中常见的一种加工方法。内轮廓加工需要在一个边界线确定的封闭区域内去除材料,该区域由侧壁和底面围成,其侧壁和底面可以是斜面、凸台、球面以及其他形状,内轮廓内部可以全空或有孤岛。对于形状比较复杂或内部有孤岛的内轮廓则需要使用计算机辅助(CAM)编程。内轮廓加工切屑难排出,散热条件差,故要求有良好的冷却,同时,加工工艺也直接影响内轮廓加工质量。内轮廓加工时必须重点考虑深度方向刀具切入方法及水平方向刀路设计。

① 深度方向刀具切入方法

a. 垂直切深进刀方式:采用垂直切深进刀时,应选择切削刃过中心的键槽铣刀进行加工,不能采用平底立铣刀进行加工。另外,由于采用这种进刀方式切削时,刀具中心切削速度为 0,因此选择键槽铣刀进行加工时,应该选用较低的切削进给速度。

动画扫一扫
通过预钻孔
下刀铣型腔

b. 在工艺孔中进刀方式:在内轮廓加工中,为保证刀具强度,有时需用平底立铣刀来加工,但由于部分平底立铣刀中心无刀刃,无法进行 Z 向垂直切削,可选用直径稍小的麻花钻先加工出工艺孔,再以平底立铣刀进行 Z 向垂直切削,如图 2-45 所示。

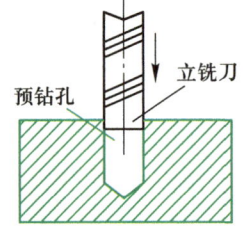

图 2-45　通过预钻孔
下刀铣型腔

c. 斜坡式进刀方式:刀具以斜线方式切入工件来达到 Z 向进刀的目的。该方式能有效避免分层切削刀具中心处切削速度过低的缺点,改善刀

动画扫一扫
立铣刀斜
线下刀

具的切削条件,提高切削效率,广泛应用于大尺寸的内轮廓粗加工。斜线进刀角度 α 由刀具直径决定,结合 L_m 和背吃刀量 a_p,一般取 $5° \sim 10°$,如图 2-46 所示。

动画扫一扫
立铣刀螺
旋下刀

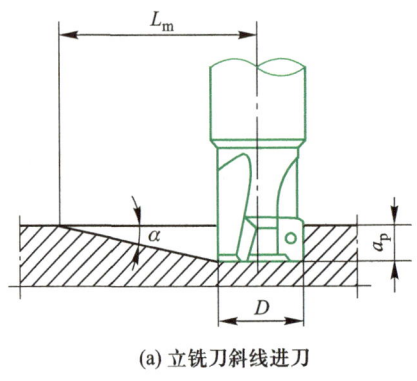

(a) 立铣刀斜线进刀

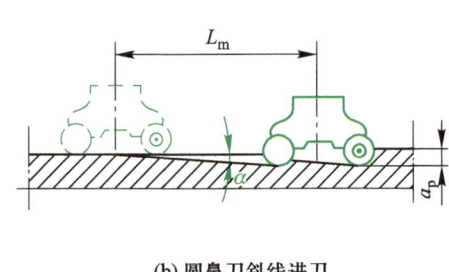

(b) 圆鼻刀斜线进刀

图 2-46　斜坡式进刀

d. 螺旋进刀方式:在主轴的轴向采用三轴联动螺旋插补切进工件材料(图 2-47),以螺旋进刀方式铣削内轮廓,可使切削过程稳定,能有效避免轴向垂直受力造成的振动。采用螺旋进刀方式粗铣内轮廓,其螺旋角通常控制在 $1.5° \sim 3°$,同时螺旋半径 R 值(指刀心轨迹)也需要根据刀具结构及相关尺寸确定,常取 $R \geqslant D$。

② 水平方向刀路设计

a. 粗加工刀路设计:内轮廓的加工分粗、精加工,先用粗加工从内切除大部分材料,由于粗加工不可能都在顺铣模式下完成,也不可能保证所有留作精加工余量的地方完全均匀,所以在精加工之前通常要进行半精加工。这种情况下可能使用一把或多把刀具。

常见的内轮廓粗加工路线有:如图 2-48a 所示的 Z 字形刀路;如图 2-48b 所示的环绕切削刀路;还可把 Z 字形运动和环绕切削结合起来,用一把刀进行粗加工和半精加工,这种方法集中了前两者的优点,如图 2-48c 所示。

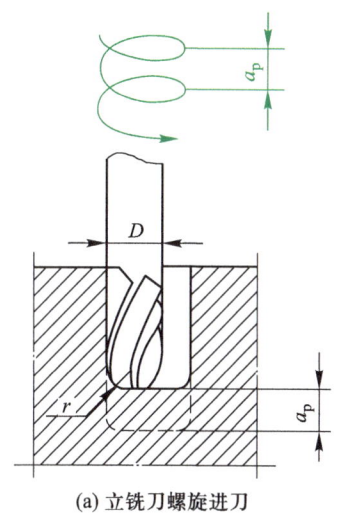

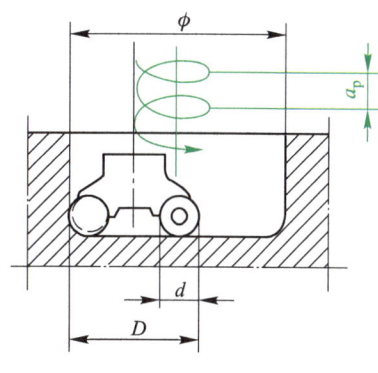

(a) 立铣刀螺旋进刀　　　　　　(b) 圆鼻刀螺旋进刀

图 2-47　螺旋进刀

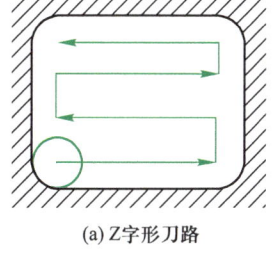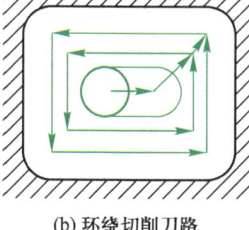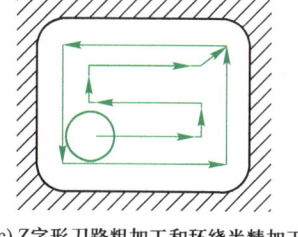

(a) Z 字形刀路　　　　(b) 环绕切削刀路　　(c) Z 字形刀路粗加工和环绕半精加工

图 2-48　常见的粗加工路线

动画扫一扫
螺旋进刀

动画扫一扫
Z 字形切削刀路

动画扫一扫
环绕切削刀路

动画扫一扫
Z 字形刀路粗加
工环绕半精加工

b. 精加工刀路设计：内轮廓精加工采用立铣刀侧刃铣削轮廓类零件时，为减少接刀痕迹，保证零件表面质量，铣刀的切入和切出点应选在零件轮廓曲线的延长线上，如果切入和切出无法外延，应尽量采用圆弧过渡，而不应沿法向直接切入零件，以避免加工表面产生刀痕，保证零件轮廓光滑。

（2）内轮廓铣削刀具的选择

适合内轮廓铣削的刀具有平底立铣刀和键槽铣刀，内轮廓的斜面区域用圆鼻刀或球头铣刀加工。精加工时，其刀具半径须小于型腔零件最小曲率半径，刀具半径一般取内轮廓最小曲率半径的 80% ~ 90%；粗加工时，由于直径大的刀具比直径小的刀具抗弯强度大，在不干涉内轮廓的前提下，应尽量选取直径较大的刀具，以避免加工部分引起受力弯曲与振动。

在刀具切削刃（螺旋槽长度）满足最大深度的前提下，应尽量缩短刀具伸出的长度，立铣刀的长度越长，抗弯强度越小，受力弯曲程度越大，会影响加工质量，并容易产生振动，加速切削刃的磨损。

注意：

a. 根据以上特征和要求，内轮廓编程和加工时应选择合适的刀具直径，刀具直径太小将影响加工效率，刀具直径太大可能使某些转角处难于切削，或由于岛屿的存在形成不必要的区域。

b. 由于圆柱形铣刀垂直切削时受力情况不好,因此须选择合适的刀具类型,一般可选择双刃的键槽铣刀,并注意下刀时的方式,可选择斜坡式进刀或螺旋进刀,以改善进刀切削时刀具的受力情况。

c. 当刀具在不同的连续轮廓上切削时,每次应重新进行刀具半径补偿,以避免过切或留下多余的凸台。

（3）内轮廓加工工艺分析举例

下面以如图 2-49 所示的矩形型腔零件为例进行讨论。

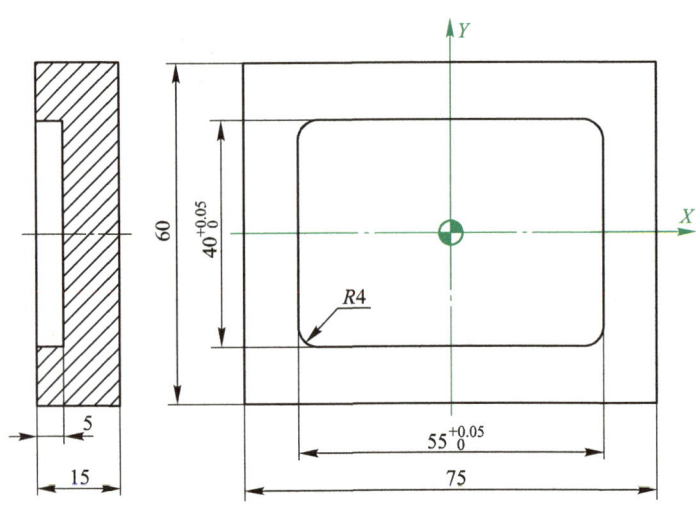

图 2-49　矩形型腔零件

① 刀具选择　图 2-49 中矩形型腔零件的四个角都有圆角,圆角的半径限定刀具半径的选择,应保证圆角的半径大于或等于所用精加工刀具的半径。本例中圆角为 R4,使用 $\phi 8$ mm 键槽铣刀(中心切削立铣刀)进行粗加工。精加工用刀具半径应略小于圆角半径,选用 $\phi 6$ mm 的立铣刀比较合理。

② 切入方法、切入点和粗加工路线　由于必须切除封闭区域内的所有材料(包括底部),所以需要考虑刀具切入至所需深度的切入点位置。斜向切入必须在空隙位置进行,而垂直切入可以选择在任何可切入区域。一般而言,切入点选择在型腔中心或型腔拐角圆心。本例中选择型腔拐角圆心作为切入点。

粗加工时,刀具运动采用 Z 字形刀路,在同一层切削加工中,第一次切削使用顺铣模式,而另一次切削则使用逆铣模式,然后再环绕一周进行半精加工。

③ 工件零点　工件轮廓 X、Y 向对称,程序中选用型腔中心作为 X、Y 向的工件零点,工件上表面为 Z 向零点。

④ 加工方法及余量分析　如前所述,刀具沿 Z 字形路线走刀,是一种高效的粗加工方法,Z 字形路线粗加工通常选择型腔的拐角圆心为切入点。

粗加工刀具沿 Z 字形路线来回运动,在加工表面上留下扇形残留量,因为切削余量不均匀,这种 Z 字形刀具路径加工的表面不适合用作精加工,很难保证公差和表面质量。为了避免后面可能出现的加工问题,需要进行半精加工,其目的是消除扇形残留量。如图 2-50 所示从粗加工最后的位置开始半精加工,刀具路径环绕一周,得到均匀的精加工余量。

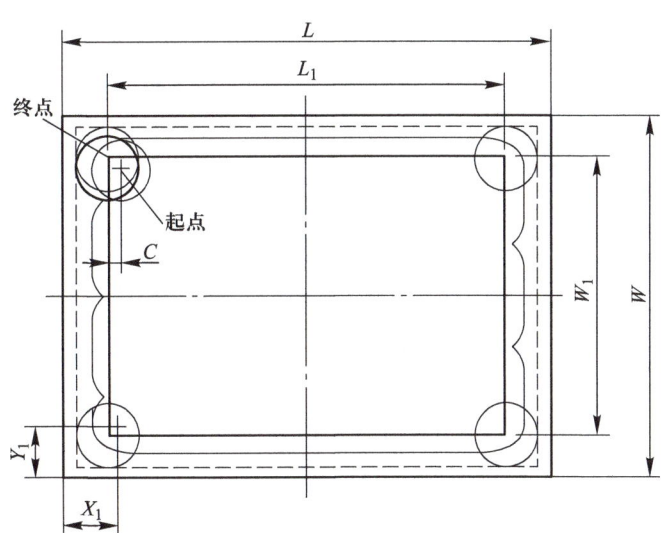

图 2-50 半精加工刀路

粗加工留下的加工余量包括精加工余量和半精加工余量。加工高硬度材料或使用较小直径的刀具时,通常精加工余量设较小值。本例取精加工余量为 0.5 mm(图 2-50 中 C 值)。

⑤ 刀路设计及计算

a. Z 字形刀路间距值:型腔在粗加工后的实际形状与两次切削之间的间距有关,型腔粗加工中的间距也就是刀具切入工件的宽度,与所需切削次数和刀具直径有关,刀路间距通常为刀具直径的 70%~90%,相邻两刀应有一定的重叠部分,最好先对刀路间距值进行估算,选择与期望的刀具直径百分数相近的值。

切削的次数与型腔的切削宽度 W 有关,间距需选择合理,最好能保证每次切削的间距相等。可以根据估算的刀路间距值和型腔的切削宽度 W,估算切削次数,然后再精确地计算出间距,如果间距计算值过大或过小,还可以调整切削次数 N,重新计算精确的间距值。计算公式如下:

$$Q \times (N-1) = W - 2R_{刀} - 2S - 2C$$

式中:N——切削次数;

Q——Z 字形刀路间距;

其他符号的含义如图 2-51 所示。

本例假设切削次数为 6 次,需要 5 个等间距,型腔宽度 $W = 40$ mm,粗加工刀具直径为 $\phi 8$ mm,$R_{刀}$ 为 4 mm,精加工余量 $S = 0.5$ mm,半精加工余量 $C = 0.5$ mm,因此间距尺寸为 $Q = (40 - 2 \times 4 - 2 \times 0.5 - 2 \times 0.5)$ mm $\div (6-1) = 6$ mm

该尺寸为所选铣刀直径的 75%,适合加工。

b. 精加工刀具路径:粗加工和半精加工完成后,可以使用另一把刀具(刀具直径为 $\phi 6$ mm)进行精加工并得到最终尺寸。编程时应使用刀具半径补偿保证尺寸公差,并使用适当的主轴转速和进给率保证所需的表面质量。选择轮廓中心点作为加工起点。精加工切削中应添加直线导入和导出建立刀具半径补偿,采用圆弧轨迹切入、切出轮廓。如图 2-52 所示为矩形型腔典型精加工刀具路线(型腔中心为起刀点)。

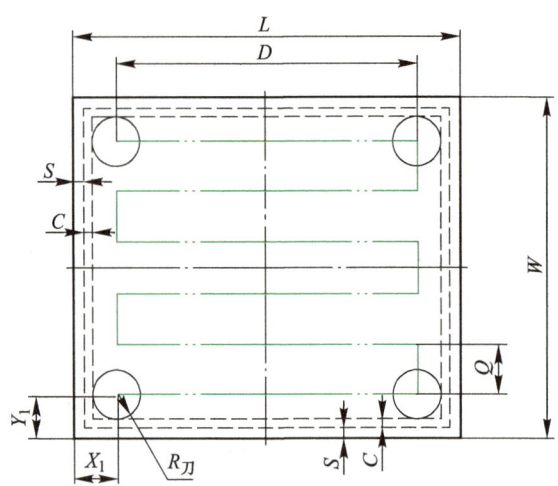

图 2-51　拐角处型腔粗加工起点——Z 字形刀路

X_1—刀具起点 X 坐标；L—型腔长度；D—实际切削长度；Y_1—刀具起点 Y 坐标；

W—型腔的切削宽度；S—精加工余量；$R_{刀}$—刀具半径；Q—两次切削间的距离；C—半精加工余量

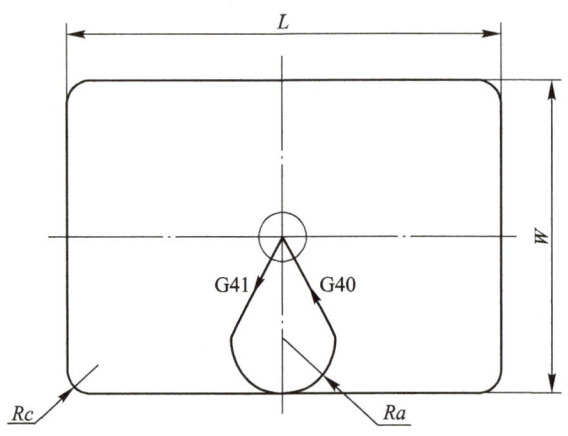

图 2-52　矩形型腔典型精加工刀具路线

本例中矩形型腔宽度相对于刀具直径较大，采用以下方法计算：

$$Ra = W \div 4 = 40 \text{ mm} \div 4 = 10 \text{ mm}$$

c. 矩形型腔编程：完成以上工艺分析和计算后，便可对型腔进行编程。程序选用 $\phi 8$ mm 的键槽铣刀作为粗加工刀具（能进行垂向切削），$\phi 6$ mm 立铣刀作为精加工刀具。

2. 刀具长度补偿指令 G43/G44/G49

对于数控铣床或数控加工中心（MC）所使用的刀具，因每把刀具的长度不相同，故使用刀具时都应做刀具长度补偿，使每一把刀加工出来的深度皆正确。

格式：G00(G01)　G43/G44/G49　Z_____ H_____(F_____)；

说明：

a. G43 为刀具长度正补偿。G44 为刀具长度负补偿。Z 为欲定位至 Z 轴的坐标位置。H 为刀具长度补偿地址码，以两位数字表示，此地址是指刀具长度补偿号码。如 H01，表示刀具长度补偿号码为 01 号，01 号的数据

动画扫一扫
刀具长度补偿
功能的原理

-412.867,即表示该刀的刀具长度补偿值为-412.867 mm。

b. 使用 G43 或 G44 指令时,只能有 Z 轴的移动量,若有其他轴向的移动,则会出现警示画面。

c. G43、G44 为模态代码,如欲取消刀具长度补偿,则用 G49 或 H00 指令取消(G49 为刀具长度补偿取消。H00 表示补偿值为零)。

d. 刀具实际位移 = 程序设定值 ± 补偿值。

e. 度量刀具长度方法:

第 1 步,把工件放在工作台面上。

第 2 步,调整基准刀具轴线,使它接近工件表面,将相对坐标清零。

第 3 步,换上要度量的刀具,把该刀具的前端调整到工件表面上。

第 4 步,此时相对坐标系的 Z 轴坐标作为刀具长度补偿量输入内存。

动画扫一扫
G43

动画扫一扫
G44

选用 G43 时,刀具输入的长度补偿值 = 对比刀具长度 − 基准刀具长度,操作中当刀具短于基准刀具时,刀具长度补偿量被设置为负值;当刀具长于基准刀具时,则刀具长度补偿量为正值。

例 2-6 用刀具长度差值设定刀具长度补偿量。在一个加工程序中同时使用三把刀,它们的长度各不相同,如图 2-53 所示。现把第一把刀作为基准刀具,经对刀操作并测量,第二把刀(T02)较第一把刀短 15 mm,而第三把刀(T03)较第一把刀长 17 mm。这三把刀的长度补偿量分别为"0""−15""17",将后两个数分别存入数控装置的内存表中代号为"H02"和"H03"的位置。

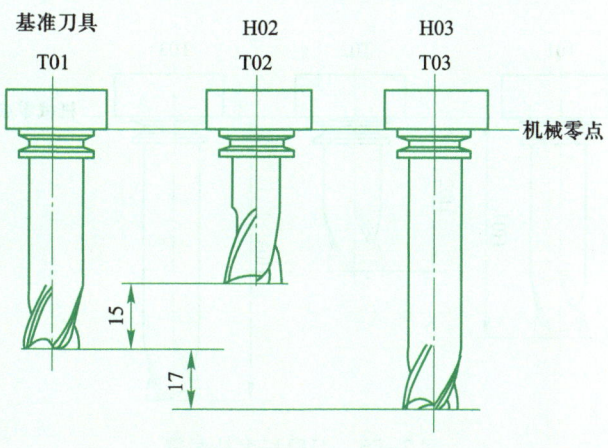

图 2-53 刀具长度补偿差值

在程序中加入刀具长度补偿指令:

G90　G43　Z45.0　H02;　　　　　　　　(T02 刀具长度补偿的程序)

执行本段程序,从 Z 指令值中减去 15 mm(H02 中的值),Z 实际值为"30",实际上是将 T02 刀具端面伸长至 Z = 45 处,即主轴端面相对于基准刀具时的端面下移 15 mm。

G90　G43　Z45.0　H03;　　　　　　　　(T03 刀具长度补偿的程序)

执行本段程序,在 Z 指令值上加 17 mm(H03 中的值),Z 实际值为"62",实际上是将 T03 刀具端面缩短至 Z = 45 处,即主轴端面相对于基准刀具时的端面上移 17 mm。

经过刀具长度补偿,使三把长度不同的刀具处于同一个 Z 向高度($Z=45$ 处),如图 2-54 所示。

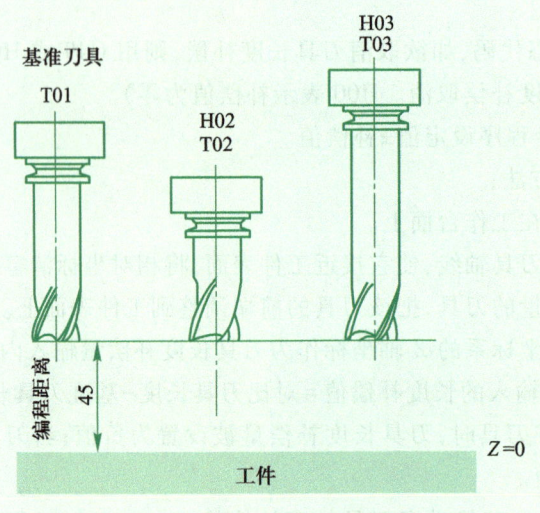

图 2-54　经过刀具长度补偿后的刀具位

另一种设定刀具长度补偿的方法是将每把刀具长度值设为刀具长度补偿量。首先将刀具装入刀柄,然后在对刀仪上测出每个刀具前端到刀柄校准面(即刀具锥部的基准面)的距离,将此值作为刀具长度补偿量,最后把该值输入刀具长度存储地址(H××)中,如图 2-55 所示。

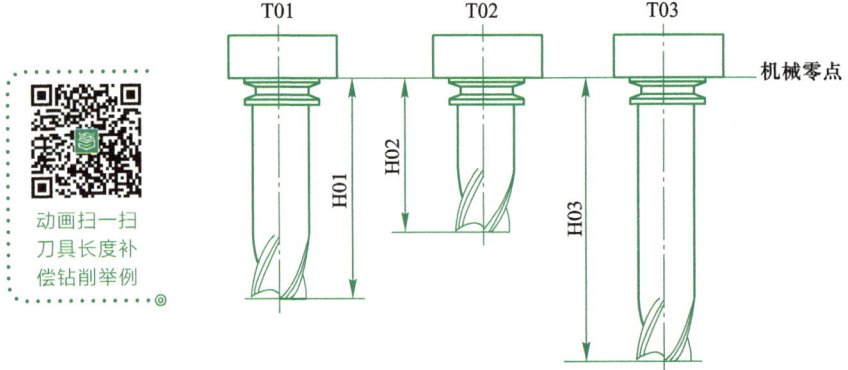

图 2-55　刀具长度补偿量

3. 立式加工中心自动换刀指令的编程

不同的加工中心因使用的数控系统不同,其换刀程序的编程方法也是不同的,从加工中心的整个换刀过程来看,通常可分为选刀和换刀。换刀的动作应在主轴停转后进行,而选刀可与机床加工重合起来,即利用切削时间进行换刀。

(1) T 功能指令

T 功能指令是选刀功能指令,用 T××表示,刀具的选择是指把刀库上指定了刀号的刀具转到换刀的位置,为下次换刀做好准备。T 指令后跟的两位数字,表示要更换的刀具号。

（2）换刀指令 M06

刀具交换是指刀库上位于换刀位置的刀具与主轴上的刀具进行自动换刀。这一动作是通过换刀指令 M06 实现的。一般立式加工中心规定换刀点的位置在机床 Z 轴机床零点处，即加工中心规定了固定的换刀点（定点换刀），主轴只有走到这一位置，换刀机构才能执行换刀动作。

（3）自动换刀程序

方法一：

N20　G91　G28　Z0　T02；

N30　M06；

执行 N20 程序段时，刀具沿 Z 轴自动返回参考点，同时刀库转动选 T02 号刀，然后执行主轴准停及自动换刀的动作。采用这种编程方式，若 Z 轴返回参考点的动作已完成，而刀库转位尚未完成，则只有等刀库转位完成后，才开始执行换刀动作。

方法二：

N20　G01　X ____ Y ____ T02；

　⋮

N50　G28（G30）　Z ____ M06；

N60　G01　X ____ Y ____ T03；

以上程序在执行到 N50 程序段时，换上的是在 N20 程序段指定的 T02 号刀，即在 N50 程序段后加工所用的是 T02 号刀；N50 程序段换刀完成后，在执行切削加工的同时刀库转位选 T03 号刀，为下次换刀作准备。这种方法的选刀是在切削加工中进行的，换刀时间较短，在实际编程时应用较多。

例 2-7　如图 2-56 所示，在工件上钻两个孔。采用刀具长度补偿指令，存储器号为 H01，Z 轴零点取在工件上表面。

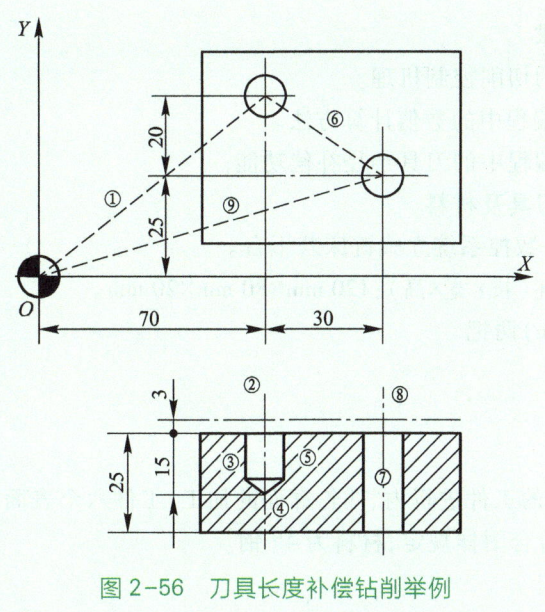

图 2-56　刀具长度补偿钻削举例

编程如下：

O0020；

N10　G54　G17　G90；

N20　S600　M03；

N30　G00　G43　Z25.0　H01；

N40　X70.0　Y45.0；

N50　G00　Z3.0；

N60　G01　Z-15.0　F100　M08；

　　　G04　P1000；

N70　G00　Z3.0；

N80　X100.0　Y25.0；

N90　G01　Z-30.0　F100；

N100　G00　Z25.0；

N110　X0　Y0　M09；

N120　G49　Z100.0　M05；

N130　M30；

本例中，若第一孔的深度出现误差，可通过修改 H01 中的值达到尺寸要求。如加工后测得孔深为 14.5 mm，比要求浅了 0.5 mm（可能为对刀误差或刀具磨损等原因造成）。此时可通过 MDI 方式，修改 H01 中的值，即在原刀具长度补偿量上再加一个偏移量-0.5 mm，这样钻孔时相对补偿前的孔深度就增加了 0.5 mm，达到孔深要求。在修正补偿值时，根据尺寸误差的情况，应注意补偿值的取值及正负号。

四、工作内容

1. 实训目的与要求

a. 了解数控铣床的切削控制机理。

b. 学习数控加工编程中的数值计算方法。

c. 学习数控加工编程中的刀具半径补偿功能。

2. 仪器、设备、刀具及材料

a. 配备 FANUC 0i 数控系统立式铣床若干台。

b. 蜡模或金属毛坯（长×宽×高）：120 mm×80 mm×20 mm。

c. 立铣刀（φ16 mm）两把。

3. 实训时间

两个小时。

4. 实训内容

对如图 2-44 所示的工件进行内、外轮廓面的加工，工件六个表面已经加工，其尺寸和表面粗糙度等要求均已符合图样规定，材料为 45 钢。

（1）加工方案确定

选用机用平口钳装夹工件，校正平口钳固定钳口的平行度以及工件上表面的平行度后夹紧工件。利用偏心式寻边器找正工件 X、Y 轴零点(位于工件上表面的中心位置),设定 Z 轴零点与机床坐标系原点重合(见图 2-44),刀具长度补偿利用 Z 轴设定器设定。图 2-44 所示上表面为执行刀具长度补偿后的零点表面。

根据图样的尺寸、形状和位置及表面粗糙度要求,选择 $\phi16$ mm 的粗齿、细齿高速钢直柄立铣刀,并对内轮廓表面进行粗、精加工,其数控加工工序卡见表 2-15。

表 2-15 数控加工工序卡

(单位)	数控加工工序卡片	产品名称或代号		零件名称			零件图号	
				平面型腔类零件				
工序号	程序编号	夹具名称		使用设备	数控系统		车间	
	O2001、O3、O4	平口虎钳		VMC850	FANUC 0i		数控中心	
工步号	工步内容	刀具号	刀具名称	刀具规格/mm	主轴转速/(r/min)	进给速度/(mm/min)	背吃刀量/mm	备注
1	夹紧工件,工件伸出钳口 8~10 mm,使用百分表校正上面与底面的平行度在 0.02 mm 以内							
2	粗铣型腔,型腔单边留 0.3 mm 余量	T01	粗齿立铣刀	$\phi16$	600	120		
3	精铣型腔至尺寸要求	T02	细齿立铣刀	$\phi16$	1 000	60	0.3	
编制		审核		批准		共 1 页	第 1 页	

(2)编制型腔数控加工程序

由于外轮廓程序在本学习情境项目 1 中已编写,这里不再赘述。型腔内轮廓加工的主程序数控加工程序单见表 2-16。

表 2-16 型腔内轮廓加工的主程序数控加工程序单

零件图号		零件名称	平面型腔类零件	资料编号	
程序号	O2001	数控系统	FANUC 0i	备注	
程序段号	程序内容		说明		
N1	G54 G90 G17 G40 G49;		建立工件坐标系,选择绝对编程方式,选择 XOY 作为加工平面,取消刀具半径补偿、刀具长度补偿等加工前初始模态设定		
N2	T01;		选用 01 号刀具,$\phi16$ mm 的粗齿立铣刀		
N3	M03 S600;		主轴正转,转速为 600 r/min		
N4	G00 G43 Z150 H01;		下刀至 Z150 安全高度,建立刀具长度补偿		
N5	X26 Y0;		快速定位至 X26 Y0		
N6	Z3;		快速定位至 Z3		
N7	G01 Z0 F120;		直线插补至 Z0,进给速度为 120 mm/min,准备螺旋下刀		

续表

程序段号	程序内容	说明
N8	M98 P3 L6;	调用 O3 子程序,重复执行六次,进行螺旋下刀
N9	G90 G03 I−6;	整圆加工,铣平螺旋槽
N10	G01 G41 X20 Y10 D01;	直线插补至 X20 Y10,移动中建立刀具半径补偿 D01＝8.3 mm
N11	M98 P4;	调用 O4 子程序,完成型腔粗加工
N12	G00 G49 Z150;	提刀至 Z150 的安全高度,取消刀具长度补偿
N13	X0 Y0;	快速定位至 X0 Y0
N14	M05;	主轴停止
N15	T02;	选用 02 号刀具,ϕ16 mm 的细齿立铣刀
N16	M03 S1000;	主轴正转,转速为 600 r/min
N17	G00 G43 Z100 H02;	下刀至 Z100 的安全高度,建立刀具长度补偿
N18	G00 X20 Y0;	快速定位至 X20 Y0
N19	Z3;	快速定位至 Z3
N20	G01 Z−6 F60;	下刀,直线插补至 Z−6 切削深度,进给速度为 60 mm/min
N21	G01 G41 X20 Y10 D02;	直线插补至 X20 Y10,移动中建立刀具半径补偿 D02＝8.0 mm
N22	M98 P4;	调用 O4 子程序,完成型腔精加工
N23	G00 G49 Z150;	提刀至 Z150 的安全高度,取消刀具长度补偿
N24	M30;	程序结束
编制	审核	批准	时间

螺旋下刀子程序数控加工程序单见表 2−17。

表 2−17 螺旋下刀子程序数控加工程序单

零件图号		零件名称	平面型腔类零件	资料编号	
程序号	O3	数控系统	FANUC 0i	备注	
程序段号	程序内容		说明		
N1	G91 G03 Z−1 I−6;		增量编程,逆时针螺旋线插补一圈,螺旋线半径为 R6 mm,导程为 1 mm		
N2	M99;		子程序结束,并返回主程序		
编制	审核		批准	时间	

型腔加工子程序数控加工程序单见表 2-18。

表 2-18　型腔加工子程序数控加工程序单

零件图号		零件名称	平面型腔类零件	资料编号	
程序号	O4	数控系统	FANUC 0i	备注	
程序段号	程序内容		说明		
N1	G01X-13.5F60;		直线插补至 X-13.5 Y10		
N2	Y14;		直线插补至 X-13.5 Y14		
N3	G03 X-30.5 R8.5;		逆圆插补至 X-30.5 Y14,圆弧半径为 R8.5 mm		
N4	G01 Y-14;		直线插补至 X-30.5 Y-14		
N5	G03 X-13.5 R8.5;		逆圆插补至 X-13.5 Y-14,圆弧半径为 R8.5 mm		
N6	G01 Y-10;		直线切削至 X-13.5 Y-10		
N7	X2.679;		直线切削至 X2.679 Y-10		
N8	G03 X0 Y0 R-20;		逆圆插补至 X0 Y0,圆弧半径为 R20 mm,是优弧		
N9	G01 G40 X20 Y0;		直线插补至 X20 Y0,取消刀具半径补偿		
N10	M99;		子程序结束,并返回主程序		
编制		审核		批准		时间	

（3）实训总结

数控系统通常具有刀具长度补偿功能,通过改变刀具长度的补偿值,补偿刀具在切削过程中轴向尺寸的磨损值,也可以改变刀具的切削深度,控制零件的轴向加工精度。

（4）可以扫描二维码,填写平面型腔类零件考核评价表

2.2 考核评价表

五、项目拓展

如图 2-57 所示零件,已知零件毛坯为 100 mm×80 mm×25 mm 的方料,材料为 45 钢,试编制其加工程序。

在项目 1 中已经编写其凸台加工程序,这里不再赘述。型腔加工参考程序如下：

```
O1003;              采用 φ14 mm 的立铣刀
G54  G90  G17  G40  G49;    工件坐标系原点建立在工件上表面中心
G43  G00  Z100  H01  M08;
M03  S600;
G00  X-20  Y0;
```

Z5；

G01 Z0 F80；

X20 Z-2.5；   斜插下刀

X-20 Z-5；

X20；   铣平底面

G01 G41 X8 D01；

G03 X18.8 Y11.94 R-12；

G01 X-20.8 Y7.96；

G03 Y-7.96 R8；

G01 X18.8 Y-11.94；

G03 X20 Y-12 R12；

G91 G03 X10 Y10 R10；

G90 G01 G40 X20 Y0；

G49 G00 Z100；

M30；

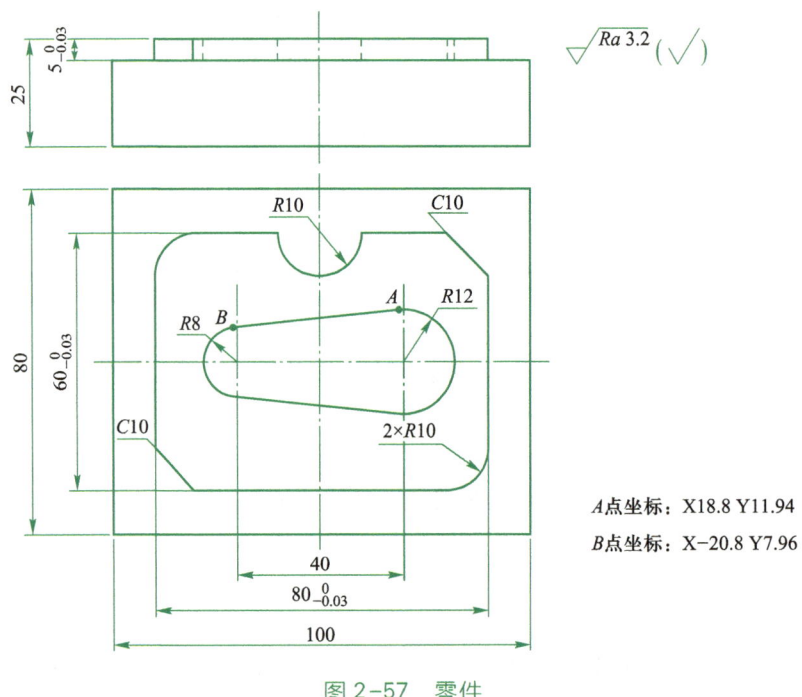

A点坐标：X18.8 Y11.94

B点坐标：X-20.8 Y7.96

图 2-57 零件

练习题 1 如图 2-58 所示，已知零件毛坯为 100 mm×100 mm×21 mm 的板料，45 钢。要求：(1) 制订加工工件上表面和内、外轮廓的粗、精加工工艺方案；(2) 正确选择刀具、切削参数、工件坐标系；(3) 编写数控铣削加工程序。

练习题 2 铣削如图 2-59 所示键槽，槽深均为 3 mm，设 φ8 mm 的刀具比 φ6 mm 的刀具短 2 mm。

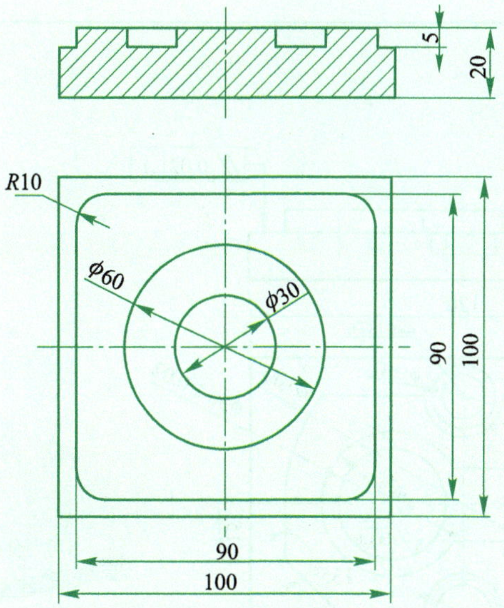

图 2-58　题 1 图

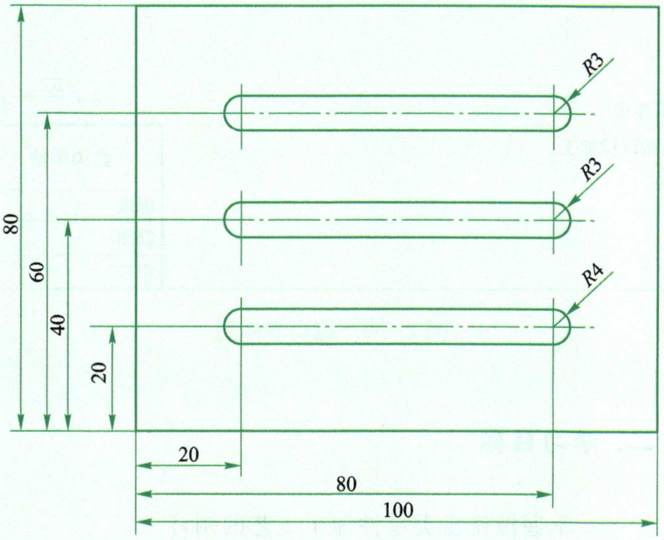

图 2-59　题 2 图

项目 3 **盘类零件数控编程与加工**

一、工作任务

镗铣如图 2-60 所示的盘类零件。

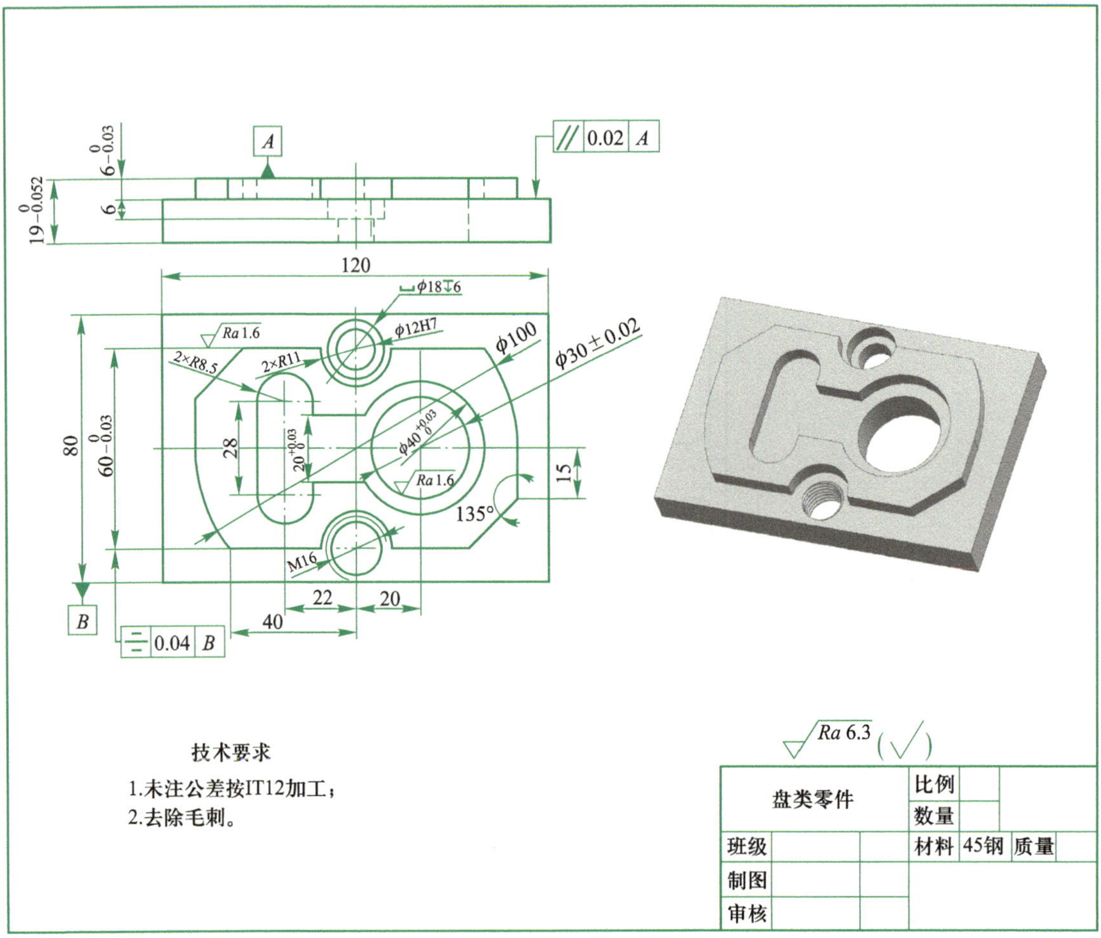

图 2-60　盘类零件图

动画扫一扫
零件三维模型

二、学习目标

a. 掌握镗铣盘类零件加工工艺的制订。

b. 能够运用固定循环指令进行孔加工。

c. 能够运用多把刀具进行孔加工。

d. 统筹与优化加工工序，提高加工效率。

三、学习内容

（一）孔加工固定循环种类

在数控铣床或数控加工中心（MC）加工孔时，采用固定循环功能，能够缩短程序，使某些加工的编程简单、容易，但并不会提高加工效率。

表 2-19 中列出了 FANUC 0i 系统孔加工固定循环 G 功能指令。

表2-19 孔加工固定循环

G代码	加工运动 (Z轴负向进刀)	孔底动作	返回运动 (Z轴正向退刀)	应用
G73	分次,切削进给	无	快速定位进给	高速深孔钻削
G74	切削进给	暂停—主轴正转	切削进给	攻左旋螺纹
G76	切削进给	主轴定向,让刀	快速定位进给	精镗循环
G80	无	无	无	取消固定循环
G81	切削进给	无	快速定位进给	普通钻削循环
G82	切削进给	暂停	快速定位进给	钻削或粗镗削
G83	分次,切削进给	无	快速定位进给	深孔钻削循环
G84	切削进给	暂停—主轴反转	切削进给	攻右旋螺纹
G85	切削进给	无	切削进给	镗削循环
G86	切削进给	主轴停	快速定位进给	镗削循环
G87	切削进给	主轴正转	快速定位进给	反镗削循环
G88	切削进给	暂停—主轴停	手动	镗削循环
G89	切削进给	暂停	切削进给	镗削循环

(二)孔加工固定循环动作及顺序

孔加工固定循环由六个顺序动作组成,如图2-61所示。

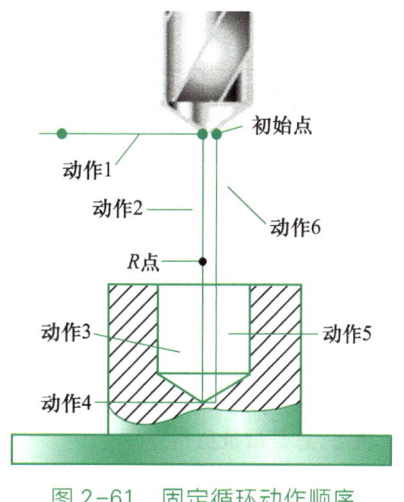

图2-61 固定循环动作顺序

动画扫一扫
钻孔固定
循环6步骤

动作1：刀具在安全平面高度，定位孔中心位置。

动作2：刀具沿 Z 轴快速移动到 R 点（即参考平面高度）。

R 点是刀具进给由快速转变为切削的转换点，从 R 点位置开始，刀具以切削进给速度进给。R 点距工件表面的距离称为切入距离。通常在已加工表面上钻孔、镗孔、铰孔，切入距离为 2～5 mm；在毛坯面上钻孔、镗孔、铰孔，切入距离为 5～8 mm；攻螺纹时，切入距离为 5～10 mm；铣削时，切入距离为 5～10 mm。

动作3：刀具切削进给，加工孔到孔底。

动作4：在孔底的动作。包括进给暂停、主轴反转（变向）、主轴停或主轴定向停止等。

动作5：刀具从孔中退出，返回 R 点（参考平面）。

动作6：刀具快速返回初起点（安全平面），循环结束。

（三）孔加工固定循环指令格式

$$
\begin{Bmatrix} G17 \\ G18 \\ G19 \end{Bmatrix} \begin{Bmatrix} G90 \\ G91 \end{Bmatrix} \begin{Bmatrix} G98 \\ G99 \end{Bmatrix} \begin{Bmatrix} G73 \\ \sim \\ G89 \end{Bmatrix} X\underline{\quad} Y\underline{\quad} Z\underline{\quad} R\underline{\quad} P\underline{\quad} Q\underline{\quad} F\underline{\quad} K\underline{\quad};
$$

在 G73/G74/G76/G81～G89 后面，给出孔加工参数，格式如下：

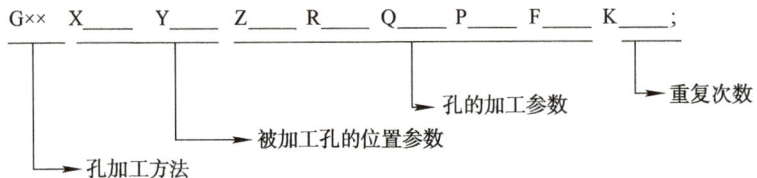

固定循环程序段参数的含义见表2-20。

表2-20　固定循环程序段参数的含义

参数	含义
孔加工方式 G	见表2-19
G90、G91	G90 用绝对坐标值编程，G91 用增量坐标值编程
G98、G99	G99 指刀具从孔底返回 R 点所在平面，G98 指刀具从孔底返回安全平面，如图2-62所示
孔位置参数 X、Y	指定被加工孔中心的位置
孔加工参数 Z	绝对值方式指 Z 轴孔底的位置，增量值方式指从 R 点到孔底的增量
孔加工参数 R	绝对值方式指 R 点的位置，增量值方式指从初起点到 R 点的增量
孔加工参数 Q	指定 G73 和 G83 中的 Z 向进刀量，G76 和 G87 中退刀的偏移量（无论 G90 还是 G91 模态，总是增量值指令）
孔加工参数 P	孔底动作，指定暂停时间，单位为 ms

参数	含义
孔加工参数 F	切削进给速度。从初起点到 R 点及从 R 点到初起点的运动以快速进给的速度进行，从 R 点到 Z 点的运动以 F 指定的切削进给速度进行
重复次数 K	指定当前定位孔的重复次数，如果不指定 K，则认为 K 值为 1

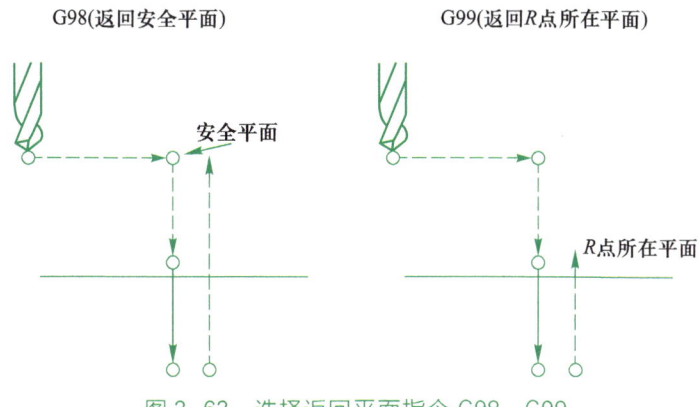

图 2-62　选择返回平面指令 G98、G99

注意：孔加工固定循环是模态的，使用 G80 或 G00～G03 指令可以取消固定循环。孔加工参数（K 除外）也是模态的，在被改变或固定循环被取消之前也会一直保持。

（四）钻孔加工

1. 钻孔加工刀具

常用的孔加工刀具有中心钻、麻花钻、扩孔钻、锪孔钻、铰刀、镗刀、丝锥等。

（1）中心钻

一般在用麻花钻钻削前，要先用中心钻打定位孔，用以准确确定孔中心的起始位置，减少定位误差，引导麻花钻进行加工。由于切削部分直径较小，所以用中心钻钻孔时，应选取较高的转速。

常见的中心钻有两种：A 型（不带护锥）和 B 型（带护锥），如图 2-63 所示。在加工中，A、B 型均可用于钻定位孔；在遇到工序较长、精度要求高的工件加工时，为了避免 60°定心锥被损坏，一般采用带护锥的中心钻（B 型）。

(a) 不带护锥的中心钻(A型)　　　　　(b) 带护锥的中心钻(B型)

图 2-63　中心钻

（2）麻花钻

① 麻花钻的工艺特点　标准麻花钻用于钻孔加工，可加工直径为 0.05～125 mm 的孔。

钻孔加工方式为孔的粗加工方法,尺寸精度在 IT10 以下,孔的表面粗糙度一般只能达到 $Ra12.5~\mu m$。对于精度要求不高的孔(如螺栓的贯穿孔、油孔及螺纹底孔),可以直接采用钻孔方式加工。

② 麻花钻的结构　标准麻花钻的结构如图 2-64 所示,由柄部、颈部和工作部分组成。

a. 柄部:柄部是麻花钻的夹持部分,在钻孔时传递转矩和轴向力,有直柄和锥柄两种形状。直柄麻花钻的直径一般小于 12 mm(图 2-65),锥柄麻花钻的直径一般较大(图 2-64)。

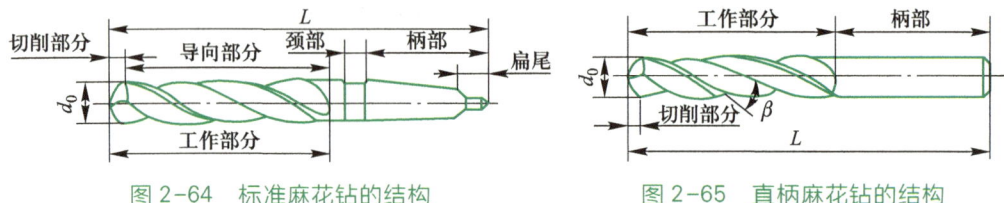

图 2-64　标准麻花钻的结构　　　　图 2-65　直柄麻花钻的结构

b. 颈部:麻花钻的颈部凹槽是磨削麻花钻柄部时的砂轮越程槽,槽底通常刻有麻花钻的规格等。直柄麻花钻多无颈部。

c. 工作部分:工作部分是麻花钻的主要部分,由切削部分和导向部分组成。

标准麻花钻的切削部分由两个主切削刃、两个副切削刃、一个横刃和两条螺旋槽组成,如图 2-66 所示。在加工中心上钻孔,因无夹具钻模导向,受两切削刃上切削力不对称的影响,容易引起钻孔偏斜,故要求麻花钻的两切削刃应有较高的刃磨精度(两刃长度一致,顶角对称于麻花钻中心线或先用中心钻确定中心,再用麻花钻钻孔)。

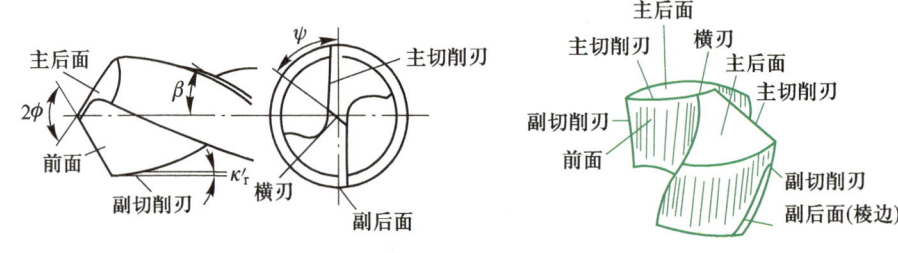

图 2-66　标准麻花钻的切削部分的组成

动画扫一扫
G81 孔加工指令

动画扫一扫
钻孔循环 G81

(3)高速钢麻花钻钻削不同材料的切削用量(参见表 2-21)

2. 钻孔加工循环指令 G81、G73、G83

钻孔加工固定循环图示中使用符号的含义如图 2-67 所示。

(1)钻孔循环 G81

格式:G98/G99　G81　X ____ Y ____ Z ____ R ____ F ____ K ____;

说明:主要用于中心钻和麻花钻加工定位孔和一般孔。

钻孔循环 G81 过程如图 2-68 所示,在指定 G81 前用辅助功能 M 代码使主轴旋转,刀具在安全平面内沿着 X、Y 轴定位到孔中心上方(初起点),快速移动到 R 点。从 R 点到 Z 点执行钻孔加工,然后刀具快速移动退回。

表2-21 高速钢麻花钻钻削不同材料的切削用量

加工材料		硬度		切削速度 v_c/(m/min)	进给量 f/(mm/r) 麻花钻直径 d_0/mm					麻花钻螺旋角/(°)	钻尖角/(°)	备注
		布氏/HB	洛氏/HRB		≤3	>3~6	>6~13	>13~19	>19~25			
铝及铝合金		45~105	~62	105	0.08	0.15	0.25	0.40	0.48	32~42	90~118	
铜及铜合金	高加工性	~124	10~70	60	0.08	0.15	0.25	0.40	0.48	15~40	118	
	低加工性	~124	10~70	20	0.08	0.15	0.25	0.40	0.48	0~25	118	
镁及镁合金		50~90	~52	45~120	0.08	0.15	0.25	0.40	0.48	25~35	118	
锌合金		80~100	41~62	75	0.08	0.15	0.25	0.40	0.48	32~42	118	
碳钢	~0.25C	125~175	71~88	24	0.08	0.13	0.20	0.26	0.32	25~35	118	
	~0.50C	175~225	88~98	20	0.08	0.13	0.20	0.26	0.32	25~35	118	
	~0.90C	175~225	88~98	17	0.08	0.13	0.20	0.26	0.32	25~35	118	
合金钢	0.12~0.25C	175~225	88~98	21	0.08	0.15	0.20	0.40	0.48	25~35	118	
	0.30~0.65C	175~225	88~98	15~18	0.05	0.09	0.15	0.21	0.26	25~35	118	
马氏体时效钢		275~325	28~35	17	0.08	0.13	0.20	0.26	0.32	25~32	118~135	
不锈钢	奥氏体	135	75~90	17	0.05	0.09	0.15	0.21	0.26	25~35	118~135	用含钴高速钢
	铁素体	135~185	75~90	20	0.05	0.09	0.15	0.21	0.26	25~35	118~135	
	马氏体	135~185	75~90	20	0.08	0.15	0.25	0.40	0.48	25~35	118~135	用含钴高速钢
	沉淀硬化	150~200	82~94	15	0.05	0.09	0.15	0.21	0.26	25~35	118~135	用含钴高速钢

动画扫一扫
钻孔循环
G81 应用

动画扫一扫
高速啄式深孔
钻孔循环 G73

动画扫一扫
C73 高速深孔加
工指令走刀轨迹

动画扫一扫
深小孔啄式钻
孔循环 G83

动画扫一扫
G83 深小孔
加工指令

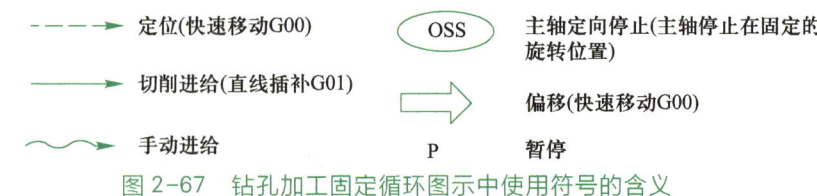

图 2-67　钻孔加工固定循环图示中使用符号的含义

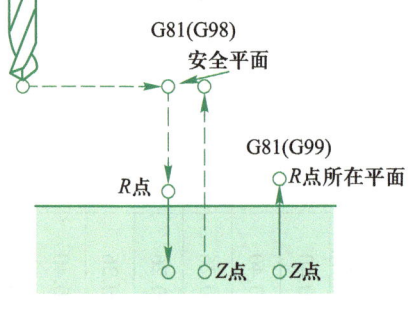

图 2-68　钻孔循环 G81 过程

（2）高速啄式深孔钻孔循环 G73

格式：G98/G99　G73　X ＿＿＿ Y ＿＿＿ Z ＿＿＿ R ＿＿＿ Q ＿＿＿ F ＿＿＿ K ＿＿＿；

说明：G73 高速啄式深孔钻孔循环中，刀具沿着 Z 轴啄式往复间歇进给，动作循环如图 2-69 所示。q 为每次进给量，d 为回退抬刀量（NC 默认），这使切屑容易从孔中排出。

（3）深小孔啄式钻孔循环 G83

格式：G98/G99　G83　X ＿＿＿ Y ＿＿＿ Z ＿＿＿ R ＿＿＿ Q ＿＿＿ F ＿＿＿ K ＿＿＿；

说明：G83 用于啄式深孔加工，加工循环动作如图 2-70 所示。该循环中的 q 和 d 与 G73 循环中的含义相同，其区别在于 G83 中每次进刀 q 后以"G00"快速返回 R 点所在平面，更有利于深小孔加工中的排屑。

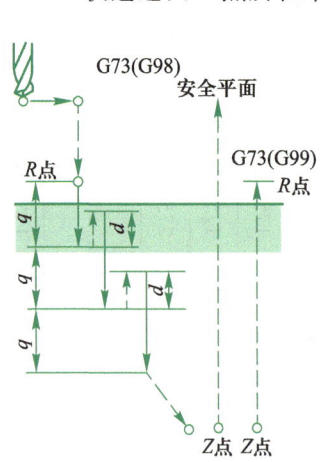

图 2-69　高速啄式深孔钻孔循环 G73

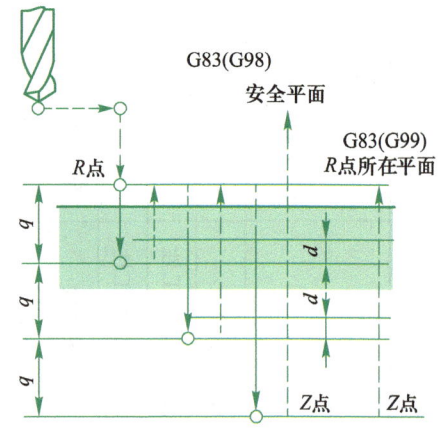

图 2-70　深小孔啄式钻孔循环 G83

（五）扩孔、锪孔加工

1. 扩孔、锪孔加工刀具

（1）扩孔钻

① 扩孔钻的工艺特点　扩孔是孔的半精加工方法，尺寸公差等级为 IT10～IT9，孔的表面粗糙度值 Ra 可控制在 $3.2～6.3\ \mu m$。当钻削孔径大于 30 mm 的孔时，为了减小钻削力，提高孔的质量，一般先用 50%～70% 孔径大小的麻花钻钻出底孔，再用扩孔钻进行扩孔，可以采用镗刀扩孔。这样可较好地保证孔的尺寸公差等级，控制表面粗糙度，且比直接用大麻花钻一次钻出时的生产率高。

② 扩孔钻的结构　标准扩孔钻一般有三或四条主切削刃，结构形式有直柄、锥柄、套式等。如图 2-71 所示为锥柄扩孔钻。扩孔直径较小时，可选用直柄扩孔钻；扩孔直径中等时，可选用锥柄扩孔钻；扩孔直径较大时，可选用套式扩孔钻。

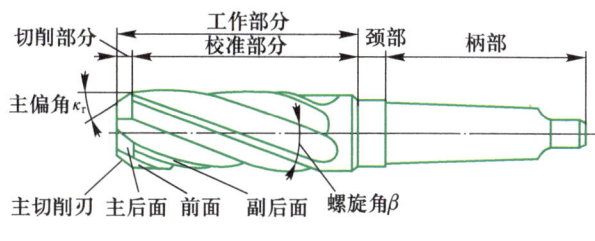

图 2-71　锥柄扩孔钻

（2）锪孔钻

锪孔钻有较多的刀齿，用成形法将孔端加工成所需的形状。如图 2-72 所示，锪孔钻主要用于加工各种沉头螺钉的沉头孔（平底沉孔、锥孔或球面孔）或削平孔的外端面。

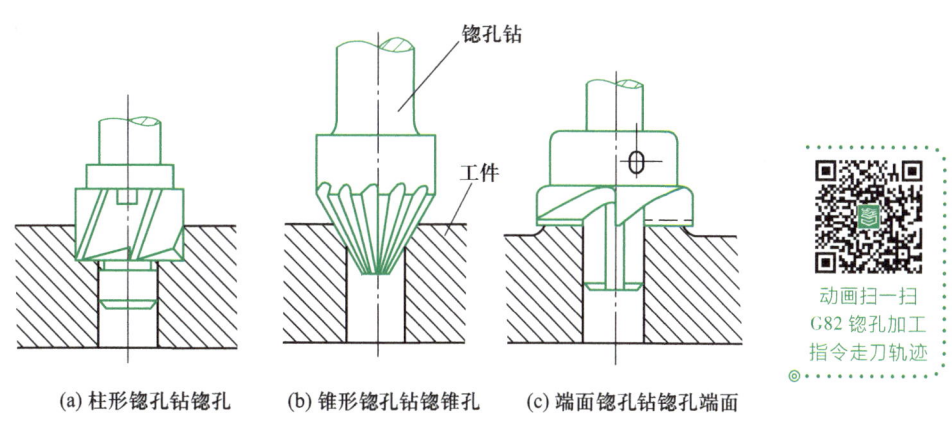

(a) 柱形锪孔钻锪孔　　(b) 锥形锪孔钻锪锥孔　　(c) 端面锪孔钻锪孔端面

图 2-72　锪孔钻加工

动画扫一扫
G82锪孔加工
指令走刀轨迹

高速钢及硬质合金锪孔钻加工的切削用量见表 2-22。

表 2-22　高速钢及硬质合金锪孔钻加工的切削用量

加工材料	高速钢锪孔钻		硬质合金锪孔钻	
	进给量 f/ (mm/r)	切削速度 v_c/ (m/min)	进给量 f/ (mm/r)	切削速度 v_c/ (m/min)
铝	0.13~0.38	120~245	0.15~0.30	15~245
黄铜	0.13~0.25	45~90	0.15~0.30	120~210
软铸铁	0.13~0.18	37~43	0.15~0.30	90~107
软钢	0.08~0.13	23~26	0.10~0.20	75~90
合金钢及工具钢	0.08~0.13	12~24	0.10~0.20	55~60

2. 扩孔、锪孔加工循环 G82

格式：G98/G99　G82　X____ Y____ Z____ R____
P____F____ K____；

说明：如图 2-73 所示，图中符号 P 表示暂停，单位为 ms，以整数表示。在孔底有进给暂停，孔底平整、光滑，适用锪盲孔加工。

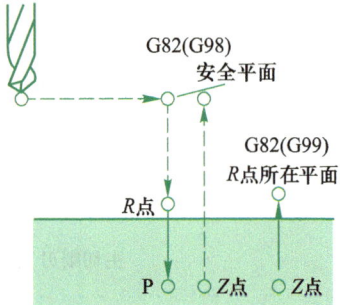

图 2-73　扩扎、锪孔加工循环 G82

（六）螺纹孔加工

1. 螺纹孔加工刀具

螺纹孔加工时大多采用攻螺纹的方法来加工内螺纹。此外，还采用螺纹铣削刀具来铣削加工螺纹。

（1）丝锥

机用丝锥如图 2-74 所示，由工作部分和柄部组成。工作部分包括切削部分和校准部分。切削部分的前角为 8°~10°，后角为 6°~8°。前端磨出切削锥角，切削力分布在几个刀齿上，使切削省力。校准部分大径、中径、小径均有 0.05%~0.12% 的倒锥，以减小与螺纹孔的摩擦，减小所攻螺纹的扩张量。

（2）螺纹铣刀

螺纹铣刀如图 2-75 所示。螺纹铣削加工与传统螺纹加工方式相比，在加工精度、加工效率方面具有极大优势，加工时不受螺纹结构和螺纹旋向的限制，如一把螺纹铣刀可加工多种不同旋向的内、外螺纹。对于不允许有过渡扣或退刀槽结构的螺纹，采用螺纹铣削加工十分容易实现。此外，螺纹铣刀的耐用度是丝锥的几倍甚至数十倍，而且在数控铣削螺纹过程中，对螺纹直径尺寸的调整极为方便。

图 2-74　机用丝锥

图 2-75　螺纹铣刀

2. 攻螺纹循环 G84、G74

（1）攻右旋螺纹循环 G84

格式：G98/G99　G84　X＿＿＿ Y＿＿＿ Z＿＿＿ R＿＿＿ P＿＿＿ F＿＿＿ K＿＿＿；

说明：如图 2-76 所示，此指令需先使主轴正转，再执行 G84 指令，则丝锥先快速定位至 X、Y 所指定的坐标位置，再快速定位到 R 点，接着以 F 所指定的进给速度攻螺纹至 Z 点（即孔底）。然后主轴反转，且同时 Z 轴正向退回至 R 点，退至 R 点后主轴恢复正转。

攻螺纹的进给速度（mm/min）= 导程（mm/r）×主轴转速（r/min）。

（2）攻左旋螺纹循环 G74

格式：G98/G99　G74　X＿＿＿ Y＿＿＿ Z＿＿＿ R＿＿＿ P＿＿＿ F＿＿＿ K＿＿＿；

说明：

a. 此指令需先使主轴反转，再执行 G74 指令，丝锥先快速定位至 X、Y 所指定的坐标位置，再快速定位到 R 点，接着以 F 所指定的进给速度攻螺纹至 Z 点（即孔底），主轴转换为正转，同时向 Z 轴正方向移动退回至 R 点，退至 R 点后主轴恢复反转，如图 2-77 所示。

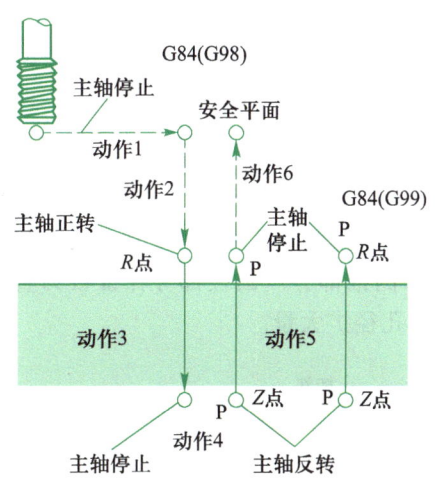

图 2-76　攻右旋螺纹循环 G84

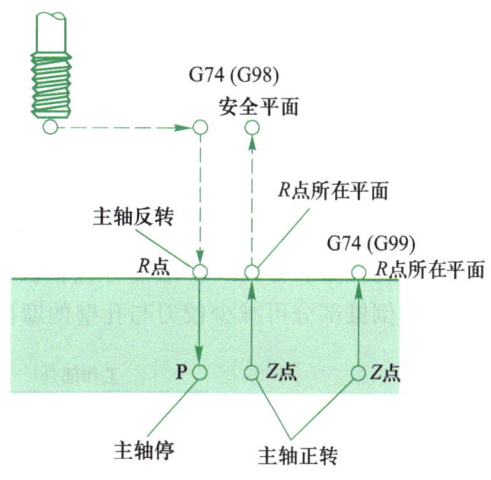

图 2-77　攻左旋螺纹循环 G74

b. 在 G74、G84 攻螺纹循环指令执行中，进给速度调整钮无效；加工过程中按下"进给暂停"按钮，循环在回复动作结束前也不会停止。

（七）镗铰孔加工

1. 铰孔加工刀具——铰刀

（1）铰孔的工艺特点

铰孔是对中小直径的孔进行半精加工和精加工的方法，也可用于磨孔和研孔前的预加工。孔的尺寸公差等级可达 IT9～IT6，表面粗糙度值 Ra 可控制在 0.4～3.2 μm。

铰孔的刀具为铰刀，为定尺寸刀具，可以加工圆柱孔、圆锥孔、通孔和盲孔。粗铰时加工余量一般为 0.10～0.35 mm，精铰时加工余量一般为 0.04～0.06 mm。

（2）铰刀的种类

铰刀的种类较多,按材质可分为高速钢铰刀、硬质合金铰刀等;按柄部形状可分为直柄铰刀、锥柄铰刀、套式铰刀等;按使用方式可分为机用铰刀和手用铰刀,如图 2-78 所示。

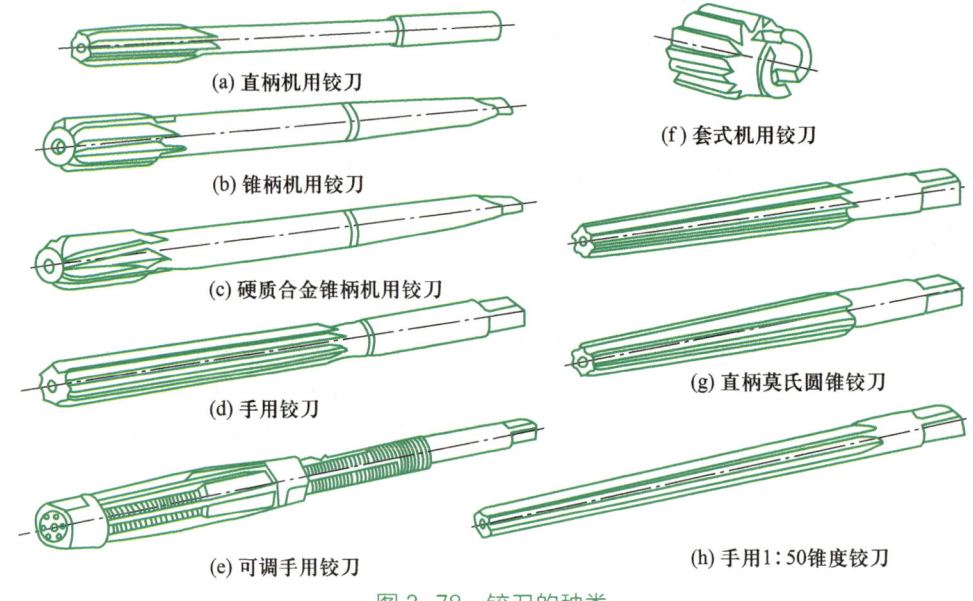

（a）直柄机用铰刀

（b）锥柄机用铰刀

（c）硬质合金锥柄机用铰刀

（d）手用铰刀

（e）可调手用铰刀

（f）套式机用铰刀

（g）直柄莫氏圆锥铰刀

（h）手用1:50锥度铰刀

图 2-78　铰刀的种类

（3）铰刀的结构

标准机用铰刀如图 2-79 所示,有 4~12 齿,由工作部分、颈部和柄部组成。铰刀工作部分包括切削部分与校准部分。切削部分为锥形,承担主要的切削工作;校准部分的作用是校正孔径、修光孔壁和导向。校准部分包括圆柱部分和倒锥部分。圆柱部分保证铰刀直径且便于测量,倒锥部分可减少铰刀与孔壁的摩擦并减小孔径扩大量。

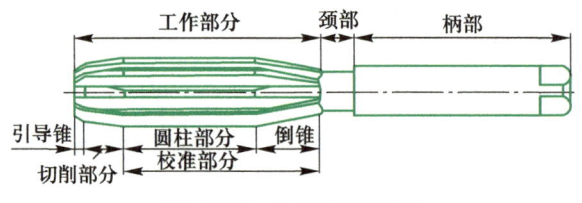

图 2-79　标准机用铰刀

整体式铰刀的柄部有直柄和锥柄之分,直径较小的铰刀,一般做成直柄形式,而大直径铰刀常做成锥柄形式。

（4）高速钢铰刀加工不同材料的切削用量（参考表 2-23）

2. 镗孔加工刀具

（1）镗孔的工艺特点

镗孔加工可对不同孔径的孔进行粗加工、半精加工和精加工。粗镗的尺寸公差等级为 IT13~IT12,表面粗糙度值 Ra 为 12.5~6.3 μm;半精镗的尺寸公差等级为 IT10~IT9,表面粗糙度值 Ra 为 6.3~3.2 μm;精镗的尺寸公差等级为 IT8~IT7,表面粗糙度值 Ra 为 1.6~0.8 μm。

表2-23 高速钢铰刀加工不同材料的切削用量

铰刀直径 d_0/mm	低碳钢 120~200HBW		低合金钢 200~300HBW		高合金钢 300~400HBW		灰口铸铁 130HBW		球墨铸铁 175HBW		硬铸铁 230HBW	
	f	v	f	v	f	v	f	v	f	v	f	v
6	0.13	23	0.10	18	0.10	7.5	0.15	30.5	0.15	26	0.15	21
9	0.18	23	0.18	18	0.15	7.5	0.20	30.5	0.20	26	0.20	21
12	0.20	27	0.20	21	0.18	9	0.25	36.5	0.25	29	0.25	24
15	0.25	27	0.25	21	0.20	9	0.30	36.5	0.30	29	0.30	24
19	0.30	27	0.30	21	0.25	9	0.38	36.5	0.38	29	0.36	24
22	0.33	27	0.33	21	0.25	9	0.43	36.5	0.43	29	0.41	24
25	0.51	27	0.38	21	0.30	9	0.51	36.5	0.51	29	0.41	24

铰刀直径 d_0/mm	可锻铸铁		铸造黄铜及青铜		铸造铝合金及锌合金		塑料		不锈钢		钛合金	
	f	v	f	v	f	v	f	v	f	v	f	v
6	0.10	17	0.13	46	0.15	43			0.05	7.5	0.15	9
9	0.18	20	0.18	46	0.20	43			0.10	7.5	0.20	9
12	0.20	20	0.23	52	0.25	49			0.15	9	0.25	12
15	0.25	20	0.30	52	0.30	49			0.20	9	0.25	12
19	0.30	20	0.41	52	0.38	49			0.25	11	0.30	12
22	0.33	20	0.43	52	0.43	49			0.30	12	0.38	18
25	0.38	20	0.51	52	0.51	49			0.36	14	0.51	18

注:v 为进给速度单位为 m/min,f 为进给量单位为 mm/r。

镗孔可修正前工序造成的孔轴线的弯曲、偏斜等形状和位置误差。

（2）镗刀的分类

镗刀种类很多,按加工粗细可分为粗镗刀和精镗刀;按切削刃数量可分为单刃镗刀和双刃镗刀。

① 粗镗刀　粗镗刀如图 2-80 所示,其结构简单,镗刀刀头应用螺钉装夹在镗杆上。刀杆顶部和侧部有两个锁紧螺钉,分别起调整尺寸和锁紧作用。根据粗镗刀刀头在刀杆上的安装形式,又分倾斜型粗镗刀和直角型粗镗刀。镗孔时,所镗孔径的大小要靠调整刀头的悬伸长度来保证,调整复杂,效率低,大多用于单件小批量生产。

② 精镗刀　精镗刀目前普遍使用可调精镗刀（图 2-81）和微调精镗刀（图 2-82）。这两种镗刀的径向尺寸可以在一定范围内进行微调,调节方便,且精度高。调整尺寸时,先松开锁紧螺钉,然后转动带刻度盘的调整螺母,调整至所需尺寸后再拧紧锁紧螺钉。

图 2-80　粗镗刀　　　　图 2-81　可调精镗刀　　　　图 2-82　微调精镗刀

③ 双刃镗刀　如图 2-83 所示,双刃镗刀的两端有一对对称的切削刃同时参加切削,与单刃镗刀相比,其每转进给量可提高 1 倍左右,生产效率高。同时,可以消除切削力对镗刀的影响。

④ 镗孔刀刀头　镗孔刀刀头分为粗镗刀刀头和精镗刀刀头,分别如图 2-84、图 2-85 所示。粗镗刀刀头与普通焊接车刀相似;微调精镗刀刀头上带刻度盘,可根据要求进行精确调整,从而保证加工精度。

图 2-83　双刃镗刀　　　　图 2-84　可调粗镗刀刀头　　　　图 2-85　微调精镗刀刀头

（3）切削用量（参考表 2-24）

表 2-24　切 削 用 量

加工方式	刀具材料	$v/(\text{m/min})$					进给量 $f/(\text{mm/r})$	背吃刀量 a_p/mm（直径上）
		软钢	中硬钢	铸铁	铝镁合金	铜合金		
半精镗	高速钢	18~25	15~18	18~22	50~75	30~60	0.1~0.3	0.1~0.8
	硬质合金	50~70	40~50	50~70	150~200	150~200	0.08~0.25	

续表

加工方式	刀具材料	v/（m/min）					进给量 f/（mm/r）	背吃刀量 a_p/mm（直径上）
		软钢	中硬钢	铸铁	铝镁合金	铜合金		
精镗	高速钢	25~28	18~20	22~25	50~75	30~60	0.02~0.08	0.05~0.2
	硬质合金	70~80	60~65	70~80	150~200	150~200	0.02~0.06	
钻孔	高速钢	20~25	12~18	14~20	30~40	60~80	0.08~0.15	—
扩孔		22~28	15~18	20~24	30~50	60~90	0.1~0.2	2~5
精铰孔		6~8	5~7	6~8	8~10	8~10	0.08~0.2	0.05~0.1

注：1. 加工精度高，工件材料硬度高时，切削用量选低值。

2. 刀架不平衡或切屑飞溅大时，进给速度选低值。

3. 镗（铰）孔循环 G85/G89/G86/G88/G76/G87

（1）精镗（铰）孔循环 G85

格式：G98/G99 G85 X____ Y____ Z____ R____ F____ K____；

说明：如图 2-86 所示，镗（铰）刀先快速定位至 X、Y 所指定的坐标位置，再快速定位至 R 点，接着以 F 所指定的进给速度向下镗（铰）削至 Z 所指定的孔底位置后仍以切削进给方式向上提升，故此指令适宜铰孔。

（2）镗（锪）孔循环、镗阶梯孔循环 G89

格式：G98/G99 G89 X____ Y____ Z____ R____ P____ F____ K____；

说明：如图 2-87 所示，除了在孔底位置暂停 P 所指定的时间外，其余与 G85 相同。

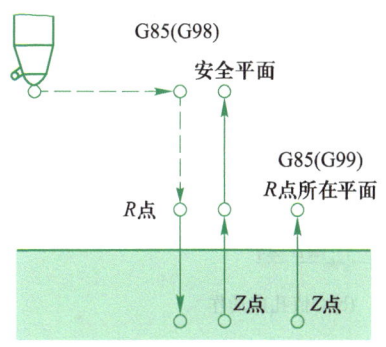

图 2-86 粗镗（铰）孔循环 G85

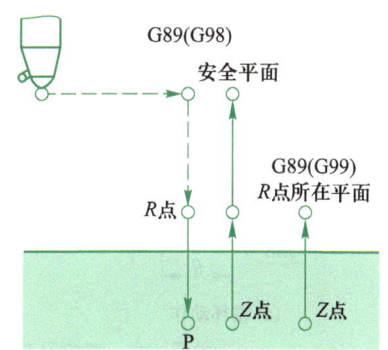

图 2-87 镗（锪）孔循环、镗阶梯孔循环 G89

（3）半精镗孔循环、快速返回 G86

格式：G98/G99 G86 X____ Y____ Z____ R____ F____ K____；

如图 2-88 所示，除了在孔底位置主轴停止并快速进给向上提升外，其余与 G81 相同。

（4）镗孔循环、手动退回 G88

格式：G98/G99 G88 X____ Y____ Z____ R____ F____ K____；

动画扫一扫
精镗（铰）孔
循环 G85

动画扫一扫
G85 粗镗孔
加工指令

动画扫一扫
G89 指令

动画扫一扫
G86 指令

动画扫一扫
G88 指令

如图 2-89 所示,在孔底暂停 P 所指定的时间且主轴停止转动,操作者可用手动微调方式将刀具偏移后往上提升。欲恢复程序控制时,将操作模式设于"自动执行",再按下"程序执行"按钮即可,其余与 G82 相同。

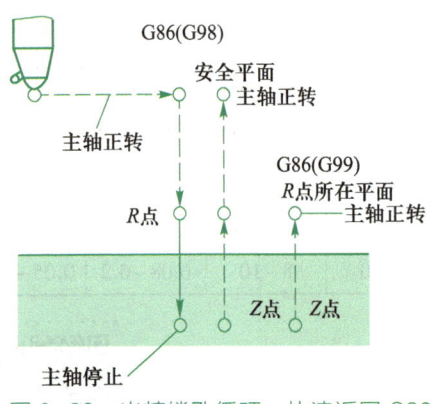

图 2-88 半精镗孔循环、快速返回 G86

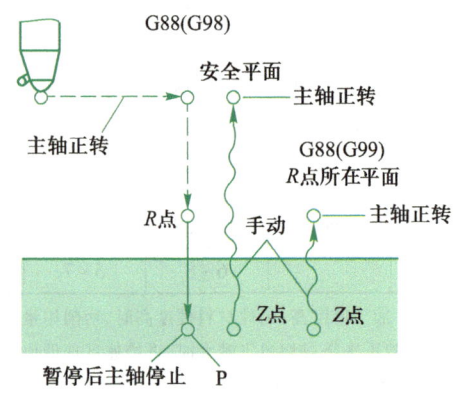

图 2-89 镗孔循环、手动退回 G88

(5)精镗孔循环 G76

格式:G98/G99 G76 X＿＿ Y＿＿ Z＿＿ R＿＿ Q＿＿ F＿＿ K＿＿;

说明:如图 2-90a 所示,镗孔刀即快速定位至 X、Y 所指定的坐标位置,再快速定位到 R 点,接着以 F 指定的进给速度镗孔至 Z 指定的深度后,主轴定向停止。使刀尖指向一固定的方向后,镗孔刀中心偏移使刀尖离开加工孔面,如图 2-90b 所示,这样镗孔刀快速退出孔外时才不至于刮伤孔面。当镗孔刀退回 R 点或安全平面时,刀具中心即回到原来位置,且主轴恢复转动。

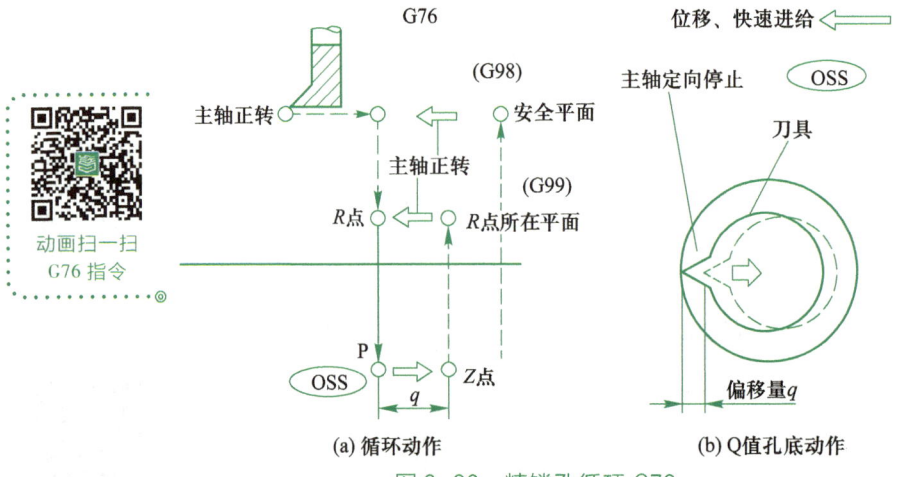

图 2-90 精镗孔循环 G76

动画扫一扫 G76 指令

图 2-90b 所示的偏移量 q 用 Q 指定。Q 值一定是正值(Q 不可用小数点方式表示数值,如欲偏移 1.0 mm 应写成 Q1000),偏移方向可用参数设定选择"+X""+Y""-X"及"-Y"的任何一个。指定 Q 值时不能太大,以避免碰撞工件。

(6)反(背)镗孔循环 G87

格式:G98/G99 G87 X＿＿ Y＿＿ Z＿＿ R＿＿ Q＿＿ F＿＿ K＿＿;

动画扫一扫 (反)背镗孔循环 G87

说明：反镗孔循环也称背镗孔循环，如图 2-91a 所示，刀具运动到起始点 $B(X,Y)$ 后，主轴定向停止，刀具沿刀尖所指的反方向偏移 q，然后快速运动到 R 点，接着沿刀尖所指方向偏移 q 回 E 点，主轴正转，刀具向上进给运动到 Z 点，主轴又定向停止，刀具沿刀尖所指的反方向偏移 q，如图 2-91b 所示，快退，沿刀尖所指正方向偏移 q 到 B 点，主轴正转，本加工循环结束。

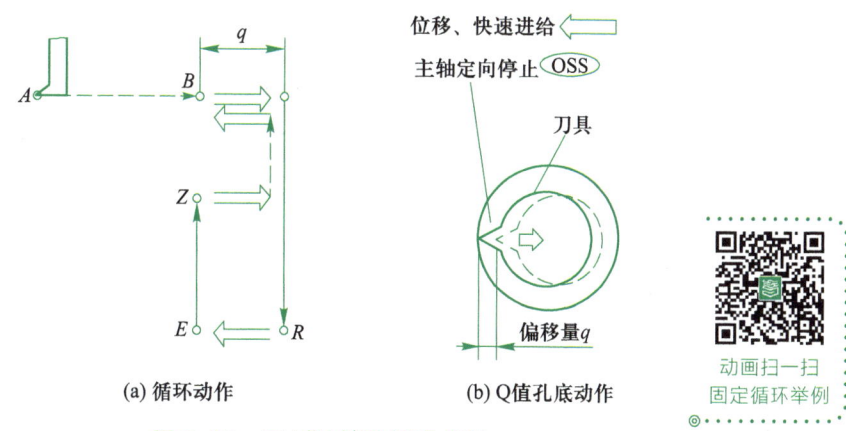

图 2-91　反（背）镗孔循环 G87

例 2-8　如图 2-92 所示的铝合金工件，利用 G81、G83 钻孔，G82 锪孔，G76 镗孔，G84 攻右旋螺纹。使用的刀具参数见表 2-25。

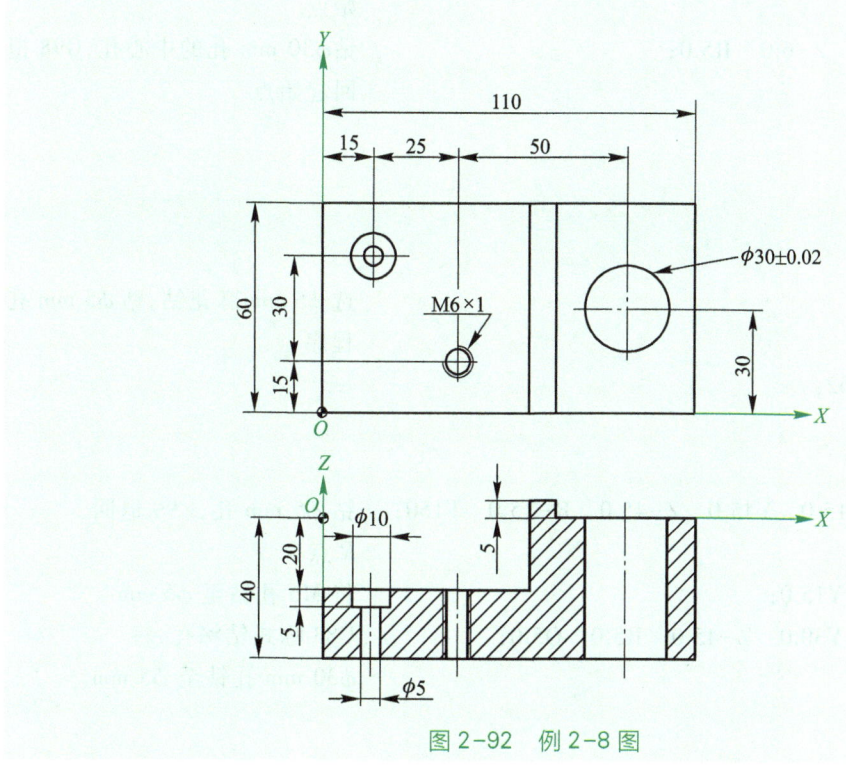

图 2-92　例 2-8 图

表 2-25 刀 具 参 数

刀具号	刀具	主轴转速/（r/min）	进给速度/（mm/min）
T01	φ3 mm 中心麻花钻	2 000	200
T02	φ5 mm 麻花钻	1 800	150
T03	φ29 mm 麻花钻	500	120
T04	φ10 mm 沉头铣刀	800	100
T05	M6×1 丝锥	100	100
T06	可调镗孔刀	1 800	100

编程如下：

O00001;	选 φ3 mm 中心麻花钻，钻中心孔程序
G90 G54 T01;	
G0 Z50.0;	
M3 S2000;	
G90 G0 X0 Y0;	
G99 G81 X15.0 Y45.0 Z-26.0 R-15.0 F200;	钻 φ10 mm 孔的中心孔，G99 退回 R 点
G98 X40.0 Y15.0;	钻 M6 孔的中心孔，G98 退回起始点
X90.0 Y30.0 Z-6.0 R5.0;	钻 φ30 mm 孔的中心孔，G98 退回起始点
G80 M05;	
G0 Z200.0;	
M30;	
O00002;	选 φ5 mm 麻花钻，钻 φ5 mm 孔程序
G90 G54 T02;	
G0 Z50.0;	
M03 S1800;	
G99 G81 X15.0 Y45.0 Z-45.0 R-15.0 F150;	钻 φ5 mm 孔，G99 退回 R 点
G98 X40.0 Y15.0;	将 M6 孔钻至 φ5 mm
G83 X90.0 Y30.0 Z-45.0 R5.0 Q5.0;	G83 啄式钻深孔，将 φ30 mm 孔钻至 φ5 mm
G80 M05;	
G0 Z200.0;	
M30;	

O0003;   选 φ29 mm 麻花钻,将 φ30 mm
                                                           孔钻至 φ29 mm
G90   G54   T03;
G0   Z50.0;
M03   S500;
G98   G83   X90.0   Y30.0   Z-45.0   R5.0   Q5.0   F120;
G80   M05;
G0   Z200.0;
M30;

O0004;   选 φ10 mm 沉头铣刀,钻柱坑
G90   G54   T04;
G0   Z50.0;
M03   S800;
G98   G82   X15.0   Y45.0   Z-25.0   R-15.0   P500   F100;G82 锪孔,G98 退回起始点
G80   M05;
G0   Z200.0;
M30;

O0005;   选 M6×1 丝锥,攻螺纹
G90   G54   T05;
G0   Z50.0;
M03   S100;
G98   G84   X40.0   Y15.0   Z-45.0   R-15.0   F100;   G84 攻右旋螺纹,
                                                      G98 退回起始点
G80   M05;
G0   Z200.0;
M30;

O0006;   选可调式镗刀,镗 φ30 mm 孔
G90   G54   T06;
G0   Z50.0;
M03   S1800;
G98   G76   X90.0   Y30.0   Z-45.0   R5.0   Q1000   F100;   G76 精镗孔
G80   M05;
G0   Z200.0;
M30;

四、工作内容

1. 实训目的与要求

a. 了解中等复杂零件的数控铣削加工工艺过程。

b. 熟练掌握数控铣床的操作与编程。

c. 完成本零件的外轮廓以及孔系的加工。

2. 仪器、设备、刀具及材料

a. 配备 FANUC 0i 数控系统立式钻铣床若干台。

b. 蜡模或金属毛坯(长×宽×高):120 mm×80 mm×20 mm。

c. 工具准备。

量具准备清单:

杠杆百分表与表座 0~0.8 mm

游标卡尺 0~200 mm

内径千分尺 5~30 mm;25~50 mm

刀具准备清单:

A3 中心钻

ϕ11.8 mm、ϕ14 mm、ϕ29 mm 麻花钻

25 mm×25 mm 可调镗刀

ϕ18 mm×15 mm 锪孔钻

ϕ12 mm 铰刀

M16 机用丝锥

其他工具准备清单:

机用平口钳、装拆刀具专用扳手、压板、垫块

d. 计算机若干台(配有 MasterCAM9.1 中文版、Vnuc 数控仿真软件)。

3. 实训时间

两个小时。

4. 实训内容

如图 2-60 所示,零件的外轮廓和内轮廓分别在项目 1 和项目 2 已经完成,本次实训在项目 1 和项目 2 的基础上,主要完成孔系的加工,包括 ϕ30±0.02 mm 精度孔、ϕ18—ϕ12H7 阶梯孔和 M16 螺纹孔。

(1)加工方案的确定

对于 ϕ30±0.02 mm 精度孔采用钻→扩→镗的工艺路线;对于 ϕ18—ϕ12H7 阶梯孔采用钻→锪→铰的工艺路线;对于 M16 螺纹孔采用钻→攻螺纹的工艺路线,所需要的刀具和切削参数如表 2-26 所示。

表 2-26　刀具和切削参数

刀具号	刀具	主轴转速/(r/min)	进给速度/(mm/min)
T01	A3 中心钻	1 000	50

续表

刀具号	刀具	主轴转速/(r/min)	进给速度/(mm/min)
T02	φ11.8 mm 麻花钻	600	50
T03	φ14 mm 麻花钻	500	40
T04	φ29 mm 麻花钻	300	40
T05	φ18 mm 平底钻	350	30
T06	M16 丝锥	100	200
T07	φ12H7 铰刀	100	30
T08	可调镗孔刀	800	50

（2）编制加工工序卡

图 2-60 所示零件孔系数控加工工序卡见表 2-27。

表 2-27 数控加工工序卡

（单位）	数控加工工序卡片	产品名称或代号		零件名称		零件图号	
				盘类零件			
工序号	程序编号	夹具名称		使用设备	数控系统	车间	
	O1、O2、O3、O4、O5、O6、O7、O8	机用平口钳和压板		VMC850	FANUC 0i	数控中心	
工步号	工步内容	刀具号	刀具名称	刀具规格	主轴转速/(r/min)	进给速度/(mm/min)	背吃刀量/mm	备注
1	对各孔钻中心孔	T01	中心钻	A3	1 000	50		
2	对各孔钻孔	T02	麻花钻	φ11.8 mm	600	50		
3	对 M16 螺纹孔扩孔	T03	麻花钻	φ14 mm	500	40		
4	对 φ30±0.02 mm 孔扩孔	T04	麻花钻	φ29 mm	300	40		
5	锪孔至 φ18 mm	T05	平底钻	φ18 mm	350	30		
6	攻 M16 螺纹孔	T06	丝锥	M16	100	200		
7	铰孔	T07	铰刀	φ12 mm	100	30		
8	镗孔至 φ30±0.02 mm	T08	可调镗孔刀		800	50		
编制		审核		批准		共 1 页	第 1 页	

（3）编制数控加工程序

钻中心孔数控加工程序单见表 2-28。

表 2-28　钻中心孔数控加工程序单

零件图号		零件名称		盘类零件	资料编号	
程序号	O1	数控系统		FANUC 0i	备注	
程序段号	程序内容			说明		
N10	G90 G54 T01;			建立工作坐标系,选择 A3 中心钻		
N20	G00 G43 Z50.0 H01;			建立长度补偿		
N30	M03 S1000;			主轴正转,转速为 1 000 r/min		
N40	G00 X0 Y0;			返回原点		
N50	G98 G81 X0 Y30.0 Z-9.0 R0 F50;			钻 $\phi18$—$\phi12H7$ 阶梯孔的中心孔		
N60	X0 Y-30.0;			钻 M16 螺纹孔的中心孔		
N70	X20.0 Y0;			钻 $\phi30\pm0.02$ mm 的精度孔的中心孔		
N80	G00 G49 Z100.0;			取消长度补偿		
N90	M30;			程序结束		
编制		审核		批准	时间	

$\phi11.8$ mm 麻花钻钻孔数控加工程序单见表 2-29。

表 2-29　$\phi11.8$ mm 麻花钻钻孔数控加工程序单

零件图号		零件名称		盘类零件	资料编号	
程序号	O2	数控系统		FANUC 0i	备注	
程序段号	程序内容			说明		
N10	G90 G54 T02;			建立工作坐标系,选择 $\phi11.8$ mm 麻花钻		
N20	G00 G43 Z150.0 H02;			建立长度补偿		
N30	M03 S600;			主轴正转,转速为 600 r/min		
N40	G00 X0 Y0;			返回原点		
N50	G98 G81 X0 Y30.0 Z-25.0 R0 F50;			钻 $\phi18$—$\phi12H7$ 阶梯孔的底孔		
N60	X20.0 Y0;			钻 $\phi30\pm0.02$ mm 精度孔的底孔		
N70	G00 G49 Z150.0;			取消长度补偿		
N80	M30;			程序结束		
编制		审核		批准	时间	

$\phi14$ mm 麻花钻钻孔数控加工程序单见表 2-30。

表 2-30 $\phi14$ mm 麻花钻钻孔数控加工程序单

零件图号		零件名称		盘类零件	资料编号	
程序号	O3	数控系统		FANUC 0i	备注	
程序段号	程序内容			说明		
N10	G90 G54 T03;			建立工作坐标系,选择 $\phi14$ mm 麻花钻		
N20	G00 G43 Z150.0 H03;			建立长度补偿		
N30	M03 S500;			主轴正转,转速为 500 r/min		
N40	G00 X0 Y0;			返回原点		
N50	G98 G81 X0 Y - 30. 0 Z - 25. 0 R0 F40;			钻 M16 螺纹孔的底孔		
N60	G00 G49 Z150.0;			取消长度补偿		
N70	M30;			程序结束		
编制		审核		批准	时间	

$\phi29$ mm 麻花钻钻孔数控加工程序单见表 2-31。

表 2-31 $\phi29$ mm 麻花钻钻孔数控加工程序单

零件图号		零件名称		盘类零件	资料编号	
程序号	O4	数控系统		FANUC 0i	备注	
程序段号	程序内容			说明		
N10	G90 G54 T04;			建立工作坐标系,选择 $\phi29$ mm 麻花钻		
N20	G00 G43 Z150.0 H04;			建立长度补偿		
N30	M03 S300;			主轴正转,转速为 300 r/min		
N40	G00 X0 Y0;			返回原点		
N50	G98 G81 X20.0 Y0 Z - 25. 0 R0 F40;			扩 $\phi30\pm0.02$ mm 的精度孔		
N60	G00 G49 Z150.0;			取消长度补偿		
N70	M30;			程序结束		
编制		审核		批准	时间	

$\phi18$ mm 平底钻锪孔数控加工程序单见表 2-32。

表 2-32　φ18 平底钻锪孔数控加工程序单

零件图号		零件名称		盘类零件	资料编号	
程序号	O5	数控系统		FANUC 0i	备注	
程序段号	程序内容			说明		
N10	G90 G54 T05;			建立工作坐标系,选择 φ18 mm 平底钻		
N20	G00 G43 Z150.0 H05;			建立长度补偿		
N30	M03 S350;			主轴正转,转速为 350 r/min		
N40	G00 X0 Y0;			返回原点		
N50	G98 G82 X0 Y30.0 Z－12.0 R0 F30;			锪 φ18 mm 孔		
N60	G00 G49 Z150.0;			取消长度补偿		
N70	M30;			程序结束		
编制		审核		批准	时间	

M16 丝锥攻螺纹孔数控加工程序单见表 2-33。

表 2-33　M16 丝锥攻螺纹孔数控加工程序单

零件图号		零件名称		盘类零件	资料编号	
程序号	O6	数控系统		FANUC 0i	备注	
程序段号	程序内容			说明		
N10	G90 G54 T06;			建立工作坐标系,选择 M16 机用丝锥		
N20	G00 G43 Z150.0 H06;			建立长度补偿		
N30	M03 S100;			主轴正转,转速为 100 r/min		
N40	G00 X0 Y0;			返回原点		
N50	G98 G84 X0 Y－30.0 Z－25.0 R0 F200;			攻螺纹孔		
N60	G00 G49 Z150.0;			取消长度补偿		
N70	M30;			程序结束		
编制		审核		批准	时间	

φ12 mm 铰刀铰孔数控加工程序单见表 2-34。

表 2-34　ϕ12 mm 铰刀铰孔数控加工程序单

零件图号		零件名称		盘类零件	资料编号	
程序号	O7	数控系统		FANUC 0i	备注	
程序段号	程序内容			说明		
N10	G90 G54 T07;			建立工作坐标系,选择 ϕ12H7 铰刀		
N20	G00 G43 Z150.0 H07;			建立长度补偿		
N30	M03 S100;			主轴正转,转速为 100 r/min		
N40	G00 X0 Y0;			返回原点		
N50	G98 G85 X0 Y30.0 Z－25.0 R0 F30;			铰 ϕ12H7 的孔		
N60	G00 G49 Z150.0;			取消长度补偿		
N70	M30;			程序结束		
编制		审核		批准		时间

ϕ30 mm 镗刀镗孔数控加工程序单见表 2-35。

表 2-35　ϕ30 mm 镗刀镗孔数控加工程序单

零件图号		零件名称		盘类零件	资料编号	
程序号	O8	数控系统		FANUC 0i	备注	
程序段号	程序内容			说明		
N10	G90 G54 T08;			建立工作坐标系,选择可调镗孔刀		
N20	G00 G43 Z150.0 H08;			建立长度补偿		
N30	M03 S800;			主轴正转,转速为 800 r/min		
N40	G00 X0 Y0;			返回原点		
N50	G98 G76 X20.0 Y0 Z－25.0 R0 Q1000 F30;			镗 ϕ30±0.02 mm 的精度孔		
N60	G00 G49 Z150.0;			取消长度补偿		
N70	M30;			程序结束		
编制		审核		批准		时间

（4）应用孔加工循环的注意事项

a. 孔加工的数据为模态值,一直保持到被更改或孔加工固定循环被取消为止。

b. Q 在 G73、G83 指令中指定每次的切削深度,增量正值。

c. P 指定孔底主轴停转或进给暂停时间,单位为 ms。

d. F 指定切削进给速度。在 G94 指令中指定每分钟进给量(mm/min),在 G95 指令中指定每转进给量(mm/r)。

e. 固定循环开始后,在 R 点所在平面自动启动主轴回转切削主运动,故在循环前只需设定主轴转速,而不必启动主轴。

f. 所有孔加工固定循环中 G 指令均为模态指令。一旦指定,一直有效,直到出现其他孔加工固定循环指令,或固定循环取消指令 G80 或 G00、G01、G02、G03 等插补指令才失效。

g. 在用 G80 指令取消孔加工固定循环后,那些在固定循环之前的插补模态(如 G00、G01、G02、G03)恢复,M05 指令也自动生效(G80 指令可使主轴停转)。

h. 以下功能在孔加工固定循环中不可进行:改变插补平面(G17、G18、G19),刀具半径补偿(G41、G42),换刀(M06),回零(G28)。

(5) 实训总结

① 孔加工的特点　刀具的中心在 XOY 平面内定位到孔的中心,然后在 Z 方向做一定的切削运动。根据实际选用刀具和编程指令的不同,可以实现钻孔、铰孔、镗孔等加工形式。

通常 IT7~IT8 级的孔采用以下加工方法:

孔径 $D \leqslant 20$ mm,采用钻—扩—铰;

20 mm < 孔径 $D \leqslant 80$ mm 或位置精度要求较高的孔,采用钻—扩—镗或钻—铣—镗。

② 注意事项

a. 刀具及切削用量的合理选用。

b. 各种孔加工循环指令的合理选择。

c. 不同类型孔的加工深度的计算。

d. 工件加工过程中一定要保持高度警惕,将手放在"急停"按钮上,如遇紧急情况,迅速按下"急停"按钮,防止意外事故发生。

2.3 考核评价表

(6) 可以扫描二维码,填写盘类零件考核评价表

五、项目拓展

镗铣如图 2-93 所示的泵盖零件。

在数控铣床上加工如图 2-93 所示的泵盖零件。材料为灰口铸铁(牌号为 HT200),零件毛坯尺寸为 180 mm×110 mm×30 mm(注:实际生产应用中,一般不会选用长方形件作为这种零件的毛坯,而是用加工余量已经较少的铸件。本例这样选择,是为了仿真和更多的练习内容)。试分析该零件的数控铣削加工工艺并编写加工程序。

1. 零件图工艺分析

该零件主要由平面、外轮廓及孔系组成。其中 ϕ32H7、2×ϕ6H8 三个内孔的表面粗糙度要求较高,其 Ra 值为 1.6 μm;而 ϕ12H7 内孔的表面粗糙度要求更高,其 Ra 值为 0.8 μm;ϕ32H7 内孔表面对底面 A 有垂直度要求,上表面对底面 A 有平行度要求。零件材料为铸铁,切削加工性能较好。

根据上述分析,ϕ32H7 孔、2×ϕ6H8 孔和 ϕ12H7 孔的粗、精加工应分开进行,以保证表面粗糙度的要求。同时应以底面 A 定位,提高装夹刚度以满足 ϕ32H7 内孔表面的垂直度要求。

2. 各结构的加工方法

a. 上、下表面及台阶面的表面粗糙度要求为 Ra3.2 μm,可选择粗铣—精铣方案。

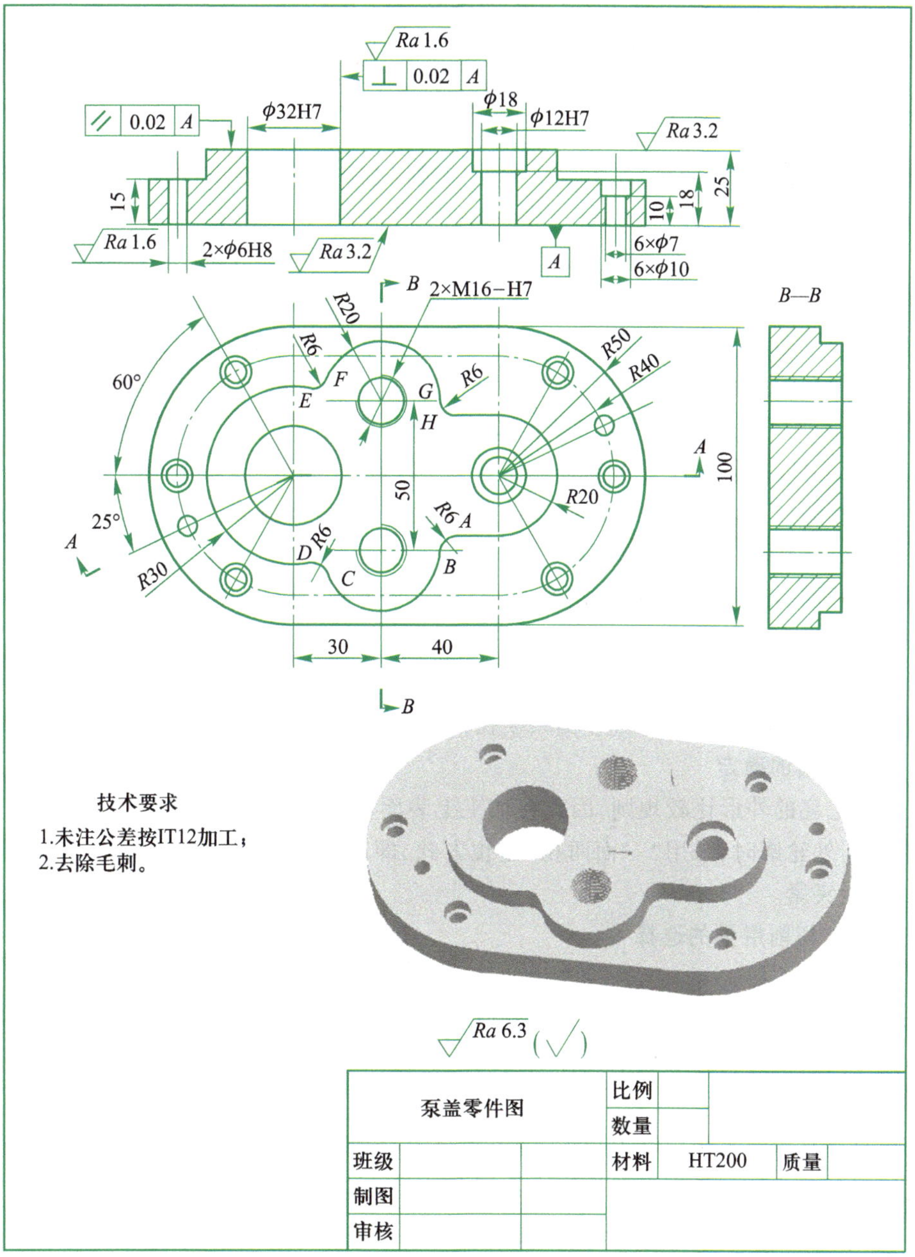

图 2-93　泵盖零件图

　b. 选择孔加工方法：加工前，为便于麻花钻引正，先用中心钻加工中心孔，然后再钻孔。内表面的加工方案在很大程度上取决于内孔表面本身的尺寸精度和表面粗糙度。对于精度较高、表面粗糙度 Ra 值较小的表面，一般不能通过一次加工达到规定的要求，而要划分加工阶段逐步进行。该零件孔系加工方案的选择如下：

　孔 $\phi32H7$，表面粗糙度为 $Ra1.6\ \mu m$，选择钻—粗镗—半精镗—精镗方案。

　孔 $\phi12H7$，表面粗糙度为 $Ra0.8\ \mu m$，选择钻—粗铰—精铰方案。

　孔 $6\times\phi7\ mm$，表面粗糙度为 $Ra6.3\ \mu m$，无尺寸公差要求，选择钻方案。

孔 2×φ6H8，表面粗糙度为 Ra1.6 μm，选择钻—铰方案。

孔 φ18 和 6×φ10 mm，表面粗糙度为 Ra6.3 μm，无尺寸公差要求，选择钻孔—锪孔方案。

螺纹孔 2×M6-H7，采用先钻底孔后攻螺纹的加工方法。

3. 加工顺序的确定

按照基面先行、先面后孔、先粗后精的原则确定加工顺序。外轮廓加工采用顺铣加工，刀具沿切线方向切入与切出。

用端铣刀（φ125 mm）进行粗、精加工。由于端铣刀直径较工件宽度大，可使用 MDI 功能进行操作加工，即在 MDI 方式下输入一个程序段，再按机床操作面板上的"循环启动"按钮，完成一次走刀。如此，经数次走刀完成泵盖上、下表面的粗、精加工。

对于铣削台阶面和轮廓，采用立铣刀（φ12 mm）加工。由于台阶面有一定的宽度和高度，需多次走刀加工且相邻两次走刀铣削表面应有一定数值的重合。对其轮廓的加工，为简化编程，设定 G41（左偏），半径补偿存储器号为 D2，设置其补偿值为 5.99。

对于各孔的加工，由于孔的数量较多，且部分孔精度较高需多次加工，为简化编程，采用孔加工固定循环功能。

在铣台阶面、轮廓和加工 6 个分布孔（φ7 mm、φ10 mm 孔）时，由于重复多次加工，分别采用调用子程序编程，简化程序。

铣削外轮廓，可用底面、φ32 mm 和 φ12 mm 孔（即一面两孔）定位，通过压板、螺栓夹紧，装夹效率高。铣削偏置设定为 G41（左偏），半径补偿存储器号为 D16，设置其补偿值为 10.0。

4. 装夹方案的确定

该零件毛坯的外形比较规则，因此在加工上表面、下表面、台阶面及孔系时，选用平口钳夹紧；在铣削外轮廓时，采用"一面两孔"定位方式，即以底面 A、φ32H7 和 φ12H7 孔定位，通过压板、螺栓夹紧。

5. 刀具与切削用量的选择

（1）刀具的选择

工件上、下表面采用端铣加工，根据侧吃刀量选择端铣刀直径，使铣刀工作时有合适的切入/切出角；且铣刀直径应尽量包容工件加工宽度，以提高加工精度和效率，并减小相邻两次进给之间的接刀痕迹。

台阶面及其轮廓采用立铣刀加工，铣刀半径 R 受轮廓最小曲率半径限制，取 R = 6 mm。

孔加工各工步的刀具直径根据加工余量和孔径确定。

该零件加工所选刀具见表 2-36 泵盖数控加工刀具卡。

表 2-36　泵盖数控加工刀具卡

产品名称或代号		数控铣工艺分析实例		零件名称	泵盖	零件图号	
序号	刀具编号	刀具规格名称	数量	加工表面			备注
1	T01	φ125 mm 硬质合金端铣刀	1	铣削上、下表面			
2	T02	φ12 mm 硬质合金立铣刀	1	铣削台阶面及其轮廓			
3	T03	φ3 mm 中心钻	1	钻中心孔			
4	T04	φ27 mm 麻花钻	1	钻 φ32H7 底孔			

续表

产品名称或代号		数控铣工艺分析实例		零件名称	泵盖	零件图号	
序号	刀具编号	刀具规格名称	数量	加工表面			备注
5	T05	25 mm×25 mm 可调镗刀	1	粗镗、半精镗和精镗 ϕ32H7 孔			
6	T06	ϕ11.8 mm 麻花钻	1	钻 ϕ12H7 底孔			
7	T07	ϕ18 mm×11 mm 锪钻	1	锪 ϕ18 孔			
8	T08	ϕ12 mm 铰刀	1	铰 ϕ12H7 孔			
9	T09	ϕ14 mm 麻花钻	1	钻 2×M16 螺纹底孔			
10	T10	90°倒角铣刀	1	2×M16 螺纹孔倒角			
11	T11	M16 机用丝锥	1	攻 2×M16 螺纹孔			
12	T12	ϕ7 mm 麻花钻	1	钻 6×ϕ7 mm 孔			
13	T13	ϕ10 mm×5.5 mm 锪钻	1	锪 6×ϕ10 mm 孔			
14	T14	ϕ5.8 mm 麻花钻	1	钻 2×ϕ6 mm 底孔			
15	T15	ϕ6 mm 铰刀	1	铰 2×ϕ6 mm 孔			
16	T16	ϕ20 mm 硬质合金立铣刀	1	铣削外轮廓			
编制		审核		批准	年　月　日	共 1 页	第 1 页

（2）切削用量的选择

该零件材料的切削性能较好。铣削平面时,精加工余量为 0.5 mm;加工孔时,精镗加工余量为 0.2 mm,精铰加工余量为 0.1 mm。

选择主轴转速与进给速度时,先查切削用量手册,确定切削速度与每齿进给量,然后计算进给速度与主轴转速(计算过程从略)。

6. 拟订数控铣削加工工序卡

把工件加工顺序、所采用的刀具和切削用量等参数编入表 2-37 所示的泵盖零件数控加工工序卡中,以指导编程和加工操作。

7. 程序

根据泵盖零件的特点,这里选择 ϕ32H7 孔中心为 X、Y 轴原点,Z 轴原点取台阶面上表面。

① 台阶面外轮廓各基点坐标:A(55.981,-20),B(49.985,-25.769),C(11.691,-33.048),D(5.165,-25.552),E(5.165,29.552),F(11.691,33.048),G(49.985,25.769),H(55.981,20)。对于各孔的坐标值,根据零件图尺寸可直接计算得到。

② 加工过程中的换刀。由于数控铣床不能进行自动换刀,因此加工时要人工换刀。这里编程采取的方法是,要换刀时,执行 M00(程序停止)程序段,此时进行人工换刀,换刀完成后,按"循环启动"按钮,继续执行下面的程序。

加工程序略。

表 2-37　泵盖零件数控加工工序卡

单位名称	×××		产品名称或代号	×××	零件名称	泵盖	零件图号	×××	
工序号	×××		程序编号	×××	夹具名称	机用平口钳和压板	使用设备	XK5034	车间	现代制造中心
工步号	工步内容	刀具号	刀具规格/mm	主轴转速/(r/min)	进给速度/(mm/min)	背吃刀量/mm	备注
1	粗铣基准面 A	T01	φ125	180	40	2	
2	精铣定位基准面 A	T01	φ125		25	0.5	
3	粗铣上表面	T01	φ125		40	2	
4	精铣上表面	T01	φ125		25	0.5	
5	铣台阶面及其轮廓	T02	φ12	900	100	4	
6	钻所有孔的中心孔	T03	φ3	1 000			
7	钻 φ32H7 底孔至 φ27 mm	T04	φ27	300	40		
8	粗镗 φ32H7 孔至 φ30 mm	T05		500	80	1.5	
9	半精镗 φ32H7 孔至 φ31.6 mm	T05		700	70	0.8	
10	精镗 φ32H7 孔	T05		800	60	0.2	

续表

工步号	工步内容	刀具号	刀具规格/mm	主轴转速/(r/min)	进给速度/(mm/min)	背吃刀量/mm	备注
11	钻 φ12H7 底孔至 φ11.8 mm	T06	φ11.8	600	60		
12	锪 φ18 mm 孔	T07	φ18×11	200	30		
13	铰 φ12H7	T08	φ12	100	40	0.1	
14	钻 2×M16 底孔至 φ14 mm	T09	φ14	450	60		
15	2×M16 底孔倒角	T10	90°倒角铣刀	300	40		
16	攻 2×M16 螺纹孔	T11	M16	100	200		
17	钻 6×φ7 mm 孔	T12	φ7	700	70		
18	锪 6×φ10 mm 孔	T13	φ10×5.5	200	30		
19	钻 2×φ6H8 底孔至 φ5.8 mm	T14	φ5.8	900	80		
20	铰 2×φ6H8 孔	T15	φ6	100	40	0.1	
21	一面两孔定位铣外轮廓	T16	φ20	600	80	2	
编制	审核	批准			年　月　日		

第　页　　共　页

练习题 1   如图 2-94 所示,已知:毛坯为 100 mm×100 mm×21 mm 的板料,材料为 45 钢。要求:(1)制订加工上表面,槽,内、外轮廓,孔的工艺方案;(2)正确选择刀具、切削参数、工件坐标系;(3)编写数控铣削加工程序。

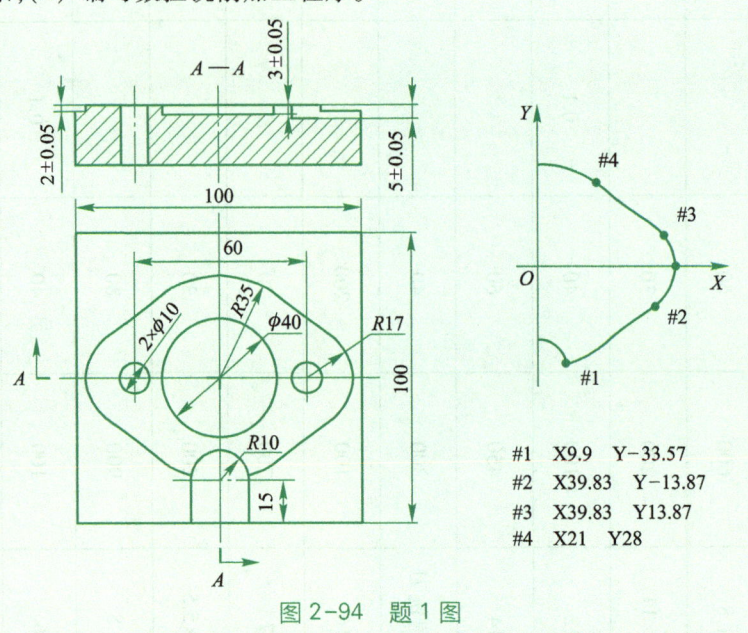

#1	X9.9 Y−33.57
#2	X39.83 Y−13.87
#3	X39.83 Y13.87
#4	X21 Y28

图 2-94   题 1 图

练习题 2   已知零件毛坯为 75 mm×75 mm×30 mm 的板料,材料为 45 钢,分析如图 2-95 所示工件的工艺过程,含机床的选择、加工方法的确定、加工路线的选择、刀具的确定、工件坐标系的选择等,并编写加工程序。

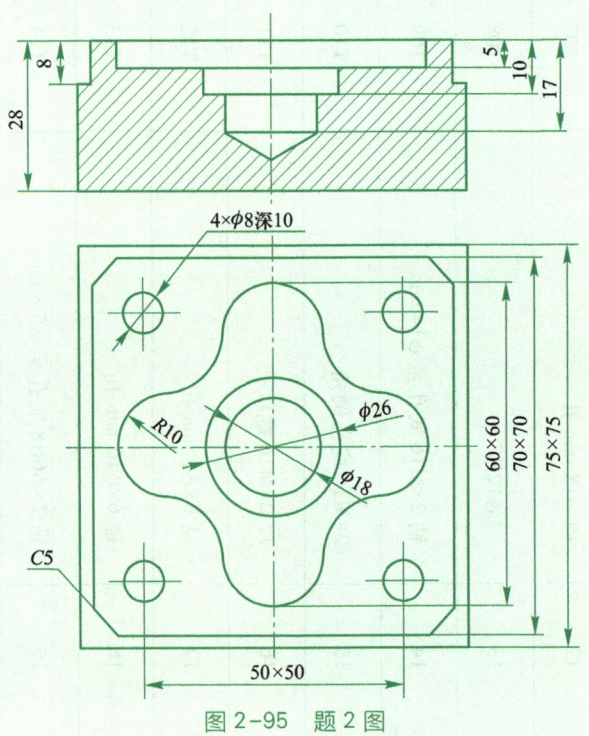

图 2-95   题 2 图

项目 4 　配合件数控编程与加工

一、工作任务

　　已知零件毛坯为 120 mm×80 mm×25 mm 的板料,材料为 45 钢,加工如图 2-96 和图 2-97 所示的配合件凸模和凹模。

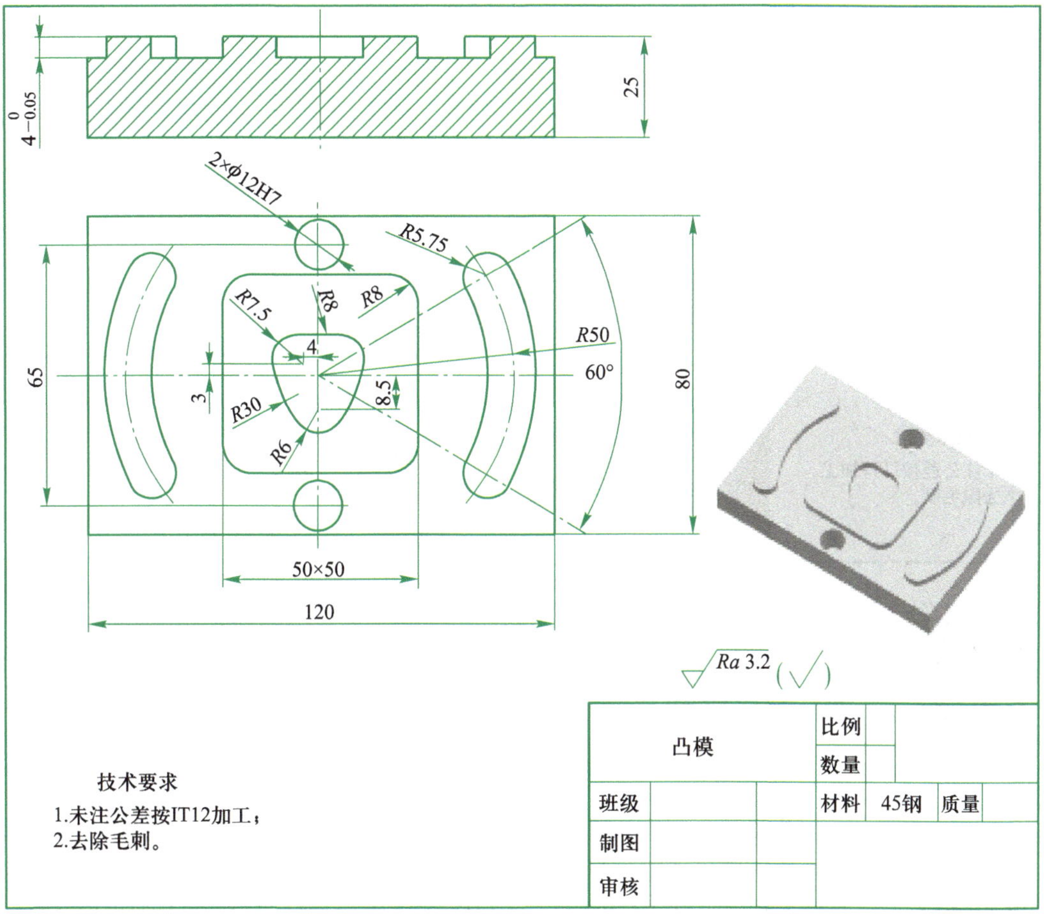

凸模		比例		
		数量		
班级		材料	45钢	质量
制图				
审核				

$\sqrt{Ra\ 3.2}\ (\sqrt{\ })$

技术要求
1.未注公差按IT12加工;
2.去除毛刺。

图 2-96　凸模零件图

动画扫一扫
零件 1 三维模型

二、学习目标

　　a. 掌握配合件的铣削加工工艺的制订。

　　b. 掌握配合件的编程与加工。

　　c. 掌握子程序的运用。

　　d. 体现"提质增效、节本降耗、持续改进、精益求精"的工匠精神。

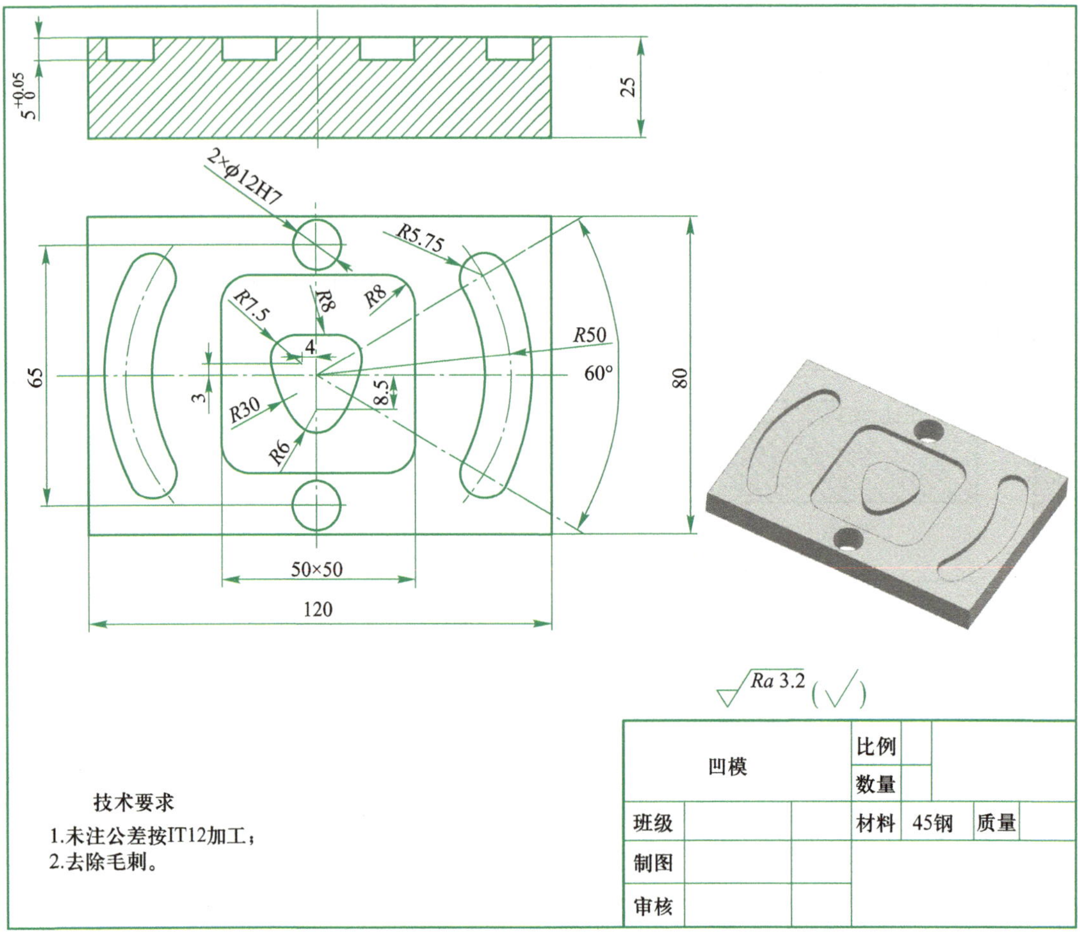

图 2-97　凹模零件图

技术要求
1.未注公差按IT12加工；
2.去除毛刺。

动画扫一扫
零件 2 三维模型

动画扫一扫
零件 1、2 配合

三、学习内容

（一）子程序调用

为了简化程序的编制，当一个工件上有相同的加工内容时，常用调子程序的方法进行编程。调用子程序的程序叫作主程序。子程序的编号与一般程序基本相同，只是用 M99 表示子程序结束，并返回到调用子程序的主程序中。

1. 子程序的结构

O1234；　　　　　子程序名
　∶　　　　　　　子程序内容
M99；　　　　　　子程序结束，从子程序返回到主程序

2. 子程序调用

格式：M98　P ＿＿＿ ＿＿＿；

说明：其中，P ＿＿＿ ＿＿＿表示子程序调用情况。P 后共有七位数字，前三位为调用次数，

省略时为调用一次,后四位为所调用的子程序号。

例:M98　P61020;　　　表示调用 1020 号子程序,重复调用 6 次(执行 6 次)。

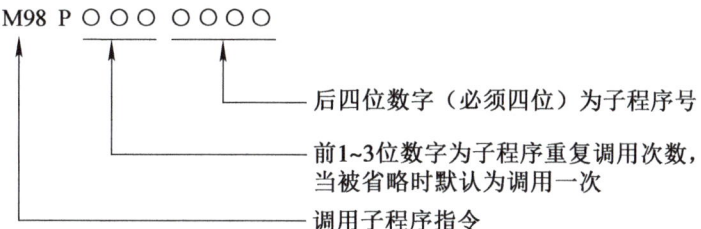

3. 子程序嵌套调用

子程序可以由主程序调用,被调用的子程序也可以调用另一个子程序,称为子程序嵌套。被主程序调用的子程序称为一级子程序,被一级子程序调用的子程序称为二级子程序,以此类推,子程序调用可以嵌套四级,如图 2-98 所示。

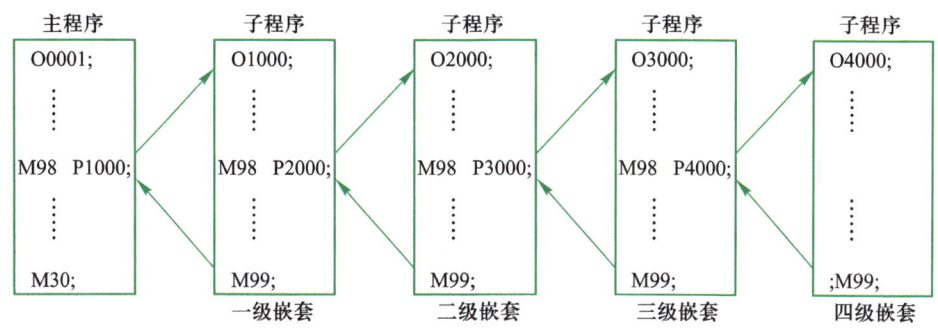

图 2-98　子程序的嵌套

例 2-9　如图 2-99 所示,在数控铣床上一次加工 4 个相同的工件,工件厚 12 mm,采用 ϕ8 mm 立铣刀。坐标系原点为 O,Z 轴原点取在工件上表面。

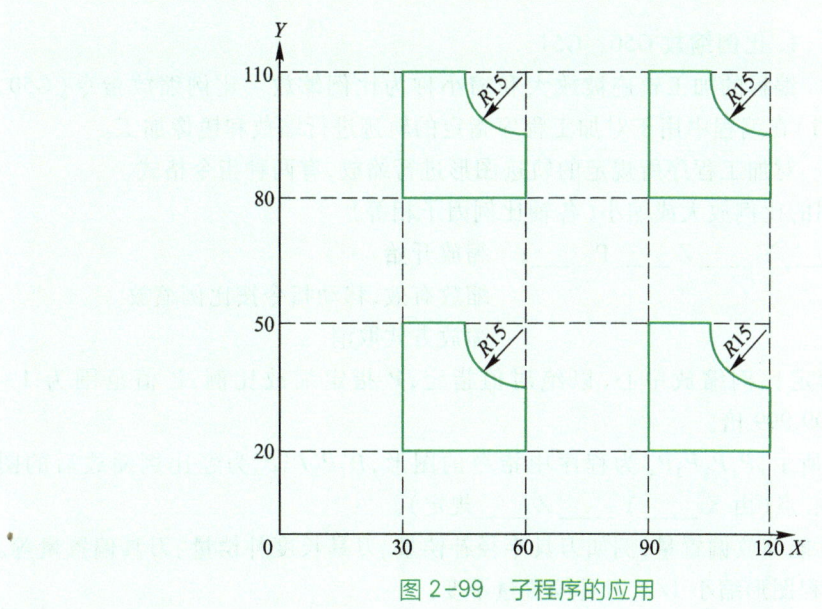

图 2-99　子程序的应用

编程如下：

O0030；

N10　G54　G17　G40；

N20　S600　M03；

N30　G90　G00　X0　Y0；

N40　Z5.0；

N50　M98　P21008；

N60　G90　G00　X0　Y60.0；

N70　M98　P21008；

N80　G90　G00　Z50.0　M05；

N90　M30；

O1008；

N200　G91　G00　G41　X30.0　Y10.0　D01；

N210　G01　Z-17.0　F120；

N220　Y40.0；

N230　X15.0；

N240　G03　X15.0　Y-15.0　R15.0；

N250　G01　Y-15.0；

N260　X-40.0；

N270　G00　Z17.0；

N280　G40　X40.0　Y-20.0；

N290　M99；

动画扫一扫
比例缩放

（二）其他编程指令

1. 比例缩放 G50、G51

编程的加工轨迹被放大和缩小称为比例缩放。比例缩放指令（G50、G51）在编程中用于对加工程序指定的轨迹进行缩放和镜像加工。

对加工程序所规定的轨迹图形进行缩放，有两种指令格式。

（1）各轴以相同的比例放大或缩小（各轴比例因子相等）

格式：G51　X____　Y____　Z____　P____；　　缩放开始

　　　⋮　　　　　　　　　　　　　　　　　缩放有效，移动指令按比例缩放

　　　G50；　　　　　　　　　　　　　　　缩放方式取消

说明：X、Y、Z 指定比例缩放中心，以绝对值指定；P 指定缩放比例，P 值范围为 1 ~ 999 999，即 0.001 ~ 999.999 倍。

例：如图 2-100 所示，$P_1P_2P_3P_4$ 为程序中指令的图形，$P_1'P_2'P_3'P_4'$ 为经比例缩放后的图形。P_0：比例缩放中心点（由 X____　Y____　Z____ 规定）。

比例缩放功能不能缩放偏置量，例如刀具半径补偿量、刀具长度补偿量、刀具偏置量等。如图 2-101 所示，编程图形缩小 1/2，刀具偏置量不变。

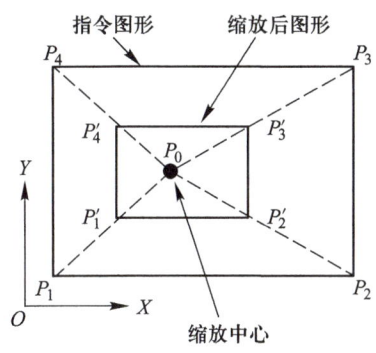

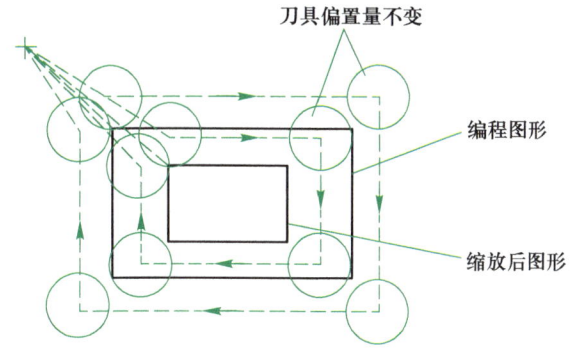

图 2-100　比例缩放功能　　　　　　图 2-101　刀具偏置量不能缩放

（2）各轴比例因子单独指定

通过对各轴指定不同的比例,可以按各自比例缩放各轴指令。

格式:G51　X＿＿＿　Y＿＿＿　Z＿＿＿　I＿＿＿　J＿＿＿　K＿＿＿;　　　缩放开始

　　　⋮　　　　　　　　　　　　　　　　　　　　　　　　　　缩放有效(缩放方式)

　　　G50;　　　　　　　　　　　　　　　　　　　　　　缩放取消

说明:X、Y、Z 指定比例缩放中心的坐标,以绝对值指定。I、J、K 指定分别与 X、Y 和 Z 各轴对应的缩放比例(比例因子)。I、J、K 取值范围为 $\pm 1 \sim \pm 999\,999$,即 $\pm 0.001 \sim \pm 999.999$ 倍。小数点编程不能用于指定比例 I、J、K。

例:运行比例缩放程序前、后的图形如图 2-102 所示,图中 X、Y 轴的比例因子不同,X 轴比例因子为 a/b,Y 轴比例因子为 c/d,比例缩放中心为 O。

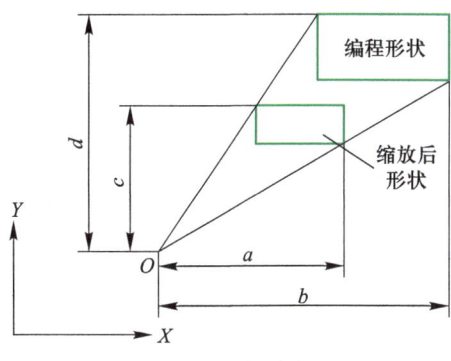

图 2-102　各轴比例因子

（3）对圆弧插补(G02、G03)的比例缩放

在圆弧插补程序中,即使对圆弧插补的各轴指定不同的缩放比例,刀具也不走出椭圆轨迹。缩放后的轨迹分述如下:

① 各轴的缩放比不同,圆弧插补用 R 指令编程

例 2-10　如图 2-103 所示,对各轴指令不同的比例因子(X 轴的比例因子为 2,Y 轴的比例因子为 1,Z 轴的比例因子为 1),并用 R 指令指定一个圆弧插补,此时半径 R 的比例因子取决于 I 或 J 中的大者。

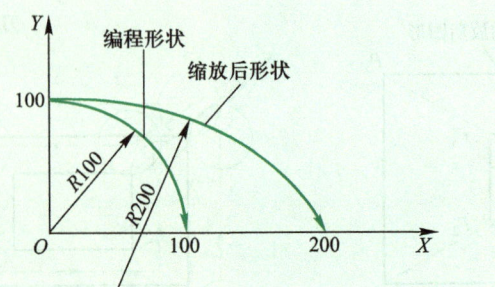

图 2-103 缩放比不同,用 R 指令指定圆弧

编程如下:

G90　G00　X0　Y100.0　Z0;

G51　X0　Y0　Z0　I2000　J1000　K1000;

G02　X100.0　Y0　R100.0　F500;

在这种情况下,半径 R 的比例按 I、J 中较大者缩放。上述指令与下面的指令等效:

G90　G00　X0　Y100.0　Z0;

G02　X200.0　Y0　R200.0　F500;

② 各轴的缩放比不同,圆弧插补用 I、J、K 指令编程

例 2-11　如图 2-104 所示,对各轴指定不同的比例因子(X 轴的比例因子为 2,Y、Z 轴的比例因子为 1),并用 I、J 和 K 指令进行圆弧插补。

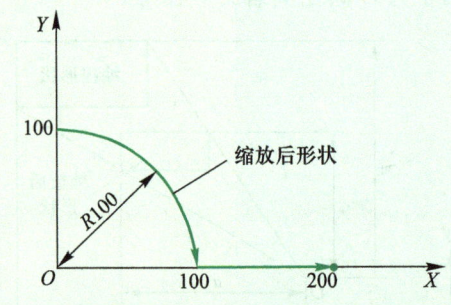

图 2-104 缩放比不同,用 I、J、K 指令指定圆弧

编程如下:

G90　G00　X0　Y100.0　Z0;

G51　X0　Y0　Z0　I2000　J1000　K1000;

G02　X100.0　Y0　J-100.0　F500;

在这种情况下,终点不在指定的圆弧上,多出部分走一段直线。上述指令与下面的指令等效:

G90　G00　X0　Y100.0　Z0;

G02　X100.0　Y0　I0　J-100.0　F500;

G01　X200.0;

（4）使用比例缩放功能时的注意事项

a. 在单独程序段指定 G51，比例缩放之后必须用 G50 取消。

b. 当不指定 P 而是把参数设定值用作比例因子时，在执行 G51 指令时，就把设定值作为比例因子。任何其他指令不能改变这个值。

c. 无论比例缩放是否有效，都可以用参数设定各轴的比例因子。采用 G51 方式时，比例缩放功能对圆弧半径 R 始终有效，与设定参数无关。

d. 比例缩放对纸带（DNC）运行、存储器运行或 MDI 操作有效，对手动操作无效。

e. 在下面的固定循环中，Z 轴方向的移动缩放无效：深孔钻循环 G83、73 的切入值 q 和返回值 d（Z 轴方向的 q 和 d 移动缩放无效），精镗循环 G76，背镗循环 G87 中 X 轴和 Y 轴的偏移量 q（Z 轴方向的 q 移动缩放无效）。且手动运行时移动距离不能用缩放功能增减。

f. 关于回参考点和坐标系的指令。在缩放状态不能使用返回参考点的 G 代码 G27~G30 等和坐标系的 G 代码 G52~G59、G92 等。若必须使用这些 G 代码应在取消缩放功能后指定。

g. 若比例缩放结果按四舍五入圆整后，有可能使移动量变为 0，此时程序段被视为无运动程序段，若用刀具半径补偿将影响刀具的运动。

2. G51 编程的镜像加工

上述各轴比例缩放 G51 指令格式中，当指定各轴比例因子为负值时，则执行镜像加工，以比例缩放中心为镜像对称中心。

例 2-12　如图 2-105 所示，实现镜像加工。

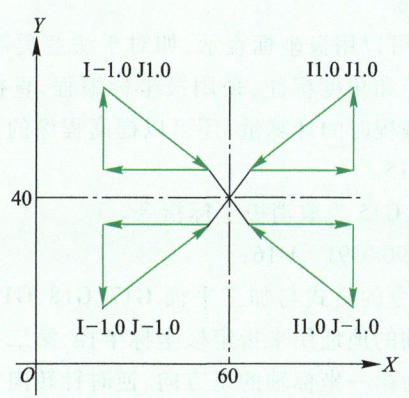

图 2-105　镜像加工

编程如下：

O0018；	主程序号
G54　G90　G00　X60.0　Y40.0；	建立工件坐标系
M98　P1018；	调子程序，加工第一象限图形
G51　X60.0　Y40.0　I-1000　J1000；	镜像中心（X60，Y40），X 轴镜像
M98　P1018；	调子程序，加工第二象限图形

G51　X60.0　Y40.0　I-1000　J-1000；	镜像中心(X60,Y40),X、Y轴镜像
M98　P1018；	调子程序,加工第三象限图形
G51　X60.0　Y40.0　I1000　J-1000；	镜像中心(X60,Y40),X轴取消镜像、Y轴镜像
M98　P1018；	调子程序,加工第四象限图形
G50；	取消比例缩方式(取消镜像)
M05；	
M30；	
O1018；	子程序号
G00　G90　X70.0　Y50.0；	定位于第一象限起始点
G01　X100.0；	直线插补横线
Y70.0；	直线插补竖线
X70.0　Y50.0；	直线插补斜线(完成三角形图形)
G00　X60.0　Y40.0；	定位于镜像中心
M99；	子程序结束,返回主程序

当在指定平面中对一个轴执行镜像时其结果如下。

a. 圆弧指令旋转方向反向,即 G02 变为 G03,G03 变为 G02。

b. 刀具半径补偿偏置方向反向,即 G41 变为 G42,G42 变为 G41。

c. 坐标系旋转角度反向。

3. 极坐标指令 G15、G16

在编程过程中坐标值还可以用极坐标表示,如对于法兰类零件(被加工孔以圆周分布)的加工,由于图样尺寸以半径和角度标注,采用极坐标编程,直接利用极坐标半径和角度指定坐标位置,不但可以减少编程时的计算量,还可以提高程序的正确率。

极坐标指令有 G16 和 G15。

G16 为极坐标生效指令,G15 为取消极坐标指令。

格式:G17/G18/G19　G90/G91　G16；

说明:极坐标编程时,指令的格式与加工平面 G17、G18、G19 的选择有关。加工平面选定后,所选平面的第一坐标轴的地址用来指定极坐标半径,第二坐标轴的地址用来指定极坐标角度,极坐标的 0 度方向为第一坐标轴的正方向,逆时针转向角度为正,顺时针转向为负。

G90、G91 指令可以改变尺寸的编程方式。用 G90 时,指定工件坐标系的零点作为极坐标原点,从该点测量半径,极坐标的半径和角度都以绝对尺寸的形式指定;用 G91 时,指定当前位置作为极坐标原点,从该点测量半径,半径和角度是以增量尺寸的形式指定。圆弧插补或螺旋线切削(G02、G03)时用 R 指定半径。

例 2-13　用极坐标编制钻 3×φ10 mm 孔的程序,如图 2-106 所示。

项目 4　配合件数控编程与加工

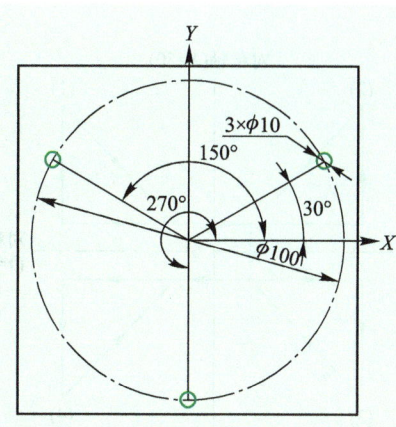

图 2-106　利用极坐标编程加工三个孔举例

（1）用绝对值指令指定角度和极半径

⋮

G17　G90　G16；	G90 设定了工件坐标系的零点为极坐标系的原点
G81　X50.0　Y30.0　Z-20.0　R5.0　F200；	指定 50 mm 的距离和 30° 的角度
Y150.0；	指定 50 mm 的距离和 150° 的角度
Y270.0；	指定 50 mm 的距离和 270° 的角度
G15　G80；	取消极坐标指令和钻孔循环

⋮

（2）用增量值指定角度,用绝对值指定极半径

⋮

G17　G90　G16；	选择 XY 平面,指定极坐标指令
G81　X50.0　Y30.0　Z-20.0　R5.0　F200；	指定 50 mm 的距离和 30° 的角度
G91　Y120.0；	指定 50 mm 的距离和+120° 的角度增量
Y120.0；	指定 50 mm 的距离和+120° 的角度增量
G15　G80；	取消极坐标指令

⋮

4. 可编程镜像 G51.1、G50.1

可编程镜像指令可实现坐标轴的对称加工,如图 2-107 所示。

a. 程序编制图像;

b. 该图像的一条对称轴与 Y 轴平行,并与 X 轴在 X=50 处相交;

c. 该图像的另一条对称轴与 X 轴平行,并与 Y 轴在 Y=50 处相交;

d. 图像的两对称轴交于点(50,50)。

格式:(以 XY 平面为例)

设置可编程镜像

G51.1　X____；

G51.1　Y____；

G51.1　X ＿＿＿ Y ＿＿＿；

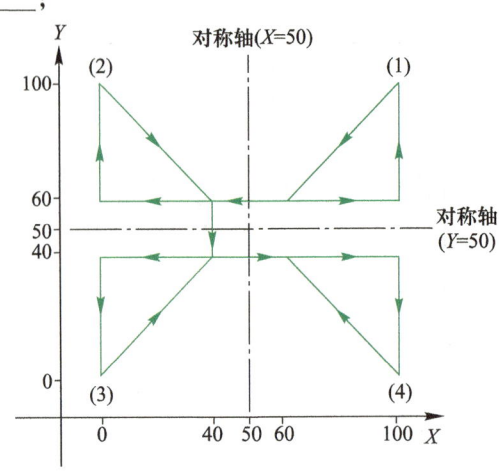

图 2-107　可编程镜像举例

取消可编程镜像

G50.1　X ＿＿＿；

G50.1　Y ＿＿＿；

说明：

利用指令 G51.1 可根据指定的对称轴生成程序段中指定的镜像。用 G51.1 指定镜像的对称点（位置）X ＿＿＿ Y ＿＿＿和对称轴 X ＿＿＿或 Y ＿＿＿。

用 G50.1 指定镜像的对称轴 X ＿＿＿或 Y ＿＿＿，不指定对称点。

注意：

a. 在指定平面内的一个轴上的镜像。在指定平面对某个轴镜像时，使下列指令发生变化：圆弧指令 G02 和 G03 被互换，刀具半径补偿指令 G41 和 G42 被互换，坐标旋转 CW 和 CCW（旋转方向）被互换。

b. 比例缩放和坐标旋转。CNC 的数据处理顺序是程序镜像—比例缩放和坐标系旋转。应按该顺序指定指令，取消时，按相反顺序指定。在比例缩放或坐标系旋转方式下，不能指定 G50.1 或 G51.1。

c. 与返回参考点和坐标系有关的指令。在可编程镜像方式中，与返回参考点（G27、G28、G29、G30 等）和改变坐标系（G52～G59、G92 等）有关的 G 代码不允许指定。如果需要这些 G 代码的任意一个，应在取消可编程镜像方式之后再指定。

5. 坐标系旋转 G68、G69

格式：G17　G68　X ＿＿＿ Y ＿＿＿ R ＿＿＿；

　　　G18　G68　X ＿＿＿ Z ＿＿＿ R ＿＿＿；

　　　G19　G68　Y ＿＿＿ Z ＿＿＿ R ＿＿＿；

　　　G69；

动画扫一扫
坐标系旋转 G68

X、Y、Z 指定旋转中心的坐标值。R 指定旋转角度，逆时针方向旋转为正，当用小数指定角度（R ＿＿＿）时，个位对应应度。

用 G69 指令取消旋转坐标系。取消旋转坐标系指令（G69）以后的第一个移动指令应用绝对值指定。如果用增量值指令，将不执行正确的移动。

6. 单向定位 G60

在实际定位中不受机床背隙(反向间隙)的影响,可以从一个方向最终定位,如图 2-108
所示。

格式:G60 X ____ Y ____ Z ____;

说明:接近距离和定位方向由参数 No.5440
设定。在指令的定位方向与参数设定的方向一
致时,刀具在到达终点前要停止一次。G60 是非
模态 G 代码,若参数 No.5431#0(MDL)设置为 1
时,它可以用作 01 组的模态 G 代码。

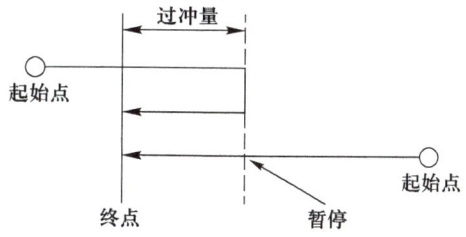

图 2-108 单向定位(G60)路线

例 2-14 G60 指令的应用。

使用非模态 G 代码时		使用模态 G 代码时	
⋮		⋮	
G90;		G90 G60;	单向定位模式开始
G60 X0 Y0;	单向定位	X0 Y0;	单向定位
G60 X100.0;		X100;	
G60 Y100.0;		Y100;	
G04 X10.0;		G04 X10.0;	暂停
G00 X0 Y0;		G00 X0 Y0;	快速定位,模式取消
⋮		⋮	

7. 转角的速度控制 G09/G64/G61/G62/G04

一般地,在两个切削进给程序段之间进给时,因为有自动加、减速的关系,如果在一程序
段中刀具仅沿 Y 轴切削,在下一程序段沿 X 轴切削,当进给速度沿 X 轴加速,在 Y 轴方向上
减速时,则在转角处会形成一小圆角。

(1)切削模式指令 G64 和准确停止检验指令 G09、G61

G64 指令称为切削模式。一般 CNC 机床开机即自动设定处于 G64 切削模式,此指令功
能具有自动加、减速,切削工件时可于转角处形成一小圆角,具有去除毛边的效果。

但若是要求在转角处加工成尖角时(即转角处实际刀具路径与程序路径相同时),则可
使用 G09 或 G61 准确停止检验指令,命令刀具定位于程序所指定的位置,并执行定位检查。
两者之差别在于 G09 为非模态指令,G61 为模态指令。

(2)自动转角进给速度调整指令 G62

当启动刀具半径补偿指令(G41 或 G42)时,控制器会自动执行 G62 指令,切削内圆弧的
转角处,自动降低进给速度,以减轻刀具的载荷,因此能切削出一个较好的表面。

四、工作内容

1. 实训目的与要求

a. 在单件零件加工的基础上进一步练习配合零件的加工技能。

b. 掌握外轮廓、型腔和孔系的程序编制,熟练应用各功能指令。

c. 掌握装夹刀具及试切对刀的技能。

d. 提高使用量具的技能。

e. 掌握在数控机床上加工零件时控制尺寸及切削用量的方法。

2. 仪器、设备、刀具及材料

a. 配备 FANUC 0i 数控系统立式钻铣床若干台。

b. 蜡模或金属毛坯(长×宽×高):120 mm×80 mm×25 mm。

c. 工具准备。量具准备清单:杠杆百分表与表座 0~0.8 mm,游标卡尺 0~200 mm,内径千分尺 5~30 mm、25~50 mm;刀具准备清单:φ10 mm 硬质合金立铣刀,A3 中心钻,φ11 mm 麻花钻,φ12H7 铰刀,其他工具准备清单:机用平口钳,装拆刀具专用扳手,压板,垫块。

d. 计算机若干台(配有 MasterCAM9.1 中文版、Vnuc 数控仿真软件)。

3. 实训内容

在数控铣床上加工如图 2-96 和图 2-97 所示的配合零件。材料为 45 钢,零件毛坯尺寸均为 120 mm×80 mm×25 mm。试分析该配合件的数控铣削加工工艺并编写加工程序。

(1)零件图

凸模零件如图 2-96 所示,凹模零件如图 2-97 所示。

(2)工序卡、刀具明细表

凸模刀具明细表见表 2-38。

表 2-38 凸模刀具明细表

零件图号		零件名称	材料	数控刀具明细表				程序编号
×××		×××	45 钢					×××
				刀具				刀补地址
刀具号	刀位号	刀具名称	刀具图号	直径/mm		长度/mm		
				设定	补偿	设定	补偿	
T01	1	立铣刀		10	5			D01 H01
T02	2	键槽铣刀		10	5			D02 H02
T03	3	中心钻		3				H03
T04	4	麻花钻		11				H04
T05	5	铰刀		12				H05
编制		审核		批准				年 月 日

凸模工序卡见表 2-39。

表 2-39 凸模工序卡

生产企业		产品名称		程序编号		材料牌号	45 钢
工序号		零件名称		夹具名称	机用平口钳	车间	
工序名称		零件图号		设备名称	数控铣床	数控加工工序卡片	
共 1 页	第 1 页	装配图号		设备型号			

续表

工步号	工步内容	加工部位	刀具名称	刀具图号	刀具规格/mm	主轴转速/(r/mm)	进给速度/(mm/r)	切削深度/mm
1	粗铣两边腰形		立铣刀		$\phi10$	500	50	4
2	粗铣中央正方形		立铣刀		$\phi10$	500	50	4
3	粗铣中间的心形型腔		键槽铣刀		$\phi10$	500	50	4
4	手动清除岛屿							
5	改变刀补对轮廓与型腔进行精加工		立铣刀		$\phi10$	600	50	
6	钻中心孔		中心钻		A3	1 000	40	
7	钻 $\phi12H7$ 底孔		麻花钻		$\phi11$	500	40	
8	铰 $\phi12H7$ 孔		铰刀		$\phi12$	100	30	
9	去除毛刺							
工艺员		审核		批准		时间		修订

凹模刀具明细表见表 2-40。

表 2-40　凹模刀具明细表

零件图号	零件名称	材料	数控刀具明细表					程序编号	
×××	×××	45 钢						×××	
			刀具					刀补地址	
刀具号	刀位号	刀具名称	刀具图号	直径/mm		长度/mm			
				设定	补偿	设定	补偿		
T01	1	立铣刀		10	5			D01	H01
T02	2	键槽铣刀		10	5			D02	H02
T03	3	中心钻		3					H03
T04	4	麻花钻		11					H04
T05	5	铰刀		12					H05
编制		审核		批准				年　月　日	

凹模工序卡见表 2-41。

表 2-41 凹模工序卡

生产企业		产品名称		程序编号			材料牌号	45 钢
工序号		零件名称		夹具名称		机用平口钳	车间	
工序名称		零件图号		设备名称		数控铣床	数控加工 工序卡片	
共 1 页	第 1 页	装配图号		设备型号		J1VMC		
工步号	工步内容	刀具 名称	刀具 图号	刀具 规格/ mm	主轴 转速/ (r/mm)	进给 速度/ (mm/r)	切削 深度/ mm	备注
1	粗铣两边腰形槽	键槽 铣刀		$\phi10$	500	50	5	
2	粗铣正方形型腔	立铣刀		$\phi10$	500	50	5	螺旋 下刀
3	粗铣心形轮廓	立铣刀		$\phi10$	500	50	5	
4	手动清除岛屿							
5	改变刀补精铣 轮廓与凹槽	立铣刀		$\phi10$	600	50		
6	钻中心孔	中心钻		A3	1 000	40		
7	钻 $\phi12H7$ 底孔	麻花钻		$\phi11$	500	40		
8	铰 $\phi12H7$ 孔	铰刀		$\phi12$	100	30		
9	去除毛刺							
工艺员		审核		批准		时间	修订	

（3）加工程序

凸模铣两边腰形主程序数控加工程序单见表 2-42。

表 2-42 凸模铣两边腰形主程序数控加工程序单

零件图号		零件名称	凸模零件	资料编号	
程序号	O11	数控系统	FANUC 0i	备注	
程序段号	程序内容		说明		
N10	G90 G54 G17 M08；		建立工作坐标系，打开冷却液		
N20	M03 S500；		主轴正转，转速为 500 r/min		
N30	G00 Z50.0；		确定初始高度		
N40	X0 Y0；		确定初始位置		

续表

程序段号	程序内容	说明
N50	M98 P12;	调用两边腰形子程序
N60	G68 X0 Y0 R180.0;	旋转坐标系 180°
N70	M98 P12;	再次调用两边腰形子程序
N80	G69;	取消旋转坐标系
N90	X0 Y200.0;	工件靠近操作者
N100	M30;	程序结束
编制		审核		批准		时间	

凸模铣两边腰形子程序数控加工程序单见表 2-43。

表 2-43　凸模铣两边腰形子程序数控加工程序单

零件图号		零件名称	凸模零件	资料编号	
程序号	O12	数控系统	FANUC 0i	备注	

程序段号	程序内容	说明
N10	G00 X0 Y80.0;	确定初始位置
N20	G43 Z-4.0 H01;	下刀,建立长度补偿
N30	G16;	建立极坐标系
N40	G41 G01 X55.75 Y45.0 F50.0 D01;	建立半径补偿
N50	G02 Y-30.0 R55.75;	铣削外侧大圆弧
N60	X44.25 R5.75;	铣削下部小圆弧
N70	G03 Y30.0 R44.25;	铣削内侧大圆弧
N80	G02 X55.75 R5.75;	铣削上部小圆弧
N90	G03 X67.75 R6.0;	相切退刀
N100	G49 G00 Z100.0;	抬刀,取消长度补偿
N110	G40 X0 Y0;	取消半径补偿
N120	G15;	取消极坐标系
N130	M99;	子程序结束
编制		审核		批准		时间	

凸模铣中央正方形外轮廓程序数控加工程序单见表 2-44。

表 2-44　凸模铣中央正方形外轮廓程序数控加工程序单

零件图号		零件名称	凸模零件	资料编号	
程序号	O13	数控系统	FANUC 0i	备注	
程序段号	程序内容		说明		
N10	G90 G54 G17 M08;		建立工作坐标系,打开冷却液		
N20	M03 S500;		主轴正转,转速为 500 r/min		
N30	G00 Z50.0;		确定初始高度		
N40	X25.0 Y-80.0;		确定初始位置		
N50	G43 Z-4.0 H01;		下刀,建立长度补偿		
N60	G41 G01 Y-25.0 D01 F50.0;		建立半径补偿		
N70	X-17.0;		铣削正方形下边		
N80	G02 X-25.0 Y-17.0 R8.0;		铣削左下角圆角		
N90	G01 Y17.0;		铣削正方形左边		
N100	G02 X-17.0 Y25.0 R8.0;		铣削左上角圆角		
N110	G01 X17.0;		铣削正方形上边		
N120	G02 X25.0 Y17.0 R8.0;		铣削右上角圆角		
N130	G01 Y-17.0;		铣削正方形右边		
N140	G02 X17.0 Y-25.0 R8.0;		铣削右下角圆角		
N150	G03 X7.0 Y-35.0 R10.0;		退刀		
N160	G49 G00 Z100.0;		抬刀,取消长度补偿		
N170	G40 X0 Y200.0;		取消半径补偿,工件靠近操作者		
N180	M30;		程序结束		
编制		审核	批准	时间	

凸模铣中央心形内轮廓程序数控加工程序单见表 2-45。

表 2-45　凸模铣中央心形内轮廓程序数控加工程序单

零件图号		零件名称	凸模零件	资料编号	
程序号	O14	数控系统	FANUC 0i	备注	
程序段号	程序内容		说明		
N10	G90 G54 G17 M08;		建立工作坐标系,打开冷却液		
N20	M03 S500;		主轴正转,转速为 500 r/min		
N30	G00 Z50.0;		确定初始高度		
N40	X0 Y0;		确定初始位置		

续表

程序段号	程序内容	说明
N50	G43 G01 Z-4.0 H02;	下刀,建立长度补偿
N60	G41 X6.0 Y3.975 D02 F50.0;	建立半径补偿
N70	G03 X0 Y9.975 R6;	切向进刀
N80	G02 X-2.065 Y10.246 R8.0;	铣削上方 $R8$ mm 圆弧左侧
N90	G03 X-11.364 Y1.576 R7.5;	铣削左上方 $R7.5$ mm 圆弧
N100	X-4.523 Y-12.443 R30.0;	铣削左侧 $R30$ mm 圆弧
N110	X4.523 R6.0;	铣削下方 $R6$ mm 圆弧
N120	X11.364 Y1.576 R30.0;	铣削右侧 $R30$ mm 圆弧
N130	X2.065 Y10.246 R7.5;	铣削右上方 $R7.5$ mm 圆弧
N140	G02 X0 Y9.975 R8.0;	铣削上方 $R8$ mm 圆弧右侧
N150	G03 X-6.0 Y3.975 R6.0;	退刀
N160	G49 G00 Z100.0;	抬刀,取消长度补偿
N170	G40 X0 Y200.0;	取消半径补偿,工件靠近操作者
N180	M30;	程序结束
编制		审核		批准		时间	

凸模钻中心孔程序数控加工程序单见表 2-46。

表 2-46 凸模钻中心孔程序数控加工程序单

零件图号		零件名称	凸模零件	资料编号	
程序号	O15	数控系统	FANUC 0i	备注	
程序段号	程序内容		说明		
N10	G90 G54 G17 M08;		建立工作坐标系,打开冷却液		
N20	M03 S1000;		主轴正转,转速为 1 000 r/min		
N30	G00 G43 Z100.0 H03;		确定初始高度,建立长度补偿		
N40	G98 G81 X0 Y32.5 Z-7.0 R0 F40.0;		钻上方孔的中心孔		
N50	Y-32.5;		钻下方孔的中心孔		
N60	G49 G00 Z100.0;		抬刀,取消长度补偿		
N70	X0 Y200.0;		工件靠近操作者		
N80	M30;		程序结束		
编制		审核		批准		时间	

凸模钻底孔程序数控加工程序单见表 2-47。

表 2-47　凸模钻底孔程序数控加工程序单

零件图号		零件名称	凸模零件	资料编号	
程序号	O16	数控系统	FANUC 0i	备注	
程序段号	程序内容		说明		
N10	G90 G54 G17 M08;		建立工作坐标系,打开冷却液		
N20	M03 S500;		主轴正转,转速为 500 r/min		
N30	G00 G43 Z100.0 H04;		确定初始高度,建立长度补偿		
N40	G98 G81 X0 Y32.5 Z－30.0 R0 F40.0;		钻上方孔		
N50	Y－32.5;		钻下方孔		
N60	G49 G00 Z100.0;		抬刀,取消长度补偿		
N70	X0 Y200.0;		工件靠近操作者		
N80	M30;		程序结束		
编制		审核	批准	时间	

凸模铰孔程序数控加工程序单见表 2-48。

表 2-48　凸模铰孔程序数控加工程序单

零件图号		零件名称	凸模零件	资料编号	
程序号	O17	数控系统	FANUC 0i	备注	
程序段号	程序内容		说明		
N10	G90 G54 G17 M08;		建立工作坐标系,打开冷却液		
N20	M03 S100;		主轴正转,转速为 100 r/min		
N30	G00 G43 Z150.0 H05;		确定初始高度,建立长度补偿		
N40	G98 G85 X0 Y32.5 Z－30.0 R0 F30.0;		钻上方孔		
N50	Y－32.5;		钻下方孔		
N60	G49 G00 Z100.0;		抬刀,取消长度补偿		
N70	X0 Y200.0;		工件靠近操作者		
N80	M30;		程序结束		
编制		审核	批准	时间	

凹模铣两边腰形主程序数控加工程序单见表 2-49。

表 2-49　凹模铣两边腰形主程序数控加工程序单

零件图号		零件名称		凹模零件	资料编号	
程序号	O21	数控系统		FANUC 0i	备注	
程序段号	程序内容			说明		
N10	G90 G54 G17 M08;			建立工作坐标系,打开冷却液		
N20	M03 S500;			主轴正转,转速为 500 r/min		
N30	G00 Z50.0;			确定初始高度		
N40	X0 Y0;			确定初始位置		
N50	M98 P22;			调用两边腰形子程序		
N60	G68 X0 Y0 R180.0;			旋转坐标系 180°		
N70	M98 P22;			再次调用两边腰形子程序		
N80	G69;			取消旋转坐标系		
N90	X0 Y200.0;			工件靠近操作者		
N100	M30;			程序结束		
编制		审核		批准	时间	

凹模铣两边腰形子程序数控加工程序单见表 2-50。

表 2-50　凹模铣两边腰形子程序数控加工程序单

零件图号		零件名称		凹模零件	资料编号	
程序号	O22	数控系统		FANUC 0i	备注	
程序段号	程序内容			说明		
N10	G16;			建立极坐标系		
N20	G41 G00 X55.75 Y-30.0 D02;			建立半径补偿		
N30	G43 G01 Z-5.0 H02 F50.0;			下刀,建立长度补偿		
N40	G03 Y30.0 R55.75;			铣削内侧大圆弧		
N50	X44.25 R5.75;			铣削上部小圆弧		
N60	G02 Y-30.0 R44.25;			铣削外侧大圆弧		
N70	G03 X55.75 R5.75;			铣削下部小圆弧		
N80	G49 G00 Z100.0;			抬刀,取消长度补偿		
N90	G40 X0 Y0;			取消半径补偿		
N100	G15;			取消极坐标系		
N110	M99;			子程序结束		
编制		审核		批准	时间	

凹模铣正方形的型腔和心形轮廓数控加工程序单见表 2-51。

表 2-51　凹模铣正方形的型腔和心形轮廓数控加工程序单

零件图号		零件名称	凹模零件		资料编号	
程序号	O23	数控系统	FANUC 0i		备注	
程序段号		程序内容		说明		
N10		G90 G54 G17 M08;		建立工作坐标系,打开冷却液		
N20		M03 S500;		主轴正转,转速为 500 r/min		
N30		G00 Z50.0;		确定初始高度		
N40		X0 Y0;		确定初始位置		
N50		G41 Y-25.0 D01;		建立半径补偿		
N60		G43 G01 Z0 H01 F300;		建立长度补偿		
N70		G03 J25 Z-5.0 F50.0;		圆弧下刀		
N80		G01 X17.0;		铣削正方形下边右侧		
N90		G03 X25.0 Y-17.0 R8.0;		铣削右下角圆角		
N100		G01 Y17.0;		铣削正方形右边		
N110		G03 X17.0 Y25.0 R8.0;		铣削右上角圆角		
N120		G01 X-17.0;		铣削正方形上边		
N130		G03 X-25.0 Y17.0 R8.0;		铣削左上角圆角		
N140		G01 Y-17.0;		铣削正方形左边		
N150		G03 X-17.0 Y-25.0 R8.0;		铣削右下角圆角		
N160		G01 X0;		铣削正方形下边左侧		
N170		G03 Y-14.5 R5.25;		圆弧退刀离开正方形,进刀至心形下方		
N180		G02 X-4.523 Y-12.443 R6.0;		铣削下方 R6 mm 圆弧的左侧		
N190		X-11.364 Y1.576 R30.0;		铣削左侧 R30 mm 圆弧		
N200		X-2.065 Y10.246 R7.5;		铣削左上方 R7.5 mm 圆弧		
N210		G03 X2.065 R8.0;		铣削上方 R8 mm 圆弧		
N220		G02 X11.364 Y1.576 R7.5;		铣削右上方 R7.5 mm 圆弧		
N230		X4.523 Y-12.443 R30.0;		铣削右侧 R30 mm 圆弧		
N240		X0 Y-14.5 R6;		铣削下方 R6 mm 圆弧的右侧		
N250		G03 X-5.25 Y-19.75 R5.25;		相切退刀		
N260		G49 G00 Z100.0;		抬刀,取消长度补偿		
N270		G40 X0 Y200.0;		取消半径补偿,工件靠近操作者		
N280		M30;		程序结束		
编制		审核		批准		时间	

凹模钻中心孔程序数控加工程序单见表 2-52。

表 2-52　凹模钻中心孔程序数控加工程序单

零件图号		零件名称		凹模零件	资料编号	
程序号	O24	数控系统		FANUC 0i	备注	
程序段号	程序内容			说明		
N10	G90 G54 G17 M08；			建立工作坐标系,打开冷却液		
N20	M03 S1000；			主轴正转,转速每分钟 1 000 转		
N30	G00 G43 Z100.0 H03；			确定初始高度,建立长度补偿		
N40	G98 G81 X0 Y32.5 Z－7.0 R0 F40.0；			钻上方孔的中心孔		
N50	Y－32.5；			钻下方孔的中心孔		
N60	G49 G00 Z100.0；			抬刀,取消长度补偿		
N70	X0 Y200.0；			工件靠近操作者		
N80	M30；			程序结束		
编制		审核		批准	时间	

凹模钻底孔程序数控加工程序单见表 2-53。

表 2-53　凹模钻底孔程序数控加工程序单

零件图号		零件名称		凹模零件	资料编号	
程序号	O25	数控系统		FANUC 0i	备注	
程序段号	程序内容			说明		
N10	G90 G54 G17 M08；			建立工作坐标系,打开冷却液		
N20	M03 S500；			主轴正转,转速为 500 r/min		
N30	G00 G43 Z150.0 H04			确定初始高度,建立长度补偿		
N40	G98 G81 X0 Y32.5 Z－30.0 R0 F40.0；			钻上方孔		
N50	Y－32.5；			钻下方孔		
N60	G49 G00 Z100.0；			抬刀,取消长度补偿		
N70	X0 Y200.0；			工件靠近操作者		
N80	M30；			程序结束		
编制		审核		批准	时间	

凹模铰孔程序数控加工程序单见表 2-54。

表 2-54　凹模铰孔程序数控加工程序单

零件图号		零件名称	凹模零件	资料编号	
程序号	O26	数控系统	FANUC 0i	备注	
程序段号	程序内容		说明		
N10	G90 G54 G17 M08;		建立工作坐标系,打开冷却液		
N20	M03 S100;		主轴正转,转速为 100 r/min		
N30	G00 G43 Z100.0 H05;		确定初始高度,建立长度补偿		
N40	G98 G85 X0 Y32.5 Z-30.0 R0 F30.0;		钻上方孔		
N50	Y-32.5;		钻下方孔		
N60	G49 G00 Z100.0;		抬刀,取消长度补偿		
N70	X0 Y200.0;		工件靠近操作者		
N80	M30;		程序结束		
编制		审核	批准		时间

2.4 考核评价表

（4）输入零件程序

（5）进行程序校验及加工轨迹仿真,修改程序

（6）进行对刀操作

（7）自动加工

（8）可以扫描二维码,填写配合件考核评价表

综合练习

1. 零件毛坯为 80 mm×80 mm×25 mm 的板料,材料为 2A12。根据《数控车铣加工职业技能等级标准》（初级）要求,对图 2-109 所示端盖零件进行数控编程与加工。要求:（1）制订零件加工工艺并编制零件数控加工工序卡、数控加工刀具卡;（2）编制零件数控铣削加工程序;（3）进行零件数控铣削加工。

2. 如图 2-110 所示,已知零件毛坯为 100 mm×100 mm×15 mm 的板料,材料为 45 钢。根据《数控车铣加工职业技能等级标准》（初级）要求,对图 2-111 所示零件进行数控编程与加工。要求:（1）制订加工工艺方案;（2）正确选择刀具、切削参数、工件坐标系;（3）编写数控铣削加工程序。

3. 已知零件毛坯为 60 mm×60 mm×30 mm 的板料,材料为 45 钢。根据《数控铣工国家职业标准》（中级）要求,对图 2-111 所示零件进行数控编程与加工。要求:（1）制订零件加工工艺并编制零件数控加工工序卡、数控加工刀具卡;（2）编制零件数控铣削加工程序;（3）进行零件数控铣削加工。

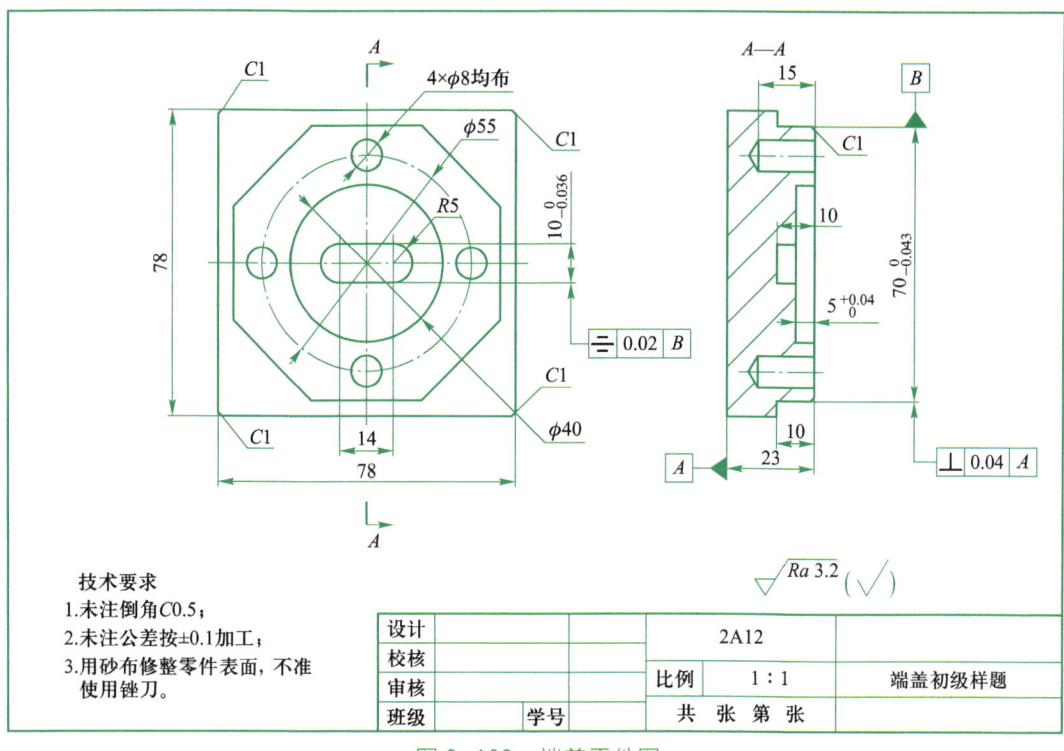

图 2-109　端盖零件图

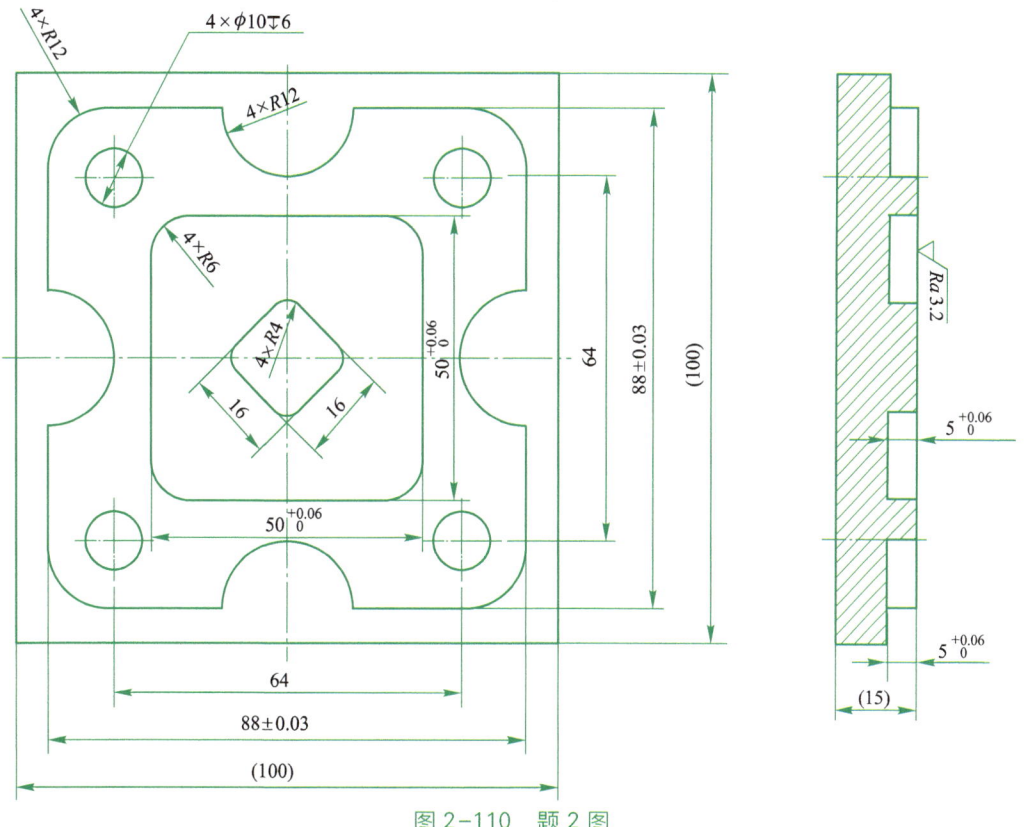

图 2-110　题 2 图

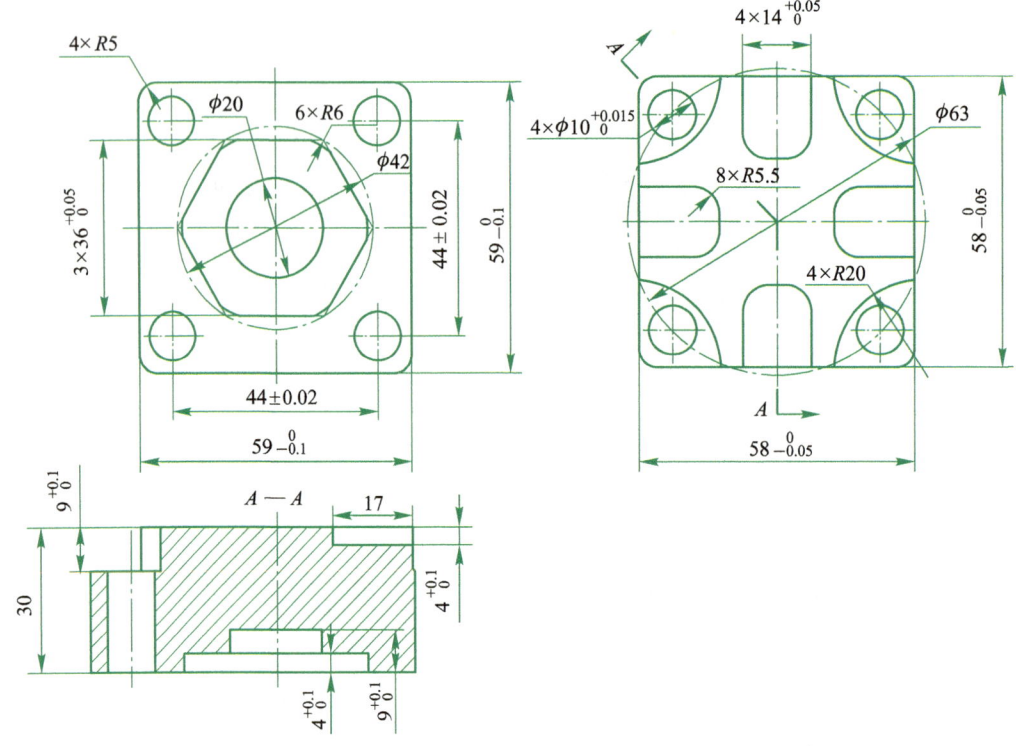

图 2-111　题 3 图

学习情境 3　方程曲面类零件数控编程与加工

回转体类方程曲面零件一般由数控车床加工,平面类方程曲面零件一般由数控铣床或加工中心加工。本学习情境以 FANUC 0i 系统为例介绍简单曲面加工的宏程序设计。

项目 1　回转体类方程曲面零件数控编程与加工

一、工作任务

零件毛坯为 $\phi90$ mm×140 mm 的棒料,材料为 45 钢,左端已钻有直径 $\phi25$ mm 的底孔,加工如图 3-1 所示的回转体类方程曲面零件。

二、学习目标

a. 掌握 FANUC 0i 系统的用户宏程序基础理论。

b. 掌握椭圆曲面变量表达式的应用及宏程序编制思路。

c. 能够编写回转体类方程曲面零件用户宏程序并进行加工。

d. 培养刻苦钻研、攻坚克难的责任担当。

三、学习内容

(一) 宏程序的应用概述

在程序中使用变量,通过对变量进行赋值及处理的方法达到程序功能,这种含有变量的程序称为宏程序。

宏程序具有灵活性、通用性和智能性等特点,对于规则曲面的编程来说,使用 CAD/CAM 软件编程一般都有工作量大,程序庞大,加工参数不易修改等缺点,只要任何一项加工参数发生变化,再智能的软件也要根据变化后的加工参数重新计算刀具轨迹。尽管软件计算刀具轨迹的速度非常快,但始终是个比较麻烦的过程。而宏程序注重把机床功能参数与编程语言结合,而且灵活的参数设置也使机床具有最佳的工作性能,同时也给予操作工人极大的自由调整空间。

动画扫一扫
零件三维模型
展示

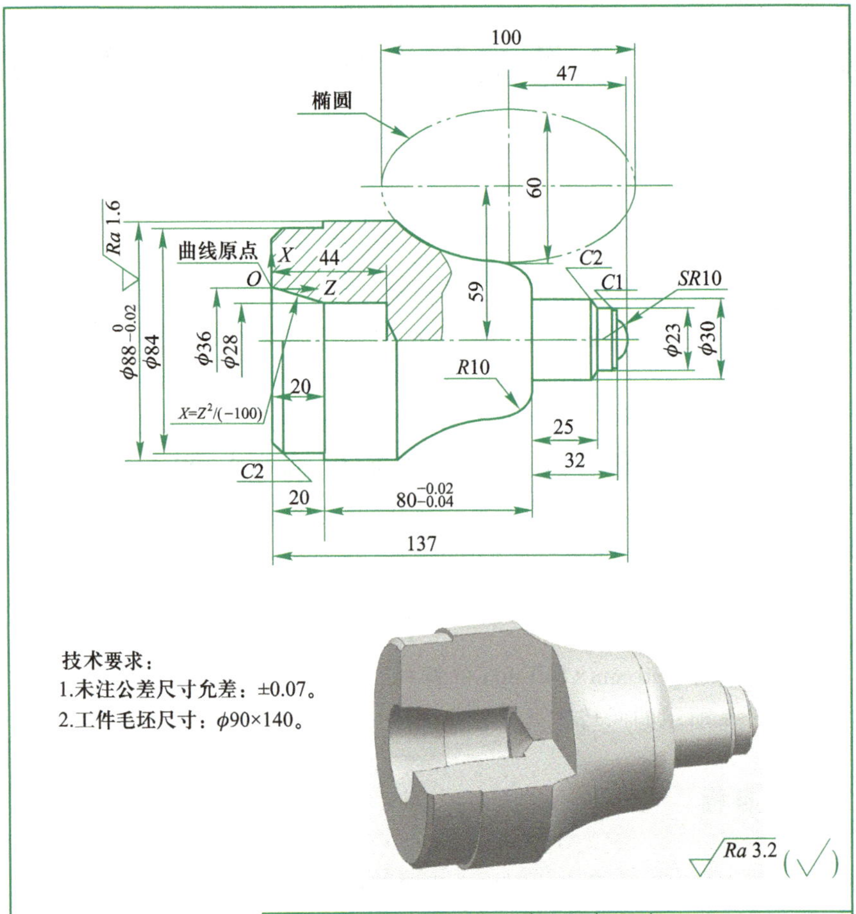

图 3-1 回转体类方程曲面零件图

技术要求：
1. 未注公差尺寸允差：±0.07。
2. 工件毛坯尺寸：$\phi90×140$。

椭圆

曲线原点

$X=Z^2/(-100)$

回转体类方程曲面零件

回转体类方程曲面零件		比例	1：2		
		数量			
班级		材料	45钢	质量	
制图					
审核					

1. 宏程序与普通程序的对比

一般意义上的数控指令其实是指 ISO 代码指令，即每个代码的功能是固定的，由系统厂家开发，使用者只需按照规定编程即可。但有时候这些指令满足不了用户的需要，系统因此提供了用户宏程序的功能，使用户可以对数控系统进行一定的功能扩展。实际上是数控系统对用户的开放，也可视为用户利用数控系统提供的工具在数控系统的平台上进行二次开发，当然这里的开放和开发都是有条件和受限制的。

用户宏程序和普通程序存在一定的区别，认识和了解这些区别，将有助于宏程序的学习理解和掌握运用。

a. 普通程序只能使用常量编程，而宏程序可以使用变量，并可以给变量赋值。

b. 普通程序常量之间不可以运算，而宏程序变量之间可以运算。

c. 普通程序只能顺序执行,一般不能跳转,而宏程序运行可以跳转。

2. 宏程序编程的技术特点

尽管使用各种 CAD/CAM 软件来编制数控加工程序已经成为潮流,但是手工编程毕竟是基础,各种“疑难杂症”的解决往往还要利用手工编程;且手工编程还可以使用变量编程,即宏程序的运用。其最大特点是将有规律的形状或尺寸用最短的程序段表示出来,具有较好的易读性和易修改性,编写出的程序非常简捷,逻辑严密,通用性极强,而且机床在执行此类程序时,比执行 CAD/CAM 软件生成的程序更加快捷,反应更迅速。

机械零件的数控加工主要有以下特点:

a. 机械零件绝大多数都是批量生产,在保证质量的前提下要求最大限度地提高加工效率以降低成本,一个零件哪怕仅仅节省 1 s,成百上千的同样零件合计起来节省的时间也是非常可观的。另外,批量生产的零件在加工的尺寸公差、形状和位置公差方面都要求保证高度的一致性,而加工工艺的优化主要就是程序的优化,是一个反复调整、尝试的过程,这就要求操作者能够非常方便地调整程序中的各项加工参数(如刀具尺寸、刀具补偿值、层降、步距、计算精度和进给速度等),正如上所述,只要其中任何一项发生变化,再智能的软件也要根据变化后的加工参数重新计算刀具轨迹,再经后置处理生成程序,这个过程非常耗时,且十分繁琐。显然,宏程序在这方面有强大的优越性,只要能用宏程序来表述,操作者就无需触动程序本身,而只需针对各项加工参数所对应的自变量赋值做出个别调整,就能迅速地将程序调整到最优化的状态,这就体现出宏程序的一个突出优点,即一次编程,终生受益。

b. 机械零件的形状主要是由各种凸台、凹槽、圆孔、斜平面、回转面等组成,很少包含不规则的复杂曲面,构成其几何因素无外乎点、直线、圆弧,最多加上各种二次非圆曲线(椭圆、抛物线、双曲线)以及一些渐开线(常用于齿轮及凸轮等),所有这些都是基于三角函数、解析几何的应用,都可以用数学表达式及参数方程加以表述,因此宏程序在此有广泛的应用空间,可以发挥其强大的作用。

c. 机械零件还有一些很特殊的应用,即使采用 CAD/CAM 软件也不一定能轻易解决。如变螺距螺纹的加工,用螺旋插补进行锥度螺纹的加工等,在这些方面宏程序可以发挥它的优势。

3. 宏程序与 CAD/CAM 软件生成程序的加工性能对比

任何数控加工只要能够用宏程序完整地表达,即使再复杂,其程序篇幅都比较精练,可以说任何一个合理、优化的宏程序,极少会超过 60 行,换算成字节数,至多不过 2 KB。

一方面,宏程序天生短小精悍,即使是最廉价的机床数控系统,其内部程序存储空间也完全可以容纳任何复杂的宏程序,因此根本无需考虑机床外部计算机的传输速度对实际加工速度的影响。另一方面,为了对复杂的加工运动进行描述,宏程序必然会最大限度地使用数控系统内部的各种指令代码,例如直线插补指令 G01 和圆弧插补指令 G02/G03 等,因此机床在执行宏程序时程序采用机床内部编码,计算机可以直接插补运算,且运算速度极快,再加上伺服电动机和机床的迅速响应,使得加工效率极高。

而对于 CAD/CAM 软件生成的程序,情况就要复杂得多。

首先,CAD/CAM 软件生成的程序通常都比较大,非常容易突破机床数控系统内部程序存储空间的限制,因此一般来说除了相对简单的孔系加工、二维轮廓加工以外,其余绝大部分程序都不得不以 DNC 方式进行在线加工,显然机床与计算机之间的传输速度成为影响加工速度的第一个瓶颈因素。除了那些机床系统内置硬盘或机床与计算机之间以以太网等形式进行组网的新型数控机床之外,目前大多数的数控机床都是通过 RS-232 的串口通信来实现 DNC 在线加工。

绝大多数主流的中档数控系统,如 FANUC 0M、0i,西门子 802D、810D 等,系统所支持的 RS-232 接口最大比特率为 19 200 bit/s,而大多数 DNC 软件支持的最大比特率为 19 200 ~ 38 400 bit/s,即使在比特率为 19 200 bit/s 的情况下工作,当计算精度较高、进给速度较大时,程序传输速率往往跟不上机床的节拍,在实际加工中可以看到机床的进给运动有明显的断续、迟滞,对于 FANUC 系统即使打开 DNC 缓冲,也难以有大的改观。

其次,从用户使用的角度说,使用 CAD/CAM 软件来生成刀具轨迹及加工程序是非常容易的事,但是剖析 CAD/CAM 软件计算刀具轨迹的原理,就知道它存在一定的弊端。在 CAD/CAM 软件中,无论构造规则还是不规则的曲面,都是一个数学运算的过程,也必然存在着计算的误差和处理。而在对曲面生成三维加工刀具轨迹时,软件是根据操作者所选择的加工方式、设定的加工参数,结合所给定的加工误差,使刀具与加工表面接触点逐点移动完成加工的。从本质上看,其实就是在允许的误差值范围内沿每条路径用直线去逼近曲面的过程。

这样任意曲面自然都能实现,而且也是完全合理的做法,但是在加工规则曲面时,工艺上就出现了一些问题,受 CAD/CAM 软件构造曲面的底层数学模型所限,也受 CAD/CAM 软件对曲面生成刀具轨迹的逼近原理所限,在执行真正的整圆或圆弧轨迹时,软件无法智能地判断这里是真正的整圆或圆弧,生成的程序并不是 G02/G03 指令,而是 G01 逐点逼近形成的圆。程序执行时,相邻的每两个逼近点之间数控系统都要进行直线插补运算,系统计算机的工作量巨大,反映到机床上,必然表现为运动迟钝、不连贯。

(二) FANUC 0i 系统的用户宏程序

FANUC 0i 系统提供两种用户宏程序,即用户宏程序功能 A 和用户宏程序功能 B。用户宏程序功能 A 可以说是 FANUC 系统的标准配置功能,任何配置的 FANUC 系统都具备此功能,而用户宏程序功能 B 虽然不算是 FANUC 系统的标准配置功能,但是绝大部分的 FANUC 系统也都支持用户宏程序功能 B。

由于用户宏程序功能 A 的宏程序需要使用格式为 G65　Hm 的宏指令来表达各种数学运算和逻辑关系,极不直观,因而导致在实际工作中很少人使用它。所以,只对用户宏程序功能 A 作简单介绍,不进行深入讲述,将以用户宏程序功能 B 为重点深入介绍宏程序的相关知识。

1. 变量

普通加工程序直接用数值指定 G 代码和移动距离,例如 G01 和 X100.0。

使用用户宏程序时,数值可以直接指定或用变量指定,当用变量时,变量值可用程序或用 MDI 设定或修改。

#11 = #22+123;

G01　X#11　F500;

(1) 变量的表示

变量需用变量符号"#"和后面的变量号指定。例如#11。

表达式可以用于指定变量号,这时表达式必须在括号中。例如#[#11+#12−123]

（2）变量的类型

变量从功能上可归纳为两种，即系统变量和用户变量。系统变量用于系统内部运算时各种数据的存储。用户变量包括局部变量和公共变量，用户可以单独使用，系统作为处理资料的一部分，FANUC 0i 变量类型见表 3-1。

表 3-1　FANUC 0i 变量类型

变量名		类型	功能
#0		空变量	该变量总是空，没有值能赋予该变量
用户变量	#1 ~ #33	局部变量	局部变量只能在宏程序中存储数据，例如运算结果。断电时，局部变量清除
	#100 ~ #199 #500 ~ #999	公共变量	公共变量在不同宏程序中的意义相同（即公共变量对于主程序和从这些主程序调用的每个宏程序来说是公用的）。 断电时，#100 ~ #199 清除（初始化为空），通电时复位到 0。而#500 ~ #999 数据即使在断电时也不清除
#1000 以上		系统变量	系统变量用于读写 CNC 运行时各种数据变化，例如刀具当前位置和补偿值等

（3）小数点的省略

当在程序中定义变量值时，整数值的小数点可以省略。例如：当定义#11 = 123；变量#11 的实际值是 123.000。

（4）变量的引用

在程序中使用变量值时，应指定其后变量号的地址。当用表达式指定变量时，必须把表达式放在括号中。例如：G01　X[#11+#22]　F#3。

改变引用变量的值的符号，要把负号（-）放在#的前面。例如：G00　X-#11。

引用未定义的变量时，变量及地址都被忽略。例如：当变量#11 的值是 0，并且#22 的值是空时，G00　X#11　Y#22 的执行结果为 G00　X0。

注意：所谓"变量的值是 0"与"变量的值是空"是两个完全不同的概念，可以这样理解："变量的值是 0"相当于"变量的值等于 0"，而"变量的值是空"则意味着"该变量所对应的地址根本就不存在，不生效"。

不能用变量代表的地址符有程序号 O，顺序号 N，任选程序段跳转号 / 。例如，以下情况不能使用变量：

O#11；　　　　/O#22　G00　X100.0；　　　　N#333　Y200.0；

另外，使用 ISO 代码编程时，可用"#"代码表示变量，若用 EIA 代码，则应用"&"代码代替"#"代码，因为 EIA 代码中没有"#"代码。

2. 系统变量

系统变量用于读和写 CNC 内部数据，例如刀具偏置值和当前位置数据。无论是用户宏程序功能 A 或用户宏程序功能 B，系统变量的用法都是固定的，而且某些系统变量为只读，用户必须严格按照规定使用。

系统变量是自动控制和通用加工程序开发的基础，在这里仅就与编程及操作相关性较大的系统变量加以介绍(表 3-2)。

表 3-2 FANUC 0i 系统变量一览表

变量号	含义
#1000~#1015,#1032	接口输入变量
#1100~#1115,#1132,#1133	接口输出变量
#10001~#10400,#11001~#11400	刀具长度补偿值
#12001~#12400,#13001~#13400	刀具半径补偿值
#2001~#2400	刀具长度与半径补偿值(偏置数≤200 时)
#3000	报警
#3001,#3002	时钟
#3003,#3004	循环运行控制
#3005	设定数据(SETTING 值)
#3006	停止和信息显示
#3007	镜像
#3011,#3012	日期和时间
#3901,#3902	零件数
#4001~#4120,#4130	模态信息
#5001~#5104	位置信息
#5201~#5324	工件坐标系补偿值(工件零点偏移值)
#7001~#7944	扩展工件坐标系补偿值(工件零点偏移值)

下面对系统变量进行详细说明。

(1)接口(输入/输出)信号

接口信号是可编程机床控制器(PMC)和用户宏程序之间交换的信号,见表 3-3。

只有使用 FANUC PMC 时,才能使用表 3-3 中的变量。

表 3-3 FANUC 0i 接口信号的系统变量

变量号	功能
#1000~#1015 #1032	把 16 位信号从 PMC 送到用户宏程序。变量#1000~#1015 用于按位数读取信号,变量#1032 用于一次读取一个 16 位信号
#1100~#1115 #1132	把 16 位信号从用户宏程序送到 PMC。变量#1100~#1115 用于按位数写信号,变量#1132 用于一次写一个 16 位信号
#1133	变量#1133 用于从用户宏程序一次写一个 32 位的信号送到 PMC。注意:#1133 的值为-99 999 999~+99 999 999

（2）刀具补偿值

用系统变量可以读和写刀具补偿值。通过对系统变量赋值，可以修改刀具补偿值（表 3-4）。

表 3-4　FANUC 0i 刀具补偿存储器 C 的系统变量

补偿号	刀具长度补偿（H）		刀具半径补偿（D）	
	几何补偿	磨损补偿	几何补偿	磨损补偿
1	#11001（#2201）	#10001（#2001）	#13001	#12001
2	#11002（#2202）	#10002（#2002）	#13002	#12002
⋮	⋮	⋮	⋮	⋮
199	#11199（#2399）	#10199（#2199）	#13199	#12199
200	#11200（#2400）	#10200（#2200）	#13200	#12200
201	#11201（#2401）	#10201（#2201）	#13201	#12201
⋮	⋮	⋮	⋮	⋮
399	#11399	#10399	#13399	#12399
400	#11400	#10400	#13400	#12400

在 FANUC 0i 系统中，刀具补偿分为几何补偿和磨损补偿，而且长度补偿和半径补偿也是分开的。刀具补偿号可达 400 个，换句话说，理论上系统支持控制容量高达 400 的刀库。

当刀具补偿号小于等于 200 时（一般情况也的确如此），刀具长度补偿（H）也可使用 #2001~#2400。刀具长度补偿（H）的两项补偿值在 Z 向对刀完成后一般不再需要特别处理，而编程时主要涉及其刀具半径补偿（D）的两项补偿值。从思路的条理性出发，显然适宜使几何补偿值等于刀具半径，即 #13010 = 5.0，可以视为对刀具的识别，而设置和调整磨损补偿值（#12010）则可视为对尺寸的控制。

在应用宏程序编写加工程序时，将会有以下形式的描述：

#20 = #13010→把刀具补偿号 10（即 10 号刀，在此假设为 φ10 mm 的立铣刀）的半径补偿值中的几何补偿值赋值给 #20，在这里假设 #20 = 5.0。

#22 = #12010→把刀具补偿号 10（即 10 号刀，在此假设为 φ10 mm 的立铣刀）的半径补偿值中的磨损补偿值赋值给 #22，在这里假设 #22 = 1.2。

（3）模态信息

正在处理的当前程序段之前的模态信息可以从系统变量中读出。FANUC 0i 模态信息的系统变量见表 3-5。

表 3-5　FANUC 0i 模态信息的系统变量

变量号	功能	
#4001	G00,G01,G02,G03,G33	（组 01）
#4002	G17,G18,G19	（组 02）

续表

变量号	功能	
#4003	G90,G91	（组 03）
#4004		（组 04）
#4005	G94,G95	（组 05）
#4006	G20,G21	（组 06）
#4007	G40,G41,G42	（组 07）
#4008	G43,G44,G49	（组 08）
#4009	G73,G74,G76,G80～G89	（组 09）
#4010	G98,G99	（组 10）
#4011	G50,G51	（组 11）
#4012	G65,G66,G67	（组 12）
#4013	G96,G97	（组 13）
#4014	G54～G59	（组 14）
#4015	G61～G64	（组 15）
#4016	G68,G69	（组 16）
⋮	⋮	
#4022	待定	（组 22）
#4102	B 代码	
#4107	D 代码	
#4109	F 代码	
#4111	H 代码	
#4113	M 代码	
#4114	顺序号	
#4115	程序号	
#4119	S 代码	
#4120	T 代码	
#4130	P 代码(现在选择的附加工件坐标系)	

注:1. P 代码为现在选择的附加工件坐标系。

2. 当执行#1＝#4002 时，在#1 中得到的值是 17、18 或 19。

3. 系统变量#4001～#4120 不能用于运算指令左边的项。

4. 模态信息不能写,只能读。另外如果阅读模态信息指定的系统变量为不能用的 G 代码时,系统将发出程序错误 P/S 报警。

3. 算术和逻辑运算

表 3-6 中列出的运算可以在变量中运行。等式右边的表达式可包含常量或由函数或运

算符组成的变量。表达式中的变量#j 和#k 可以用常量赋值。等式左边的变量也可以用表达式赋值。其中算术运算主要是指加、减、乘、除、函数等,逻辑运算可以理解为比较运算。

表 3-6　FANUC 0i 算术和逻辑运算一览表

功能		格式	备注
定义、置换		$\#i=\#j$	
算术运算	加法	$\#i=\#j+\#k$	
	减法	$\#i=\#j-\#k$	
	乘法	$\#i=\#j*\#k$	
	除法	$\#i=\#j/\#k$	
	正弦	$\#i=SIN[\#j]$	三角函数及反三角函数的数值均以(°)为单位指定。如 $90°30'$ 应表示为 $90.5°$
	反正弦	$\#i=ASIN[\#j]$	
	余弦	$\#i=COS[\#j]$	
	反余弦	$\#i=ACOS[\#j]$	
	正切	$\#i=TAN[\#j]$	
	反正切	$\#i=ATAN[\#j]/[\#k]$	
	平方根	$\#i=SQRT[\#j]$	
	绝对值	$\#i=ABS[\#j]$	
	舍入	$\#i=ROUND[\#j]$	
	指数函数	$\#i=EXP[\#j]$	
	(自然)对数	$\#i=LN[\#j]$	
	上取数	$\#i=FIX[\#j]$	
	下取数	$\#i=FUP[\#j]$	
逻辑运算	与	$\#i=\#j\ AND\ \#k$	
	或	$\#i=\#j\ OR\ \#k$	
	异或	$\#i=\#j\ XOR\ \#k$	
从 BCD 转为 BIN		$\#i=BIN[\#j]$	用于与 PMC 的信号交换
从 BIN 转为 BCD		$\#i=BCD[\#j]$	

以下是部分算术和逻辑运算指令的详细说明。

(1) 上取数 $\#i=FIX[\#j]$ 和下取数 $\#i=FUP[\#j]$

CNC 处理数值运算时,无条件地舍去小数部分称为上取数,小数部分进位到整数称为下取整(注意与数学上的四舍五入对照)。对于负数的处理要特别小心。

例如:假设 $\#1=1.2,\#2=-1.2$

a. 当执行 $\#3=FUP[\#1]$ 时,2.0 赋予#3;

b. 当执行 #3 = FIX［#1］时，1.0 赋予 #3；

c. 当执行 #3 = FUP［#2］时，-2.0 赋予 #3；

d. 当执行 #3 = FIX［#2］时，-1.0 赋予 #3。

（2）混合运算时的运算顺序

上述运算和函数可以混合运算，即涉及运算的优先级，其运算顺序与一般数学上的定义基本一致，优先级顺序从高到低依次为函数运算—乘法和除法运算（ * 、／、AND）—加法和减法运算（+、-、OR、XOR）。例如：

$$\#1 = \#2 + \#3 * \cos[\#4];$$

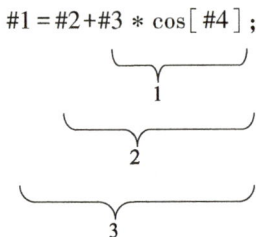

其中 1、2、3 表示运算顺序。

（3）括号嵌套

用"［　］"可以改变运算顺序，最里层的［　］优先运算。括号［　］最多可以嵌套 5 级（包括函数内部使用的括号）。当超出 5 级时，触发程序错误 P/S 报警 No.118。例如：

$$\#6 = \cos[[[\#5 + \#4] * \#3 + \#2] * \#1];（三重嵌套）$$

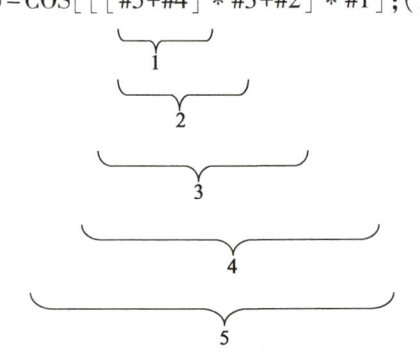

其中 1~5 表示运算顺序。

（4）逻辑运算说明

逻辑运算相对于算术运算来说，更为特殊，运算说明见表 3-7。

表 3-7　FANUC 0i 逻辑运算说明

运算符	功能	逻辑名	运算特点	运算实例
AND	与	逻辑乘	（相当于串联）有 0 得 0	1×1 = 1,1×0 = 0,0×0 = 0
OR	或	逻辑加	（相当于并联）有 1 得 1	1+1 = 1,1+0 = 1,0+0 = 0
XOR	异或	逻辑减	相同得 0,不同得 1	1-1 = 0,1-0 = 1,0-0 = 0,0-1 = 1

① 加减运算　由于用户宏程序的变量值的精度仅有八位十进制数，当在加减运算处理非常大的数时，将得不到期望的结果。

例如：当试图把下面的值赋给变量 #1 和 #2 时，

#1 = 9876543277777.777

#2 = 9876543210123.456

变量值实际上已经变成：

#1 = 9876543300000.000

#2 = 9876543200000.000

此时，当编程计算"#3 = #1 - #2"时，其结果 #3 并不是期望值 67 654.321，而是 #3 = 100 000.000，显然误差较大，实际计算结果其实与此还稍有误差，因为系统是以二进制执行的。

② 逻辑运算　即使用条件表达式 EQ，NE，GT，GE，LT，LE 时，可能造成误差，其情形与加减运算基本相同。

例如：IF［#1 EQ #2］的运算会受到#1 和#2 的误差影响，并不总是能估算正确，要求两个值完全相同，有时不可能，由此会造成错误的判断，因此改用误差来限制比较稳妥，即用 IF［ABS［#1-#2］LT 0.001］代替上述语句，以避免两个变量的误差。此时，当两个变量差值的绝对值未超过允许极限（此处为 0.001）时，就认为两个变量的值是相等的。

③ 三角函数运算　在三角函数运算中会发生绝对误差，它不在 10^{-8} 之内，所以注意使用三角函数后的积累误差，由于三角函数在宏程序上，特别在极具数学代表性的参数方程表达上的应用非常广泛，对此应予以重视。

4. 赋值与变量

赋值是指将一个数据赋予一个变量。例如：#1 = 0，则表示#1 的值是 0。其中#1代表变量，"#"是变量符号（注意：根据数控系统的不同，它的表示方法可能有差别），0 就是给变量 #1 赋的值。这里的"="是赋值符号，起语句定义作用。

赋值的规律有：

a. 赋值号"="两边内容不能随意互换，左边只能是变量，右边可以是表达式、数值或变量。

b. 一个赋值语句只能给一个变量赋值。

c. 可以多次给一个变量赋值，新变量值将取代原变量值（即最后赋的值生效）。

d. 赋值语句具有运算功能，它的一般形式为变量 = 表达式。

在赋值运算中，表达式可以是变量自身与其他数据的运算结果，例如：#1 = #1 + 1，则表示 #1 的值为#1 + 1，这一点与数学运算有所不同。

需要强调的是："#1 = #1 + 1"形式的表达式可以说是宏程序运行的"原动力"，任何宏程序几乎都离不开这种类型的赋值运算，而它偏偏与人们头脑中根深蒂固的数学上的等式概念严重偏离，因此对于初学者往往造成很大的困扰。但是，如果对计算机高级语言有一定了解的话，对此应该更易理解。

e. 赋值表达式的运算顺序与数学运算顺序相同。

f. 辅助功能（M 代码）的变量有最大值限制，例如，将 M30 赋值为 300 显然是不合理的。

5. 转移和循环

在程序中，使用 GOTO 语句和 IF 语句可以改变程序的流向。有三种转移和循环操作可供使用。

$$\text{转移和循环}\begin{cases}\text{GOTO 语句}\rightarrow\text{无条件转移}\\\text{IF 语句}\rightarrow\text{条件转移,格式为 IF}\cdots\text{THEN}\cdots\\\text{WHILE 语句}\rightarrow\text{当}\cdots\cdots\text{时循环}\end{cases}$$

（1）无条件转移（GOTO 语句）

转移（跳转）到标有顺序号 n（又称行号）的程序段。当指定 $1\sim 99\,999$ 以外的顺序号时，会触发 P/S 报警 No.128。其格式为

GOTO　n；　n 为顺序号（$1\sim 99\,999$）

例如：GOTO　99，即转移至第 99 行。

（2）条件转移（IF 语句）

① IF［<条件表达式>］GOTO　n　表示如果指定的条件表达式满足时，则转移（跳转）到标有顺序号 n（即俗称的行号）的程序段。如果不满足指定的条件表达式，则顺序执行下个程序段。下例中如果变量#1 的值大于 100，则转移（跳转）到顺序号为 N99 的程序段。

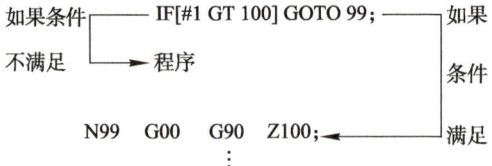

② IF［<条件表达式>］THEN　如果指定的条件表达式满足时，则执行预先指定的宏程序语句，而且只执行一个宏程序语句。

IF［#1 EQ #2］THEN #3 = 10；　　　　如果#1 和#2 的值相同，10 赋值给#3

说明：

◆ 条件表达式：条件表达式必须包括运算符。运算符插在两个变量中间或变量和常量中间，并且用"［　］"封闭。表达式可以替代变量。

◆ 运算符：运算符由两个字母组成（见表 3-8），用于比较两个值，以决定它们是相等，还是一个值小于或大于另一个值。

表3-8　运　算　符

运 算 符	含 义	英文注释
EQ	等于（=）	equal
NE	不等于（≠）	not equal
GT	大于（>）	great than
GE	大于或等于（≥）	great than or equal
LT	小于（<）	less than
LE	小于或等于（≤）	less than or equal

例 3-1　计算数值 $1\sim 100$ 的累加总和。

O8000；

#1 = 0；　　　　　　　　　　　　　存储和数变量的初值

#2 = 1；　　　　　　　　　　　　　被加数变量的初值

N5　IF［#2　GT　100］　GOTO　9；当被加数大于 100 时转移到 N9

\#1＝\#1+\#2；　　　　　　　　　计算和数

\#2＝\#2+1；　　　　　　　　　下一个被加数

GOTO　5；　　　　　　　　　转到 N5

N9　M30；　　　　　　　　　程序结束

（3）循环（WHILE 语句）

在"WHILE"后指定一个条件表达式。当指定条件满足时,则执行从"DO"到"END"之间的程序。否则,转到"END"后的程序段。

"DO"后面的号是指定程序执行范围的标号,标号值为 1、2、3。如果使用了 1、2、3 以外的值,会触发 P/S 报警 No.126。

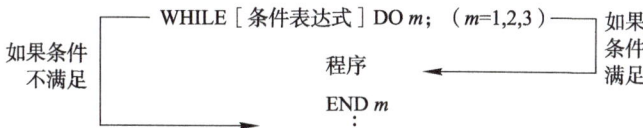

① 嵌套　在"DO"到"END"循环中的标号(1~3)可根据需要多次使用。但是需要注意的是,无论怎样多次使用,标号永远限制在 1、2、3。此外,当程序有交叉重复循环(DO 范围的重叠)时,会触发 P/S 报警 No.124。以下为关于嵌套的详细说明。

标号(1~3)可以根据需要多次使用。

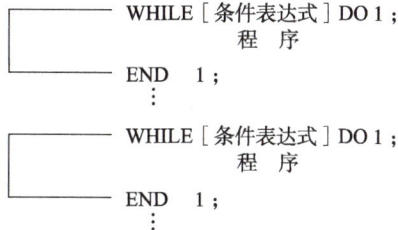

DO 的范围不能交叉。例如下面的表达是错误的。

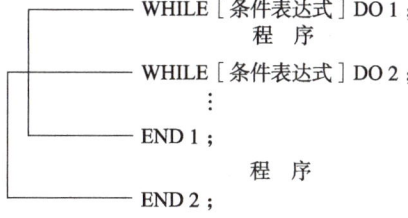

DO 循环可以三重嵌套。

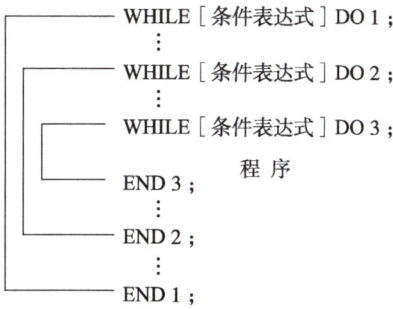

（条件）转移可以跳出循环的外边。

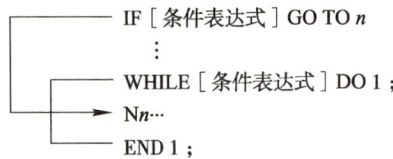

（条件）转移不能进入循环区内，注意（条件）转移是可以跳出循环外边的。例如下面的表达是错误的。

② 关于循环（WHILE 语句）的其他说明

DO　m 和 END　m 使用：两者必须成对使用，而且 DO　m 一定要在 END　m 指令之前。用识别号 m 来识别。

无限循环：当指定 DO 而没有指定 WHILE 语句时，将产生从 DO 到 END 之间的无限循环。

未定义的变量：在使用 EQ 或 NE 的条件表达式中，值为空和值为零将会有不同的效果。而在其他形式的条件表达式中，空即被当作零。

条件转移（IF 语句）和循环（WHILE 语句）的关系：显而易见，从逻辑关系上说，两者不过是从正、反两个方面描述同一件事情；从实现功能上说，两者具有相当程度的相互替代性；从具体的用法和使用的限制上说，条件转移（IF 语句）受到系统的限制相对更少，使用更灵活。

处理时间：当在 GOTO 语句（无论是无条件转移的 GOTO 语句，还是"IF…GOTO"形式的条件转移 GOTO 语句）中有顺序号转移的语句时，系统将进行顺序号检索。一般来说数控系统执行反向检索的时间要比正向检索长，因为系统通常先正向搜索到程序结束，再返回程序开头进行搜索，所以花费的时间要多。因此，用 WHILE 语句实现循环可减少处理时间。

（三）回转体方程曲面变量的表达式

构成零件的几何因素有点、直线、圆弧，复杂轮廓可能有多种二次非圆曲线（椭圆、抛物线、双曲线），以及一些渐开线（常用于齿轮及凸轮等），所有这些都是基于三角函数、解析几何的应用，而数学上都可以用数学表达式及参数方程来表述，因此宏程序在此有广泛的应用空间，可以发挥其强大的作用。

1. 椭圆曲面变量的表达式

如图 3-2 和图 3-3 所示为带椭圆曲面的回转体，在数控加工中，以 O 作为零点建立由 X 轴和 Z 轴组成的工件坐标系，已知椭圆的圆心坐标为 (x_0, z_0)，椭圆在 X 轴方向的半轴为 a，椭圆在 Z 轴方向的半轴为 b，椭圆的方程可以写为 $\dfrac{(x-x_0)^2}{a^2} + \dfrac{(z-z_0)^2}{b^2} = 1$。

通常回转体类零件图纸标注尺寸为轴向和径向尺寸，根据对图样上标注尺寸的分析，当轴向尺寸 z 作为已知变量时，径向尺寸变量 x 的表达式为 $x = x_0 \pm a\sqrt{1 - \dfrac{(z-z_0)^2}{b^2}}$；当径向尺寸 x 作为已知变量时，轴向尺寸变量 z 的表达式为 $z = z_0 \pm b\sqrt{1 - \dfrac{(x-x_0)^2}{a^2}}$。上述两个表达式中的

"±"可以用以下方法判断：以椭圆中心建立与工件坐标系相平行的坐标系，如果零件曲面是由 X、Z 轴正方向的椭圆轨迹形成的，则取"+"号；反之，则取"-"号。

当加工如图 3-2 所示带凸椭圆曲面的回转体时，$x = x_0 + a\sqrt{1 - \dfrac{(z - z_0)^2}{b^2}}$；当加工如图 3-3

所示带凹椭圆曲面的回转体时，$x = x_0 - a\sqrt{1 - \dfrac{(z - z_0)^2}{b^2}}$。

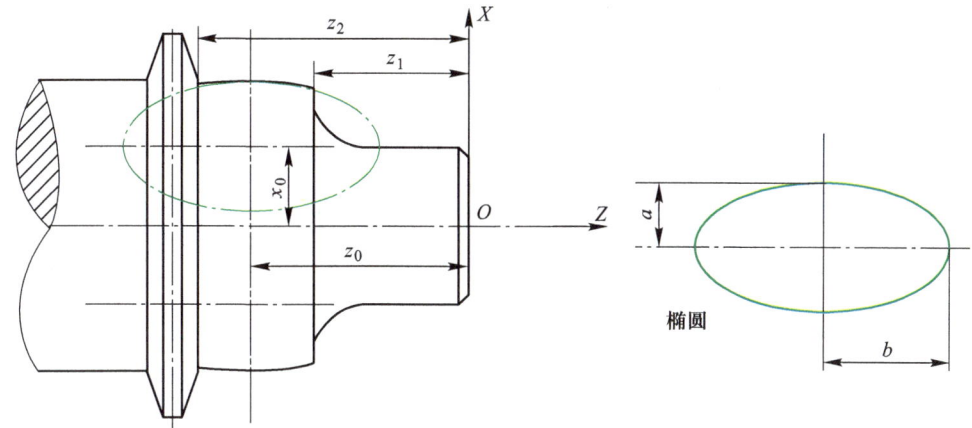

图 3-2   带凸椭圆曲面的回转体

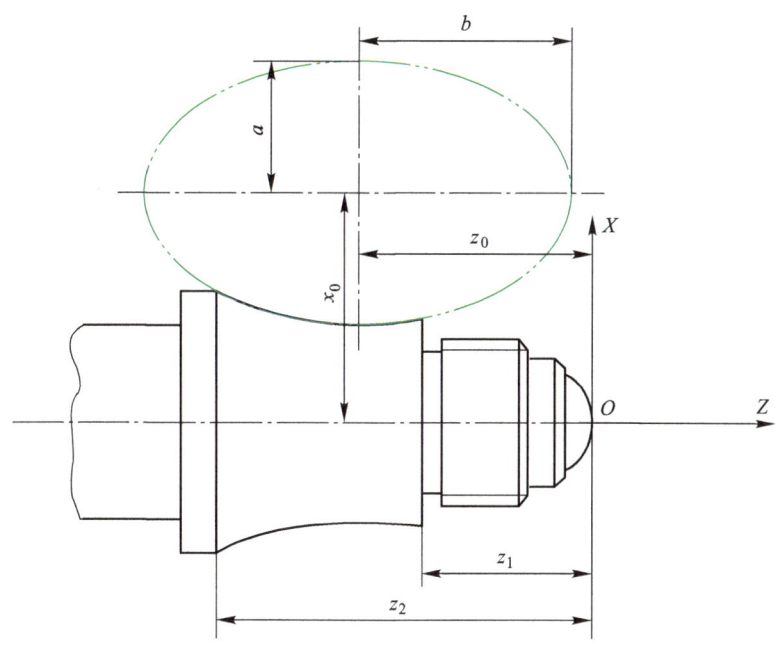

图 3-3   带凹椭圆曲面的回转体

2. 抛物面变量的表达式

如图 3-4 和图 3-5 所示为开口向左的抛物面回转体，已知抛物面顶点的坐标为 $(x_0,$

z_0），抛物线方程为 $z-z_0 = -(x-x_0)^2/k$，同样以 z 作为已知变量，则变量 $x = x_0 \pm \sqrt{-k(z-z_0)}$。当加工如图 3-4 所示开口向左凸抛物面回转体时，变量 $x = x_0 + \sqrt{-k(z-z_0)}$；当加工如图 3-5 所示开口向左凹抛物面回转体时，变量 $x = x_0 - \sqrt{-k(z-z_0)}$。

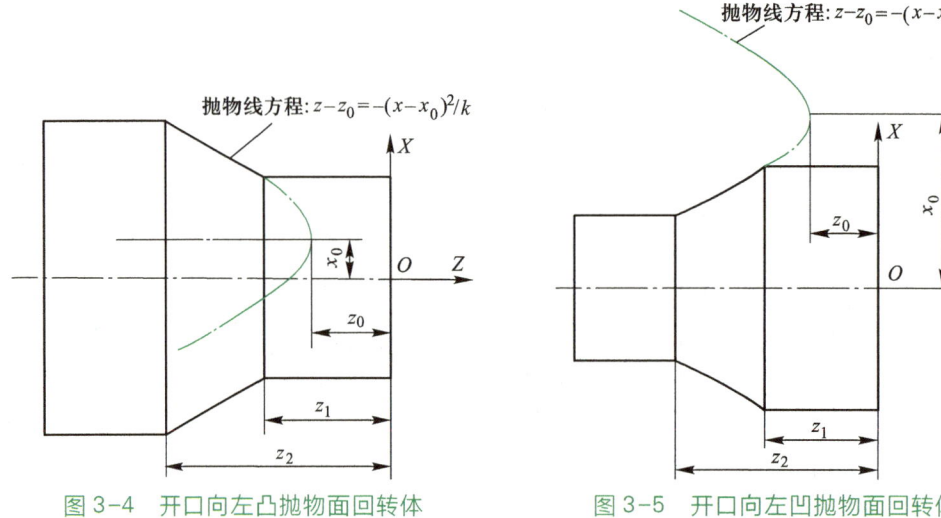

图 3-4　开口向左凸抛物面回转体　　　　图 3-5　开口向左凹抛物面回转体

如图 3-6 和图 3-7 所示为开口向右的抛物面回转体，已知抛物面顶点的坐标为（x_0，z_0），抛物线方程为 $z-z_0 = (x-x_0)^2/k$，同样以 z 作为已知变量，则变量 $x = x_0 \pm \sqrt{k(z-z_0)}$。当加工如图 3-6 所示开口向右凸抛物面回转体时，变量 $x = x_0 + \sqrt{k(z-z_0)}$；当加工如图 3-7 所示开口向右凹抛物面回转体时，变量 $x = x_0 - \sqrt{k(z-z_0)}$。

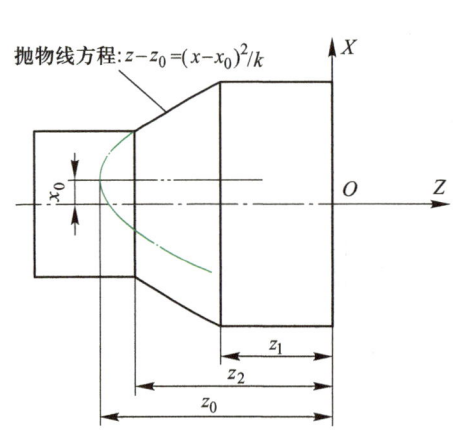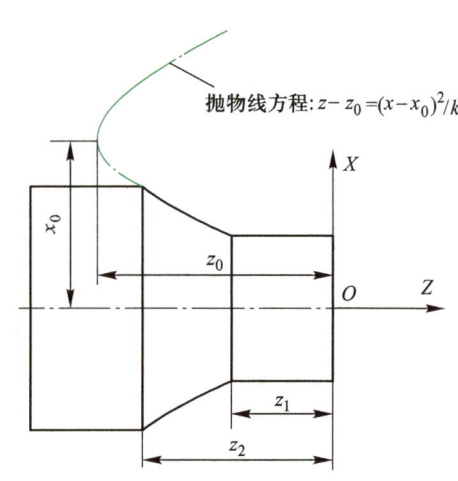

图 3-6　开口向右凸抛物面回转体　　　　图 3-7　开口向右凹抛物面回转体

如图 3-8 所示为开口向下凸抛物面回转体，图中已知抛物面顶点的坐标为（x_0，z_0），抛物线方程为 $x-x_0 = -k(z-z_0)^2$。以 z 作为已知变量，则变量 $x = x_0 - k(z-z_0)^2$。

如图 3-9 所示为开口向上凹抛物面回转体，已知抛物面顶点的坐标为（x_0，z_0），抛物线方程为 $x-x_0 = k(z-z_0)^2$。以 z 作为已知变量，则变量 $x = x_0 + k(z-z_0)^2$。

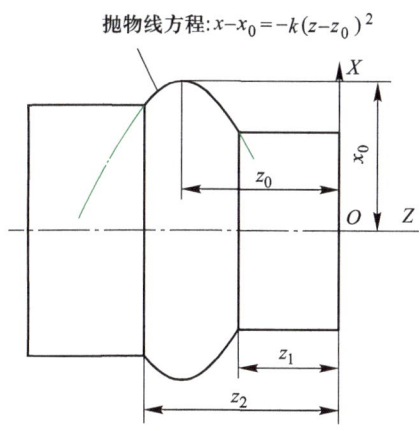

抛物线方程: $x-x_0=-k(z-z_0)^2$

图 3-8　开口向下凸抛物面回转体

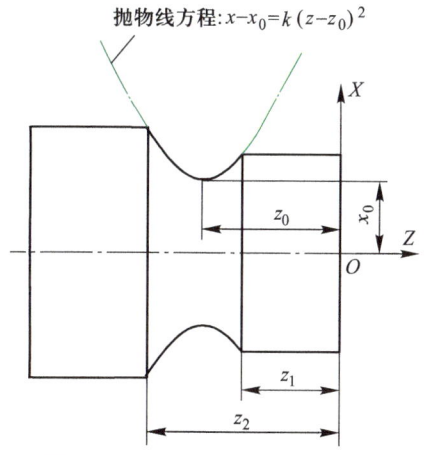

抛物线方程: $x-x_0=k(z-z_0)^2$

图 3-9　开口向上凹抛物面回转体

3. 双曲线曲面变量的表达式

如图 3-10、图 3-11 所示为开口向 X 轴的双曲线曲面回转体,以 z 作为已知变量,根据双曲线的方程 $\dfrac{(x-x_0)^2}{a^2}-\dfrac{(z-z_0)^2}{b^2}=1$ 可知,当加工如图 3-10 所示开口向 X 轴凸双曲线曲面回转体时,变量 $x=x_0-a\sqrt{1+\dfrac{(z-z_0)^2}{b^2}}$;当加工如图 3-11 所示开口向 X 轴凹双曲线曲面回转体时,变量 $x=x_0+a\sqrt{1+\dfrac{(z-z_0)^2}{b^2}}$。

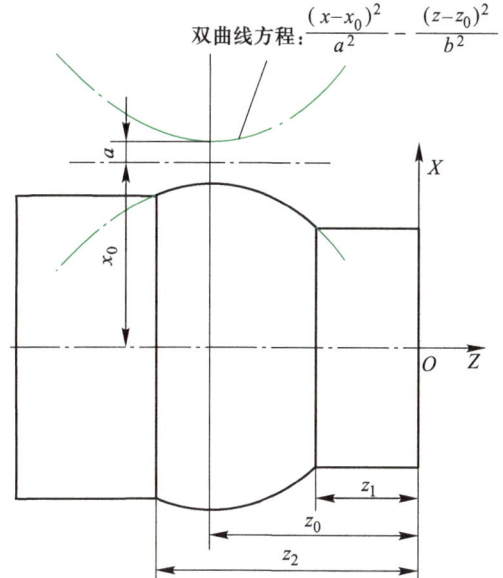

双曲线方程: $\dfrac{(x-x_0)^2}{a^2}-\dfrac{(z-z_0)^2}{b^2}=1$

图 3-10　开口向 X 轴凸双曲线曲面回转体

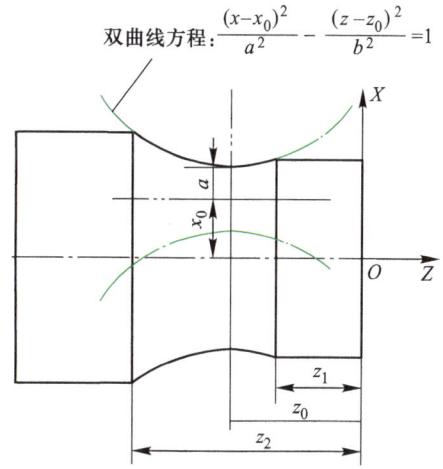

双曲线方程: $\dfrac{(x-x_0)^2}{a^2}-\dfrac{(z-z_0)^2}{b^2}=1$

图 3-11　开口向 X 轴凹双曲线曲面回转体

如图 3-12、图 3-13 所示为开口向 Z 轴双曲线曲面回转体,以 z 作为已知变量,根据双曲线的方程 $\dfrac{(z-z_0)^2}{b^2}-\dfrac{(x-x_0)^2}{a^2}=1$ 可知,当加工如图 3-12 所示开口向 Z 轴凹双曲线曲面回转体时,变量 $x = x_0 - a\sqrt{\dfrac{(z-z_0)^2}{b^2} - 1}$;当加工如图 3-13 所示开口向 Z 轴凸双曲线曲面回转体时,

变量 $x = x_0 + a\sqrt{\dfrac{(z-z_0)^2}{b^2} - 1}$ 。

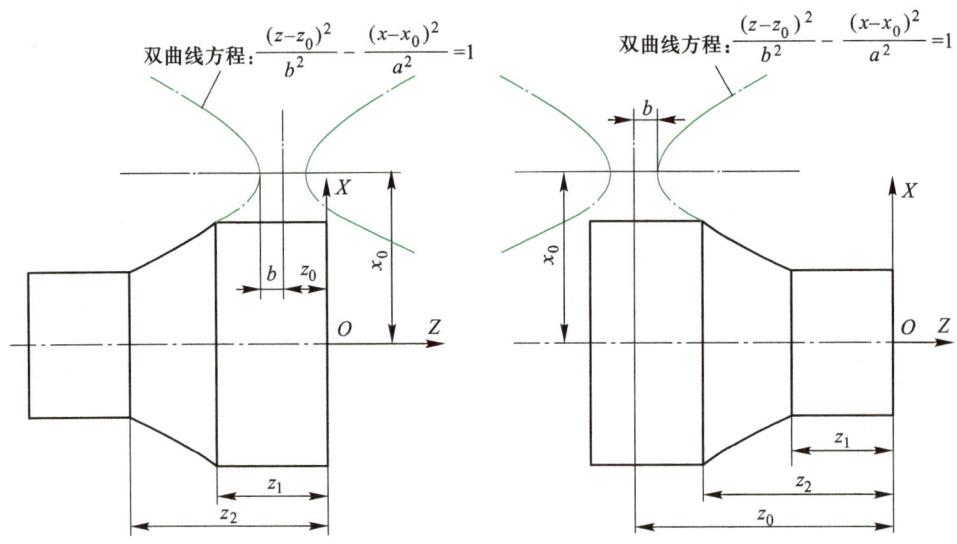

图 3-12　开口向 Z 轴凹双曲线曲面回转体

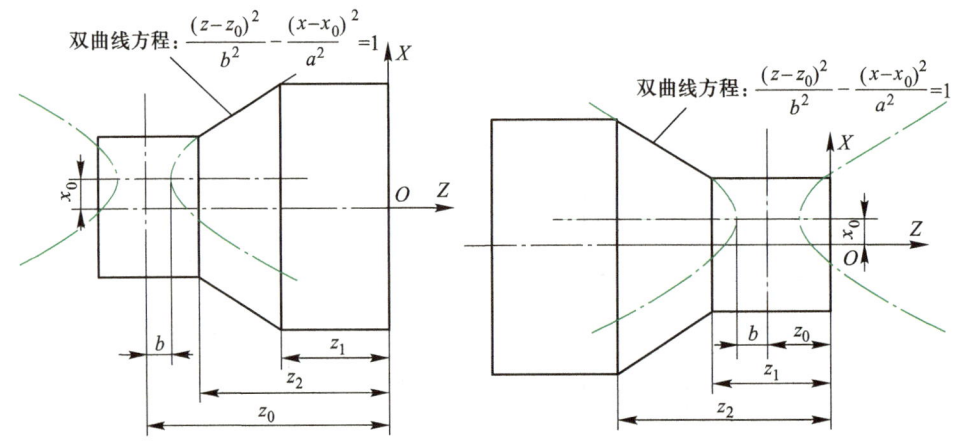

图 3-13　开口向 Z 轴凸双曲线曲面回转体

（四）回转体方程曲面宏程序的编制

在数控机床不具备椭圆、抛物线、双曲线等插补功能的情况下,常采用逼近法加工。所谓逼近法就是用多个直线段或圆弧去近似代替非圆曲线,称为拟合(逼近)处理。拟合线段与曲线的交点或切点称为节点,如图 3-14 所示的 A、B、C 均为节点。

下面以椭圆曲面精加工为例介绍用直线逼近椭圆曲线的编程思路。图 3-14 零件右端有一个长轴为 20 mm,短轴为 13 mm 的椭圆曲面,为了加工该曲面,可以在图示椭圆曲线上

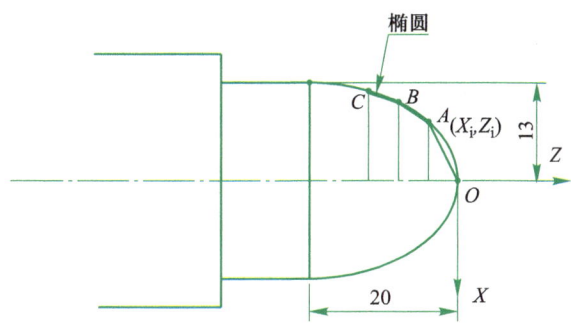

图 3-14　直线逼近椭圆曲线

取一系列 Z 坐标增量相等的点,把这些点定义为椭圆曲线上的节点,假设椭圆曲线上任意一个节点的坐标为 (X_i, Z_i),按照前面介绍的椭圆曲面变量表达式,当轴向尺寸 Z 为已知变量(X 也可以作为已知变量,根据零件图样尺寸决定)时,径向变量 X 的表达式为 $x = x_0 + a\sqrt{1 - \dfrac{(z - z_0)^2}{b^2}}$,在这个图中椭圆上节点的 Z 坐标实际上是从 0 变化到 -20,变化的增量假设是 -0.5,那么可以求出一系列节点坐标。

当 $Z_0 = 0$ 时,求出 $X_0 = 0$

当 $Z_1 = -0.5$ 时,利用 X 表达式求出新的 X_1

当 $Z_2 = -1.0$ 时,利用 X 表达式求出新的 X_2

…

当 $Z_i = -20$ 时,求出 $X_i = 13$

刀具从起点开始,通过求出的一系列节点坐标连续做直线插补运动,从而加工出椭圆曲面。具体已知变量变化的增量大小可以根据图样上零件曲面轮廓精度的要求来决定,精度要求高时一般取小值,节点数越多,精度、表面质量越高,加工耗时也越长。

当零件上 Z 坐标作为已知变量时,采用 FANUC 0i 系统的宏程序编制方法完成的椭圆回转体方程曲面宏程序如下:

O0703	子程序名
#1 = a;	已知参数 a 赋值
#2 = b;	已知参数 b 赋值
#3 = x₀;	已知参数 x_0 赋值
#4 = z₀;	已知参数 z_0 赋值
#5 = z₁;	Z 轴变量起始值
#6 = z₂;	Z 轴变量终止值
WHILE［#5　GE　#6］DO 1;	判断是否走到 Z 轴终点($z_1 \rightarrow z_2$)
#7 = X 变量表达式;	X 轴变量表达式(按照以上分析的变量表达式计算)
G01　X［2 * X 变量表达式］ Z#5;	插补执行
#5 = #5 - 0.5;	Z 轴步距,每次 0.5 mm(大小与加工精度有关)
END　1;	
G00　X100.0　Z100.0;	退刀

M30;   子程序结束

其他由抛物线、双曲线形成的回转体曲面宏程序编制思路与上述椭圆曲面零件相同。

例 3-2 已知零件毛坯为 φ50 mm×120 mm 的棒料,材料为 45 钢,要求加工如图 3-15 所示的零件。

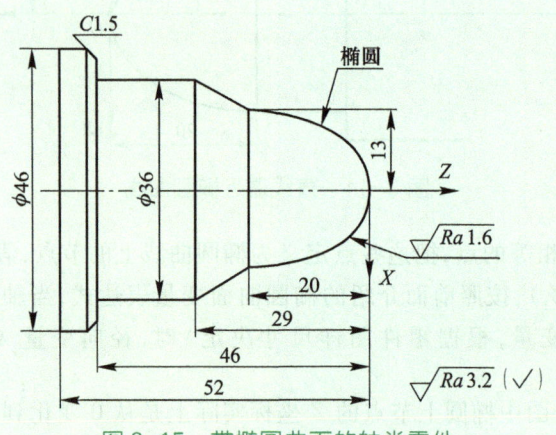

图 3-15 带椭圆曲面的轴类零件

（1）零件图工艺分析

该轴类零件表面由椭圆、圆锥、圆柱表面组成,此零件尺寸标注正确、轮廓描述完整。最大外圆表面尺寸为 φ46 mm,整个零件从长度上要加工的部分为 52 mm,表面粗糙度 $Ra1.6$ μm 由精车保证。

（2）确定装夹方案

采用机床本身的标准卡盘,毛坯伸出三爪自定心卡盘外 65 mm 左右,并找正夹紧。

（3）确定加工方案

以工件右端面中心作为坐标原点建立工件坐标系。加工起点和换刀点设为同一点,其位置的确定原则为方便拆卸工件,不发生碰撞,空行程较短等。故加工起点和换刀点放在 Z 向距离工件前端面 100 mm、X 向距离轴心线 100 mm 的位置。加工工艺路线为粗车圆锥、圆柱、椭圆表面→精车圆锥、圆柱、椭圆表面→切断,如图 3-16 和图 3-17 所示。

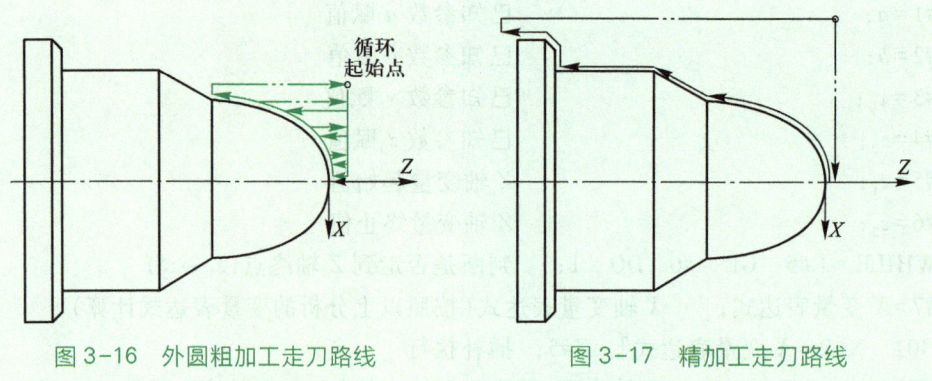

图 3-16 外圆粗加工走刀路线   图 3-17 精加工走刀路线

（4）选择刀具与切削用量

外圆粗车刀 T0101,刀具主偏角为 90°;外圆精车刀 T0202,刀具主偏角为 93°;切槽车刀

T0303，刀宽 3 mm。上述刀具材料为高速钢。切削用量主要考虑加工公差的要求并兼顾提高刀具耐用度、机床寿命等因素。粗车外圆时，主轴转速为 600 r/min，进给速度为 100 mm/min，给精加工留出 0.5 mm 的余量；精加工外圆时主轴转速为 1 000 r/min，进给速度为 50 mm/min；切槽时，主轴转速为 400 r/min，进给速度为 30 mm/min。

（5）拟订数控加工工序卡

数控加工工序卡见表 3-9。

表 3-9　数控加工工序卡

（单位）	数控加工工序卡片	产品名称或代号		零件名称			零件图号	
				轴				
工序号	程序编号	夹具名称		使用设备	数控系统		车间	
	O0001	三爪自定心卡盘		TK36S	FANUC 0i		数控中心	
工步号	工步内容	刀具号	刀具名称	刀具规格	主轴转速/（r/min）	进给速度/（mm/min）	背吃刀量/mm	备注
1	粗车圆锥、圆柱、椭圆表面	T01	外圆粗车刀	90°	600	100	1.5	
2	精车圆锥、圆柱、椭圆表面	T02	外圆精车刀	93°	1 000	50	0.25	
3	切断，控制零件总长	T03	切槽车刀	3 mm	400	30		
编制		审核		批准		共 1 页	第 1 页	

（6）零件加工参考程序

```
O0001;
T0101;                               外圆粗车刀
M03  S600;
G00  X52.0  Z2.0;                    粗车复合循环起点
M08;
G71  U1.5  R0.5;
G71  P10  Q20  U0.5  W0.1  F100;
N10  G00  X0;
G01  Z0  F50
#1=13.0;                             X 向椭圆半轴赋值
#2=20.0;                             Z 向椭圆半轴赋值
#3=0;                                椭圆中心在工件坐标系中的 X 坐标
#4=-20.0;                            椭圆中心在工件坐标系中的 Z 坐标
#5=0;                                Z 轴变量起始值
#6=-20.0;                            Z 轴变量终止值
WHILE[#5  GE  #6]  DO  2;            判断是否走到 Z 轴终点（0→-20.0）
```

```
#7=SQRT[#2*#2-[#5-#4]*[#5-#4]];
#8=#3+#1*#7/#2;                              X 变量表达式
G01  X[2*#8]  Z#5;                           插补执行
#5=#5-0.5;                                   Z 轴步距,每次为 0.5 mm(大小与加工精度有关)
END   2;
X36.0   Z-29.0;
Z-46.0;
X43.0;
X46.0   W-1.5;
N20   Z-58.0;
G00   G42  X100.0  Z100.0;                   退刀
T0202;
G00   X50.0  Z2.0;
S1000;                                       精车转速为 1 000 r/min
G70   P10  Q20;
M09;
G00   X100.0  Z100.0;
T0303;                                       切断车刀
M03   S400;
G00   X54.0  Z-56.0;
M08;
G01   X0  F30;
M09;
G00   X100.0;
Z100.0;
M30;                                         程序停止
```

例 3-3 已知零件毛坯为 φ30 mm×120 mm 的棒料,材料为 45 钢,要求编写加工如图 3-18所示椭圆回转体零件的宏程序。

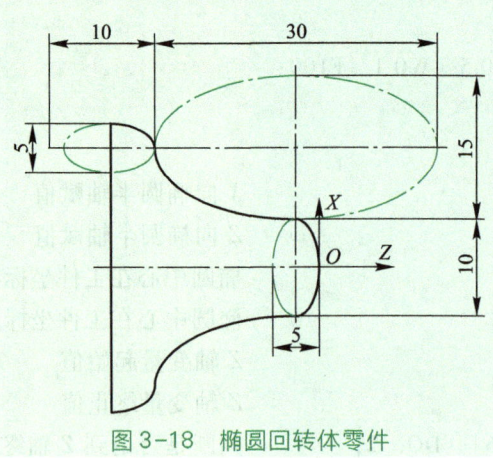

图 3-18 椭圆回转体零件

```
O1201
T0101                                        外圆车刀
M03  S500
G00   X100.0  Z100.0
X32.0  Z2.0
G71  U2.0  R1.0
G71  P1  Q2  U0.5  W0  F100
N1  G00  X0
G01  Z0  F50
#1＝5 ；                                       a（第一个椭圆）
#2＝2.5；                                      b（第一个椭圆）
#3＝0；                                        zᵢ的初值（第一个椭圆）
#4＝-2.5；                                     zᵢ的终值（第一个椭圆）
#5＝0；                                        x₀（第一个椭圆）
#6＝-2.5；                                     z₀（第一个椭圆）
WHILE［#3  GE  #4］  DO 1
#7＝SQRT［#2＊#2-［#3-#6］＊［#3-#6］］
#8＝#5+#1＊#7/#2
G01  X［2＊#8］  Z［#3］  F50
#3＝#3-0.1
END  1
#11＝7.5 ；                                    a（第二个椭圆）
#12＝15；                                      b（第二个椭圆）
#13＝-2.5；                                    zᵢ的初值（第二个椭圆）
#14＝-17.5；                                   zᵢ的终值（第二个椭圆）
#15＝12.5；                                    x₀（第二个椭圆）
#16＝-2.5；                                    z₀（第二个椭圆）
WHILE［#13GE#14］  DO 2
#17＝SQRT［#12＊#12-［#13-#16］＊［#13-#16］］
#18＝#15-#11＊#17/#12
G01  X［2＊#18］  Z［#13］  F50
#13＝#13-0.1
END  2
#21＝2.5 ；                                    a（第三个椭圆）
#22＝5；                                       b（第三个椭圆）
#23＝-17.5；                                   zᵢ的初值（第三个椭圆）
#24＝-22.5；                                   zᵢ的终值（第三个椭圆）
#25＝12.5；                                    x₀（第三个椭圆）
```

```
#26 = -22.5;                          z_0（第三个椭圆）
WHILE  ［#23  GE  #24］  DO  3
#27 = SQRT［#22 * #22-［#23-#26］* ［#23-#26］］
#28 = #25+#21 * #27/#22
G01   X［2 * #28］  Z［#23］  F50
#23 = #23-0.1
END   3
N2   G01   X32.0
G00   X100.0   Z100.0
M30
```

（五）回转体方程曲面宏程序仿真加工

当零件毛坯为 $\phi60$ mm，加工椭圆曲面时，已知参数 $a=23$，$b=40$，$x_0=0$，$z_0=-22$，$z_1=0$，$z_2=-44$，变量 x 表达式为 $x=x_0+a\sqrt{1-\dfrac{(z-z_0)^2}{b^2}}$，其曲面宏程序的仿真结果为椭圆曲面，如图 3-19 所示。

当零件毛坯为 $\phi50$ mm，加工抛物线曲面时，已知参数 $x_0=0$，$z_0=0$，$k=10$，$z_1=0$，$z_2=-20$，变量 x 表达式为 $x=x_0+\sqrt{-k(z-z_0)}$，其曲面宏程序的仿真结果为抛物线曲面，如图 3-20 所示。

图 3-19 椭圆曲面

图 3-20 抛物线曲面

当零件毛坯为 $\phi80$ mm，加工开口向 X 轴凹双曲线曲面时，已知参数 $x_0=20$，$z_0=-20$，$a=5$，$b=15$，$z_1=0$，$z_2=-30$，变量 x 表达式为 $x=x_0+a\sqrt{1+\dfrac{(z-z_0)^2}{b^2}}$，其曲面宏程序的仿真结果如图 3-21 所示。

当零件毛坯为 $\phi50$ mm，加工开口向 X 轴凸双曲线曲面时，已知参数 $x_0=20$，$z_0=-20$，$a=5$，$b=15$，$z_1=0$，$z_2=-30$，变量 x 表达式为 $x=x_0-a\sqrt{1+\dfrac{(z-z_0)^2}{b^2}}$，其曲面宏程序的仿真结果如图 3-22 所示。

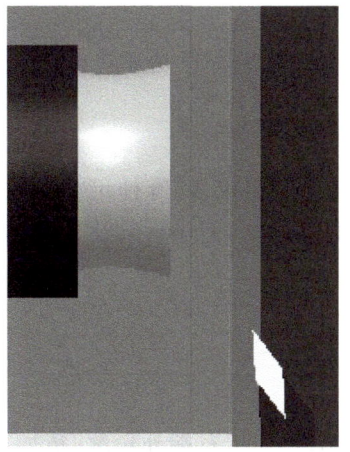

图 3-21   开口向 X 轴凹双曲线曲面

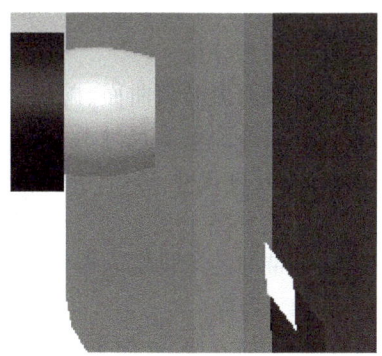

图 3-22   开口向 X 轴凸双曲线曲面

四、工作内容

1. 实训目的与要求

a. 进一步熟悉数控车床的基本操作,特别是程序的编辑功能。

b. 能够运用宏程序加工回转体类方程曲面零件。

c. 能够解决椭圆曲面类零件加工过程中工艺的制订、程序的编制、零件的试切、对刀以及加工过程的控制和公差等级的保证等问题。

2. 仪器与设备

a. 卧式数控车床若干台。

b. 棒料(长度、直径视实训零件尺寸而定)。

c. 工具准备

量具准备清单:

游标卡尺   0~150 mm/0.02 mm

外径千分尺   0~25 mm/0.01 mm;25~50 mm/0.01 mm

钢直尺   0~200 mm

百分表   0~10 mm/0.01 mm

刀具准备清单:

90°外圆粗车刀

93°外圆精车刀

镗孔刀   刀杆尺寸为 $\phi23$ mm、深 50 mm

其他工具准备清单:

卡盘钥匙

刀架钥匙

垫刀片

3. 实训时间

五个小时

动画扫一扫:
左端内、外轮廓
精加工走刀路线

4. 实训内容

已知零件毛坯为 $\phi90$ mm×140 mm 的棒料,材料为 45 钢,左端已钻有直径 $\phi25$ mm 的底孔,要求加工如图 3-1 所示零件。

（1）零件图工艺分析

该轴类零件表面由椭圆曲面、抛物面、圆柱表面、球面等组成,此零件尺寸标注正确、轮廓描述完整。最大外圆表面尺寸为 $\phi88$ mm,整个零件总长为 137 mm, $\phi88^{~0}_{-0.02}$ 采用中间值 $\phi87.99$ mm 编程,长度尺寸 $80^{-0.02}_{-0.04}$ 由安装定位保证。

（2）确定装夹方案

采用机床自带的三爪自定心卡盘。

（3）确定加工方案

考虑安装定位的方便,先加工工件左端的内、外轮廓,再加工右端外轮廓,精加工走刀路线如图 3-23、图 3-24 所示。

（4）选择刀具与切削用量

外圆粗车刀 T0101,刀具主偏角为 90°;外圆精车刀 T0202,刀具主偏角为 93°;镗孔刀 T0303,刀杆尺寸为 $\phi23$ mm、深 50 mm。选择切削用量时主要须考虑加工精度要求并兼顾提高刀具耐用度、机床寿命等因素。粗车外圆时,主轴转速为 600 r/min,进给速度为 100 mm/min,精加工余量为 0.5 mm;精加工外圆时,主轴转速为 1 000 r/min,进给速度为 50 mm/min;粗镗孔时,主轴转速为 500 r/min,进给速度为 80 mm/min,精加工余量为 0.5 mm;精镗孔时,主轴转速为 1 000 r/min,进给速度为 50 mm/min。

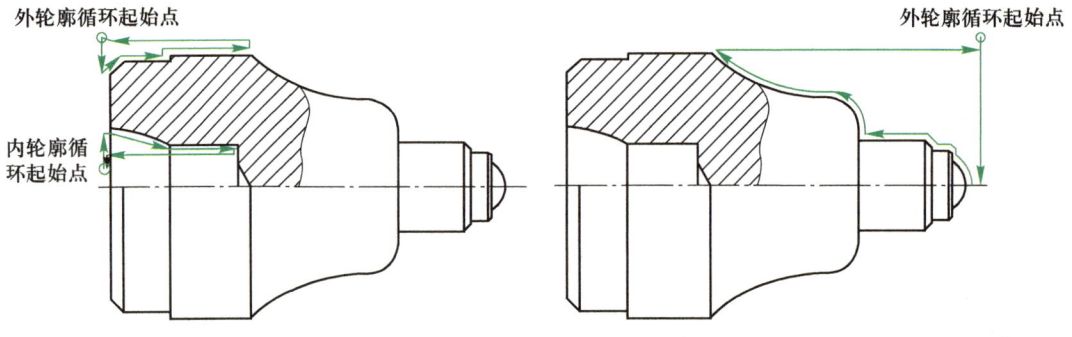

图 3-23　左端内、外轮廓精加工走刀路线　　　图 3-24　右端外轮廓精加工走刀路线

（5）拟订数控加工工序卡

工序 1:零件左端内、外轮廓的数控加工工序卡见表 3-10

表 3-10　数控加工工序卡

（单位）	数控加工工序卡片	产品名称或代号	零件名称		零件图号
			回转体类方程曲面零件		
工序号	程序编号	夹具名称	使用设备	数控系统	车间
	O0802、O0801	三爪自定心卡盘	TK36S	FANUC 0i	数控中心

续表

工步号	工步内容	刀具号	刀具名称	刀具规格	主轴转速/(r/min)	进给速度/(mm/min)	背吃刀量/mm	备注
1	粗镗左端内轮廓表面	T03	镗孔刀	$\phi23$	500	80	2.0	
2	精镗左端内轮廓表面	T03	镗孔刀	$\phi23$	1 000	50	0.25	
3	粗车左端外轮廓	T01	外圆粗车刀	90°	600	100	2.0	
4	精车左端外轮廓	T02	外圆精车刀	93°	1 000	50	0.25	
编制		审核		批准		共 1 页	第 1 页	

工序 2：零件右端外轮廓的数控加工工序卡见表 3−11

表 3−11　数控加工工序卡

（单位）	数控加工工序卡片	产品名称或代号		零件名称		零件图号	
				回转体类方程曲面零件			
工序号	程序编号	夹具名称		使用设备	数控系统	车间	
	O0803	三爪自定心卡盘		TK36S	FANUC 0i	数控中心	
工步号	工步内容	刀具号	刀具名称	刀具规格	主轴转速/(r/min)	进给速度/(mm/min)	背吃刀量/mm	备注
1	掉头装夹,对刀							手动
2	粗车右端外轮廓	T01	外圆粗车刀	90°	600	100	2.0	
3	精车右端外轮廓	T02	外圆精车刀	93°	1 000	50	0.25	
编制		审核		批准		共 1 页	第 1 页	

（6）编制数控加工程序（参考程序）

零件左端内轮廓的数控加工程序单见表 3−12。

表 3−12　数控加工程序单

零件图号		零件名称	回转体类方程曲面零件	资料编号	
程序号	O0802	数控系统	FANUC 0i	备注	
程序段号	程序内容		说明		
N10	T0303		调用 3 号镗孔刀和 3 号刀具偏置		

续表

程序段号	程序内容	说明
N20	M03 S500	启动主轴正转,转速为 500 r/min
N30	G00 X25.0 Z2.0	定位至循环起点
N40	G71 U2 R0.5	粗车循环指令
N50	G71 P60 Q190 U−0.5 W0.5 F80	粗车循环指令
N60	G00 X36.0	X 方向定位至抛物线起点
N70	G01 Z0 F50	走刀至抛物线起点
N80	#10 = 18	抛物线顶点的 X_0 值
N90	#11 = 0	抛物线顶点的 Z_0 值
N100	#12 = 0	抛物线的 Z 轴变量初值
N110	#13 = −20	抛物线的 Z 轴变量终值
N120	WHILE[#12 GE #13]DO 1	满足条件执行循环指令
N130	#14 = #12 ∗ #12/100	
N140	#15 = 2 ∗ [#10−#14]	抛物线上任意一点的 X 坐标的 2 倍(由图样上的抛物线表达式转化而来)
N150	G01 X[#15] Z[#12] F50	直线插补
N160	#12 = #12−0.05	Z 轴变量每次变化−0.05 mm
N170	END1	不满足条件循环指令结束
N180	G01Z−44.0	镗 $\phi 28$ mm 的内孔
N190	X25.0	退刀
N200	M03 S1000	改变主轴转速为精车转速
N210	G70 P60 Q190	精加工车削循环
N220	G00 X150.0 Z100.0	退刀至换刀点
N230	M30	程序结束
编制		审核		批准		时间	

零件左端外轮廓的数控加工程序单见表 3−13。

表 3-13　数控加工程序单

零件图号		零件名称	回转体类方程曲面零件	资料编号	
程序号	O0801	数控系统	FANUC 0i	备注	
程序段号	程序内容		说明		
N10	T0101		调用 1 号外圆粗车刀和 1 号刀具偏置		

续表

程序段号	程序内容	说明
N20	M03 S600	启动主轴正转,转速为 600 r/min
N30	G00 X92.0 Z2.0	粗车循环定位
N40	G71 U2.0 R1.0	粗车循环指令
N50	G71 P60 Q120 U0.5 W0.5 F100	粗车循环指令
N60	G00 X80.0	X 轴方向定位
N70	G01 Z0 F50	走刀至倒角起点
N80	X84.0 Z-2.0	倒角
N90	Z-20.0	加工 $\phi84$ mm 外圆
N100	X87.99	X 轴方向走刀
N110	Z-70.0	加工 $\phi87.99$ mm 外圆
N120	G01 X92.0	X 轴方向退刀
N130	G00 X150 Z100	退刀至换刀点
N140	T0202	换 2 号外圆精车刀和 2 号刀具偏置
N150	G00 G42 X92 Z2	定位至循环起点
N160	M03 S1000	改变主轴转速为 1 000 r/min
N170	G70 P60 Q120	精加工车削循环
N180	G00 G40 X150.0 Z100.0	退刀至换刀点
N190	M30	程序结束
编制		审核		批准		时间	

零件右端的数控加工程序单见表 3-14。

表 3-14　数控加工程序单

零件图号		零件名称	回转体类方程曲面零件		资料编号	
程序号	O0803	数控系统	FANUC 0i		备注	
程序段号	程序内容		说明			
N10	T0101		调用 1 号外圆粗车刀和 1 号刀具偏置			
N20	M03 S600		启动主轴正转,转速为 600 r/min			
N30	G00 X92.0 Z2.0		粗车循环定位			
N40	G71 U2.0 R1.0		粗车循环指令			
N50	G71 P60 Q300 U0.5 W0.5 F100		粗车循环指令			
N60	G00 X0.0		X 轴方向定位			

续表

程序段号	程序内容	说明
N70	G01 Z0 F50	走刀至 SR10 的圆弧面起点
N80	G03 X17.32 Z−5.0 R10.0	加工 SR10 的圆弧面
N90	G01 X21.0	X 轴方向退至倒角起点
N100	X23.0 W−1.0	倒角
N110	Z−12.0	加工 φ23 mm 的外圆
N120	X26.0	X 轴方向退至倒角起点
N130	X30.0 W−2.0	倒角
N140	Z−37.0	加工 φ30 mm 的外圆
N150	X38.0	走刀至圆角起点
N160	G03 X58.0 W−10.0 R10.0	加工 R10 mm 的圆角
N170	#1 = 30	椭圆 X 轴方向半轴 a
N180	#2 = 50	椭圆 Z 轴方向半轴 b
N190	#3 = 59	椭圆中心坐标 X_0 值
N200	#4 = −47	椭圆中心坐标 Z_0 值
N210	#5 = 29	椭圆曲线 X 变量的初值
N220	#6 = 44	椭圆曲线 X 变量的终值
N230	WHILE[#5 LE #6]DO 2	满足条件执行循环指令
N240	#7=SQRT[#1 * #1−[#5−#3] * [#5−#3]]	
N250	#8=#2 * #7	
N260	#9=#4−#8/#1	椭圆上任意一点的 Z 坐标
N270	G01X[2 * #5]Z[#9]F50	直线插补
N280	#5=#5+1.0	X 轴变量每次变化 1.0 mm
N290	END2	不满足条件循环指令时结束
N300	G01 X92.0	X 轴方向退刀
N310	G00 X150 Z100	退刀至换刀点
N320	T0202	换 2 号外圆精车刀和 2 号刀具偏置
N330	G00 X92 Z2	定位至循环起点
N340	M03 S1000	改变主轴转速为 1 000 r/min
N350	G70 P60 Q300	精加工车削循环
N360	G00 X150.0 Z100.0	退刀至换刀点
N370	M30	程序结束
编制	审核	批准	时间

3.1 考核评价表

（7）输入零件程序

（8）进行程序校验及加工轨迹仿真,修改程序

（9）进行对刀操作

（10）自动加工

（11）可以扫描二维码,填写回转体类方程曲面零件考核评价表。

练习题 1　如图 3-25 所示零件,采用 FANUC 0i 系统编制零件的加工程序。已知零件毛坯为 $\phi 45\,\text{mm} \times 95\,\text{mm}$ 的棒料。

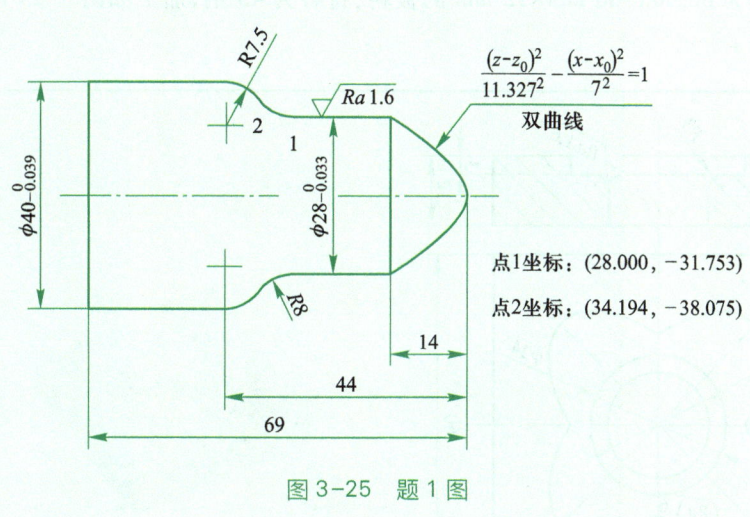

点1坐标：(28.000, -31.753)

点2坐标：(34.194, -38.075)

$$\frac{(z-z_0)^2}{11.327^2} - \frac{(x-x_0)^2}{7^2} = 1$$
双曲线

图 3-25　题 1 图

练习题 2　零件毛坯为 $\phi 45\,\text{mm} \times 100\,\text{mm}$ 的圆料,材料为 45 钢,编制加工图 3-26 所示零件的加工工艺及程序。

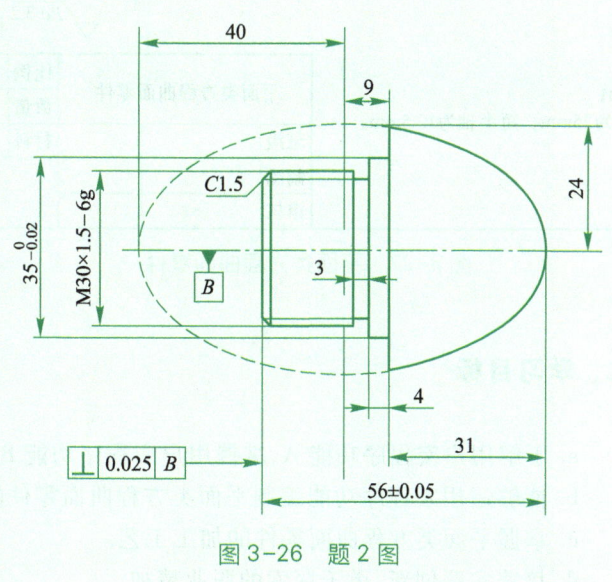

图 3-26　题 2 图

项目 2　平面类方程曲面零件数控编程与加工

一、工作任务

零件毛坯为 60 mm×60 mm×12 mm 的板料,材料为 45 钢,加工如图 3-27 所示的平面类方程曲面零件。

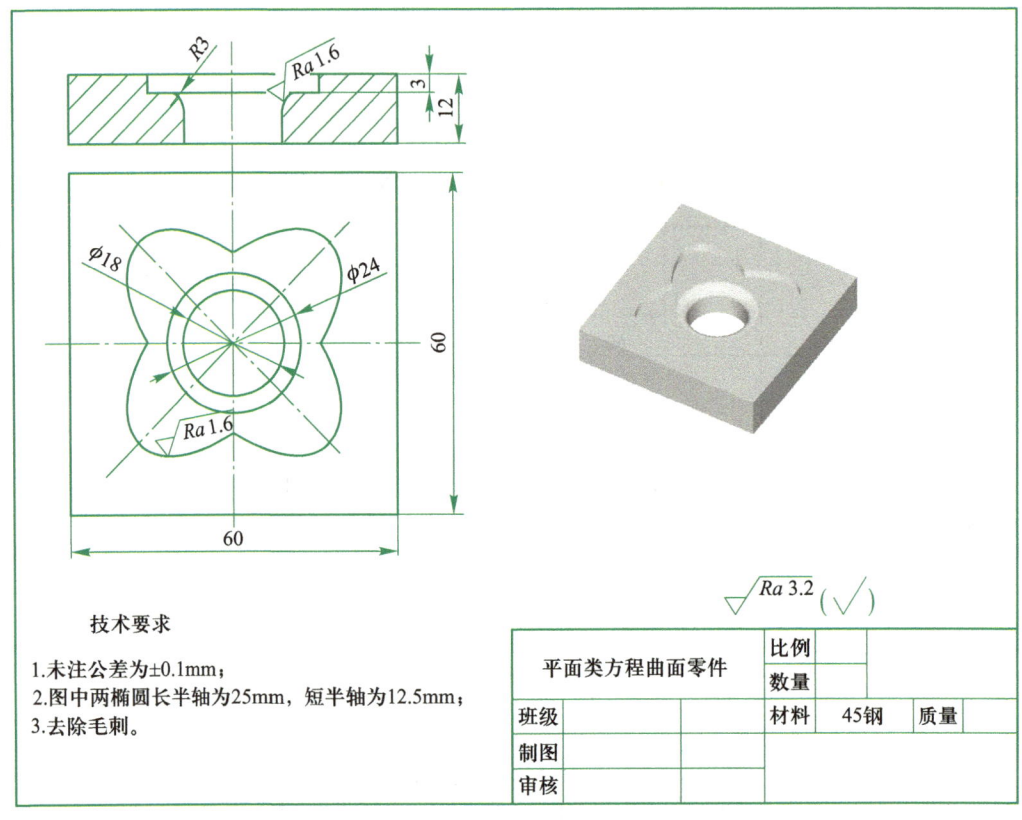

技术要求

1.未注公差为±0.1mm;
2.图中两椭圆长半轴为25mm, 短半轴为12.5mm;
3.去除毛刺。

图 3-27　平面类方程曲面零件

动画扫一扫
零件三维模型
展示

二、学习目标

a. 了解用户宏程序功能 A,掌握用户宏程序功能 B。

b. 能够运用宏程序功能编制平面类方程曲面零件的数控加工程序。

c. 掌握平面类方程曲面零件的加工工艺。

d. 培养实践创新、勇于探索的职业精神

250

三、学习内容

（一）用户宏程序功能 A

1. 用户宏指令（用户宏程序调用指令）

用户宏指令是调用用户宏程序的指令，用户宏程序功能 A 用以下方法调用宏程序：

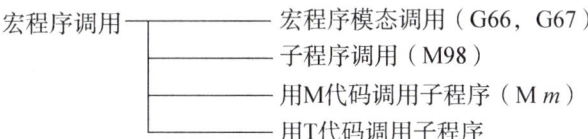

（1）宏程序模态调用与取消（G66、G67）

格式：G66　Pp；

其中，p 为调用的宏程序本体程序号。用上述指令时，系统为宏程序模态调用方式，即其后的每个程序每执行一次，便调用一次 P 指令的宏程序，并且在其后的各程序中都可以指定自变量。

调用宏程序模态指令为 G66，取消宏程序模态指令为 G67。G66 和 G67 应该成对使用。

（2）子程序调用（M98）

格式：M98　Pp；

其中，p 为调用的宏程序本体程序号。用上述指令，可调用 P 指定的宏程序本体。

（3）用 M 代码调用子程序

可用 Mm 代码代替 M98　Pp。在参数 No.6071～No.6079 中设定调用子程序的 M 代码 m，可用与子程序调用（M98）相同的方法调用子程序。表 3-15 为 FANUC 0i 参数、M 代码与子程序号之间的对应关系。

表 3-15　FANUC 0i 参数、M 代码与子程序号之间的对应关系

参数号	M 代码 m	被调用的用户子程序号 p
6071	m_1	9001
6072	m_2	9002
6073	m_3	9003
6074	m_4	9004
6075	m_5	9005
6076	m_6	9006
6077	m_7	9007
6078	m_8	9008
6079	m_9	9009

m 值范围可从 03～97 中选取，其中 30 和不能进入缓冲寄存器的 M 代码除外。

例如：假设在系统中将 No.6072 参数设置为 72（为了识别的方便性和条理性，强烈建议

将 $m_1 \sim m_9$ 依次设置为 71~79），则 M72 等同于 M98　P9002。

说明：

a. 不允许自变量赋值。

b. 在宏程序中调用的 M 代码被处理为普通的 M 代码。

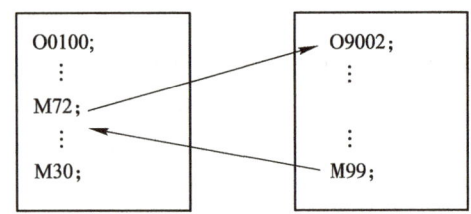

2. 用户宏程序本体

（1）用户宏程序本体的结构

在用户宏程序本体中，可以使用普通 NC 指令、采用变量的 NC 指令、计算指令和转换指令。

用户宏程序本体结构以字母 O 后的程序号开始，用 M99 结束。

例如：

O××××；	程序号
G65　H05…；	运算指令
G90　G00　X#110　Y#120；	使用变量的 NC 指令
⋮	
G65　H82…；	转移指令
M99；	用户宏程序本体结束

（2）变量的表示和引用

用变量可以指定用户宏程序本体的地址值。当调用或执行宏程序时，通过计算变量，可以指定（得到）一个变量，使宏程序更灵活，用途更广泛。

用变量可以替代地址后面的具体数值。

例如：F#110，当#110 = 500 时，相当于 F500。

　　　　Z-#120，当#120 = 200.0 时，相当于 Z-200.0。

　　　　G#130，当#130 = 3 时，相当于 G3（即 G03）。

当用变量替代变量号时，不能表示为"##100"或"#［#100］"，而应写成"#9100"，即用"9"替代后面的"#"表示替换的变量号。

例如：若#100 = 110，#110 = 400，则 X#9100 表示 X400，而 X-#9100 则表示 X-400。

注意：地址 O 和 N 不能引用变量。指令值不能超过各地址的最大指令值。若#130 = 200，则 G#130 超过了最大指令。

（3）变量的种类

在用户宏程序功能 A 中，使用的变量是公共变量和系统变量，这一点一定要注意，相关变量的定义和特点参见前述。

（4）宏程序的运算和控制指令

格式：G65　Hm　P#i　Q#j　R#k

其中，m 为 01~99，表示宏程序功能；#i 为存储运算结果的变量号；#j 为进行运算变量号码，也可以是常数；#k 为进行运算的变量号 2，也可以是常数。

意义：$\#i = \#j ① \#k$

①————运算符（由Hm指定）

注意：变量值不能带小数，与各地址不带小数时所表示的意义相同（参数 No.3401 的#0 位 DPI=0，最小输入单位为 0.001 mm 及 0.001°）

例如：若#100 = 10，以 0.001 mm 为单位输入时 X#100 为 X0.01 mm（10×0.001 mm = 0.010 mm）；若#100=100，以 0.001°为单位输入时#100 为 0.10°。

G65　Hm 宏指令表见表 3-16。

表 3-16　G65　Hm 宏指令表（FANUC 0i）（宏程序的运算与控制指令）

G65	Hm	功能	数学定义
G65	H01	定义、置换	$\#i = \#j$
G65	H02	加法	$\#i = \#j + \#k$
G65	H03	减法	$\#i = \#j - \#k$
G65	H04	乘法	$\#i = \#j * \#k$
G65	H05	除法	$\#i = \#i / \#k$
G65	H11	逻辑加	$\#i = \#j \quad \text{AND} \quad \#k$
G65	H12	逻辑乘	$\#i = \#j \quad \text{OR} \quad \#k$
G65	H13	异或	$\#i = \#j \quad \text{XOR} \quad \#k$
G65	H21	开平方	$\#i = \sqrt{\#j}$
G65	H22	绝对值	$\#i = |\#j|$
G65	H23	剩余数	$\#i = \#j - \text{trunc}(\#j / \#k) * \#k$
G65	H24	变成二进制	$\#i = \text{BIN}(\#j)$
G65	H25	变成十进制	$\#i = \text{BCD}(\#j)$
G65	H26	复合除运算	$\#i = (\#j * \#k) / \#k$
G65	H27	复合平方根 1	$\#i = \sqrt{\#j * \#j + \#k * \#k}$
G65	H28	复合平方根 2	$\#i = \sqrt{\#j * \#j - \#k * \#k}$
G65	H31	正弦	$\#i = \#j * \text{SIN}(\#k)$
G65	H32	余弦	$\#i = \#j * \text{COS}(\#k)$
G65	H33	正切	$\#i = \#j * \text{TAN}(\#k)$
G65	H34	反正切	$\#i = \text{ARCTAN}(\#j / \#k)$
G65	H80	无条件转移	GOTO　n
G65	H81	条件转移 1	IF　$\#j = \#k$　GOTO　n
G65	H82	条件转移 2	IF　$\#j \neq \#k$　GOTO　n
G65	H83	条件转移 3	IF　$\#j > \#k$　GOTO　n

续表

G65　Hm	功能	数学定义
G65　H84	条件转移 4	IF　$\#j<\#k$　GOTO　n
G65　H85	条件转移 5	IF　$\#j\geqslant\#k$　GOTO　n
G65　H86	条件转移 6	IF　$\#j\leqslant\#k$　GOTO　n
G65　H99	P/S 报警	报警号为 500+n

从 G65　Hm 指令的用法定义可以看出,用户宏程序功能 A 的使用是非常繁琐且极不直观的,因此从宏程序应用的实际出发,对用户宏程序功能 A 的语句及指令的详细用法不作更深入的介绍和表达,事实上在真正的生产实践中,用户宏程序功能 A 的使用机会是很少的。

（二）用户宏程序功能 B

用户宏指令是调用用户宏程序的指令,用户宏程序功能 B 用以下方法调用宏程序：

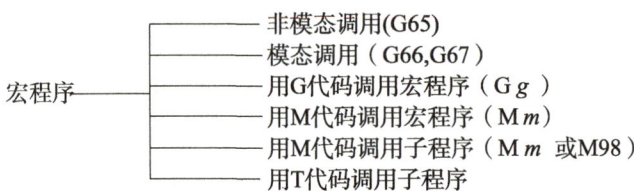

首先说明用户宏程序调用(G65)与子程序调用(M98)之间的差别：

a. G65 可以进行自变量赋值,即指定自变量(数据传送到宏程序),M98 则不能。

b. 当 M98 程序段包含另一个 NC 指令(例如 G01　X200.0　M98　Pp)时,在执行完这种含有非 N、P 或 L 的指令后可调用(或转移到)子程序。相反,G65 只能无条件地调用宏程序。

c. 当 M98 程序段包含 O、N、P、L 以外的地址的 NC 指令(例如 G01　X200.0　M98 Pp)时,在单程序段方式中,可以单程序段停止(即停机)。相反,G65 不行(即不停机)。

d. G65 改变局部变量的级别。M98 不改变局部变量的级别。

1. 宏程序非模态调用(G65)

当指定 G65 时,调用以地址 P 指定的用户宏程序,数据(自变量)能传递到用户宏程序中,指令格式如下所示：

G65　Pp　Ll　自变量赋值；

其中,p 为调用的程序号,l 为重复的次数(默认值为 1),自变量赋值是指传递到宏程序的数据。

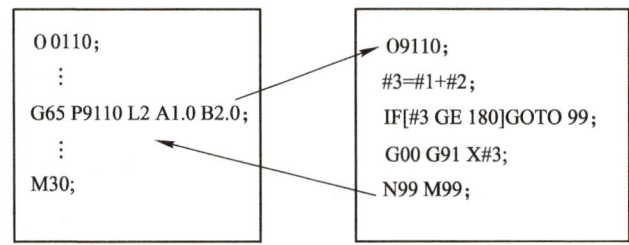

（1）调用说明

a. 在 G65 之后，用地址 P 指定用户宏程序的程序号。

b. 任何自变量赋值前必须指定 G65。

c. 当要求重复时，在地址 L 后指定从 1~9 999 的重复次数，省略 L 值时，默认 L 值为 1。

d. 使用自变量指定（赋值），其值被赋值给宏程序中相应的局部变量。

（2）自变量指定

自变量指定又可称为自变量赋值（以下统一为自变量赋值），即若要向用户宏程序本体传送数据时，须由自变量赋值来指定，其值可以有符号和小数点，且与地址无关。

这里使用的是局部变量（#1~#33 共有 33 个），与其对应的自变量赋值共有两种类型。

自变量赋值Ⅰ：用英文字母后加数值进行赋值，除了 G、L、O、N 和 P 之外，其余所有 21 个英文字母都可以给自变量赋值，每个字母赋值一次，从 A、B、C、D、…到 X、Y、Z，赋值不必按字母顺序进行，但使用 I、J、K 时，必须按字母顺序指定（赋值），不赋值的地址可以省略。

自变量赋值Ⅱ：与自变量赋值Ⅰ类似，也是用英文字母后加数值进行赋值，但只用了 A、B、C 和 I、J、K 这 6 个字母，具体用法是除了 A、B、C 之外，还用 10 组 I、J、K 来对自变量进行赋值，在这里 I、J、K 是分组定义的，同组的 I、J、K 必须按字母顺序指定，不赋值的地址可以省略。

自变量赋值Ⅰ和自变量赋值Ⅱ与用户宏程序本体中局部变量的对应关系见表 3-17。

表 3-17　FANUC 0i 地址与局部变量的对应关系

自变量赋值Ⅰ 地址	用户宏程序本体中的局部变量	自变量赋值Ⅱ 地址	自变量赋值Ⅰ 地址	用户宏程序本体中的局部变量	自变量赋值Ⅱ 地址
A	#1	A	S	#19	I_6
B	#2	B	T	#20	J_6
C	#3	C	U	#21	K_6
I	#4	I_1	V	#22	I_7
J	#5	J_1	W	#23	J_7
K	#6	K_1	X	#24	K_7
D	#7	I_2	Y	#25	I_8
E	#8	J_2	Z	#26	J_8
F	#9	K_2		#27	K_8
H	#10	I_3		#28	I_9
	#11	J_3		#29	J_9
	#12	K_3		#30	K_9
M	#13	I_4		#31	I_{10}
	#14	J_4		#32	J_{10}
	#15	K_4		#33	K_{10}
Q	#16	I_5			
	#17	J_5			
R	#18	K_5			

注意:对于自变量赋值Ⅱ,表 3-16 中 I、J、K 的下标用于确定自变量赋值的顺序,在实际编程中不写(也无法写,语法上无法表达)。

(3) 自变量赋值的其他说明

a. 自变量赋值Ⅰ、Ⅱ可混合使用,CNC 内部自动识别自变量赋值Ⅰ和Ⅱ。

b. 自变量赋值Ⅰ和Ⅱ混合赋值时,后赋值的自变量类型有效(以从左到右书写的顺序为准,左为先,右为后)。

例如:　　　　　　　　　　　　G65 A1.0 B2.0 I-3.0 I4.0 D5.0 P1100;

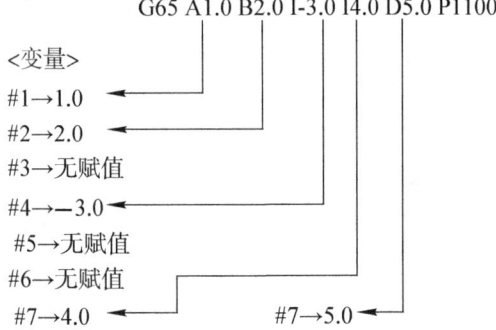

本例中,I4.0 和 D5.0 都给变量#7 赋值,但后者 D5.0 有效。

由此可以看出,自变量赋值Ⅱ用 10 组 I、J、K 来对自变量进行赋值,在表 3-16 中似乎可以通过 I、J、K 的下标很容易识别地址和变量的关系,但在实际编程中无法输入下标。尽管自变量赋值Ⅱ"充分利用资源",可以对#1~#33 全部 33 个局部变量进行赋值,但是在实际编程时要分清是哪一组 I、J、K,又是第几个 I 或 J 或 K,是非常麻烦的。如果再让自变量赋值Ⅰ和自变量赋值Ⅱ混合使用,那就更是烦上加烦。

相反,如果只用自变量赋值Ⅰ进行赋值,由于地址和变量是一一对应的关系,混淆出错的机会相当小,尽管只有 21 个英文字母可以给自变量赋值,但是毫不夸张地说,95% 以上的编程工作再复杂也不会出现超过 21 个变量的情况。因此在实际编程时,常使用自变量赋值Ⅰ进行赋值。

还有需注意以下几个问题。

① 小数点的问题　没有小数点的自变量数据的单位为各地址的最小设定单位。传递的没有小数点的自变量的值将根据实际系统配置而定。因此,建议在宏程序调用中一律使用小数点,既可避免无谓的差错,也可使程序对机床及系统的兼容性更好。

② 调用嵌套　调用可以四级嵌套,包括非模态调用(G65)和模态调用(G66),但不包括子程序调用(M98)。

③ 局部变量的级别　局部变量嵌套从 0 到 4 级,主程序是 0 级。用 G65 或 G66 调用宏程序,每调用一次(2、3、4 级),局部变量级别加 1,而前一级的局部变量值保存在 CNC 中,即每级局部变量(1、2、3 级)被保存,下一级的局部变量(2、3、4 级)准备,可以进行自变量赋值。

当宏程序中执行 M99 时,控制返回到调用的程序,此时,局部变量级别减 1,并恢复宏程序调用时保存的局部变量值,即上一级被储存的局部变量被恢复,如同它被储存一样,而下一级的局部变量被清除。

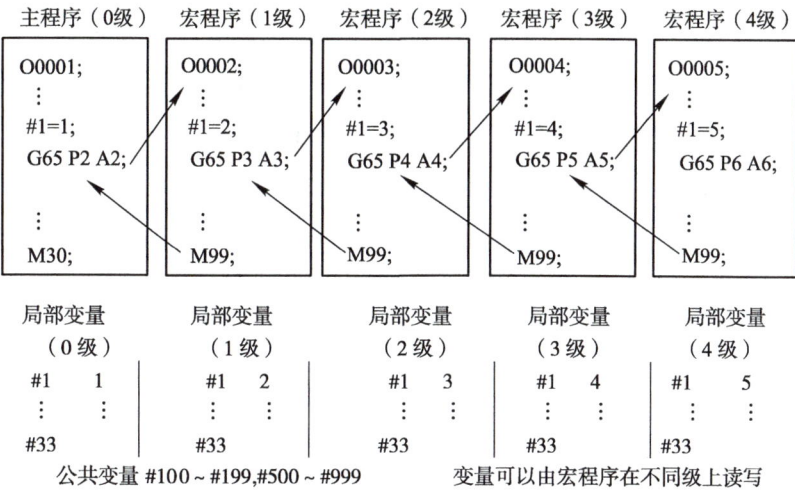

例 3-4 如图 3-28 所示的图形轨迹,分别写出用常数编写的程序和用变量编写的宏程序。

用常数编写的程序:

O0902;

……

G91 G01 X50.0 F300;

Y30.0;

X-50.0;

Y-30.0;

……

M30;

图 3-28 例 3-4 图

用变量编写的宏程序:

O0903;

……

G65 P9400 X50.0 Y30.0 F300;

M30;

O9400;

G01 G91 X#24 F#9;

Y#25;

X-#24;

Y-#25;

M99;

例 3-5 写出加工如图 3-29 所示的四边形外轮廓的宏程序。

O0110;

……

G65 P0805 A____ X____ Y____ I____ J____ F____ D____;(A:角度;X:长度;

Y:宽度;F:进给速度;I、J:x、y 趋近;D:刀具半径补偿号)

```
……
M30；

O0805；
#100＝#24＊COS［#1］；
#101＝#24＊SIN［#1］；
#102＝#25＊SIN［#1］；
#103＝#25＊COS［#1］；
G01　G91　G42　X#4　Y#5　F#9　D#7；
X#100　Y#101；
X-#102　Y#103；
X-#100　Y-#101；
X#102　Y-#103；
G40　X-#4　Y-#5；
M99；
```

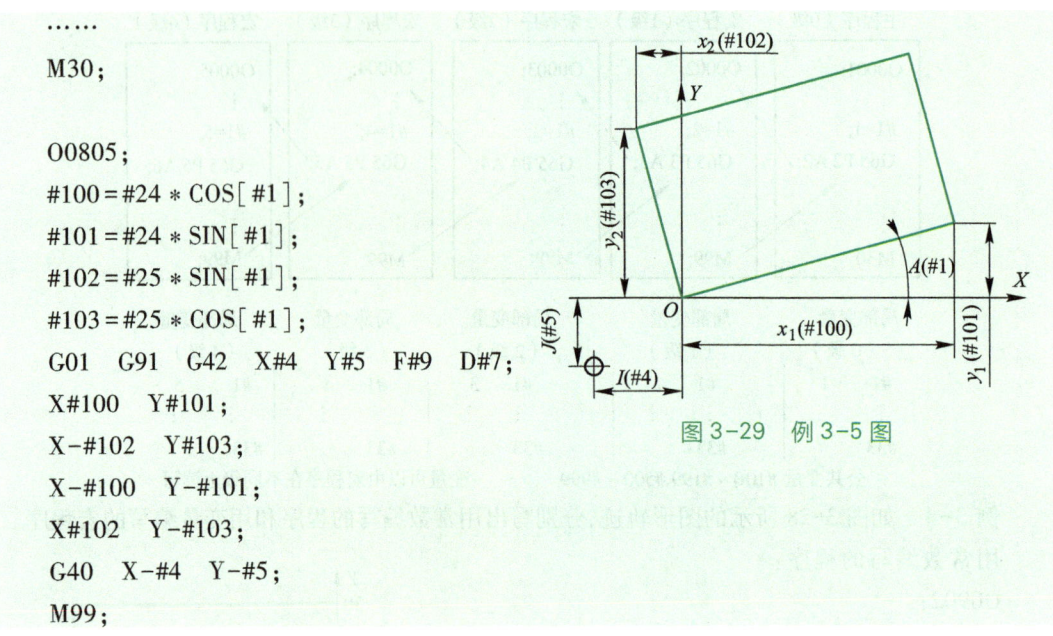

图 3-29　例 3-5 图

2. 宏程序模态调用与取消（G66、G67）

指定 G66 时，则指定宏程序模态调用，即指定沿移动轴移动的程序段后调用宏程序，G67 取消宏程序模态调用。指令格式与非模态调用（G65）相似。

　　G66　P*p*　L*l*　自变量赋值；

其中，*p* 为要调用的程序号，*l* 为重复次数（默认值为 1），自变量赋值是指传递到宏程序的数据。

　　例如：

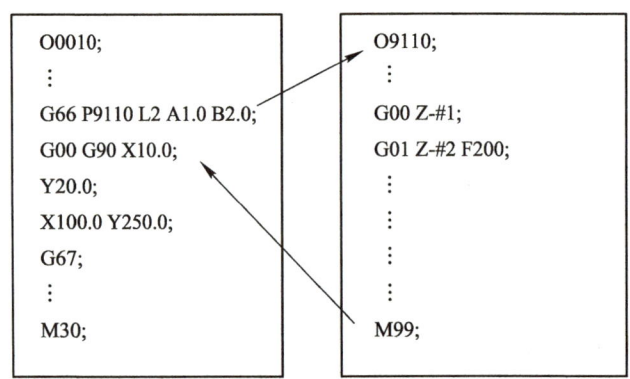

说明：

a. 在 G66 之后，用地址 P 指定用户宏程序的程序号。

b. 任何自变量前必须指定 G66。

c. 当要求重复时，在地址 L 之后指定从 1~9 999 的重复次数，省略 L 值时，默认 L 值为 1。

d. 与非模态调用（G65）相同，使用自变量赋值给宏程序中相应的局部变量。

e. 指定 G67 时，取消 G66。即其后面的程序段不再执行宏程序模态调用。G66 和 G67 应该成对使用。

f. 可以调用四级嵌套，包括非模态调用（G65）和模态调用（G66）。但不包括子程序调用（M98）。

g. 在模态调用期间,指定另一个 G66 代码,可以嵌套模态调用。

h. 存在的限制:

在 G66 程序段中,不能调用多个宏程序。

在只有诸如辅助功能(M 代码),但无移动指令的程序段中不能调用宏程序。

局部变量(自变量)只能在 G66 程序段中指定。注意:每次执行模态调用时,不再设定局部变量。

例 3-6　编写加工图 3-30 所示球面的宏程序。

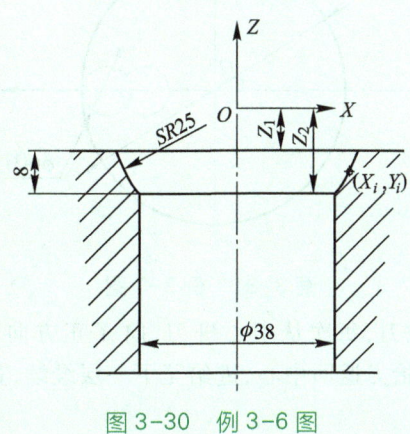

图 3-30　例 3-6 图

根据图可以计算出:

$$Z_2 = \sqrt{25^2 - 19^2}\ \text{mm} = 16.248\ \text{mm}$$

$$Z_1 = Z_2 - 8\ \text{mm} = (16.248 - 8)\ \text{mm} = 8.248\ \text{mm}$$

设#100 为高度方向的变量,则任意点 (X_i, Y_i) 的坐标 $X_i = \sqrt{25^2 - (\#100)^2}$。

设#102 为 X 方向的变量,则 X_i 的表达式为#102 = SQRT[25 * 25 - #100 * #100]。

宏程序如下:

```
G17  G00  G55  X0  Y0  Z0;
G00  G43  Z-7.0  F50  H01;          采用 φ16 mm 立铣刀加工
#100=-8.248;                        Z 方向的初始高度
#101=-16.248;                       Z 方向的终止高度
WHILE[#100  GE  #101]  DO  1
    #102=SQRT[25 * 25-#100 * #100];
    #103=#102-8.0;                  刀具半径为 8 mm
    G01  X#103  F500;
    Z#100;
    G03  I[-#103]
    #100=#100-0.03;
END  1
G00  G49  Z0;
M30;
```

例 3-7　加工如图 3-31 所示的圆孔内腔,圆孔内腔尺寸为直径×深度 =#1×#2。

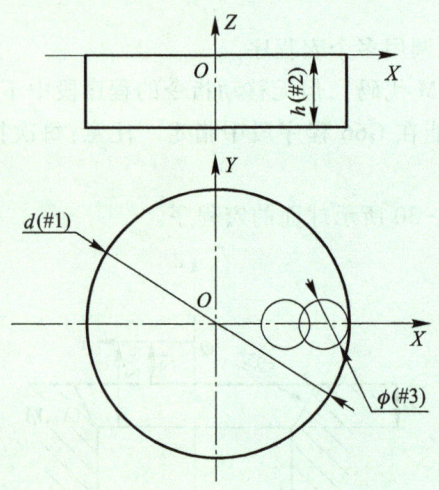

图 3-31　例 3-7 图

加工方式:使用平底立铣刀,每次从中心进刀,向 X 正方向走第一段距离,逆时针走整圆,采用顺铣,走完最外圈后抬刀返回中心,进给至下一层继续,直至到达预定深度。

```
O0603;
#1 = ____;                            圆孔直径
#2 = ____;                            圆孔深度
#3 = ____;                            刀具直径
#4 = 0;                               Z 坐标设为自变量,赋初值为 0
#17 = ____;                           Z 坐标每次递增量
#5 = 0.8 * #3;                        步距为刀具直径的 80%
#6 = #1-#3;                           刀具在内腔中最大回转直径
S1000   M03;
G54   G90   G00   X0   Y0   Z30.0;
WHILE[#4   LT#2]   DO  1
Z[-#4+1.0];
G01   Z-[#4+#17]   F150;              刀具在内腔最大回转直径除以步距并上取整
#7 = FIX[#6/#5];
#8 = FIX[#7/2];                       半径方向取整
WHILE[#8   GE   0]   DO  2
#9 = #6/2-#8 * #5;                    每圈在 X 向上移动的距离目标值
G01   X#9   F1000;
G03   I-#9;
#8 = #8-1;
END   2
G00   Z30.0;
X0   Y0;
```

```
#4 = #4+#17;
END   1
M30;
```

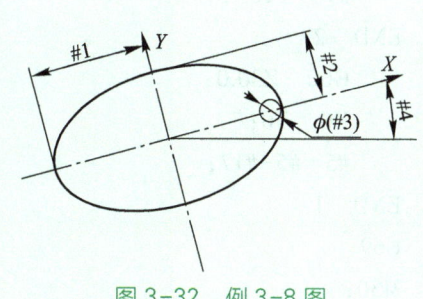

图 3-32　例 3-8 图

例 **3-8**　加工如图 3-32 所示的椭圆内腔,椭圆的长半轴、短半轴长度分别为#1、#2,椭圆长半轴轴线与水平线的夹角为#4。

```
O1662;
#1 = ____;                          椭圆长半轴(对应 X 轴)
#2 = ____;                          椭圆短半轴(对应 Y 轴)
#3 = ____;                          刀具直径
#4 = ____;                          椭圆长半轴的轴线与水平线的夹角
#5 = ____;                          Z 坐标设为自变量,赋初值为 0
#17 = ____;                         Z 坐标每次递减量
#18 = ____;                         角度设为自变量,赋初值为 0
#19 = ____;                         角度每次递增量
#26 = ____;                         椭圆内腔底部 Z 坐标值(非绝对值)
G54  G90  G00  X0  Y0  Z30.0;
M03  S1000;
G68  X0  Y0  R  #4;
#6 = 0.8 * #3;                      步距为刀具直径的 80%
#7 = #1 * 2-#3;                     刀具在内腔中 X 半轴方向上最大移动距离
#8 = #2 * 2-#3;                     刀具在内腔中 Y 半轴方向上最大移动距离
WHILE[#5 GT #26]  DO 1
    Z[#5+1.0];
    G01  Z[#5-#17]  F1000;
    #9 = FIX[#8/#6];
    #10 = FIX[#9/2];
WHILE[#10 GE 0]  DO 2
    #11 = #7/2-#10 * #6;            每次移动到的 X 半轴目标值
    #12 = #8/2-#10 * #6;            每次移动到的 Y 半轴目标值
    #18 = 0;
WHILE[#18 LE 360]  DO 3
    #13 = #11 * COS[#18];           椭圆上一点的 X 坐标值
    #14 = #12 * SIN[#18];           椭圆上一点的 Y 坐标值
    G01  X#13  Y#14  F1000;
    #18 = #18+#19;
    END  3
```

```
    #10 = #10-1;
END  2
    G00  Z30.0;
    X0  Y0;
    #5 = #5-#17;
END  1
G69;
M30;
```

四、工作内容

1. 本次实训的目的和要求

a. 了解曲面零件的数控铣削加工工艺过程；

b. 熟练掌握数控加工中心的操作与编程；

c. 能够运用宏程序完成本零件方程曲面的加工。

2. 实训仪器与设备

a. 机床：数控加工中心两台。

b. 数控系统：FANUC 0i。

c. 刀具：ϕ10 mm 硬质合金立铣刀、ϕ5 mm 的球头刀、ϕ10 mm 的球头刀、ϕ20 mm 立铣刀。

d. 工具：机用平口钳、装拆刀具专用扳手、压板、垫块、杠杆百分表(0~0.8 mm)与表座、游标卡尺(0~200 mm)、内径千分尺(5~30 mm)、内径千分尺(25~50 mm)。

e. 计算机若干台(配有 MasterCAM 9.1 中文版、Vnuc 数控仿真软件)。

3. 实训时间

四个小时。

4. 实训内容

在数控加工中心上加工如图 3-27 所示的平面类方程曲面零件。零件毛坯尺寸为 60 mm×60 mm×12 mm,材料为 45 钢。试分析该零件的数控铣削加工工艺并编制加工程序。

(1) 零件图工艺分析

通过零件图工艺分析,确定工件的加工内容、加工要求,初步确定各加工结构的加工方法。

加工内容：该工件主要由椭圆面、圆柱孔及圆弧面组成,毛坯是正方形件,尺寸为 60 mm× 60 mm×12 mm,加工内容包括 ϕ18 mm 的内孔、旋转角分别为 45°和 135°的椭圆、R3 mm 圆弧面。

加工要求：椭圆侧面的表面粗糙度要求很高,其 Ra 值为 1.6 μm；其他的一般加工要求为 ϕ18 mm 的内孔和圆弧面标注了基本尺寸,可按自由尺寸±0.1 mm 处理,表面粗糙度要求较高,Ra 值为 3.2 μm。

(2) 各结构的加工方法

ϕ18 mm 内孔运用立铣刀铣孔加工。为了保证圆弧面 Ra1.6 μm 的表面粗糙度,采用 ϕ5 mm 的球头刀加工。

（3）数控机床的选择

工件加工的机床选择立式加工中心,机床的数控系统为 FANUC 0i-MC,主轴电动机功率为 4.0 kW,主轴变频调速变速范围为 100~4 000 r/min,工作台面积(长×宽)为 1 120 mm×250 mm,工作台纵向行程为 760 mm,主轴套筒行程为 120 mm,升降台垂直行程(手动)为 400 mm,定位移动速度为2.5 m/min,铣削进给速度范围为 0~0.50 m/min,脉冲当量为 0.001 mm,定位精度为±0.03 mm/300 mm,重复定位精度为±0.015 mm,工作台允许最大承载量为 256 kg。选用的机床能够满足本工件的加工要求。

（4）加工顺序的确定

采用螺旋进刀方式运用立铣刀粗、精加工 ϕ18 mm 的内孔;再用同样一把刀具粗、精加工两椭圆,两椭圆均采用宏程序相关知识编程,采用改变刀具半径补偿的值实现粗、精加工;粗加工 R3 mm 圆弧面采用 ϕ5 mm 的立铣刀,应用深度作为已知变量编程,精加工 R3 mm 圆弧面采用 ϕ5 mm 的球头铣刀,应用角度作为已知变量编程,球头铣刀的刀位点设在球心。加工路线如图 3-33~图 3-35 所示。

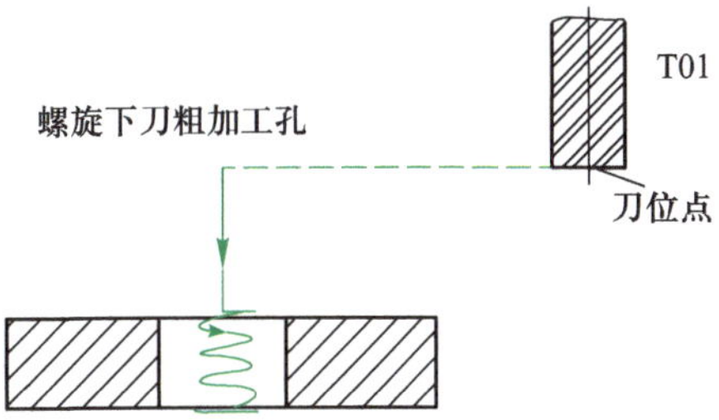

图 3-33 螺旋下刀铣孔

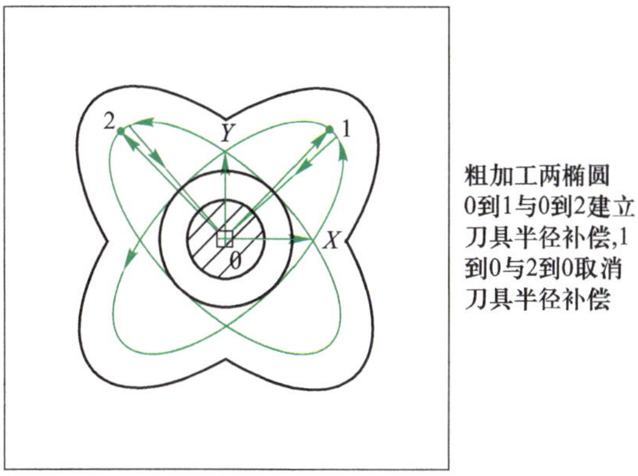

图 3-34 椭圆型腔走刀路线

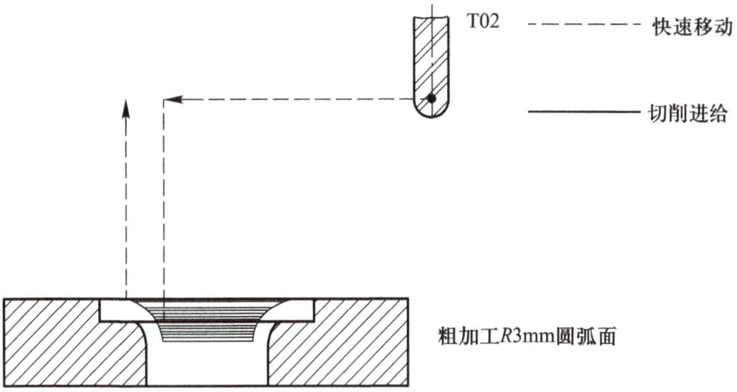

图 3-35 R3 mm 圆弧面的加工路线

（5）刀具与切削用量的选择

选用三把刀具对整个零件部分进行加工,分别为 ϕ5 mm 的球头铣刀、ϕ5 mm 立铣刀和 ϕ10 mm 立铣刀,三把刀具材料均为硬质合金。球头铣刀直径越大,则工件表面粗糙度值越小,若刀径选择不合理,会对椭圆产生干涉。刀具切削用量选择如表 3-18 所示。

（6）拟订数控铣削加工工序卡

把工件加工顺序、所采用的刀具和切削用量等参数编入表 3-18 所示的数控加工工序卡中,以指导编程和加工操作。

表 3-18 数控加工工序卡

（单位）数控加工工序卡片		产品名称或代号		零件名称			零件图号	
				平面类方程曲面零件				
工序号	程序编号		夹具名称	使用设备	数控系统		车间	
	O0006、O1、O2、O3、O5		虎钳	VMC 0850B	FANUC 0i		数控中心	
工步号	工步内容	刀具号	刀具名称	刀具规格/mm	主轴转速/(r/min)	进给速度/(mm/min)	背吃刀量/mm	备注
1	粗铣 $\phi18$ mm 的内孔	T01	立铣刀	$\phi10$	500	30	8.5	
2	精铣 $\phi18$ mm 的内孔	T01	立铣刀	$\phi10$	800	30	0.5	
3	粗铣两椭圆侧面	T01	立铣刀	$\phi10$	500	80		
4	精铣两椭圆侧面	T01	立铣刀	$\phi10$	1 000	40	0.5	
5	粗铣 $R3$ mm 圆弧面	T02	立铣刀	$\phi5$	500	80		
6	精铣 $R3$ mm 圆弧面	T03	球头铣刀	$\phi5$	1 000	40	0.5	
编制		审核		批准		共 1 页	第 1 页	

（7）编制数控加工程序（参考程序）

粗、精铣 $\phi18$ mm 内孔的数控加工程序单见表 3-19。

表 3-19 数控加工程序单

零件图号		零件名称	平面类方程曲面零件	资料编号	
程序号	O0006	数控系统	FANUC 0i	备注	
程序段号	程序内容			说明	
N10	G54 G90 G49 G40;			设置工件坐标系,绝对坐标编程,取消刀具半径补偿和长度补偿	
N20	G28 Z150.0			返回参考点	
N30	T01M06;			换 1 号刀具 $\phi10.0$ mm 的立铣刀	
N40	M03 S500;			主轴正转,转速为 500 r/min	

续表

程序段号	程序内容	说明
N50	G00 G43 Z100.0 H01；	建立刀具长度补偿
N60	X3.5 Y0.0；	定位
N70	Z5.0；	下刀
N80	M08；	开冷却液
N90	G01 Z0.0 F120；	走刀至工件表面
N100	#1 = −1.0；	深度方向变量起点
N110	#2 = −13.0；	深度方向变量终点
N120	WHILE［#1 GE#2］DO 1；	满足条件执行下列循环
N130	G03 I−3.5 Z［#1］F30；	螺旋下刀粗加工 $\phi18.0$ mm 的孔
N140	#1 = #1−1.0；	深度方向变量减 1 mm
N150	END 1；	不满足条件结束循环
N160	G00 X0.0 Y0.0；	刀具回到中心
N170	S800；	改变主轴转速为 800 r/min
N180	G01 G41 X9 Y0 D03 F30；	建立刀具半径补偿，D03 中刀具半径补偿值为 5 mm
N190	G03I−9；	精加工 $\phi18.0$ mm 的孔
N200	G01 G40 X0 Y0；	回到中心并取消刀具半径补偿
N210	G00 G49 Z150；	提刀并取消刀具长度补偿
N220	M09	关冷却液
N230	M30	程序结束
编制	审核　　批准	时间

粗、精铣两椭圆浅槽的数控加工程序单见表 3-20。

表 3-20　数控加工程序单

零件图号		零件名称	平面类方程曲面零件	资料编号	
程序号	O1	数控系统	FANUC 0i	备注	
程序段号	程序内容			说明	
N10	G54 G90 G49 G40；			设置工件坐标系，绝对坐标编程，取消刀具半径补偿和长度补偿	
N20	G28 Z150.0			返回参考点	
N30	T01M06；			换 1 号刀具 $\phi10.0$ mm 的立铣刀	

续表

程序段号	程序内容	说明
N40	M03 S500;	主轴正转,转速为 500 r/min
N50	G00 G43 Z100.0 H01;	建立刀具长度补偿
N60	X0 Y0;	定位
N70	Z3.0 M08;	下刀,开冷却液
N80	G68 X0.0 Y0.0 R45.0;	坐标系旋转 45°
N90	G01Z-3.0F80;	走刀至槽深度
N100	G41 X25.0 Y0 D01;	建立刀具半径补偿,D01 中的刀具半径偏置值为 5.5 mm
N110	M98 P2;	调用 2 号子程序,粗加工 45°椭圆槽
N120	G68 X0.0 Y0.0 R135.0;	坐标系旋转 135°
N130	G01 G41 X25 Y0 D01 F80;	建立刀具半径补偿,D01 中的刀具半径偏置值为 5.5 mm
N140	M98 P2;	调用 2 号子程序,粗加工 135°椭圆槽
N150	G69;	取消坐标系旋转
N160	G00 Z150;	提刀
N170	S1000;	改变主轴转速为 1 000 r/min
N180	X0 Y0;	定位
N190	Z3.0;	下刀
N200	G68 X0 Y0 R45;	坐标系旋转 45°
N210	G01Z-3.0F40;	走刀至槽深度
N220	G41 X25 Y0 D02;	建立刀具半径补偿,D02 中的刀具半径偏置值为 5.0 mm
N230	M98 P2;	调用 2 号子程序,精加工 45°椭圆槽
N240	G68 X0 Y0 R135;	坐标系旋转 135°
N250	G01 G41 X25 Y0 D02 F40;	建立刀具半径补偿,D02 中的刀具半径偏置值为 5.0 mm
N260	M98 P2;	调用 2 号子程序,精加工 135°椭圆槽
N270	G69;	取消坐标系旋转
N280	G00 G49 Z150;	提刀并取消刀具长度补偿
N290	M09	关冷却液
N300	M30	程序结束
编制		审核		批准		时间	

椭圆子程序数控加工程序单见表 3-21。

表 3-21 数控加工程序单

零件图号		零件名称	平面类方程曲面零件	资料编号	
程序号	O2	数控系统	FANUC 0i	备注	
程序段号	程序内容		说明		
N10	#3 = 1		角度变量初值		
N20	#4 = 360		角度变量终值		
N30	WHILE [#3 LE #4] DO 2;		满足条件执行下列循环		
N40	#5 = 25.0 * COS [#3];		椭圆上一点的 X 坐标变量表达式		
N50	#6 = 12.5 * SIN [#3];		椭圆上一点的 Y 坐标变量表达式		
N60	G01 X [#5] Y [#6];		直线插补		
N70	#3 = #3 + 1.0;		角度变量增加 1°		
N80	END 2;		不满足条件结束循环		
N90	G40 G01 X0 Y0;		回到中心并取消刀具半径补偿		
N100	G69		取消坐标系旋转		
N110	M99;		子程序结束		
编制		审核		批准	时间

粗铣 R3 mm 圆弧面的数控加工程序单见表 3-22。

表 3-22 数控加工程序单

零件图号		零件名称	平面类方程曲面零件	资料编号	
程序号	O3	数控系统	FANUC 0i	备注	
程序段号	程序内容		说明		
N10	G55 G90 G49 G40;		设置工件坐标系,绝对坐标编程,取消刀具半径补偿和长度补偿,G55 设置在 G54 下方 3 mm 处		
N20	G28 Z150.0;		返回参考点		
N30	T02 M06;		换 T02 刀具 φ5.0 mm 的立铣刀		
N40	M03 S500;		主轴正转,转速为 500 r/min		
N50	G00 G43 Z100.0 H02;		建立刀具长度补偿		
N60	M08;		开冷却液		
N70	X0.0 Y0.0;		定位		
N80	Z3.0;		下刀		
N90	#11 = 12;		圆角起点为 X 坐标		

续表

程序段号	程序内容	说明
N100	#12＝3;	圆角的半径
N110	#13＝2.5;	刀具的半径
N120	#14＝0;	深度初值
N130	#15＝−3;	深度终值
N140	WHILE［#14 GE #15］DO 1;	满足条件执行下列循环
N150	#16＝SQRT［［#12＊#12］− ［#12+#14］＊［#12+#14］］	
N160	#17＝#11−#16−#13−0.5	刀具中心点的 X 坐标变量表达式
N170	G01 X［#17］F80	走刀至 X 起点
N180	Z［#14］;	深度方向走刀
N190	G03I［−#17］;	圆弧插补
N200	#14＝#14−0.1;	深度方向变量变化−0.1 mm
N210	END 1;	不满足条件结束循环
N220	G00 X0 Y0;	回到中心
N230	G49 G00 Z150;	提刀并取消刀具长度补偿
N240	M09	关冷却液
N250	M30;	程序结束
编制		审核		批准		时间	

精铣 R3 mm 圆弧面的数控加工程序单见表 3-23。

表 3-23　数控加工程序单

零件图号		零件名称	平面类方程曲面零件	资料编号	
程序号	O5	数控系统	FANUC 0i	备注	
程序段号	程序内容		说明		
N10	G55 G90 G49 G40;		设置工件坐标系,绝对坐标编程,取消刀具半径补偿和长度补偿,G55 设置在 G54 下方 3 mm 处		
N20	G28 Z150.0;		返回参考点		
N30	T03 M06;		换 T03 刀具 φ5.0 mm 的球头铣刀,刀位点设在球心		

续表

程序段号	程序内容	说明
N40	M03 S1000;	主轴正转,转速为 1 000 r/min
N50	M08	开冷却液
N60	G00 G43 Z100.0 H03;	建立刀具长度补偿
N70	G00 X0.0 Y0.0;	定位
N80	Z3.0;	下刀
N90	#7 = 0.0;	角度初始变量
N100	#8 = 3.0;	圆角的半径
N110	#9 = 2.5;	刀具半径
N120	WHILE [#7 LE 90.0] DO 3;	满足条件执行下列循环
N130	#10 = −12.0+[#8+#9] * COS [#7];	刀具球心点的 X 坐标变量表达式
N140	#20 = [#8+#9] * SIN [#7];	刀具球心点的 Z 坐标变量表达式
N150	G01 X[#10] Z[#20−#8] F40;	直线插补至起点
N160	G03 I[−#10];	圆弧插补
N170	#7 = #7+5.0;	角度方向变量增加 5°
N180	END 3;	不满足条件结束循环
N190	G01 X0.0 Y0.0 F120;	回到中心
N200	M09;	关冷却液
N210	G00 G49 Z100;	提刀并取消刀具长度补偿
N220	M30;	程序结束
编制	审核	批准	时间

(8)输入零件程序

(9)进行程序校验及加工轨迹仿真,修改程序

(10)进行对刀操作

(11)自动加工

(12)可以扫描二维码,填写平面类方程曲面零件考核评价表。

3.2 考核评价表

五、项目拓展

已知零件毛坯材料为 45 钢,该毛坯由两部分组成,下部分是 100 mm×100 mm×25 mm长

方体,上部分是 φ100 mm×75 mm 半球体和圆柱体的组合体,要求加工如图 3-36 所示的零件。工件坐标系零点位于球面顶部中心。

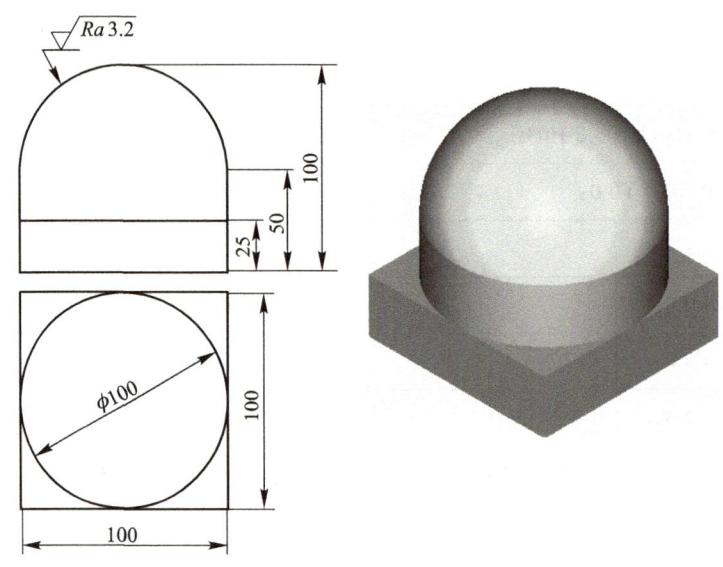

图 3-36　球面加工示例

零件加工参考程序:

O00001

G54　G90　G49　G40

G28　Z100

T01　M06　　　　　　　　　　　　　　　　　换 1 号刀具 φ20 mm 的立铣刀

M03　S500

M08

G43　G00　Z30.0　H01

X65.0　Y0

M08

#1 = −5　　　　　　　　　　　　　　　　　深度初值

#2 = −50　　　　　　　　　　　　　　　　深度终值

#3 = 50　　　　　　　　　　　　　　　　　球面半径

#4 = 10　　　　　　　　　　　　　　　　　刀具半径

#5 = 1.5 ∗ #4　　　　　　　　　　　　　　步距

WHILE ［#1 GE#2］ DO 1;　　　　　　　粗加工球面

G00　Z［#1］;

#6 = SQRT ［#3 ∗ #3−［#1+#3］∗［#1+#3］］;#6 为 φ50 mm 圆的 X 坐标值

#7 = ［#3−#6］/#5;　　　　　　　　　　　求出 X 轴方向的步数

#8 = FIX［#7］　　　　　　　　　　　　　对步数进行取整

WHILE ［#8 GE 0］ DO 2;

#9＝#6＋#4＋0.2＋#8＊#5

G01　X　［#9］　F100；　　　　　　　　刀具沿着 X 轴方向的定位

G02　I　［－#9］；

#8＝#8－1；

END　2；

G00　Z　［#1＋5.0］；

X65.0　Y0

#1＝#1－5.0

END　1

M09

G49　G00　Z100

G28　Z120

T02　M06　　　　　　　　　　　　　　　换 2 号刀具 φ10 mm 的球头铣刀,球心为刀位点

M08

M03　S1000

G43　G00　Z50.0　H02

G00　X60.0　Y0.0；

Z－50.0；

#18＝0；　　　　　　　　　　　　　　　角度变量初值

WHILE　［#18　LE　90］　DO　3；　　精加工球面

#9＝55.0＊COS　［#18］；　　　　　　#9 为 X 轴坐标值

#10＝－50＋55＊SIN　［#18］；　　　　#10 为 Z 轴坐标值

G01　X　［#9］　Z　［#10］　F50；

G02　I　［－#9］；

#18＝#18＋1.0；

END　3；

M09；

G49　G00　Z100.0；

M05；

G28　Z120.0；

M30；

练习题 1　如图 3-37 所示,已知零件毛坯为 110 mm×110 mm×30 mm 的板料,六面都已加工,材料为 45 钢调质处理。要求:(1)简述零件加工工艺;(2)采用 FANUC 0i 系统编制零件加工程序;(3)列出加工中使用刀具。

练习题 2　如图 3-38 所示,已知零件毛坯为 100 mm×80 mm×30 mm 的板料,六面都已加工,材料为 45 钢调质处理。要求:(1)简述零件加工工艺;(2)采用 FANUC 0i 系统编制零件加工程序。

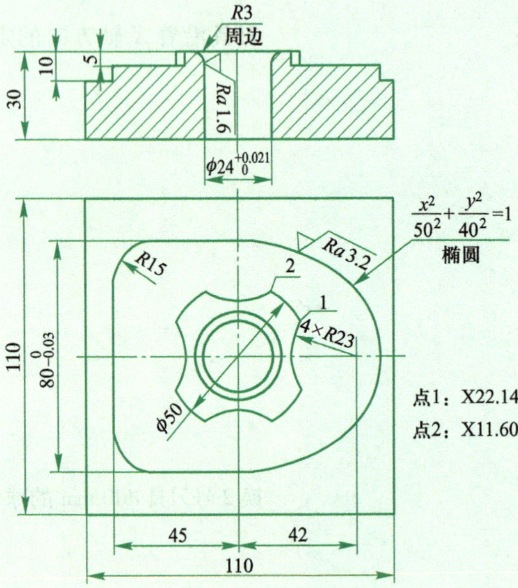

$$\frac{x^2}{50^2}+\frac{y^2}{40^2}=1$$
椭圆

点1：X22.143　Y11.606
点2：X11.606　Y22.143

图 3-37　题 1 图

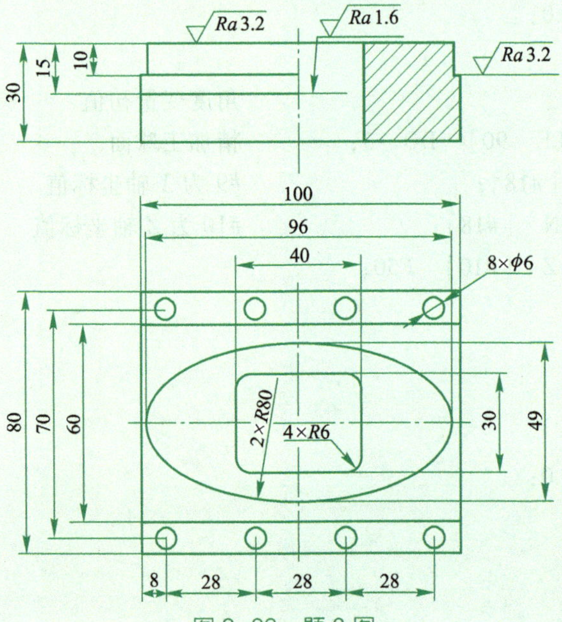

图 3-38　题 2 图

1. 零件毛坯材料为 2A12，规格为 $\phi 50$ mm×160 mm 棒料，一端预钻孔 $\phi 20$ mm×87 mm（含钻尖）。根据《数控车工国家职业标准》（高级）要求，对图 3-39 所示零件进行数控编程与加工，要求：（1）制订零件加工工艺并编制零件数控加工工序卡；（2）正确选用刀具；（3）编制零件数控车削加工程序；（4）零件数控车削加工。

2. 如图 3-40 所示,零件毛坯尺寸为 180 mm×180 mm×28 mm(表面光整);如图 3-41 所示,零件毛坯尺寸为 150 mm×150 mm×30 mm(表面光整);如图 3-42 所示,零件毛坯尺寸为 160 mm×120 mm×30 mm(表面光整)。根据《加工中心操作工国家职业标准》(高级)要求,对上述所图示的零件分别进行数控编程与加工。要求:(1)编写零件数控加工工序卡;(2)采用 FANUC 0i MB 系统编制零件加工程序。

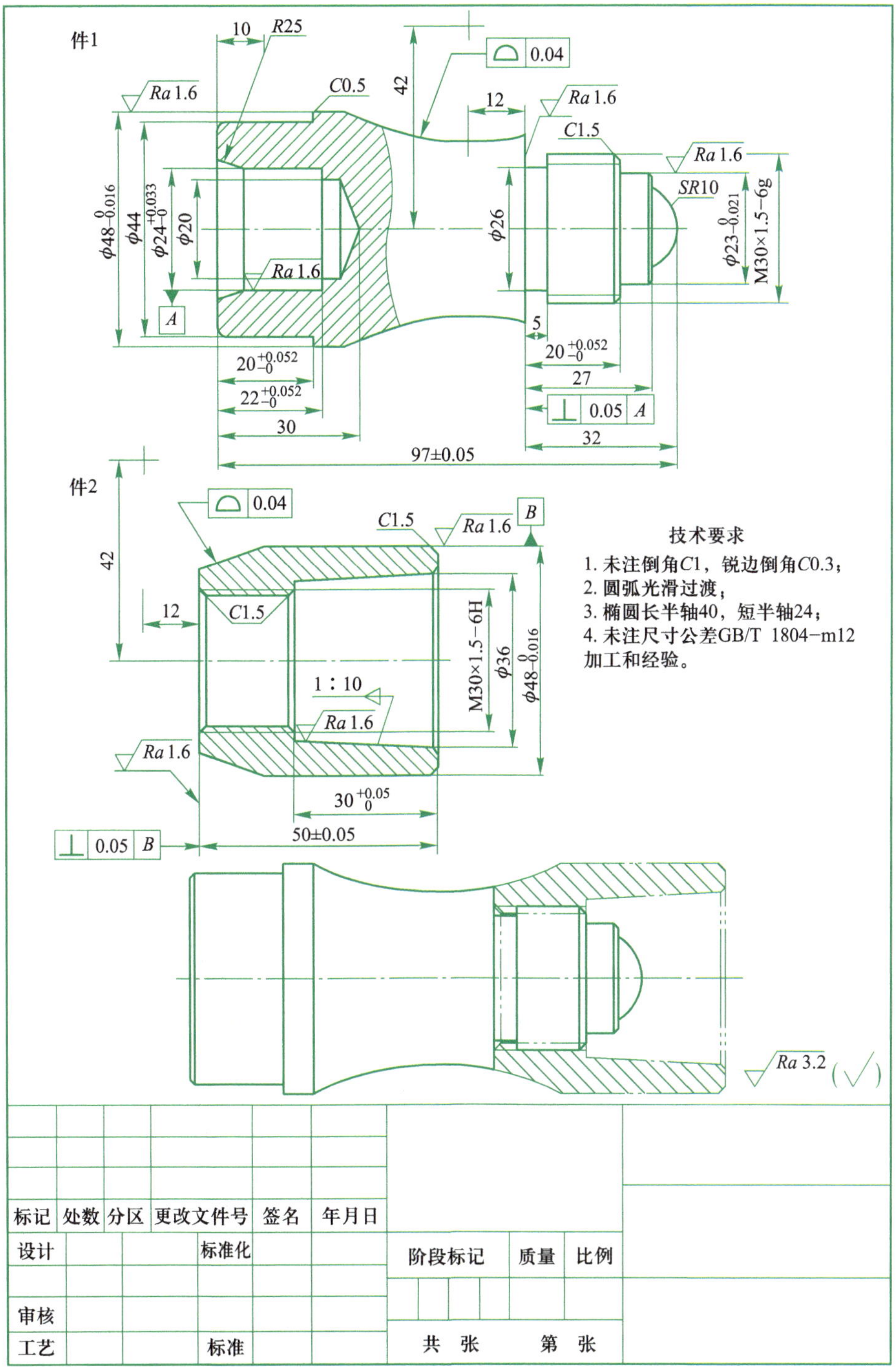

件1

件2

技术要求
1. 未注倒角C1,锐边倒角C0.3;
2. 圆弧光滑过渡;
3. 椭圆长半轴40,短半轴24;
4. 未注尺寸公差GB/T 1804-m12
加工和经验。

标记	处数	分区	更改文件号	签名	年月日				
设计			标准化						
						阶段标记	质量	比例	
审核									
工艺			标准			共 张		第 张	

图 3-39 题 1 图

学习情境 3　方程曲面类零件数控编程与加工　》》》》》》

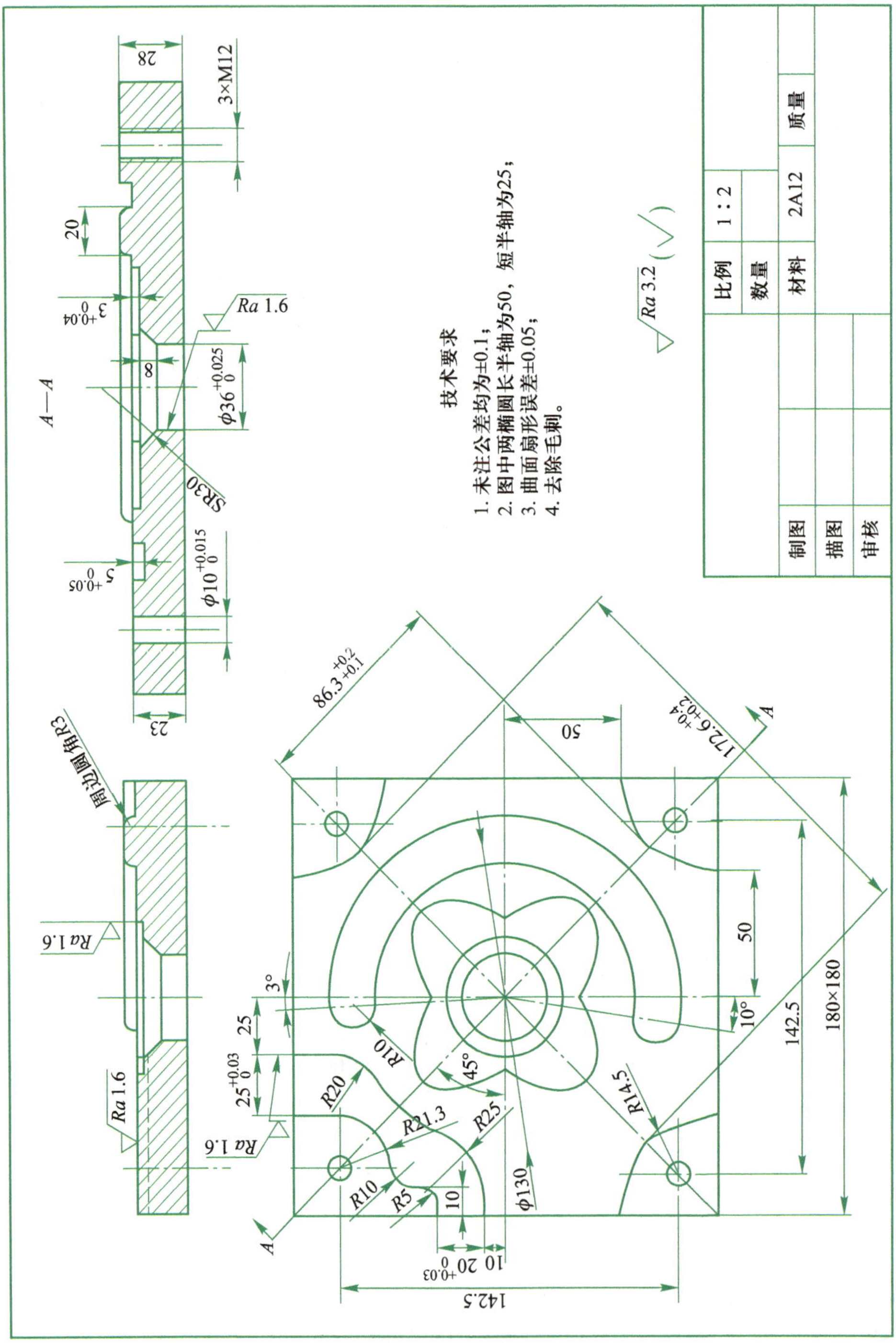

技术要求
1. 未注公差均为±0.1；
2. 图中两椭圆长半轴为50，短半轴为25；
3. 曲面扇形误差±0.05；
4. 去除毛刺。

$\sqrt{Ra\,3.2}$ ($\sqrt{}$)

比例	1：2	
数量		
材料	2A12	
质量		

制图		
描图		
审核		

图 3-40　题 2 图（一）

A—A

Ra 1.6

$3^{+0.04}_{0}$

8

$\phi 36^{+0.025}_{0}$

SR30

$5^{+0.015}_{0}$

$\phi 10^{+0.015}_{0}$

28

$3\times M12$

20

23

周边圆角R3

Ra 1.6

Ra 1.6

Ra 1.6

$86.3^{+0.2}_{+0.1}$

50

$172.6^{+0.4}_{+0.2}$

180×180

142.5

50

10°

3°

25

$25^{+0.03}_{0}$

R10

R20

45°

R21.3

R25

R10

R5

10

$\phi 130$

R14.5

$20^{+0.03}_{0}$

10

142.5

A

A

274

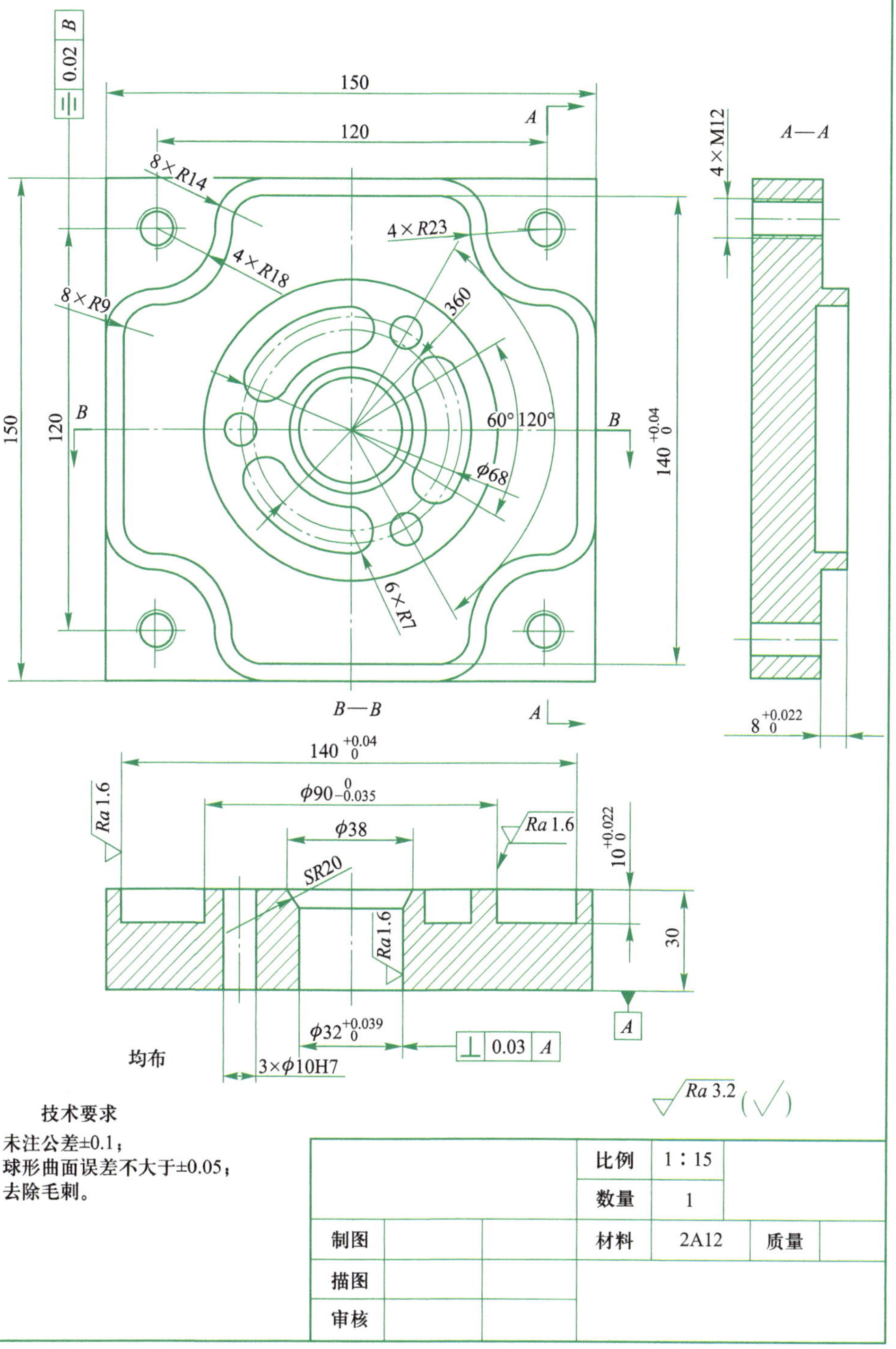

$$0.02 \boxed{B}$$

150
120

8×R14
4×R18
8×R9

4×R23

360

60° 120°
φ68

6×R7

150
120

140 $^{+0.04}_{0}$

A

$A—A$

4×M12

8 $^{+0.022}_{0}$

$B—B$

A

B B

140 $^{+0.04}_{0}$
φ90 $^{0}_{-0.035}$
φ38
SR20

$\sqrt{Ra\,1.6}$

$\sqrt{Ra\,1.6}$

$\sqrt{Ra\,1.6}$

10 $^{+0.022}_{0}$

30

φ32 $^{+0.039}_{0}$
3×φ10H7
均布

$\perp \boxed{0.03 \mid A}$

A

$\sqrt{Ra\,3.2}\,(\sqrt{\quad})$

技术要求

1. 未注公差±0.1；
2. 球形曲面误差不大于±0.05；
3. 去除毛刺。

		比例	1：15		
		数量	1		
制图		材料	2A12	质量	
描图					
审核					

图 3-41　题 2 图（二）

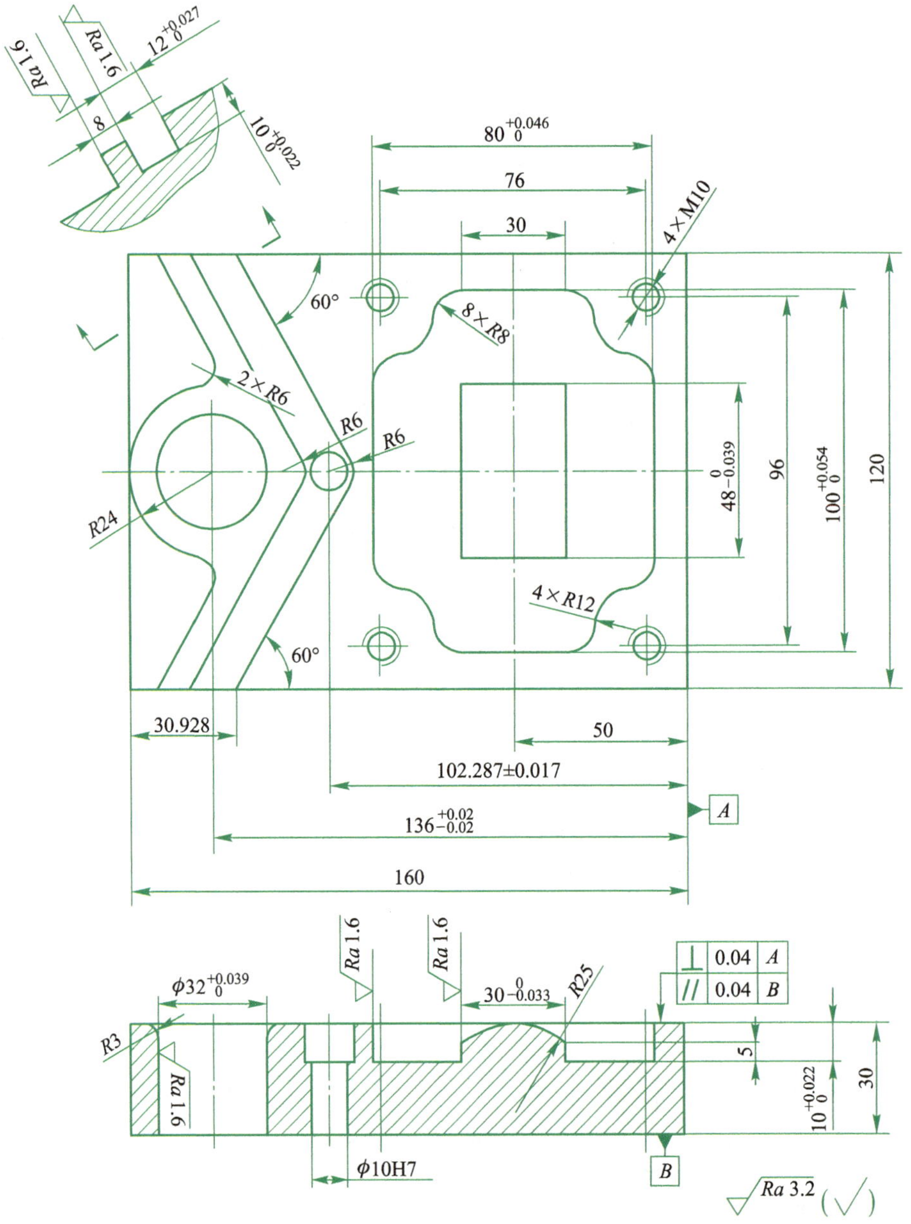

技术要求

1. 未注公差±0.1；
2. 弧形曲面误差不大于±0.05；
3. 去除毛刺。

			比例	1∶1.5	JVTC—001	
			数量	1		
制图			材料	2A12	质量	
描图						
审核						

图 3-42 题 2 图（三）

学习情境 4 箱体类零件数控编程与加工

箱体类零件是机器及其部件的基础零件。主要用于支承、包容其他零件,机器或部件的外壳、机座及主体等均属于箱体类零件。箱体结构形式多种多样,主要特点有:形状复杂、壁薄且不均匀,一般带有空腔、轴孔、筋板、凸台、沉孔及螺纹孔等结构,加工部位多,加工难度大。本学习情境以 FANUC 0i 系统为例介绍箱体类零件在卧式加工中心上加工的相关编程知识和加工技能。

一、工作任务

零件毛坯为铸铁件,加工如图 4-1 所示的蜗轮箱体。

二、学习目标

a. 掌握箱体类零件加工工艺的制订。
b. 能使用镗削循环编制程序和调节镗刀加工内孔。
c. 掌握箱体类零件加工精度及技术要求的保证方法。
d. 培养创造性实践意识和加工工艺创新理念。

三、学习内容

(一) 箱体类零件的编程

箱体类零件通常选用带回转工作台的卧式加工中心进行多面镗、铣加工,即在一道工序内要对工件的多个表面进行切削加工。为了便于编程、调试及加工,可以使用指令 G00 B_。

1. 工件回转中心与工作台回转中心重合

为了编程方便,应该使工件回转中心与工作台回转中心重合,卧式转台的 B 轴机床回转中心到机床坐标系 X 轴、Z 轴原点的距离是不变的,测定并记住这一距离(有的机床厂家会提供数据),零件装夹时也按回转中心的要求找正工件,在工件回转中心建立工件坐标系,通过零件加工图样可知各加工要素相对于工件回转中心的几何位置关系,从而进行零件程序的编制,这样可以减少对刀次数,提高效率。

(a) 蜗轮箱体的立体图

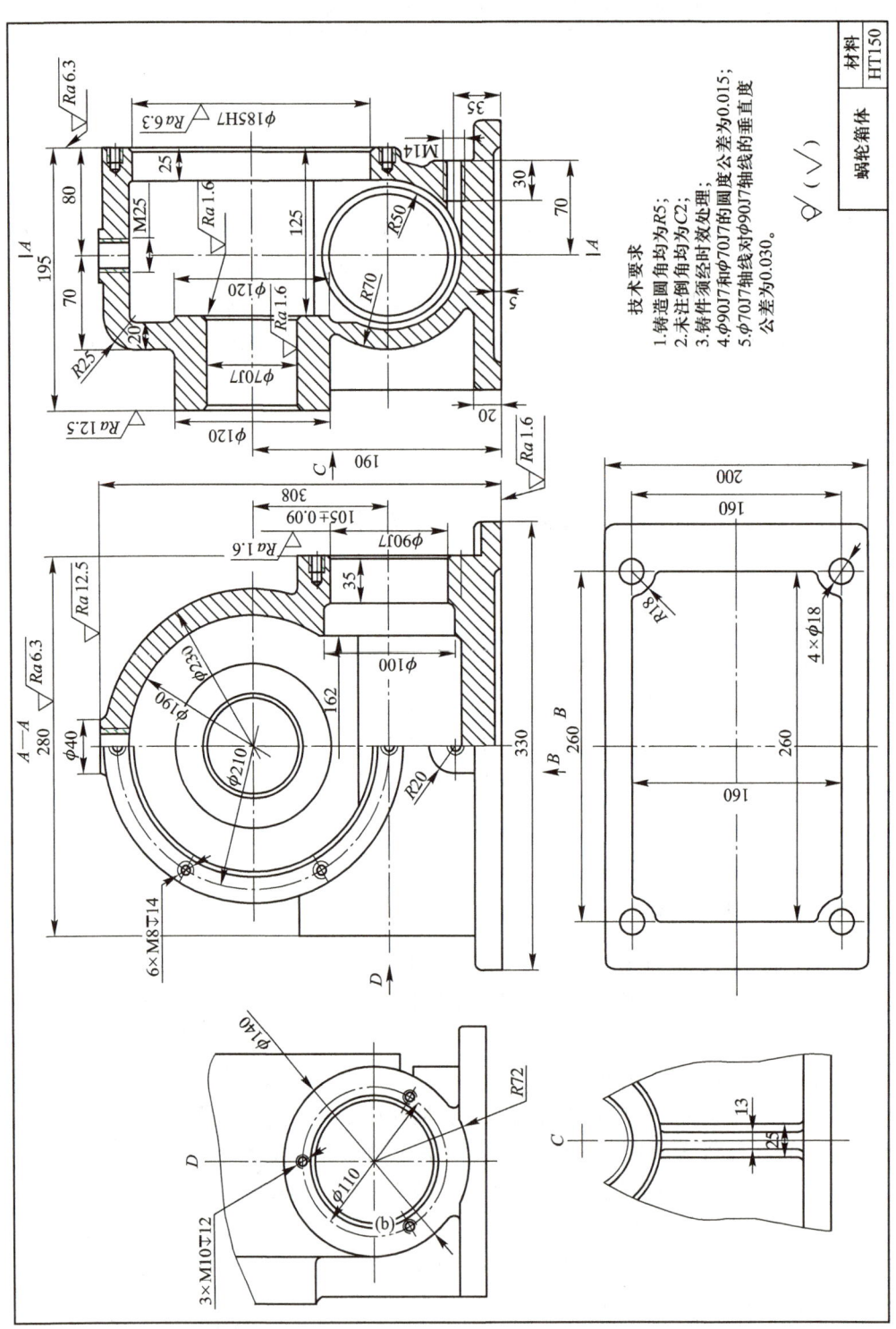

(b) 蜗轮箱体零件图

图 4-1　蜗轮箱体

回转工作台中心一般都有一个中心孔,可作为夹具安装的基准孔。为找出回转工作台中心在机床坐标系中的零点偏置值,需准备标准检验棒、千分表、千分尺等检测工具。

具体操作步骤如下:

① 以回转中心孔为基准安装标准检验棒。

② 将工作台沿 X 方向快速移到主轴附近。

③ 将磁性表座牢固地吸在主轴端部,并使千分表测头垂直 Z 轴方向放置。

④ Z 方向移动主轴使测头接近检验棒,同时沿 X 轴方向左右调整回转工作台位置,直至测头触及检验棒。

⑤ 使主轴沿 Z 轴方向来回移动,寻找最高点,找到后固定,旋转千分表刻度盘使指针指向零,然后沿 Z 轴方向退出;将主轴旋转 $180°$,使主轴前进直至测头压到检验棒另一侧,并找到最高点,然后根据偏差值调整 X 方向位置,直至左右两侧读数一致,方法如图 4-2 所示。

⑥ 记下此时显示屏上 X 轴的绝对坐标值,则 X 向的零点偏置值可通过 X 轴的绝对坐标值和检验棒半径计算得到。

⑦ 卸下磁性表座及千分表,沿 Z 方向移动主轴靠近检验棒,使主轴端面与检验棒 Z 向最前端端点接触,则回转工作台中心 Z 向零点偏置值可通过显示屏上 Z 轴的绝对坐标值和检验棒半径计算出来。

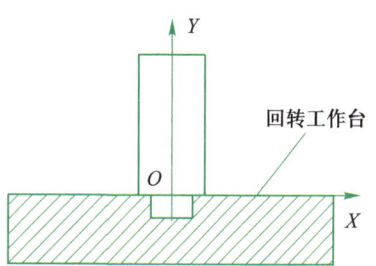

2. 工件中心与工作台回转中心不重合

（1）建立多个工件坐标系

实际生产中,若待加工零件远小于台面尺寸,将零件按回转中心装夹不利于刀具运动时,通常就靠边角装夹,以最大限度地减少刀具长度,提高主轴刀具的刚性。此时可一次装夹加工两面或三面,但每个面的 X、Y 原点都必须独立对刀获取,然后将各面的工件原点分别设置到 G54～G59 中。

若工件的 Z 轴零点不设在回转中心,通常就以对刀基准面来设置,各刀具长短由刀具长度补偿来修正。

若第四轴的工件零点设在其机械原点,零件装夹时就必须打表找正或通过夹具以保持对应的角度位置关系;若零件以任意角度装夹,则必须旋转工件,找到旋转方向的对刀基准面,将其绝对机械角度值设置到 G54～G59 的四轴地址寄存器中。

（2）计算法或 CAD 法

工件夹紧后,在一个面上以零点 O_1 建立工件坐标系,可以确定此工件坐标系零点与回转工作台中心之间的位置关系尺寸,由被加工零件图样可知工件上其他需要加工的几何元素中心点与 O_1 的位置尺寸关系,通过计算法可以求出其他几何元素旋转到加工位置时的中心点在所设定的工件坐标系中的坐标

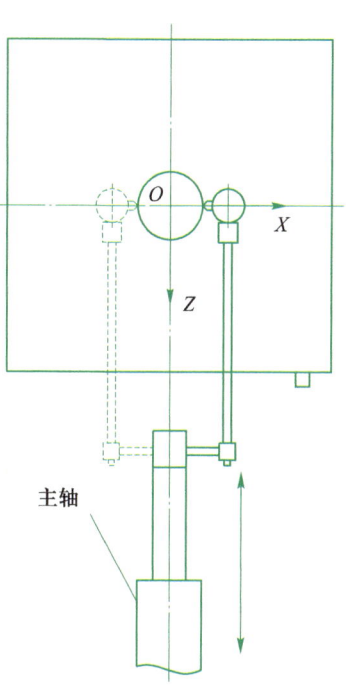

图 4-2　检测同轴度方法

值,这种方法只需要设定一个工件坐标系,但是计算往往较复杂。现在可以直接用 CAD 软件按照比例绘制零件加工要素尺寸图和定位装夹尺寸图,在工作台回转后通过标注尺寸直接测得所需要的坐标值,用 CAD 法找出各点坐标比较方便。

(二) 箱体类零件的定位与调整

箱体类零件定位与调整的目的是摆正工件,并使工件上的基准点与回转工作台中心在 $X_rO_rZ_r$ 平面内重合。

1. 单件生产时箱体类零件的定位与调整

箱体类零件单件生产的关键是工件找正和调整,要保证箱体对面孔的同轴度要求,必须保证加工时机床主轴轴线与工作台回转中心在同一平面内相交。

(1) 工件找正

利用工件已加工面找正,使工件的已加工面与坐标轴方向平行或垂直。具体方法如下:将磁性表座吸在主轴端面上,百分表测头垂直工件的已加工表面,调整百分表,使测头压缩 1 圈左右,将工件沿 X 轴方向或 Z 轴方向移动,根据指针的摆向调整工件位置,直至百分表指针摆动在允许范围内。如果工件表面是毛坯面,一般用划针找正,方法同上,只是通过观看划针与工件表面之间的间隙来调整工件位置。

(2) 工件对称中心与工作台回转轴同轴调整

具体方法如下:将磁性表座吸在主轴端面上,百分表测头垂直于工件的已加工表面,调整百分表,使测头压缩 0.5~1 圈,旋转表壳使指针指向零;然后沿 Z 轴后退到安全位置,工作台回转 180°,使主轴沿 Z 轴前进,靠近箱体对立面。测量间隙或过盈值,粗调工件位置,重复上述操作步骤,直到箱体两对面百分表指针偏摆在允许范围内。将工作台回转 90°,调整箱体垂直面方向的同轴度,方法同上,如图 4-3 所示。

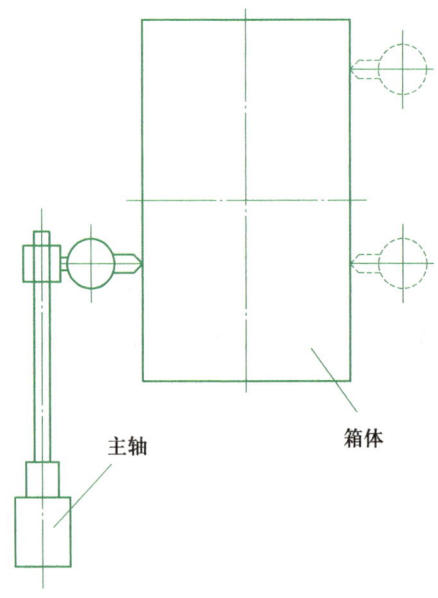

主轴　箱体

图 4-3　工件对称中心与工作台回转轴同轴度的调整

2. 批量生产时箱体类零件的定位与调整

箱体类零件批量生产时一般使用专用夹具来安装定位,这样可省去找正和调整的时间,因此夹具安装很关键。夹具的安装与调整一般借助已加工好的合格零件来进行,通常通过已加工好的同轴孔或面来调整工件回转中心与主轴轴线空间的位置,使之在同一平面内相交。

四、工作内容

1. 仪器与设备

a. 卧式加工中心

b. 铸造毛坯

2. 工具准备

量具准备清单:

游标卡尺	0~125 mm/0.02 mm;0~500 mm/0.05 mm
外径千分尺	50~75 mm/0.01 mm;75~100 mm/0.01 mm;175~200 mm/0.01 mm
钢直尺	0~500 mm
千分表	0~3 mm/0.01 mm

刀具准备清单:

见表 4-2、表 4-4 的刀具卡片。

其他工具准备清单:

压板

螺栓

垫片

3. 实训时间

两个小时。

4. 相关知识概述

a. 数控铣编程的知识。

b. 加工中心换刀指令。

5. 实训内容

任务 1　毛坯铸铁件,完成图 4-1 所示的零件端面的编程、调试并加工。

(1)箱体零件的加工工艺分析

①　零件图分析　零件图上各加工部位的尺寸标注完整、无误。蜗轮箱体的结构较复杂,箱壁较薄,加工面多。根据技术要求,蜗轮箱体端面加工时要保证装配基准面的表面粗糙度值为 $Ra6.3\ \mu m$,其他平面表面粗糙度值为 $Ra12.5\ \mu m$。

加工工艺有铣平面。

②　加工工艺　该箱体零件材料为灰口铸铁 HT150 的铸件,其结构较复杂。根据图样要求可知,在加工中心加工前,箱体顶面、孔和底座及四个安装孔预加工完毕。以箱体底座下平面作为定位基准,通过一次装夹定位后,即可完成所有部位的加工。

工件坐标系的建立如图 4-4 所示。

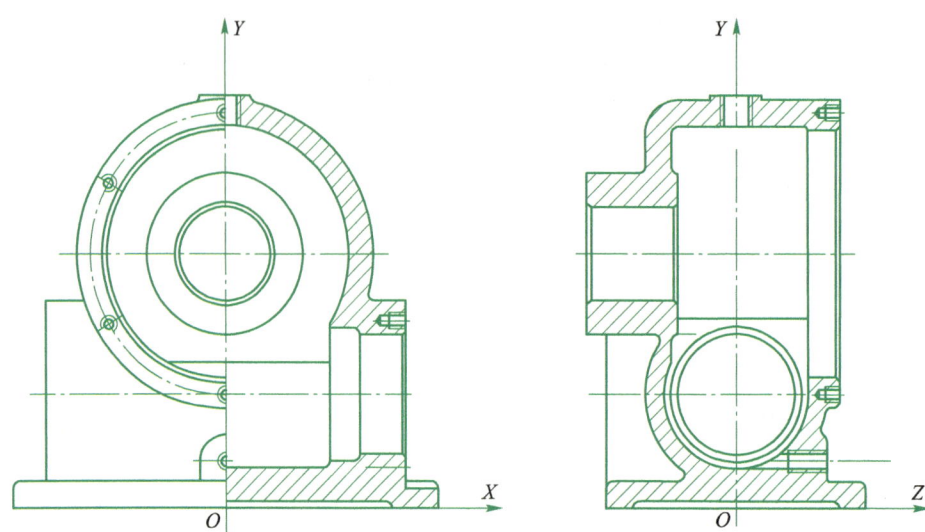

图 4-4　工件坐标系的建立

根据加工中心工序划分的原则,先粗加工后精加工。具体加工工序安排如下(工作台作顺时针转动):铣 ϕ230 mm→ϕ120 mm(内)→R20 mm→ϕ140 mm→ϕ120 mm→ϕ140 mm 端平面。

零件的数控加工工序卡见表 4-1。

表 4-1　数控加工工序卡

实习工厂	数控加工工序卡	产品名称或代号		零件名称	材料	零件图号
				蜗轮箱体	HT150	01
工序号	程序编号	夹具名称	夹具编号	使用设备	车间	
	O2008	压板				
工步号	工步内容	加工面	刀具号	刀具规格/mm	主轴转速/(r/min)	进给速度/(mm/min)	切削深度/mm	备注
1	粗铣端面	四端面	T1	ϕ32	1 000	100		
2	精铣端面	四端面	T2	ϕ32	1 500	80		
编制		审核		批准		共 1 页	第 1 页	

③ 零件的装夹与定位　箱体可采用"一面两销"的方式定位。即箱体底面为第一定位基准,定位元件采用支承面,限制了箱体 X、Y、Z 三个方向的自由度;底座两安装孔,一个采用短圆柱销限制箱体 X、Z 两个方向自由度,另一个采用削边销限制箱体 Y 一个方向自由度。箱体的装夹可以通过压板从底座的上表面往下将箱体压紧。

④ 选择刀具和切削用量　根据刀具的选择原则,选择刀具见表 4-2。

a. 按加工顺序将各工步的加工内容、所用刀具及切削用量等填入表 4-1 数控加工工序卡中。

b. 数控加工刀具卡见表 4-2。

表 4-2 数控加工刀具卡

车间		数控刀具卡		型别				零件图号	
		零件名称		蜗轮箱体					
设备名称	加工中心	设备型号					程序号		
基本材料	HT150	硬度		工序名称	数控铣		工序号		
序号	刀号	刀具名称		刀具参数		刀补地址		换刀方式	加工部位
				直径/mm	长度	直径	长度		
1	T1	面铣刀		φ32			H1	自动	四端面
2	T2	面铣刀		φ32			H2	自动	四端面
更改栏						编制			共 页
						校对			第 页
						审核			
	更改单号	更改编号	更改者	日期	批准				

（2）程序编制

主程序数控加工程序单见表 4-3。

表 4-3 主程序数控加工程序单

零件图号		零件名称	箱体类零件	资料编号	
程序号	O2008	数控系统	FANUC 0i	备注	
程序段号	程序内容		说明		
N10	G54;		建立工件坐标系		
N20	T1 M06;		换粗加工刀具（Z 向刀补长度加 0.2 mm）		
N30	M03 S500;		主轴正转，转速为 500 r/min		
N40	G91 G28 Z0.;		返回参考点		
N50	G90 G00 X200. Y400.;		定位		
N60	G43 Z150. H1 M08;		定位并建立长度补偿，开冷却液		
N70	M98 P11;		调用子程序		
N80	M09;		冷却液关		
N90	M05;		主轴停		
N100	T2 M06;		换精加工刀具		
N110	M03 S800;		主轴正转，转速为 800 r/min		
N120	G91 G28 Z0.;		返回参考点		

续表

程序段号	程序内容	说明
N130	G90 G00 X200. Y400.;	定位
N140	G43 Z150. H2 M08;	定位并建立长度补偿,开冷却液
N150	M98 P11;	调用子程序
N160	M09;	冷却液关
N170	M05;	主轴停
N180	M30;	程序结束
编制	审核	批准	时间

O11 子程序数控加工程序单见表 4-4。

表 4-4　O11 子程序数控加工程序单

零件图号		零件名称	箱体类零件	资料编号	
程序号	O11	数控系统	FANUC 0i	备注	
程序段号	程序内容		说明		
N10	G00 Y190. X0;		平面定位		
N20	G01 Z80. F100;		轴向定位		
N30	M98 P1;		加工 ϕ230 mm 端面		
N40	G01 Z-45. F100;		轴向定位		
N50	M98 P2;		加工 ϕ120 mm 端面(内)		
N60	G00 Z83.;		轴向定位		
N70	Y36. X40.;		定位		
N80	G01 Z70. F100;		轴向定位		
N90	M98 P3;		加工 R20 mm 端面		
N100	G90 G01 B90;		工作台右旋 90°		
N110	G00 X0 Y85.;		定位		
N120	Z145.;		轴向定位		
N130	G01 Z140. F100				
N140	M98 P4		加工 ϕ140 mm 端面		
N150	G90 G01 B180;		工作台右旋 180°		
N160	G00 X0 Y190.;		定位		
N170	Z120.;		轴向定位		
N180	G01 Z115. F100;				

续表

程序段号	程序内容	说明
N190	M98 P2;	加工 φ120 mm 端面
N200	G90 G01 B270;	工作台右旋 270°
N210	G00 X0 Y85.;	定位
N220	Z145.;	轴向定位
N230	G01 Z140.F100;	
N240	M98 P4;	加工 φ140 mm 端面
N250	M99;	子程序结束
编制	审核	批准	时间

加工 φ230 mm 端面 O1 子程序数控加工程序单见表 4-5。

表 4-5　数控加工程序单

零件图号		零件名称	箱体类零件	资料编号	
程序号	O1	数控系统	FANUC 0i	备注	
程序段号	程序内容		说明		
N10	G02 X0 Y295. R52.5 F100;		圆弧切入		
N20	X0 Y295. I0 J-105.;		加工端面		
N30	X0 Y190. R52.5;		圆弧切出		
N40	G00 Z-40.;				
N50	M99;		子程序结束		
编制		审核	批准	时间	

加工 φ120 mm 端面 O2 子程序数控加工程序单见表 4-6。

表 4-6　数控加工程序单

零件图号		零件名称	箱体类零件	资料编号	
程序号	O2	数控系统	FANUC 0i	备注	
程序段号	程序内容		说明		
N10	G02 X0 Y237.5 R23.75;		圆弧切入		
N20	I0 J-47.5;		加工端面		
N30	X0 Y190. R23.75;		圆弧切出		
N40	M99;		子程序结束		
编制		审核	批准	时间	

加工 $R20$ mm 端面 O3 子程序数控加工程序单见表 4-7。

表 4-7　数控加工程序单

零件图号		零件名称	箱体类零件	资料编号	
程序号	O3	数控系统	FANUC 0i	备注	
程序段号	程序内容		说明		
N10	X-10.;				
N20	G02 X10. R10.;		加工 $R20$ mm 端面		
N30	G01 X-30.;				
N40	Y40.;				
N50	G91 G28 X0.Y0.Z0.;		此点应为工作台旋转点,一般为机床参考点		
N60	M99;		子程序结束		
编制		审核	批准	时间	

加工 $\phi140$ mm 端面子程序 O4 数控加工程序单见表 4-8。

表 4-8　数控加工程序单

零件图号		零件名称	箱体类零件	资料编号	
程序号	O4	数控系统	FANUC 0i	备注	
程序段号	程序内容		说明		
N10	G02 X0 Y142.5 R23.75.;		圆弧切入		
N20	I0 J-57.5;		加工端面		
N30	X0 Y85. R23.75;		圆弧切出		
N40	G91 G28 X0. Y0. Z0.;		返回参考点		
N50	M99;		子程序结束		
编制		审核	批准	时间	

任务 2　毛坯铸铁件,完成图 4-1 所示的零件各孔系的编程、调试并加工。

(1) 箱体零件的加工工艺

① 零件图分析　根据零件图上的技术要求,蜗轮箱体加工时要保证:

a. 轴孔的精度:轴孔的尺寸精度均为 IT7 级,且主要轴孔 $\phi90J7$ 和 $\phi70J7$ 均有圆度公差要求。

b. 轴孔的相互位置精度:轴孔 $\phi90J7$ 和 $\phi70J7$ 轴心线距离公差为 0.18 mm,其轴线的垂直公差为 0.030 mm。

c. 表面粗糙度:主要轴孔的表面粗糙度为 $Ra1.6$ μm。

加工的工艺有钻孔、攻螺纹和镗孔。

② 加工工艺　以箱体底座下平面作为定位基准,通过一次装夹定位后,即可完成所有

孔系的加工。

建立工件坐标系如图 4-4 所示。

根据加工中心工序划分的原则,先平面铣削,后加工孔和螺纹;先粗加工,后精加工。具体加工工序安排如下(工作台作顺时针转动):

前面的任务中已铣削四个端平面;

钻孔时,先用 $\phi3$ mm 中心钻钻底孔的中心孔,再用 $\phi6.8$ mm、$\phi8.4$ mm 和 $\phi11.9$ mm 麻花钻加工底孔,接着用 $\phi18$ mm 麻花钻加工底孔倒角,最后用 M8、M10 和 M14 丝锥分别攻螺纹。加工时以先换面后换刀顺序进行。

粗镗和半精镗 $\phi185H7 \rightarrow \phi90J7(左) \rightarrow \phi90J7(右) \rightarrow \phi70J7$ 孔并倒角,各孔留 0.4 mm 余量。精镗 $\phi185H7 \rightarrow \phi90J7(左) \rightarrow \phi90J7(右) \rightarrow \phi70J7$ 孔。零件的数控加工工序卡见表4-9。

表 4-9　数控加工工序卡

(工厂)	数控加工工序卡	产品名称或代号		零件名称	材料	零件图号	
				蜗轮箱体	HT150		
工序号	程序编号	夹具名称	夹具编号		使用设备	加工中心	
	O2009	压板					
工步号	工步内容	加工面	刀具号	刀具规格/mm	主轴转速/(r/min)	进给速度/(mm/min)	背吃刀量/mm	备注
1	钻中心孔		T1	$\phi3$	1 000	100		
2	钻底孔		T2 T3 T4	$\phi6.8$ $\phi8.4$ $\phi11.9$	500	50		
3	倒角		T5	$\phi18$	500	50		
4	攻螺纹		T6 T7 T8	M8 M10 M14	60	75 90 120		
5	粗镗		T9 T10 T11	$\phi69.6$ $\phi89.6$ $\phi184.7$	2 000	100		
6	精镗		T12 T13 T14	$\phi70J7$ $\phi90J7$ $\phi185H7$	3 000	80		
编制		审核		批准		共 1 页	第 1 页	

③ 零件的装夹与定位　同任务 1。

④ 选择刀具和切削用量　根据刀具的选择原则,选择刀具见表 4-10 所示。

a. 按加工顺序将各工步的加工内容、所用刀具及切削用量等填入表 4-9 数控加工工序卡中。

　　b. 数控加工刀具卡见表 4-10。

表 4-10　数控加工刀具卡

车间		数控刀具卡	型别			零件图号		
		零件名称		蜗轮箱体				
设备名称	加工中心	设备型号				程序号		
基本材料	HT150	硬度		工序名称	数控铣	工序号		
序号	刀号	刀具名称	刀具参数		刀补地址		换刀方式	加工部位
			直径/mm	长度	直径	长度		
1	T1	中心钻	φ3			H1	自动	
2	T2 T3 T4 T5	麻花钻	φ6.8 φ8.4 φ11.9 φ18			H2 H3 H4 H5	自动	
3	T6 T7 T8	丝锥	M8 M10 M14			H6 H7 H8	自动	
4	T9 T10 T11	粗镗	φ69.6 φ89.6 φ184.7			H9 H10 H11	自动	
5	T12 T13 T14	精镗	φ70J7 φ90J7 φ185H7			H12 H13 H14	自动	
更改栏				编制			共　页	
				校对			第　页	
				审核				
	更改单号	更改编号	更改者	日期	批准			

　　（2）程序编制

　　O2009

　　G54；

　　T1　M06；　　　　　　　　　　　　　　　　　　　换 T1 刀具 φ3 mm 中心钻

　　M03　S1000；

G91   G28   Z0.；

G90   G43G0   Z90.H1；

G99   G81   X0   Y85.Z79.R82.F100；   钻 6×M8,深 14 mm 螺纹中心孔

M98   P6；

X0   Y35.Z69.；   钻 M14 螺纹中心孔

G80   G91   G28   Z0.；

G90   G0   X200.Y400.；

G01   B90；

G0   Z150.；

G99   G81   X0   Y140   Z139.R142.F100；   钻 3×M10 深 12 mm 螺纹中心孔

M98   P5；

G90   G00   B270；   *B* 轴旋转需加插补指令

G0   Z150.；

G99   G81   X0   Y140   Z139.R142.F100；   钻 3×M10,深 12 mm 螺纹中心孔

M98   P5；

M05；

T3   M06；   换 T3 刀具 ϕ8.4 mm 钻头

M03   S500；

G90   G43   Z150.H3M08；

G99   G81   X0   Y140   Z120.R142.F50；   钻 3×M10,深 12 mm 螺纹底孔

M98   P5；

G90   G01   B90；

G99   G81   X0   Y140   Z120.R142.F50；   钻 3×M10,深 12 mm 螺纹底孔

M98   P5；

M09；

M05；

T2   M06；   换 T2 刀具 ϕ6.8 mm 钻头

M03   S500；

G90   G01   B0；

G43   Z90.H2M8；

G99   G81   X0   Y85.Z60.R82.F50；   钻 6×M8,深 14 mm 螺纹底孔

M98   P6；

G80   G49   G0   Z200.；

G91   G28   Z0.；

G90   X200.Y400.；

M09；

M05；

T4   M06；   换 T4 刀具 ϕ11.9 mm 钻头

M03   S500；

G90　G43　Z90.H4　M08;

G98　G81　X0　Y35.Z0　F50;　　　　　钻 M14 螺纹底孔

G80　G49　G0　Z200.M09;

G91　G28　Z0.;

G90　X200.Y400.;

M05;

T5　M06;　　　　　　　　　　　　换 T5 刀具 φ18 mm 钻头(倒角)

M03　S500;

G90　G43　Z90.H5　M08;

G99　G81　X0　Y35.Z67.R82.F50;　　倒角 M14

X0　Y85.Z77.;　　　　　　　　　　倒角 6×M8,深 14 mm

M98　P6;

G80　G0　Z200.;

G91　G28　X0.Y0.Z0.;

G90　G01　B90;

G99　G81　X0　Y140　Z137.R142.F50;　倒角 3×M10,深 12 mm

M98　P5;

G90　G01　B270;

G99　G81　X0　Y140　Z137.R142.F50;　倒角 3×M10,深 12 mm

M98　P5;

M09;

M05;

T7　M06;　　　　　　　　　　　　换 T7 刀具 M10 丝锥

M03　S600;

G43　Z160.H7　M08;

G99　G84　X0　Y85.Z128.R145.F75;　攻 3×M10,深 12 mm 螺纹

M98　P5;

G90　G01　B90;

G99　G84　X0　Y85.Z128.R145.F75;　攻 3×M10,深 12 mm 螺纹

M98　P5;

G80　G49　G0　Z200.M09;

G91　G28　X0.Y0.Z0.;

G90　G01　B0;

M05;

T6　M06;　　　　　　　　　　　　换 T6 刀具 M8 丝锥

M03　S60;

G43　Z150.H6　M08;

G98　G84　X0　Y85.Z66.R85.F90;　　攻 6×M8,深 14 mm 螺纹

M98　P6;

G80　G49　G0　Z200.M09；

X200.Y400.；

M05；

T8　M06；　　　　　　　　　　　　换 T8 刀具 M14 丝锥

M03　S60；

G43　Z150.H8　M08；

G98　G84　X0　Y35.Z40.R75.F120；　　攻 M14 螺纹

G80　G49　G0　Z200.M09；

X200.Y400.；

M05；

T11　M06；　　　　　　　　　　　换 T11 刀具粗镗 ϕ185H7 孔

M03　S2000；

G43　Z100.H11　M08；

G99　G86　X0　Y190.Z50.R85.F150；

G80　G1Z78.；

M98　P7；　　　　　　　　　　　倒角 ϕ185H7 孔

G90　G80　G49　G0　Z200.M09；

X200.Y400.；

M05；

T10　M06；　　　　　　　　　　换 T10 刀具粗镗 ϕ90J7 孔（左）

M03　S2000；

G01　B90；

G43　Z150.H10　M08；

G99　G86　X0　Y85.Z100.R145.F150；

G80　G01　Z138.；

M98　P7；　　　　　　　　　　　倒角 ϕ90J7 孔（左）

G91　G28　X0.Y0.Z0.；

G90　G01　B270.；

Z150.；

G99　G86　X0　Y85.Z100.R145.F150；　粗镗 ϕ90J7 孔（右）

G80　G1　Z138.；

M98　P7；　　　　　　　　　　　倒角 ϕ90J7 孔（右）

G91　G28　X0.Y0.Z0.M09；

G90　G01　B180.；

M05；

T9　M06；　　　　　　　　　　　粗镗 ϕ70J7 孔

M03　S2000；

G43　Z150.H09　M08；

G99　G86　X0　Y190.Z40.R120.F150；

G80　G01　Z45.；

M98　P7；　　　　　　　　　　　　倒角 φ70J7 孔（内）

G90　Z115.；

M98　P7；　　　　　　　　　　　　倒角 φ70J7 孔

G49　G90　G00　Z200.M09；

X200.Y400.；

M05；

T12　M06；　　　　　　　　　　　精镗 φ70J7 孔

M03　S3000；

G43　Z150.H12　M08；

G99　G85　X0　Y190.Z40.R120.F100；

G91　G28　X0.Y0.Z0.M09；

G90　G01　B90.；

M05；

T13　M06；　　　　　　　　　　　精镗 φ90J7 孔

M03　S3000；

G43　Z150.H13　M08；

G99　G85　X0　Y85.Z100.R145.F100；

G80　G00　Z200.；

G91　G28　X0.Y0.Z0.；

G90　G01　B270.；

G99　G85　X0　Y85.Z100.R145.F100；

G80　G49　G0　Z200.M09；

X200.Y400.；

G91　G28　X0.Y0.Z0.；

G90　G01　B0.；

M05；

T14　M06；　　　　　　　　　　　精镗 φ185H7 孔

M03　S3000；

G43　Z100.H14M08；

G99　G85　X0　Y190.Z50.R85.F150；

G80　G49　G0　Z200.M09；

G91　G28　X0.Y0.Z0.；

G00　G90　X200.Y400.；

M09；

M05；

M30；

O5；　　　　　　　　　　　　　　攻 3×M10,深 12 mm 的螺纹

X47.633　Y57.5；

X-47.633　Y57.5；

G80　G91　G28X0.Y0.Z0.；（此点应为工作台旋转点,需要根据机床来定义,一般为机床参考点）

M99；

O6；　　　　　　　　　　　　　　攻 6×M8,深 14 mm 的螺纹

X45.468　Y137.5；

Y242.5；

X0　Y295.；

X-45.468　Y242.5；

Y137.5；

M99；

O7；　　　　　　　　　　　　　　倒角

G91　G01　Y1.；

G02　I0　J-1.；

G01　Y1.

G02　I0　J-2.；

G01　Y-2.；

M99；

6. 可以扫描二维码，填写箱体类零件项目考核评价

4.1 考核评价表

综合练习

一、填空题

1. 精加工时选择切削用量的顺序：首先是 _____，其次是 _____，最后是_____。

2. 湿铰比干铰孔径_____；浮动镗孔不能修正孔的_____度。

3. 在数控编程时，使用_____指令后,就可以按工件的轮廓尺寸进行编程,而不需按照_____来编程。

二、简答题

1. 用圆柱铣刀加工平面时,顺铣和逆铣有什么区别?

答：

2. 在镗孔中采取什么方法可增加镗轴的刚度?

答：

车铣复合零件采用数控车床和数控铣床加工,也可以采用车铣复合加工中心加工。本学习情境主要以外套螺母零件为例,介绍如何在真实生产加工条件下通过数控车铣加工工艺的优化进行编程加工,实现降本增效的相关技能。

一、工作任务

加工如图 5-1 所示的外套螺母零件。该零件是如图 5-2 所示船舶用高压管子螺纹接头中的一个重要零件,根据船舶行业标准 CB 822—2020《高压管子螺纹接头规范》,高压管子螺纹接头一般由平肩接头、外套螺母、垫片和中间螺纹接头组成,适用于最高工作压力为 10 MPa～25 MPa 范围的油类、海水、淡水、CO_2、空气等管路系统的设计、制造和验收。

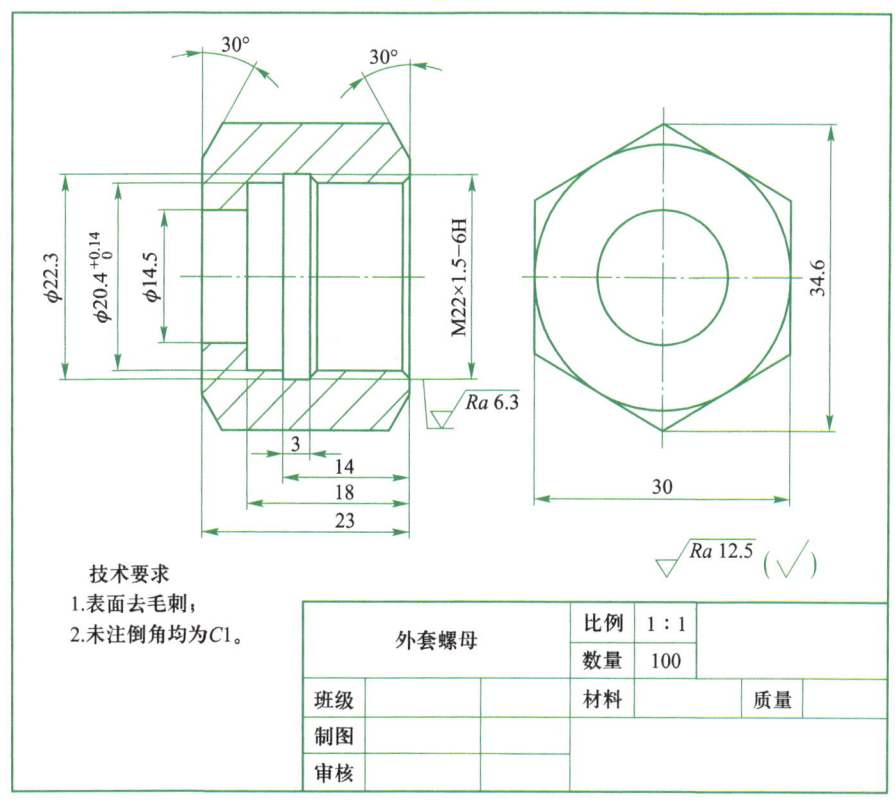

图 5-1　外套螺母零件图

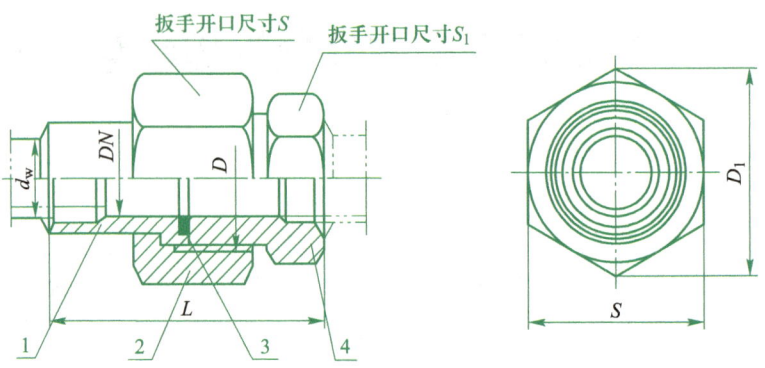

图 5-2　高压管子螺纹接头装配示意图

1—平肩接头(01);2—外套螺母(05);3—垫片(09 或 10);4—中间螺纹接头(06)

二、学习目标

a. 能够合理安排车铣复合类零件的加工工序。

b. 能够正确选择车铣复合类零件加工所使用的刀具。

c. 能够正确选择或设计车铣复合类零件批量化生产所需的工装夹具。

d. 掌握车铣复合类零件数控程序的编制与加工。

e. 具有效率意识和成本控制意识。

三、学习内容

车铣复合类零件既有回转类轮廓又有平面类轮廓,在设备条件允许的情况下,采用车铣复合加工中心可以高效精密地完成加工,但当生产条件只有数控车床和数控铣床(或加工中心)设备时,根据订单任务和加工条件的特点合理安排车铣加工工序,也可以达到理想的加工效率和保证产品质量。车铣复合零件加工时,不仅需要分别考虑车削和铣削部分的走刀路线、切削用量、刀具选择等工艺参数,还需要综合考虑车削与铣削的工艺顺序安排、装夹方式。制订工艺时,合理安排加工工序可以减小工件变形,保证工件加工公差等级的要求;合理选用刀具能够有效提高加工效率和加工质量;装夹方式选择适当可以使装夹牢靠,减少装夹次数,方便程序编制。

1. 坐标系旋转轴

(1)第四轴的定义

如图 5-3 所示,立式数控铣床工作台上安装有四轴卡盘,由前面所学的知识可以知道,机床坐标系的建立遵循右手螺旋定则,第四轴就是 X 轴的旋转轴,即 A 轴。部分机床也有 Y 轴旋转轴的结构形式。

A 轴的正方向由右手螺旋定则确定:右手拇指指向 X 轴正方向,其余四个手指的指向即为 A 轴旋转的正方向。

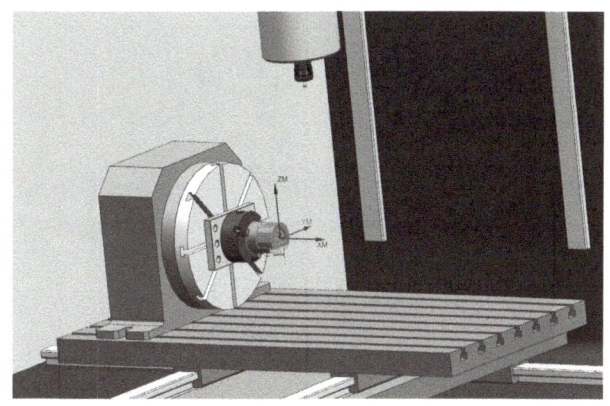

图 5-3   四轴立式数控铣床

（2）第四轴的移动

第四轴的移动方向是以刀具相对工件运动方向来确定的,即假定工件不动,刀具绕工件转动的方向,再根据右手螺旋定则确定。

当控制 A 轴正方向移动时,可以想象是刀具绕动,卡盘不动,则刀具会绕着卡盘上的工件朝着远离立柱的方向转动(即从+X 轴方向朝−X 轴方向看去,刀具是逆时针转动）。然而现实中刀具并不能绕动,而由卡盘转动实现相同效果,则从+X 轴方向朝−X 轴方向看去,实际上会看到卡盘是顺时针转动的。

2. 坐标轴旋转代码

（1）第四轴（A 轴）移动指令

通过第四轴 A 轴的移动可以完成定向加工。用 G90/G91 指令绝对值或者增量值编程,使刀具相对工件绕 X 轴旋转一定的角度。使用绝对值指令时,用刀具终点位置相对工件坐标系 A 轴的相对转角编程;使用增量值指令时,用刀具终点位置相对上一刀具位置 A 轴的相对转角编程。

① 格式如下：

G90   G00   A ____ ;

G91   G00   A ____ ;

说明：A ____ 表示目标位置偏移角度值。

② 编程方法如下：

绝对值编程的举例:钻完 1 面中心孔退刀后,移动到 2 面中心孔上方,如图 5-4 所示。

N01   G54   G17   G80   G90；

N02   M03   S1000；

……

N07   G80

N08   G00   Z50.0；

N09   G90   A90.0；

N10   G81   X40.0   Y0   Z−10.0   R13.0   F60.0；

……

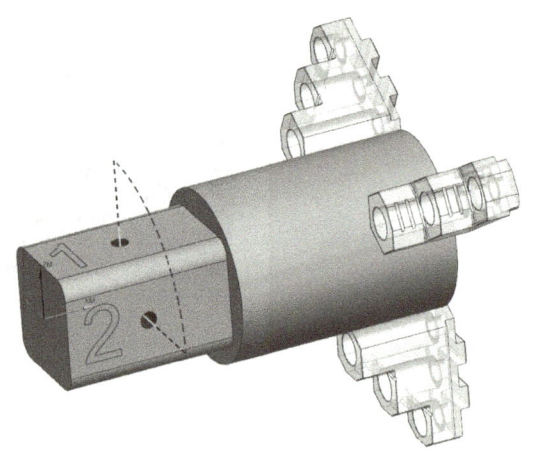

图 5-4　*A* 轴移动绝对值编程

增量值编程的举例：在上面举例，钻完 2 面中心孔退刀后，移动到 3 面中心孔上方，如图 5-5 所示。

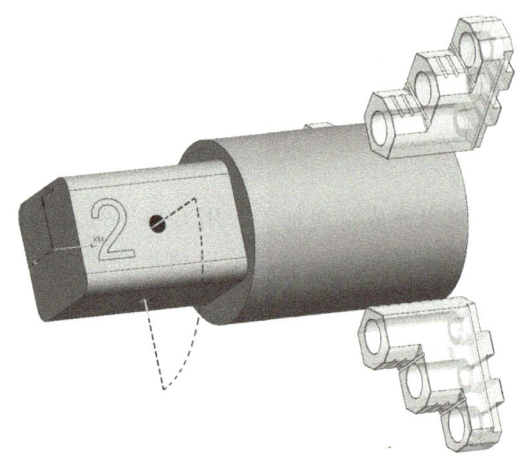

图 5-5　*A* 轴移动增量值编程

N01　G54　G17　G80　G90；

N02　M03　S1000；

……

N07　G80

N08　G00　Z50.0；

N09　G91　A90.0；（或 G90　A180.0）

N10　G81　X40.0　Y0　Z-10.0　R13.0　F60.0；

……

③ 说明：

a. G00 指令后的 *A* 轴移动角度值取绝对值还是取增量值，由 G90 或 G91 指定。

b. A 轴转动方向,由+/-符号决定。通常根据刀具相对工件运动方向,即假定工件不动,刀具绕工件转动方向,在依据右手螺旋定则,同向为+,反向为-。

c. 指令执行前,部分数控系统会重置为第四轴锁紧,运行指令后或需要先松开第四轴才能实现 X 轴转动(即 A 轴运动)。指令执行后,为防止工件受切削力影响产生错误转动,也需要确认设定第四轴锁紧。

(2)四轴锁紧和松开

M10、M11 为机床生产厂家自定义指令,通常设定为:M10:四轴锁紧;M11:四轴松开。

由于不同数控机床生产厂商数控系统设置差异,一般数控系统出于安全考虑设置为转动 A 轴前需要程序控制解锁第四轴,转动 A 轴后数控系统需要程序控制锁紧第四轴。

四、工作内容

1. 实训目的与要求
a. 进一步理解和掌握数控车床和数控铣床的基本操作,熟练工件坐标系的设定操作。
b. 理解四轴数控铣床 A 轴的移动方向。
c. 进一步熟练孔加工、内螺纹加工及内沟槽加工的编程方法。
d. 应用量具控制尺寸精度,加工出合格零件。
e. 掌握批量化生产的装夹方法。
f. 掌握满足加工需求的夹具制作方法。

2. 仪器与设备
a. 四轴立式数控铣床以及卧式数控车床若干台(四轴立式铣床若没有,也可以提供三轴数控铣床)。

b. 尺寸为 $\phi36$ mm×600 mm 的 20 号圆钢毛坯若干(长度可以根据实际情况调整)。

c. 工具准备

量具准备清单:

杠杆百分表与表座 0~0.8 mm

游标卡尺 0~200 mm

钢直尺 0~200 mm

内径千分尺 5~30 mm

刀具准备清单:

A3 中心钻

$\phi14$ mm 麻花钻

外圆车刀

镗孔刀　　　　　　伸出部分不与内孔发生干涉,建议刀杆直径小于 $\phi10$ mm

内螺纹车刀　　　　伸出部分不与内孔发生干涉,建议刀杆直径小于 $\phi10$ mm

内切槽刀　　　　　伸出部分不与内孔发生干涉,建议刀杆直径小于 $\phi10$ mm

切槽刀　　　　　　$\phi10$ mm 硬质合金立铣刀

其他工具准备清单:

卡片钥匙

刀架钥匙

垫刀片

装拆刀具专用扳手

活动扳手

铣削夹具

d. 计算机若干台（配有 CAM 软件、数控仿真软件）。

3. 实训时间

三个小时

4. 实训内容

编制如图 5-1 所示零件的加工程序，设计或选择合适的工装夹具并在数控车、铣床上完成零件的批量加工。

（1）零件图工艺分析

如图 5-1 所示，该零件图样上重要部位的尺寸标注完整、无误。外套螺母零件结构较为简单，内轮廓主要由通孔、内槽、内螺纹等组成，可以使用数控车床完成加工；外轮廓主要为六棱柱面，可以使用数控铣床完成加工。内孔、螺纹等有配合要求的表面粗糙度值为 $Ra6.3$，其余表面粗糙度值为 $Ra12.5$。

高压管子螺纹连接的密封依靠螺纹和端面密封垫片配合共同作用实现。该零件为高压管子螺纹接头的一部分，所以 $\phi20.4$ mm 的内孔轮廓（工作时放置垫片）和 M22×1.5 的内螺纹连接处有密封要求，尺寸加工精度要求相对较高。

已知零件毛坯是 $\phi36$ mm 的圆钢棒料，车削时工件坐标系一般建立在工件右端面中心处，批量生产时可以建立在距离卡盘端面 50 mm 的固定位置处；铣削批量生产时，工件坐标系可以建立在四轴的端面上如图 5-6 所示，或三轴的水平面上如图 5-7 所示。

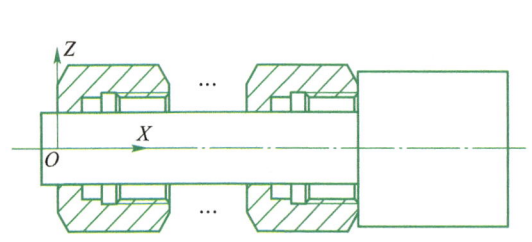

图 5-6 四轴数控铣床坐标系构建示意图

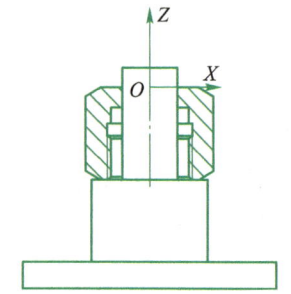

图 5-7 三轴数控铣床坐标系构建示意图

（2）铣削夹具设计

在铣削过程中，对于外部轮廓为圆柱的工件，如果使用常规的虎钳等夹具较难进行可靠地装夹。因此，根据加工机床的特点设计加工出方便装夹和使用的夹具，能够节约大量的重复劳动，提高装夹精度。

以四轴数控铣床为例，根据该零件特点，夹具功能需求具有的特征见表 5-1。

表 5-1　铣削夹具设计需求

装夹功能需求	夹具轮廓响应
易于在卡爪上装夹	一端最好为圆柱形状
便于外套螺母零件定位	有轴肩结构,心轴直径与内孔尺寸匹配
外套螺母能夹紧固定	螺纹螺母结构
能装夹多个外套螺母	心轴装夹工件部分轴长度≥23×N(mm)
不影响或干涉加工	夹紧螺母、轴肩直径小于六棱柱内切圆直径

根据上述需求,以能装夹铣削 4 个螺母的心轴夹具为例,可以进一步得到更为具体的夹具结构,铣削夹具参考结构如图 5-8 所示。

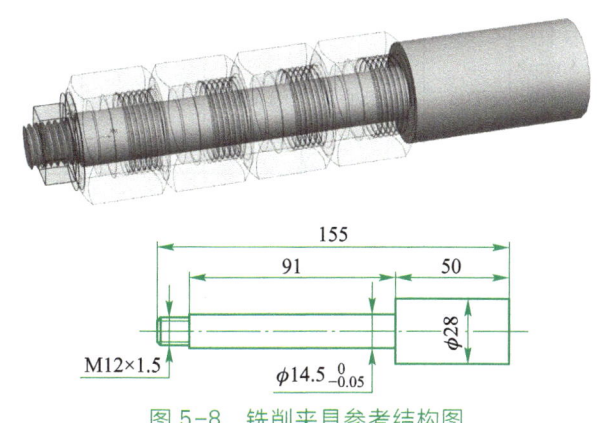

图 5-8　铣削夹具参考结构图

(3)拟定数控车削加工工序卡

数控加工工序卡见表 5-2。

表 5-2　数控加工工序卡

(单位)	数控加工工序卡片	产品名称或代号	零件名称		零件图号
			外套螺母零件		
工序号	程序编号	夹具名称	使用设备	数控系统	车间
	O0011、O0012、O0013、O0014	三爪自定心卡盘	TK36S	FANUC 0i	数控中心

工步号	工步内容	刀具号	刀具名称	刀具规格	主轴转速/(r/min)	进给量/(mm/r)	背吃刀量/mm	备注
1	钻削中心孔		中心钻	3 mm	2000			手动
2	粗钻 $\phi14.5$ mm孔		麻花钻	14 mm	500	0.12		保证孔深30 mm
3	粗车端面、倒角 2×30°、外圆	T01	外圆车刀	93°	600	0.2	1	

续表

工步号	工步内容	刀具号	刀具名称	刀具规格	主轴转速/(r/min)	进给量/(mm/r)	背吃刀量/mm	备注
4	粗镗螺纹底孔、φ20.4 mm 孔、φ14.5 mm 孔、倒角 C1	T02	镗孔刀	90°	375	0.12	0.4	
5	精镗螺纹底孔、φ20.4 mm 孔、φ14.5 mm 孔、倒角 C1	T02	镗孔刀	90°	500	0.04	0.1	
6	切内槽 φ22.3 mm×3 mm 及槽右侧倒角 C1	T03	内切槽刀	2 mm	375	0.04		
7	车内螺纹 M22×1.5	T04	内螺纹车刀	60°	600	1.5		
8	倒角 2×30°、切断	T05	切断刀	2 mm	500	0.04		
编制		审核		批准		共 1 页	第 1 页	

（4）编制数控车削加工程序（参考程序）

① 粗车端面、倒角 2×30°、外圆 初次车削装夹对刀时,将棒料伸出 50 mm（伸出长度可以自行设定,用钢直尺测量）,每做完一个应重新调整棒料的伸出长度,保证伸长和初次装夹相同,以便实现工件的批量生产,如图 5-9 所示。其数控加工程序单参考表 5-3。

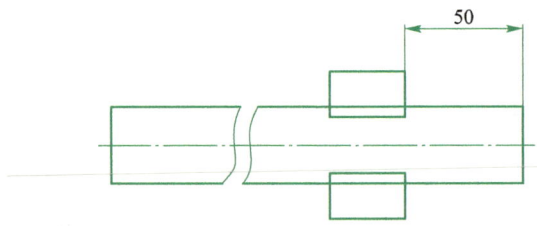

图 5-9 车削批量生产装夹示意图

表 5-3 数控加工程序单

零件图号		零件名称	外套螺母零件	资料编号	
程序号	O0011	数控系统	FANUC 0i	备注	
程序段号	程序内容		说明		
N10	T0101;		调用 1 号外圆车刀和 1 号刀具偏置		

程序段号	程序内容	说明
N20	G99 M03 S600;	指定每转进给方式,主轴正转,转速为600 r/min
N30	G00 X40.0 Z2;	定位到工件端面附近
N40	G00 Z0;	定位到端面
N50	G01 X0 F0.2;	光端面,进给量为 0.2 mm/r
N60	G00 Z2;	脱离端面
N70	G00 X40.0 ;	退回工件端面附近
N80	G71 U1.0 R0.2;	设置粗车循环,每次背吃刀量为 1 mm
N90	G71 P100 Q140 U0 W0 F0.2;	设置起始、结束段号,以及精加工余量和进给量
N100	G00 X27.67;	定位到30°倒角起点平行点
N110	G01 Z0;	工进到30°倒角起点
N120	X34.6 Z-2.0;	工进到30°倒角终点
N130	Z-26.0;	切削外圆,长度为 26 mm(参考 23+3)
N140	X40.0;	X 轴方向退刀
N150	G00 X100.0 Z100.0;	退刀至换刀点
N160	M05;	主轴停
N170	M30;	程序结束
编制	审核	批准	时间

② 粗精镗螺纹底孔、ϕ20.4 mm 孔、ϕ14.5 mm 孔、倒角 C1　粗精镗内轮廓时,确保钻孔的钻削长度要大于需要镗削的内轮廓长度。该螺纹底孔尺寸为 ϕ20.4 mm,零件在粗镗内轮廓前和精镗内轮廓后的示意图,如图 5-10 所示。其数控加工程序单参考表 5-4。

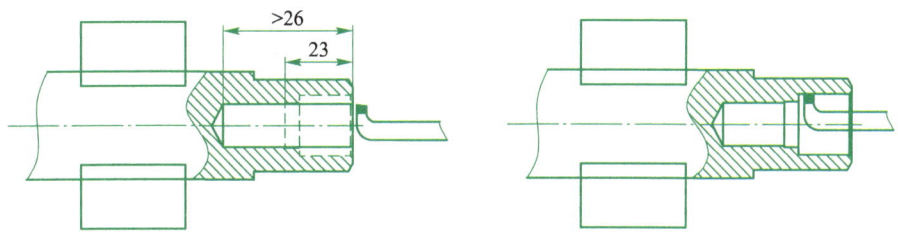

图 5-10　粗精镗内轮廓工序示意图

表 5-4　数控加工程序单

零件图号		零件名称	外套螺母零件	资料编号	
程序号	O0012	数控系统	FANUC 0i	备注	
程序段号	程序内容		说明		
N10	T0202;		调用 2 号镗孔刀和 2 号刀具偏置		

续表

程序段号	程序内容	说明	
N20	G99 M03 S375;	指定每转进给方式,主轴正转,转速为 375 r/min	
N30	G00 X13.0 Z2;	定位到循环起点	
N40	G71 U0.4 R0.1;	设置背吃刀量为 0.4 mm,退刀量为 0.1 mm	
N50	G71 P60 Q120 U−0.1 W0 F0.12;	设置起始、结束段号,以及精加工余量和进给量	
N60	G00 X22.4;	定位到 C1 倒角起点的平行点	
N70	G01 Z0;	工进到 C1 倒角的起点	
N80	X20.4 Z−1.0;	工进到 C1 倒角的终点	
N90	Z−18.0;	Z 轴方向工进到 18 mm 深度处	
N100	X14.5;	X 轴方向工进到 φ14.5 mm 处	
N110	Z−23.5;	Z 轴方向切削完 φ14.5 mm 孔	
N120	X14.0;	X 轴方向退刀	
N130	G00 Z100.0;	Z 轴方向退刀	镗孔刀粗车结束,退刀;测量并调整磨损后,可以重新运行程序
N140	M05;	主轴转速停止	
N150	M00;	程序停止(暂停)	
N160	M03 S500;	主轴转速变为 500 r/min(精加工转速)	
N170	G00 X13.0 Z2;	设置循环起点	
N180	G70 P60 Q120 F0.04;	精加工	
N190	G00 Z100.0;	Z 轴方向退刀	
N200	M05;	主轴停	
N210	M30;	程序结束	
编制		审核	批准	时间

③ 切内槽 φ22.3 mm×3 mm 及槽右侧倒角 C1　切内槽 φ22.3 mm×3 mm 及槽右侧倒角时,注意内切槽刀对刀点的控制,尤其是对槽右侧倒角的坐标值的计算,如图 5-11 所示。其数控加工程序单参考表 5-5。

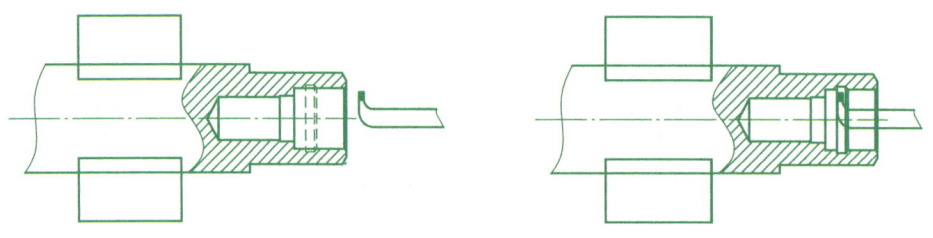

图 5-11　切内槽工序示意图

表 5-5 数控加工程序单

零件图号		零件名称	外套螺母零件	资料编号	
程序号	O0013	数控系统	FANUC 0i	备注	
程序段号	程序内容		说明		
N10	T0303；		调用 3 号内切槽刀和 3 号刀具偏置,刀宽为 2 mm		
N20	G99 M03 S375；		指定每转进给方式,主轴正转,转速为 375 r/min		
N30	G00 X18.0 Z2；		定位到工件内轮廓附近		
N40	Z-14.0；		定位到槽的左侧		
N50	G01 X22.3 F0.04；		X 轴方向工进到 22.3 mm 处,进给量为 0.04 mm/r		
N60	G01 X20.0；		X 轴方向退出槽		
N70	Z-13.0；		Z 轴方向朝正向移动 1 mm		
N80	G01 X22.3 F0.04；		X 轴方向工进到 22.3 mm 处,进给量为 0.04 mm/r		
N90	G01 X20.4；		X 轴方向退出槽		
N100	Z-12.5；		Z 轴方向朝正向移动 0.5 mm		
N110	G01 X21.4 Z-13.0 F0.04；		切槽刀切 C0.5 的倒角,进给量为 0.04 mm/r		
N120	G01 X20.4；		X 轴方向退出槽		
N130	Z-12.0；		Z 轴方向朝正向移动 1.0 mm		
N140	G01 X22.3 Z-13.0 F0.04；		切槽刀切 C1 的倒角,进给量为 0.04 mm/r		
N150	G01 X20.0；		X 轴方向退出槽		
N160	G00 Z100.0；		Z 轴方向退刀		
N170	M05；		主轴停		
N180	M30；		程序结束		
编制		审核		批准		时间	

④ 车内螺纹 M22×1.5 按照前面学习的螺纹计算公式可知,螺纹大径为 φ22 mm,此处螺纹为重要轮廓,加工内螺纹 M22×1.5 时,一定要测量合格后再执行下一步工序,如图 5-12 所示。其数控加工程序单参考表 5-6。

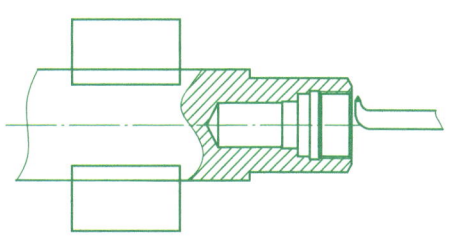

图 5-12 车内螺纹工序示意图

表 5-6　数控加工程序单

零件图号		零件名称	外套螺母零件	资料编号	
程序号	O0014	数控系统	FANUC 0i	备注	
程序段号	程序内容		说明		
N10	T0404；		调用 4 号内螺纹车刀和 4 号刀具偏置		
N20	G99 M03 S600；		指定每转进给方式，主轴正转，转速为 600 r/min		
N30	G00 X18.0 Z2；		定位到工件内轮廓附近		
N40	G92 X21.0 Z-12.5 F1.5；		螺纹固定循环，导程为 1.5 mm，X 至 21.0 mm		
N50	G92 X21.5 Z-12.5 F1.5；		螺纹固定循环，导程为 1.5 mm，X 至 21.5 mm		
N60	G92 X21.9 Z-12.5 F1.5；		螺纹固定循环，导程为 1.5 mm，X 至 21.9 mm		
N70	G92 X22.0 Z-12.5 F1.5；		螺纹固定循环，导程为 1.5 mm，X 至 22.0 mm		
N80	G00 Z100.0；		Z 轴方向退刀		
N90	M05；		主轴停		
N100	M30；		程序结束		
编制		审核		批准	时间

⑤ 倒角 2×30°、切断　外套螺母的左侧倒角一般需要掉头加工，此处若尝试在切断前倒角，则可以先切槽至倒角末端再倒角，最后切断，如图 5-13 所示。其数控加工程序单参考表 5-7。

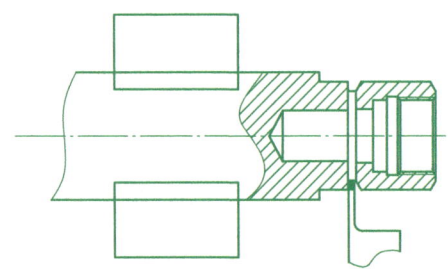

图 5-13　切断工序示意图

表 5-7　数控加工程序单

零件图号		零件名称	外套螺母零件	资料编号	
程序号	O0015	数控系统	FANUC 0i	备注	
程序段号	程序内容		说明		
N10	T0505；		调用 5 号切断刀和 5 号刀具偏置		
N20	G99 M03 S500；		指定每转进给方式，主轴正转，转速为 500 r/min		
N30	G00 X36.0 Z2；		定位到工件外附近		
N40	Z-25.0；		定位到螺母的左端，保证螺母总长为 23 mm		

程序段号	程序内容	说明
N50	G01 X27.67 F0.04；	切槽至倒角的末端,进给量为 0.04 mm/r
N60	X34.6；	X 轴方向退回到外圆轮廓
N70	G00 X36.0	X 轴方向继续退出外圆轮廓
N80	Z-24.0；	Z 轴方向朝正向移动 1.0 mm
N90	G01 X34.6 F0.04；	X 轴方向进刀至外圆轮廓
N100	X31.1 Z-25.0；	切槽刀切 1 mm×60° 的倒角,进给量为 0.04 mm/r
N110	X34.6；	X 轴方向退回到外圆轮廓
N120	G00 X36.0	X 轴方向继续退出外圆轮廓
N130	Z-23.0；	Z 轴方向朝正向移动到倒角的起点
N140	G01 X34.6 F0.04；	X 轴方向进刀至外圆轮廓
N150	G01 X27.67 Z-25.0 F0.04；	切槽刀切 2 mm×60° 的倒角,进给量为 0.04 mm/r
N160	X12.0；	切断(到 φ14 mm 孔处,即切断)
N170	G01 X36.0；	X 轴方向工进退刀
N180	G00 X100.0；	X 轴方向快速退刀
N190	G00 Z100.0；	Z 轴方向快速退刀
N200	M05；	主轴停
N210	M30；	程序结束
编制	审核	批准　　　时间

（5）拟定数控铣削加工工序卡

当车削加工完成一定批量的螺母后,可以将螺母逐个安装于事先制作好的心轴夹具上,集中加工六棱柱面(如四个螺母),以便实现工件铣削的批量生产,如图 5-14 所示。数控加工工序卡见表 5-8。

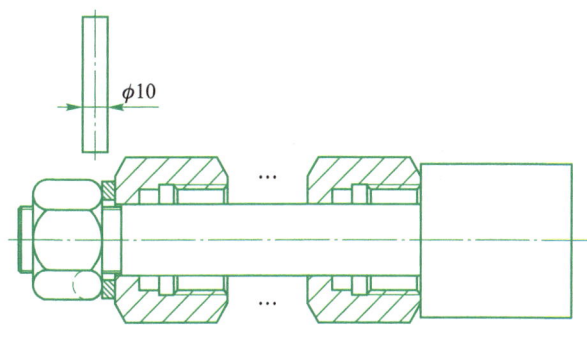

φ10

图 5-14　铣削批量生产装夹示意图

表 5-8　数控加工工序卡

（单位）	数控加工工序卡片		产品名称或代号		零件名称		零件图号
					外套螺母零件		
工序号	程序编号		夹具名称	使用设备	数控系统		车间
	O0021、O0022		三爪自定心卡盘、心轴夹具	VMC-650	FANUC 0i		数控中心
工步号	工步内容	刀具号	刀具名称	刀具规格	主轴转速/（r/min）	进给速度/（mm/min）	背吃刀量/mm　备注
1	铣削六个棱柱面	T01	立铣刀	10 mm	800	100	1～2.3
编制		审核		批准		共 1 页	第 1 页

（6）编制数控铣削加工程序（参考程序）

通常，四轴铣削六棱柱面有两种编程思路：一是编制一个面的平面铣削程序，加工操作时手动控制 A 轴旋转 60°，重复调用程序循环启动，依次完成剩余棱柱面的铣削；二是编制六个面的平面铣削程序，程序中能自动完成 A 轴旋转和平面的铣削。第 1 种思路编程较容易且程序段少，但手动操作较繁琐；第 2 种思路编程相对复杂且程序段较长，但自动化程度相对高。下面，我们依据第 2 种编程思路，按照四个螺母同轴安装在心轴夹具上为例，讲解车铣复合类零件铣削编程，铣削批量生产编程刀具轨迹设计示意图如图 5-15 所示，数控加工程序单参考表 5-9、表 5-10。

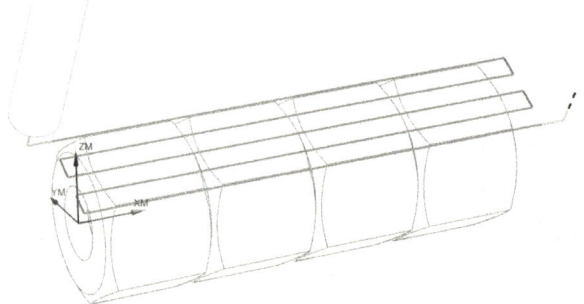

图 5-15　铣削批量生产编程刀具轨迹设计示意图

表 5-9　数控加工程序单（主程序）

零件图号		零件名称	外套螺母零件		资料编号	
程序号	O0021	数控系统	FANUC 0i		备注	主程序
程序段号	程序内容		说明			
N10	T01		调用 1 号 10 mm 的立铣刀			
N20	G54 G17 G40 G49 G80 G90;		调用 G54 坐标系，取消所有补偿、固定循环等			
N30	M03 S800;		主轴正转，转速为 800 r/min			

续表

程序段号	程序内容	说明
N40	M11;	放开四轴锁紧,允许 *A* 轴移动(即 *X* 轴转动)
N50	G00 X-10.0 Y9.0 Z25.0;	定位到 Z25 高度,平面铣 *XOY* 起点位置处
N60	A0;	移动 *A* 轴至 0°
N70	M10;	锁紧四轴,禁止 *A* 轴移动
N80	M98 P0022 L1;	调用子程序 O0022,运行 1 次
N90	G00 X-10.0 Y9.0 Z25.0;	回到 Z25 高度,平面铣 *XOY* 起点位置处
N100	M11;	放开四轴锁紧,允许 *A* 轴移动(即 *X* 轴转动)
N110	A60.0;	移动 *A* 轴至 60°
N120	M10;	锁紧四轴,禁止 *A* 轴移动
N130	M98 P0022 L1;	调用子程序 O0022,运行 1 次
N140	G00 X-10.0 Y9.0 Z25.0;	回到定轴加工起点
N150	M11;	放开四轴锁紧,允许 *A* 轴移动(即 *X* 轴转动)
N160	A120.0;	移动 *A* 轴至 120°
N170	M10;	锁紧四轴,禁止 *A* 轴移动
N180	M98 P0022 L1;	调用子程序 O0022,运行 1 次
N190	G00 X-10.0 Y9.0 Z25.0;	回到定轴加工起点
N200	M11;	放开四轴锁紧,允许 *A* 轴移动(即 *X* 轴转动)
N210	A180.0;	移动 *A* 轴至 180°
N220	M10;	锁紧四轴,禁止 *A* 轴移动
N230	M98 P0022 L1;	调用子程序 O0022,运行 1 次
N240	G00 X-10.0 Y9.0 Z25.0;	回到定轴加工起点
N250	M11;	放开四轴锁紧,允许 *A* 轴移动(即 *X* 轴转动)
N260	A240.0;	移动 *A* 轴至 240°
N270	M10;	锁紧四轴,禁止 *A* 轴移动
N280	M98 P0022 L1;	调用子程序 O0022,运行 1 次
N290	G00 X-10.0 Y9.0 Z25.0;	回到定轴加工起点
N300	M11;	放开四轴锁紧,允许 *A* 轴移动(即 *X* 轴转动)
N310	A300.0;	移动 *A* 轴至 300°
N320	M10;	锁紧四轴,禁止 *A* 轴移动
N330	M98 P0022 L1;	调用子程序 O0022,运行 1 次

续表

程序段号	程序内容	说明
N340	G00 Z25.0;	Z 轴方向抬刀
N350	G00 Z100.0;	Z 轴方向快速退刀
N360	M05;	主轴停
N370	M30;	程序结束
编制		审核		批准		时间	

表 5-10　数控加工程序单(子程序)

零件图号		零件名称	外套螺母零件	资料编号	
程序号	O0022	数控系统	FANUC 0i	备注	子程序
程序段号	程序内容		说明		
N10	G00 Z18.0		快速下刀定位至 Z18 位置处		
N20	G01 Z15.0 F200		工进至铣削平面高度		
N30	X-5.0		工进至 X-5.0 mm 处		
N40	X95.0 F100		X 往正方向连续铣削 4 个螺母的一条刀轨		
N50	Y4.0		Y 轴方向进给移动		
N60	X-5.0		X 往负方向连续铣削 4 个螺母的一条刀轨		
N70	Y0		Y 轴方向进给移动		
N80	X95.0		X 往正方向连续铣削 4 个螺母的一条刀轨		
N90	Y-4.0		Y 轴方向进给移动		
N100	X-5.0		X 往负方向连续铣削 4 个螺母的一条刀轨		
N110	Y-9.0		Y 轴方向进给移动		
N120	X95.0		X 往正方向连续铣削 4 个螺母的一条刀轨		
N130	G01 X100.0 F200		X 轴方向切削离开工件		
N140	Z18.0		Z 轴方向抬刀		
N150	G00 Z25.0		Z 轴方向退回初始高度		
N160	M99		子程序结束,返回主程序		
编制		审核		批准		时间	

（7）输入零件程序

（8）进行程序校验及加工轨迹仿真,修改程序

（9）进行对刀操作

（10）自动加工

（11）可以扫描二维码,填写车铣复合类零件考核评价表

五、拓展内容

同样完成如图 5-1 外套螺母零件,但加工条件发生了以下变化,思考并小组讨论:加工工艺和编程应当如何调整?

1. 加工设备变化

假设车间的四轴数控铣床发生故障,维修人员短时间无法修复,暂时无法使用 A 轴。

2. 毛坯准备变化

已知市场上不同规格的毛坯原料报价清单见表 5-11。

表 5-11　毛坯原料报价清单

序号	原材料规格	图例	价格/(元/m)
1	20#钢:外径 $\phi 36$ mm 的实心圆料		96
2	20#钢:外径为 $\phi 36$ mm,内径为 $\phi 14$ mm 的冷拔无缝圆钢管		105
3	20#钢:六方内切圆直径为 $\phi 30$ mm,内径孔为 $\phi 14$ mm 的冷拔无缝六角钢管		120

假设生产车间有以上三种毛坯可供采购,试分别分析不同的毛坯原料对编程加工的影响,并说说你的选择。

参考文献

［1］李桂云,王晓霞.数控编程及加工技术［M］.大连:大连理工大学出版社,2023.2

［2］武汉华中数控股份有限公司组编;许孔联,赵建林,刘怀兰.数控车铣加工实操教程［M］. 北京:机械工业出版社,2021.8

［3］潘红恩,郎旭东.数控编程与操作［M］.北京:机械工业出版社,2023.6

［4］顾涛.典型机械零件数控加工项目教程［M］.北京:机械工业出版社,2023.12

［5］周虹.数控编程与仿真实训［M］.北京:人民邮电出版社,2024.1

［6］马金平,冯利.数控加工工艺项目化教程［M］.大连:大连理工大学出版社,2021.11

读者意见反馈

为收集对教材的意见建议，进一步完善教材编写并做好服务工作，读者可将对本教材的意见建议通过如下渠道反馈至我社。

咨询电话 　400-810-0598

反馈邮箱 　gjdzfwb@pub.hep.cn

通信地址 　北京市朝阳区惠新东街4号富盛大厦1座
　　　　　　高等教育出版社总编辑办公室

邮政编码 　100029

授课教师如需获得本书配套教辅资源，请登录"高等教育出版社产品信息检索系统"（https://xuanshu.hep.com.cn/）搜索下载，首次使用本系统的用户，请先进行注册并完成教师资格认证。